QuEChERS方法与农药残留分析

韩丽君
潘灿平
主编

化学工业出版社
·北京·

内容简介

本书由多年从事农药残留分析教学与科研工作的国内专家学者共同撰写而成。全书系统介绍了 QuEChERS 方法的初创、验证、改进、扩展、全球推广、标准化和自动化等方面的研究思想、开发历程、相关评价及应用。另外，本书还结合农药残留分析领域的新趋势、新方法与新技术，详细阐述了近年来 QuEChERS 方法在食品和农产品基质中的多残留分析，以及与高分辨质谱技术联用的高通量检测等方面的最新研究进展，并采用大量科研实例进行了具体分析。本书力图涵盖 QuEChERS 方法在农药残留分析中的基本理论、方法技术、研究思想及最新进展，同时包含了部分农产品中兽药、毒素、环境污染物等相关领域的应用研究。

该书可供农药生产、分析测试、进出口检验、食品安全等行业的科研与管理人员参考使用，也可作为高等院校农药学、农产品安全、食品科学、检验检疫和环境安全等专业本科生和研究生课程的教材或参考书。

图书在版编目（CIP）数据

QuEChERS 方法与农药残留分析 / 韩丽君，潘灿平主编. -- 北京 : 化学工业出版社, 2024. 11. -- ISBN 978-7-122-46224-4

Ⅰ. X592

中国国家版本馆 CIP 数据核字第 2024H99S94 号

责任编辑：刘　军　孙高洁　　　文字编辑：李娇娇
责任校对：王　静　　　　　　　装帧设计：王晓宇

出版发行：化学工业出版社
(北京市东城区青年湖南街 13 号　邮政编码 100011)
印　　装：大厂回族自治县聚鑫印刷有限责任公司
787mm×1092mm　1/16　印张 19½　字数 483 千字
2024 年 11 月北京第 1 版第 1 次印刷

购书咨询：010-64518888　　　售后服务：010-64518899
网　　址：http://www.cip.com.cn
凡购买本书，如有缺损质量问题，本社销售中心负责调换。

定　　价：98.00 元

本书编写人员名单

主　　编：**韩丽君　潘灿平**

副 主 编：**李文希　乔成奎　陈维韬　王祥云**

编写人员：（按姓名汉语拼音排序）

陈维韬　广西壮族自治区植保站

董茂锋　上海市农业科学院农产品质量标准与检测技术研究所

方　楠　浙江省农业科学院农产品质量安全与营养研究所

冯晓晓　河北农业大学

郭琳琳　中国农业科学院郑州果树研究所

韩丽君　中国农业大学

李文希　云南省农业科学院茶叶研究所

潘灿平　中国农业大学

潘洪吉　北京市植物保护站

乔成奎　中国农业科学院郑州果树研究所

田发军　中国农业科学院郑州果树研究所

仝佳音　云南省农业科学院茶叶研究所

王彩霞　中国农业科学院郑州果树研究所

王　晨　中国农业科学院茶叶研究所

王凯博　云南省农业科学院茶叶研究所

王祥云　浙江省农业科学院农产品质量安全与营养研究所

韦滢军　广西壮族自治区植保站

吴　迪　北京市植物保护站

武杨柳　济南大学

徐彦军　中国农业大学

杨　刚　广西壮族自治区植保站

杨钰涵　云南省农业科学院茶叶研究所

姚　炜　北京农业职业学院

张昌朋　浙江省农业科学院农产品质量安全与营养研究所

赵尔成　北京市农林科学院

左方华　广西壮族自治区植保站

序

农产品和食品质量安全是我国绿色高质量发展新阶段的重要领域。在确保农产品和食品质量安全方面，开展农产品和食品中残留物检测与加强质量安全监督管理具有重要意义，而建立和完善残留分析方法体系为农产品质量安全提供了重要的技术手段和理论支持。现代残留分析技术包括样品前处理和分析测定两个方面，其中样品前处理是残留分析的关键环节，也是耗时且对分析测试结果可靠性影响较大的重要步骤。自 2003 年国际上开发出 QuEChERS 前处理方法以来，该方法以其步骤简单、样品前处理时间短、结果可靠和适用范围广等优点，在残留分析研究领域得到了广泛应用。该方法使得目标化合物的种类扩展到农药、兽药、毒素、环境污染物等各个方面，分析物数量大幅增加，并且适用的基质也从最初的水果蔬菜扩展到了植物源性农产品、动物源性农产品、环境与生物样品等多个方面。近年来，越来越多的前处理与检测技术被结合应用到 QuEChERS 方法中，使得残留分析方法在快速、准确、环保和自动化等方面有了更多的发展，为食品安全保障体系的不断完善提供了技术支持。

鉴于 QuEChERS 方法在残留分析中的重要作用及其未来的发展潜力，中国农业大学韩丽君教授和潘灿平教授组织了国内长期从事残留分析科研与教学工作的专家学者编写了《QuEChERS 方法与农药残留分析》一书。该书首次系统阐述了 QuEChERS 方法的初创、验证、改进与扩展、全球推广与标准化、自动化及结合色谱质谱新技术等方面的研究成果，并介绍了该方法在植物源性产品和动物源性产品中的多残留高通量分析方面的最新应用前沿及研究进展。该书将是残留分析工作者在科研和检测工作中学习和借鉴的宝贵资料。

随着分析化学等相关学科的发展，食品及农产品中的残留物分析借鉴各领域的最新研究成果，更好地服务于农产品安全检测工作。《QuEChERS 方法与农药残留分析》一书系统性强，完整地介绍了 QuEChERS 方法及残留分析相关的多个方面，相信该书能够为从事食品及农产品中农兽药及环境污染物残留分析的相关师生和科研工作者提供有价值的参考和帮助。

中国科学院院士

2024 年 3 月

前 言

PREFACE

QuEChERS方法是由德国科学家Michelangelo Anastassiades和美国科学家Steven J Lehotay研究团队共同创立的一种用于农产品中残留分析的快速简便的多残留分析方法。QuEChERS方法的名称来源于六个英文单词“Quick、Easy、Cheap、Effective、Rugged、Safe”，由它们的首字母缩写组成，反映了该方法“快速、简便、经济、高效、可靠、安全”的特点。

相比传统的残留分析方法，QuEChERS方法采用的前处理步骤简便快速，但其开发和建立过程却非常科学、系统和严谨。在开发过程中，两位创作者综合分析了各种经典方法的优缺点，进行了对比和优化，并将该方法与当时的经典方法进行了多方面的比较和验证。随后，该方法在全球9个实验室的协同验证中完成了标准化过程，并逐步受到了农药残留研究人员的广泛关注，被*LCGC*期刊誉为残留分析方法的“革新性（revolution）”里程碑。

QuEChERS方法自问世以来得到了广泛的应用和扩展，不仅目标化合物的种类扩大了，涉及农药、兽药、环境污染物、农用抗生素等多种类型，涉及的基质也从最初的水果蔬菜扩展到了几乎所有的植物源性农产品、动物源性农产品、环境样品等。QuEChERS方法也从初创方法，发展成为美国、欧盟、中国等国家和组织的分析方法标准；同时在QuEChERS的基础上，各种新型的净化剂及净化技术、半自动或自动化的净化装置等也有了长足的发展；两位创始人还分别拓展开发了针对农兽药同时检测的QuEChERSER Mega方法和针对极性化合物检测的QuPPe方法。截至目前，全球已经发表了4500篇以上与QuEChERS方法相关的研究论文，并有30多家供应商销售QuEChERS相关产品，显示出QuEChERS方法的受关注程度和应用范围之广。

QuEChERS方法是一种具有先进理念的前处理技术，有着巨大的发展潜力和广泛的应用前景。近年来，不断有新的提取剂和净化剂被开发，新的检测手段也不断涌现，可以方便灵活地与QuEChERS方法配合使用。这些发展都将促进农药及其他污染物残留分析方法向自动化、高通量、更快和更准确的检测结果不断演进。

鉴于QuEChERS方法在农药残留分析中的重要作用和巨大的发展潜力，本书系统介绍了QuEChERS方法的研究开发历程和应用前景。全书包括QuEChERS方法的初创、验证、标准化、改进、扩展、自动化等方面的研究思想、开发过程和验证评价方法，此外，本书还结合食品分析领域的新趋势、新方法和新技术，介绍了QuEChERS方法在不同食品或农产品基质中的多残留高通量分析方面的应用，并通过科研实例进行了详细的分析。

全书共分九章，内容包括QuEChERS方法的初创、标准化、简化、自动化、针对农兽药同时检测的QuEChERSER Mega拓展方法、针对极性化合物检测的QuPPe方法、QuEChERS在植物源及动物源产品中的应用，以及QuEChERS与高分辨质谱技术的联用等。全书内容由韩丽君和潘灿平策划，并与四位副主编组织大家共同完成了稿件的编写和修订工作。其中，第一、二章由王祥云负责，第三、五章由乔成奎负责，第四、八章由陈维韬负责，第六、七章由李文希负责，第九章由韩丽君负责，全书初稿由韩丽君撰写，最后由韩丽君和潘灿平完成统稿和审定。

本书在筹划、编写、修改、审校过程中，得到了中国农业大学、北京市植物保护站、上海农科院农产品质量标准与检测技术研究所、浙江省农业科学院农产品质量安全与营养研究所、广西壮族自治区植保站、云南省农业科学院茶叶研究所、中国农业科学院郑州果树研究所、北京市农林科学院、中国农业科学院茶叶研究所、济南大学、河北农业大学、北京农业职业学院等单位同行的积极参与和鼎力支持。此外，在编写过程中，得到了 QuEChERS 方法的创始人 Steven J Lehotay 博士的大力支持和协助。

本书的全体编写人员在长期从事农药残留分析教学与科研工作的基础上，将 QuEChERS 方法从初创、发展到未来所涉及的研究方法和思想都纳入了书中，旨在为农兽药及环境污染物残留分析相关领域的专业人员提供全面系统地介绍 QuEChERS 方法的参考书。在此，衷心感谢在编写过程中给予帮助的专家学者与同行们。同时，谨以本书祝贺 QuEChERS 方法创立 20 年来所取得的辉煌成就，并展望更广阔的应用前景。

由于水平有限，编写过程中难免存在疏漏与不足之处，敬请批评指正。

编者

2024 年 2 月

目 录

CONTENTS

第一章
QuEChERS原创方法

第一节　QuEChERS研发背景及发展简史

一、研发背景

农药被广泛应用于农业的产前或产后过程，是重要的农业生产资料。现代农业的发展和食品安全保障离不开农药的使用。近年来，农药朝着对人类健康与环境低风险的方向发展。我国《农药管理条例》中规定，农药是指用于预防、控制危害农业、林业的病、虫、草、鼠和其他有害生物以及有目的地调节植物、昆虫生长的化学合成或者来源于生物、其他天然物质的一种物质或者几种物质的混合物及其制剂。农药的发展经历了天然药物时代、无机农药时代和有机农药时代三个阶段，而农药残留研究主要是随着有机农药的使用和分析仪器的发展而开展起来的。农药残留研究关注的焦点主要包括新开发农药的安全性评价以及农产品或食品中农药残留的分析和监测。

农药残留（pesticide residue），是指农药使用后残存于生物体、农副产品和环境中的微量农药原体、有毒代谢物、在毒理学上有重要意义的降解产物和反应杂质的总称。残存农药的量称为残留量，一般以每千克样品中有多少毫克、微克或纳克表示（mg/kg、μg/kg、ng/kg）。农药残留是农药施用后的必然现象，但如果农药在食品中的残留量超过最大残留限量（MRL），就可能对人畜产生不良影响或通过食物链对生态系统中的其他生物造成不良影响。因此，农药残留分析和农药残留监测工作是保障食品和生态环境安全的重要技术保障。

农药残留研究的基础是农药残留分析技术，随着分析技术的不断改进、创新，农药残留分析技术也越来越向快速、简便、灵敏和准确的方向发展。农药残留分析技术一般包括样品处理和分析检测两个环节，样品处理包括样品制备和样品前处理（提取、净化和浓缩等）环节，分析检测一般采用色谱和光谱等方法，一些特殊的农药也使用化学分析方法。多数传统的样品前处理方法，如液液萃取（liquid liquid extraction，LLE）、柱色谱（column chromatography）、凝胶渗透色谱法（gel permeation chromatography，GPC）以及索氏提取（Soxhlet extraction）等，在操作过程中不仅使用大量对环境不友好的有毒有害化学溶剂，还存在费时、费力、难以实现自动化、精密度差等不足。相对落后的样品前处理方法在一定程度上制约着农药残留分析方法的发展。

为了克服这些不足，科研工作者相继开发了一些效果较好的新型样品前处理方法，包括超临界流体萃取（SFE）、基质分散固相萃取（MSPD）、微波辅助提取（MAE）、固相微萃取（SPME）和加速溶剂萃取（ASE）等。尽管这些技术各有其优点，但每一种技术都有其缺陷或实际使用的限制，从而使它们无法得到广泛的应用。例如，ASE和SFE是基于仪器的技术，它们以连续的、半自动化的方式进行提取，仍然需要耗时的人工操作步骤，且一些特殊模块需要每次使用后进行清洗，其样品检测无法实现高通量且仪器和维护费用昂贵；SFE、MSPD和SPME在单一的分析过程中不能提供足够宽的分析物范围，且操作较为复杂；MAE和ASE则不能提供足够的选择性（在室温下，提取液比液相提取液需要更多的净化过程）。这些方法对于某些方面的检测应用有一定优势，但仍无法真正做到简洁、快速、广谱、可靠和经济节约，也无法对范围广泛的分析物提供所需的高回收率、高选择性和可靠的重复性。此外，现代分析技术提供的许多优势和机会并没有适当地结合到当时的大多数方法中。

在此研究背景下，德国科学家Michelangelo Anastassiades和美国科学家Steven J Lehotay研究团队进行了细致的研究，开发了一种简单、快速、经济、可靠的多类别农药多残留分析方法，即QuEChERS方法。该方法与当时的主流方法相比，极大简化了前处理过程，从而实现使用较少试剂、很少玻璃器皿，却可提供高质量分析结果的目的。其研究重点在于尽可能简化提取和净化过程，同时又使尽量多的农药目标化合物得到满意的回收率和可靠的精密度。该方法结合了先进的分析检测技术，采用GC-MS（MS）和HPLC-MS（MS）进行分析检测，大大提高了残留检测的选择性和灵敏度。

QuEChERS方法在2003年公开发表后，在经过Steven J Lehotay和Michelangelo Anastassiades的各自优化后形成两个略有不同的方法版本，改进版本在食品中农药残留分析的实验室协同试验中得到了独立验证并分别成为美国AOAC官方标准方法AOAC2007.01和欧盟官方标准方法EN15662—2008。2010年，*LCGC*杂志将该方法誉为残留分析方法研发的“革新性”里程碑[1]。近年来我国也陆续颁布了GB 23200.113和GB 23200.121两个基于QuEChERS方法的农药多残留方法国家标准，由此QuEChERS方法逐渐成了多国参考的标准化方法。QuEChERS方法问世以来，以其简便、快速、广谱、可靠、经济、安全等优点，得到了不断发展和扩展应用，逐渐由最初的农药残留分析扩展到了农药、兽药、毒素、抗生素、环境污染物等多类型化合物的高通量多残留分析中，在食品、农产品、环境样品甚至医学样品中得到了极为广泛的发展和应用。

二、发展简史

QuEChERS方法首次发表于2003年[2]，当时世界各地的许多实验室已进行了大约40年食品和环境样品中的农药残留分析。然而，大多数残留监测实验室仍使用20世纪70年代开发的分析方法，这些方法使用低效的检测技术，耗费大量的溶剂，需要大量的人工和很长的分析时间。随着现代农业不断发展，世界各国对农药残留影响的关注与日俱增，开发更快速和更有效的分析方法对提高实验室整体分析质量和实验室效率至关重要。

20世纪60年代，美国食品和药物管理局（FDA）化学家P. A. Mills发明了Mills方法[3]，这是国际上首次报道的多类别农药的多残留分析方法。该方法主要针对非极性有机氯农药的残留分析，采用乙腈从非脂肪食品中提取有机氯农药和其他非极性农药，用水稀释后再通过液液萃取使农药分配到非极性溶剂（石油醚）中。在此过程中，有机磷农药等极性较强的农药将出现较多损失。为此，出现了一些替代方法来分析无法用Mills方法提取的化合物，这些方法通常仍然使用乙腈作为提取液，但使用了不同的分相、净化和检测步骤来简单地修正Mills过程[4-6]。

20世纪70年代，人们开发了新的方法来扩展分析物的极性范围，使其涵盖有机氯农药、有机磷农药和有机氮农药[7,8]。这些多类别多残留分析方法与Mills方法的不同之处在于其采用的提取溶剂是丙酮，而非乙腈。然而，新方法仍然需要使用非极性溶剂（二氯甲烷或二氯甲烷-石油醚）在液液萃取步骤中去除水相。此外，这些方法在液液萃取过程中都在水相中添加了 NaCl，而 NaCl 的添加量对方法覆盖的极性范围有直接影响。Becker[7]第一个开发了这种多残留分析方法，他在最初的提取液中加入了 NaCl 溶液，然而这只会使部分水相被盐饱和。之后，Luke 等[8]与 Specht 和 Tillkes[9]采用在水相中加入固体 NaCl 的方法使水相饱和，这可使更多丙酮进入有机相，从而提高极性分析物的回收率。之后不久，Becker 方法便成了德国官方 DFG-S8 方法，Specht 方法则成了德国官方 DFG-S19 方法[10]；Luke 法则在美国 FDA 取代了 Mills 法，成为官方的 PAM 302 E1 方法[11]，并在几年后成为美国 AOAC 官方方法 985.22[12,13]。这些多类型多残留分析方法及其改进方案仍被世界各地的农药残留监测实验室广泛使用。

自 20 世纪 80 年代以来，含氯溶剂引发的环境和健康问题促进了许多避免使用此类溶剂的新方法的发展。Specht 等[14]与 Anastassiades 和 Scherbaum[15]采用环己烷-乙酸乙酯（1＋1）的混合溶剂代替了二氯甲烷［或二氯甲烷-石油醚（1＋1）］来进行液液萃取。Casanova[16]与 Nordmeyer 和 Thier[17]采用固相萃取（SPE）从稀释的丙酮提取物中提取农药，从而完全避免了液液萃取过程。Luke 等[18]在初始提取液中加入果糖、$MgSO_4$ 和 NaCl，在不使用非极性溶剂的情况下使丙酮和水相得以分离。Schenck 等[19]也研究了利用盐在提取物中形成水-丙酮的分配。Parfitt[20]则研究了将 Luke 方法得到的提取液通过低温冷冻来去除水相。所有这些分离方法在实践中都有一个或多个缺点，那就是因为丙酮与水太容易混溶，不使用非极性溶剂很难使之分离。与前述方法相比，采用加盐的方法，乙腈比丙酮更容易也更能有效地从水相中分离出来[19,21]。在使用乙腈的情况下，仅用盐就可以使之与水相形成满意的分离，Lee 等[22]使用 NaCl 而不是 Mills 方法中的非极性共溶剂进行试验证实了这一结论。此后，其他几种多类型多残留分析方法也相继发表，它们都采用了乙腈盐析原理[23-29]。

除乙腈和丙酮外，农药多残留分析中第三种常用的提取溶剂是乙酸乙酯[30-34]。乙酸乙酯具有与水几乎不混溶的优点，无需添加其他非极性溶剂即可将水从提取液中分离出来。然而，乙酸乙酯提取的弊端是不易从样品中提取出强极性农药。为提高极性化合物的回收率，在用乙酸乙酯提取时，通常加入大量的无水 Na_2SO_4 以去除水分。极性共溶剂（如甲醇和乙醇）也可用来增加有机相的极性[32]。乙酸乙酯提取的另一个弊端是它同时提取大量非极性共提取物，如脂类和蜡质，这些物质必须在测定步骤之前去除，而这通常需要复杂耗时且高成本的凝胶渗透色谱（GPC）净化步骤来实现。

在 20 世纪 90 年代，进一步减少分析实验室中溶剂的使用和实验操作的复杂性成为农药残留分析方法的开发目标，这促进了几种可供选择的提取或萃取方法的商业化开发，包括超临界流体萃取（SFE）、基质分散固相萃取（MSPD）、微波辅助提取（MAE）、固相微萃取（SPME）和加速溶剂萃取（ASE）等方法。尽管这些技术各有其优点，但尚无方法真正做到简洁、快速、容易，同时能够对范围广泛的分析物提供所需的高回收率、高选择性和可靠的重复性。

在此研究背景下，Michelangelo Anastassiades 和 Steven J Lehotay 研究团队进行了细致的研究，开发出了一种简单、快速、经济节约的多类别农药多残留分析方法，即 QuEChERS 方法。QuEChERS 方法是一种基于乙腈提取、盐析分相和“分散固相萃取”净化的快速简便的多残留分析方法，主要用于农产品中的农药残留分析[2]，其名称为英文单词"Quick、Easy、Cheap、Effective、Rugged、Safe"的缩写，表述了其"快速、简便、经济、高效、可靠、安全"等主要特点。QuEChERS 方法始创于 2001～2002 年，是由德国科学家 Michelangelo Anastassiades 在美国农业部东部研究中心（USDA-ARS-ERRC）Steven Lehotay 博士的研究小组进行博士后访问期间共同开发的。该方法原为分析动物组织中兽药（驱虫剂和甲状腺素）残留而开发，但很快体现出其在提取农药化合物方面的潜力。随后，两位创始人基于该方法开展了植物产品中农药残留分析的系统研究工作，并取得了巨大成功。该方法于 2002 年 6 月在罗马举行的欧洲农药残留研讨会（European Pesticide Residue Workshop，EPRW）上首次提出，并于 2003 年正式发表，从而宣告 QuEChERS 方法的诞生。由于其克服了当时传统农药残留分析方法的冗长、复杂、普适性差等缺点，QuEChERS 方法很快受到了农药残留研究人员的广泛关注。

QuEChERS 方法具有步骤简单、样品处理时间短、成本低、适用范围广等优点，最初主要应用于蔬菜、水果中的多种农药残留检测。经过不断发展，QuEChERS 的应用范围扩展到了肉、奶、谷物、油料等农产品以及土壤、水等环境基质；目标化合物的范围也日益扩大，覆盖了农药、兽药、抗生素、毒素、环境污染物等几百种化合物。此外，QuEChERS 方法是一种具有先进理念的前处理技术，有着巨大的发展潜力。在其正式发表之后，众多研究者基于自身分析需求，提出了各种新型提取剂、提取方式和净化材料及其使用方式，并对不同样品中提取剂、净化剂和加水量等条件参数不断完善，以方便灵活地与其他净化、浓缩或检测等方法配合使用，使 QuEChERS 方法朝着自动化多残留检测、更少有机试剂用量、更短分析时间和更准确检测结果的方向不断发展。根据 Lehotay 和 Chen[35] 发表的论文，QuEChERS 相关的研究论文以每年近 450～600 篇的速度增长，截至 2020 年，共有约 4500 篇 QuEChERS 相关的研究论文发表。此外，全球 30 多家供应商在研发和销售 QuEChERS 相关产品，这充分说明了 QuEChERS 方法的受关注程度之高和应用范围之广。

随着过去二十年中分析仪器的不断创新，QuEChERS 方法的两位创始人也在继续开展 QuEChERS 相关的研究，Lehotay 和 Anastassiades 分别开发了 QuEChERS 的扩展方法 QuEChERSER Mega 方法和 QuPPe 方法，使得样品制备更加简化，方法适用范围更广。近年来，随着更多高灵敏度和高选择性的质谱分析仪器的面世，在涉及复杂基质的高通量应用中，方法的分析重复性和稳定性得到很好的保证。此外，随着人工智能科技的进步，QuEChERS 方法在自动化检测和数据分析方面也取得了显著突破。QuEChERS 方法将在未来的食品安全、农药残留及各种污染物检测相关领域继续发挥重要作用，在残留检测领域有着广阔的发展前景。

第二节 QuEChERS 原创方法的研发过程

一、QuEChERS 原创方法原理及试验步骤

（一）方法原理

QuEChERS 方法是一种简便、快速的农药多残留分析方法，其原始版本适用于果蔬中农药残留量测定。该方法先以 10mL 乙腈单相萃取 10g 样品中的农药残留，再加入 4g 无水 $MgSO_4$ 和 1g NaCl，形成液液分配体系。随后使用一种称为分散固相萃取（dispersive solid-phase extraction，d-SPE）的快速净化方法，将150mg无水$MgSO_4$和25mg PSA（*N*-丙基乙二胺键合硅胶）吸附剂与1mL乙腈提取液进行简单混合，同时实现了残余水分的去除和对干扰物质的净化。在分散固相萃取过程中，PSA可在一定程度上有效去除基质提取液中的多种极性基质成分，如有机酸、某些极性色素和糖等。然后使用气相色谱质谱联用技术（GC-MS）对适宜的农药残留进行定性定量测定。该方法对各种农药的回收率在85%～101%（大多为>95%），相对标准偏差（RSD）通常<5%，包括一些强极性农药和碱性化合物，如甲胺磷、乙酰甲胺磷、氧乐果、抑霉唑和噻菌灵等。采用这种方法，一个试验人员可以在30min内完成6个均质样品的前处理过程，所需要的试验材料的价格约为1美元。

（二）试验步骤

1.样品制备

将果蔬样品采用适当的方法进行粉碎或匀浆[36-38]，粉碎过程应保证良好的样品均匀性，使10g试验样品具有分析代表性。建议在粉碎过程中使用干冰，以保证粉碎样品有很小的粒度和均匀性，并可使样品保持较低的温度从而减少农药的损失。

2.提取/分相

称取10g均质的样品，置于40mL聚四氟乙烯离心管中，用分液器加入10mL乙腈，盖上螺旋盖，用涡旋混合器以最快速度振摇样品1min。加入4g无水$MgSO_4$和1g NaCl，立即用涡旋混合器混合1min（为防止$MgSO_4$结块，此操作应立即进行）。加入50μL内标（ISTD）溶液，该内标溶液为20μg/mL三苯基磷酸（TPP）的乙腈溶液。在涡旋混合器上再混合30s，然后以5000r/min转速将提取液离心5min。

3.d-SPE净化

将1mL上清液（乙腈层）转移至含有25mg PSA吸附剂和150mg无水$MgSO_4$的1.5mL小离心管中，盖紧后涡旋混合30s。以6000r/min离心1min，使固体吸附剂从溶液中分离出来。然后将0.5mL上清液转移到自动进样瓶中进行GC-MS分析。

4.标准溶液的配制

可以采用两种不同的标准溶液进行定量分析，一种是采用基质匹配标准溶液（在空白提取液中加入标准品），另一种是含有分析保护剂的非基质匹配标准溶液。

基质匹配标准溶液的配制方法是先将50μL稀释20倍的内标物溶液（稀释后浓度为1μg/mL的乙腈溶液），加入0.5mL基质空白提取液中，同时加入50μL所需浓度的农药标准品。在这种情况下，样品提取液中须加入100μL乙腈，以确保样品提取液中的基质浓度与基质匹配标准溶液相近。此外，农药工作标准溶液（用于基质匹配标准溶液）的加入体积必须准确，添加的内标溶液的量则只需要在整个过程中保持一致。

标准溶液也可以在没有基质的情况下通过使用分析保护剂来制备。其配制方法是先用乙腈配制含有内标物的标准溶液，然后在每0.5mL标准溶液中加入50μL的分析保护剂溶液。所有的样品提取液也要进行相同的操作。此处分析保护剂是一种可以在GC-MS检测中抑制基质效应的混合溶液，该溶液含有100mg/mL 3-乙氧基-1,2-丙二醇和5mg/mL山梨醇，采用乙腈-水（7∶3，体积比）配制而成。

5.GC-MS分析

色谱柱采用DB-35ms（Agilent，Folsom，CA）毛细管柱，柱长30m，内径0.25mm，膜厚度0.25μm，氦气恒定流量1mL/min，进样口温度250℃，进样体积1.5μL，MS传输线温度290℃。柱箱温度程序为：95℃保持1.5min，20℃/min上升至190℃，5℃/min上升至230℃，25℃/min上升至290℃（保持20min），总运行时间为36.67min。采用选择离子监测（SIM）模式进行添加回收实验，全扫描分析（50～450 *m*/*z*）判断净化效果。

二、QuEChERS原创方法的开发过程

任何方法的开发都不是一蹴而就的，研究人员也是经过了详细的文献调研、周密的试验设计、对每一步骤的细致优化、对实验结果的分析和不断改进、不同实验室之间的相互验证等过程之后，才成功开发了集“快速、简便、经济、高效、可靠、安全”等优点于一身的QuEChERS方法。下文对其开发过程进行详细介绍。

（一）样品制备

通常提高分析方法效率最简单的方法是将样本量减少到能提供统计上可靠结果的最小数量。大多数多类型农药多残留分析方法使用大型设备粉碎，从大量样本中取50～100g的样品进行进一步分析。这些使用较大样品量的方法同时也需要更多的提取溶剂、更大的玻璃器皿、更多的实验耗材、更大的存储和工作台空间、更多的劳动力和时间以及更多的费用。而事实上，如果在粉碎过程中使用适当的设备和技术，包括使用正确的初始样品量和容积适当的粉碎设备，采用冷冻条件（采用干冰或液氮制冷控制温度）和足够的粉碎时间[36-38]，较小的样品量（如5～15g）即可提供与较大样品量相同的样品代表性。例如，荷兰农药残留监测项目中经过实验证明采用15g样本量就具有足够的样本代表性[39]。Young等[36]的实验表明，即使使用一种普通的粉碎设备，10g样品量也是可以接受的。而Lehotay等[40]则研究表明，当采用冷冻条件并使用分散剂时，马铃薯只需要2g的样品量就可以满足农药的添加回收要求。因此，QuEChERS方法最终选择了10g[36-38,41-43]的样本量。

（二）前处理优化策略

样品量确定之后，需对提取、分相和净化等步骤进行优化，因为每一个分析步骤都会涉及各种不同的影响因素，包括：

（1）样品组成（如pH、水、脂、糖含量）；

（2）提取溶剂类型；

（3）样品与溶剂比例；

（4）提取过程（如混合或摇匀）；

（5）提取温度（压力是另一个参数，但仅在温度很高时相关）；

（6）分相原理（如加入或不加入非极性共溶剂和/或盐）；

（7）搅拌和振摇步骤的时间和重复次数；

（8）用于净化的材料及用量。

在方法的优化过程中，采用以下各种参数对提取、分相和净化效率进行评价：

（1）农药化合物的回收率（添加回收试验）；

（2）基质共提物的重量（重量法）；

（3）提取液的吸光度比较（光学测量法）；

（4）SIM和全扫描MS色谱图中基质背景的比较（色谱法）；

（5）提取液的含水量（NMR法）；

（6）净化前后加入分析保护剂的作用（基质效应）。

（三）提取过程的优化与选择

1.三种常用提取溶剂的比较

在开发新的多残留分析方法时，提取溶剂的选择是最重要的决策之一，要考虑许多

方面：

（1）能够提取尽可能多种类的待测农药化合物（包括极性强的甲胺磷及非极性的拟除虫菊酯和有机氯农药等化合物）；

（2）在提取、分相和净化过程中所能达到的选择性；

（3）容易实现与水的分离；

（4）对色谱分离技术（如 SPE、GC、LC、GPC）的适用性；

（5）成本、安全和环境问题；

（6）易操作方面（例如在需要浓缩时易蒸发、便于体积转移等）。

农药多残留分析中最常用的提取溶剂为乙腈、丙酮和乙酸乙酯，它们对相应的各种农药化合物都有较高的回收率，但这三种溶剂在选择性和实际应用方面各有优缺点。乙腈和丙酮都可以借助与水的混溶性进行样品基质的单相溶剂萃取（高糖含量样品除外，因为高糖的存在使乙腈和水分离形成了两相）。二者不同的是，丙酮需要一种非极性的共溶剂来诱导其与水相的分离，而乙腈则可以采用加盐的方法使之与水相较为完全地分离，从而完全不需要非极性溶剂。与乙酸乙酯和丙酮相比，乙腈不会提取很多亲脂物质，例如蜡、脂肪和亲脂色素[29]。此外，乙腈与非极性溶剂（如己烷）可以实现完全的两相分离，这为下一步去除共提取的亲脂组分提供了便利[44]。与丙酮相比，乙腈的另一个优点是，在分相步骤之后残留的水分可以通过无水 $MgSO_4$ 等干燥剂很好地除去[19,29]。此外，乙腈不仅适用于 GC，而且由于其低黏度和中等极性，在反相液相色谱（LC）和 SPE 中也非常适用。乙酸乙酯作为提取溶剂时，其优点是能同时作为 GPC 方法的通用溶剂，在需要进行 GPC 净化时不需要换相，但乙酸乙酯和丙酮提取后都无法直接应用于 LC 检测。乙酸乙酯的另一个缺点是在储存期间可能会在溶剂中产生乙酸的积累。

当然，相对于丙酮和乙酸乙酯，乙腈作为提取溶剂也有一些缺点：

（1）气相色谱进样过程中溶剂膨胀体积较大；

（2）乙腈对氮磷检测器（NPD）和电解电导检测器（ELCD）存在不利影响（但也有部分 GC 可将溶剂峰从系统中反吹清除，使溶剂峰不进入检测器）；

（3）挥发性较低（乙腈挥发性与乙酸乙酯基本相当，浓缩过程用时比丙酮较长）；

（4）成本增加（色谱纯度的乙腈价格最贵，其次是乙酸乙酯，丙酮最便宜）；

（5）毒性较高，但低于氯化溶剂。

关于毒性的问题，有一些研究认为乙腈的毒性比丙酮或乙酸乙酯更大，因而不选择乙腈作为提取溶剂[7-9]。而事实上，实验室中其他常见溶剂也有潜在的急性和慢性中毒风险（如甲醇在大量接触的情况下会导致失明）。相对来说，乙腈具有较低的挥发性，也被广泛应用于 LC 应用和其他常见的提取方法，如生化和临床分析中。所以，只要采取适当实验操作方法，即可降低暴露风险。例如，使用分液器，而不是量筒，并使用密封的玻璃器皿进行提取操作，就可以大大减少操作人员接触溶剂的机会和风险。

2. 提取溶剂的优化

在一系列实验中，在其他参数均相同的条件下，对乙腈、丙酮和乙酸乙酯三种提取溶剂进行了比较。在第一个实验中，采用乙腈和丙酮均按每克样品 1mL 及 2mL 溶剂的比例提取混合果蔬样品。提取并离心后，各取 3 份相当于 5g 样品的提取液（考虑到水分含量和体积差异，样品：溶剂为 1：1 时，丙酮提取液取 7.0mL，乙腈提取液取 7.1mL；样品：溶剂为 1：2 时，丙酮提取液取 14.0mL，乙腈提取液取 14.2mL），放入预称重的试管中干燥，根据重量差异测定基质共提物的量。表1-1给出了共提物的质量分数，结果表明水果和蔬菜中溶解在丙酮-水中的物质约为溶解在乙腈-水中的2～8倍。

表1-1　乙腈或丙酮提取液中基质共提取物（即溶解在初始提取液中的基质）占样品总质量的百分数

样品	溶剂体积/mL	乙腈/%	丙酮/%
1g样品A	2	2.1	4.0
1g样品B	2	1.6	7.4
1g样品B	1	0.7[a]	5.7

注：样品A为苹果、胡萝卜、青豆各占33%；样本B由26%橙子、19%菠菜、16%苹果、15%莴苣、14%葡萄和10%胡萝卜组成。[a]由于样品中含糖量高，水和乙腈有一定程度的分相现象。

另一个实验则比较了分别采用乙腈、丙酮、乙酸乙酯以及乙腈-丙酮混合溶剂（1∶1）四种溶剂对混合农产品样品进行提取得到的共提物的含量。该实验步骤与QuEChERS原始方法完全相同，只改变了溶剂的类型。结果如图1-1所示，在SPE净化前，乙酸乙酯得到的基质共提物最少，丙酮最多；而在采用PSA进行分散固相萃取净化后，乙腈得到的共提物的量最少。

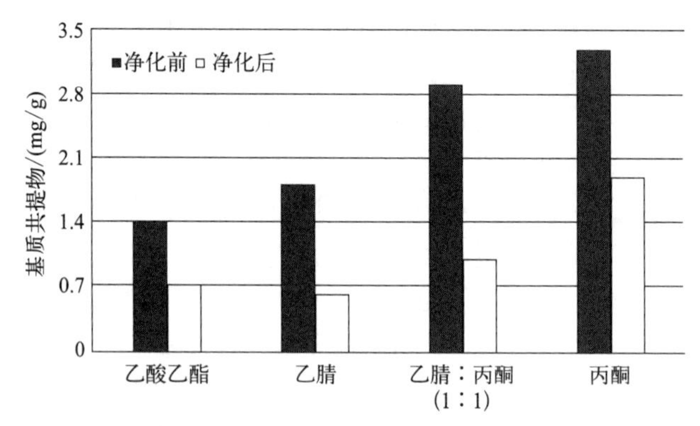

图1-1　采用不同溶剂提取一种果蔬混合样品后，提取液用PSA吸附剂进行分散固相萃取净化前后的共提取物的比较

纵坐标为基质共提物，即溶解在提取液中基质质量（mg）与原样品总量（g）的百分比

研究人员同时将该实验提取液进行GC-MS全扫描检测，将色谱图中基质峰的数量和强度相加进行比较。结果表明，乙腈在净化前后的GC-MS全扫描谱图中出现的干扰色谱峰最少。净化前乙腈提取液出现130个峰，净化后出现101个峰。乙酸乙酯、丙酮和乙腈-丙酮（1∶1）在净化前分别有150、155和151个峰，净化后分别有128、145和140个峰。峰面积的总和也呈现相同的大小顺序。经过这些实验（以及下面所述的其他实验），可以清楚地看出，乙腈在所测试的不同溶剂中具有最强的选择性，在总体上是最优选择。

3.提取溶剂用量的优化

乙腈较低的挥发性对浓缩步骤中的溶剂蒸发是不利的，但在QuEChERS方法中，由于选择使用了较小的溶剂-样品比进行提取，免去了溶剂蒸发和重新定容的步骤。在小体积的液体转移过程中，乙腈的低挥发性是一个优势，因为溶剂挥发引起的体积变化就会相对很小。提取时，该方法选择以 1∶1 的样液比（样品量与提取溶剂的比例），即采用 10g 样品加 10mL 乙腈进行提取，得到的最终提取液的浓度≈1g（样品）/mL。使用先进的检测仪器，对于大多数农药残留分析来说，这应该可以得到足够的分析灵敏度，检测限可以达到 10～100ng/g。如果需要较低的检出限且基质不是限制因素，则可采用大体积进样、程序升温汽化和/或直接进样等方式，几乎所有能采用 GC 分析的农药都可得到良好的检出限[15,26,28,29]。当然，在净化之后通过使用温和的氮吹和适度的加热进行浓缩也是可行的。必要时，加入适量的丙酮或己烷使之形成共沸混合物会有助于加快蒸发速度[22,25]。

考虑到大多数果蔬的含水量在 80%～95%之间，初始的样品-乙腈（1∶1，体积比）混合提取液的含水量约为 40%～46%。这一比例高于 Mills 方法中的含水量[31-34]，而后者已被证明能有效提取非极性残留物[3,45]。基于此，我们会担心该方法是否能有效提取样品中的非极性农药，因为这些农药有时会在样品的脂质和蜡质颗粒中存在。但是，与 Mills 方法不同的是，在 QuEChERS 方法中，基质并没有在初始提取步骤之后与提取液分离，而是在两相形成之后（提取/分配步骤）仍然留在提取体系中。在第二步混合步骤中，分离出来的乙腈对于非极性农药的提取来说是比初始单相提取的乙腈-水混合溶液强得多的溶剂。在此提取/分配步骤中，样品可以接触到体积比约为 92∶8 的乙腈-水溶剂体系（该比例是由 NMR 实验确定的），该溶剂保留了分配时的极性农药，并再次萃取了未溶解在含 54%～60%乙腈的初始溶液中的非极性农药。在这一步骤中，无水 $MgSO_4$ 的水合产生的热量进一步帮助和加速了萃取。

为了进一步尝试得到更高浓缩倍数的提取液，同时避免溶剂挥发，实验对样品∶溶剂比为 2∶1 的情况（10g 样品＋ 5mL 乙腈）进行了测试。表 1-2 比较了在加标水果样品中，样品∶溶剂为 2∶1 和 1∶1 时所选农药的回收率。与 1∶1 的比例相比，在 2∶1 比例条件下，大部分极性农药都没有被完全分配到上层乙腈相，但所有农药的回收率仍大于 75%，这在大多数情况下是可以接受的。这个实验没有重复，因为浓度因子加倍会降低很多极性较高的、能够采用气相色谱检测的农药的回收率，例如甲胺磷、乙酰甲胺磷、氧乐果和噻菌灵等。因此，在这种情况下，1∶1 的样液比仍然是一个最好的选择。

表 1-2 从 10g 水果样品中提取农药的平均回收率[a] 单位：%

农药名称	英文名称	乙腈(5mL)	乙腈(10mL)
敌敌畏	dichlorvos	95	96
甲胺磷	methamidophos	76[b]	95
速灭磷	mevinphos	96	100
乙酰甲胺磷	acephate	84[b]	99
邻苯基苯酚	*o*-phenylphenol	94	94
氧乐果	omethoate	85[b]	100
二嗪农	diazinon	95	99
百菌清	chlorothalonil	94	95
甲霜灵	metalaxyl	94	100

续表

农药名称	英文名称	乙腈(5mL)	乙腈(10mL)
甲萘威	carbaryl	93	99
抑菌灵	dichlorfluanid	97	97
克菌丹	captan	97	100
噻菌灵	thiabendazole	88[b]	99
灭菌丹	folpet	92	94
抑霉唑	imazalil	92	102

注：[a] 样品与乙腈的比例（g∶mL）为2∶1和1∶1，加入1g NaCl和4g $MgSO_4$ 用于两相分配过程；
[b] 使用5mL乙腈时回收率较低的农药。

4.提取方式的优化

实验采用了由美国佛罗里达州农业和消费者服务部门提供的田间残留样品（而非室内添加样品），该样品是一种绿豆和长叶莴苣（质量比2∶1）的混合物，已被证明含有田间残留的甲胺磷、乙酰甲胺磷和氯菊酯。该实验比较了在初始提取步骤中采用振荡法或搅拌法对该样品中极性和非极性残留物的提取效率。同时，将QuEChERS方法与当时常用的AOAC官方方法985.22[12,13]的10倍缩小版本进行了比较，后者包括3个两相分配步骤（通常称为Luke方法）。

实验还比较了涡旋混合器（广泛应用于动物组织残留分析）与传统高速匀浆机（probe blender）提取2min田间样品的提取效率。大多数食品农药的多残留分析在提取过程中使用搅拌器，但Cook等[27]对采用振荡的方式进行了尝试和验证。对于添加样品来说，振荡和搅拌应该同样有效，但对于田间样品中的残留农药，提取效果不能确定。实验证明，与以搅拌为基础的提取方法相比，振荡法在能力验证测试中（其样品中含有一些田间残留农药）的结果也是合格的。因此，该实验也研究了振荡法在果蔬提取中的应用。

振荡法相较于搅拌法的优点：

（1）试样未暴露于搅拌器的活性金属表面；

（2）如有需要，可手动摇动（现场或实验室）；

（3）样品之间不需要清洗搅拌器容器及探头；

（4）提取过程采用密闭容器进行，更安全；

（5）消除了样本污染的可能；

（6）不需要额外添加漂洗搅拌器的溶剂；

（7）每次提取只使用一个容器；

（8）可并行提取一批样品，比按顺序提取节约时间；

（9）涡旋混合器/振荡器的成本比搅拌器低，维护成本更低；

（10）涡旋器的噪声比搅拌器小得多；

（11）混合过程中不产生摩擦热（特别是在方法中加入固体时）。

表1-3给出了不同提取方法的比较结果。对于所有田间残留的农药，涡旋过程的结果与搅拌器方法的结果相似。但是搅拌器只适用于最初的萃取步骤，而不是萃取/分配步骤，使用涡旋混合器则可避免萃取/分配步骤中盐存在时的摩擦和对搅拌器的损坏。在mini-Luke

方法中也使用了探针搅拌器（高速匀浆机），其结果与采用乙腈涡旋法类似。其他实验人员基于乙腈的振荡提取法也得到了类似的结果[27]。

表 1-3 采用不同的方法提取含有甲胺磷、乙酰甲胺磷和氯菊酯的实际田间样品得到的分析结果比较

提取方法[a]	测得的残留量/(ng/g)		
	乙酰甲胺磷	甲胺磷	氯菊酯
佛罗里达法[b]	67	167	247
mini-Luke 法	67	175	261
方法 A(涡旋法)	64	170	240
方法 B(搅拌法)	66	169	237

注：[a] 佛罗里达法[27]采用振荡法，样品与乙腈比为 1∶2；“mini-Luke” 方法采用样品∶丙酮（1∶2）和 3 个液液萃取步骤（NaCl）；该实验室方法 A 采用样本∶乙腈为 1∶1 的涡旋提取；方法 B 使用探针搅拌器（高速匀浆机），其他条件与方法 A 相同，均采用 1g NaCl + 5g $MgSO_4$ 分相。

[b]是佛罗里达州农业和消费者服务部门分析得出的结果。

实验结果表明，采用振荡法或涡旋法提取新鲜果蔬中极性和非极性农药都是可行的，比较的结果与参考方法非常接近，因此 QuEChERS 确定采用涡旋法进行提取。当然，为了更好的提取效果，操作过程中应使样品得到强烈的振荡，并且要保证在前面的样品制备过程中样品被彻底粉碎。

5. pH 影响

自然界中水果和蔬菜中的 pH 变化很大，在 2.5～6.5 之间。农业中使用的许多常见农药对 pH 较为敏感（如噻菌灵、抑霉唑、多菌灵、克菌丹、灭菌丹、抑菌灵、百菌清），需要在特殊的分析条件下对这些农药进行多类型多残留分析监测。

一般情况下，农药在较低的 pH 下更稳定。众所周知，在农业中广泛使用的几种农药（如百菌清、克菌丹、灭菌丹和抑菌灵）在较高的 pH 下会迅速降解，因此，在某些基质中宜将 pH 调整到较低的值。然而，其他一些应用广泛的碱性杀菌剂，如抑霉唑、噻菌灵等，在典型的多类型多残留分析中在低 pH 样品中的回收效果较差，因为它们在低 pH 时在水相中发生质子化，从而不能分配进入极性相对较低的有机相。因此，在典型的多类型多残留分析中，这些不同类型的分析物存在着与 pH 相关的选择矛盾[43]。

在 QuEChERS 方法中，乙腈/水分配系统不同于非极性溶剂参与的分配系统，因为在相分离后，乙腈相中仍然保留了大量的水。因而可以推断，pH 对该方法中碱性杀菌剂的回收率不会有很大的影响，因为它们仍然会分配到中等极性的乙腈相中。以苹果汁为研究对象进行的几次回收率实验表明，将苹果汁的 pH 调整为 2.5、3、4、5、6、7，覆盖果蔬的自然 pH 范围，然后使用乙酸乙酯代替乙腈进行了同样的实验，观察差异（见表 1-4）。结果表明，pH 对乙腈提取的影响很小，但在低 pH 条件下对乙酸乙酯有较强的影响。采用乙腈提取时，即使是碱性最强的农药抑霉唑（pK_a 为 6.53）在低 pH 条件下也得到了较高的回收率。这一发现表明，QuEChERS 方法的分析范围非常广泛，涵盖了农药和基质很宽的 pH 范围。

表 1-4 pH 对碱性杀菌剂回收率的影响 单位：%

pH	噻菌灵		抑霉唑	
	乙酸乙酯	乙腈	乙酸乙酯	乙腈
2.5	57	92	58	101
3	54	90	51	92
4	85	90	73	94
5	96	84	84	86
6	104	90	94	90
7	104	94	94	89

注：用 H_2SO_4 或 K_2CO_3 溶液将 10g 苹果汁调至所需 pH，用 10mL 乙腈 + 5g $MgSO_4$ 和 1g NaCl 进行提取。

实验证明，保证碱性农药获得较好的回收率，并不需要提高 pH 较低的样品的 pH。然而，在分析各种蔬菜等 pH 较高的样品时，仍存在丢失部分对碱敏感农药的风险。因此，建议将这些样品的 pH 调整到 4 以下，以尽量减少这些农药的降解。实验中没有包括酸性农药（如氯苯氧乙酸），但基于前述讨论，预计此类农药的回收率也会很好，而不需要像其他方法通常要求的那样将 pH 降低到 2 以下再进行提取。

pH 不仅对碱性或酸性农药的回收率（以及某些化合物的降解速率）有很大影响，而且对基质成分的共提取也有很大影响。为了评估这一点，在全扫描模式下进样分析了先前实验的提取液，图 1-2 结果显示，随着 pH 的降低，脂肪酸和其他酸的共提取量增加。Lee 等[22]做了类似的实验，在他们的方法中选择将 pH 调整到 7。根据实验结果推断，Lee 等[22]可以在分配步骤中增加盐的用量（其使用约 0.5g NaCl/10g 样品）来减少这些基质组分的共提取，而不是增加 pH，因为这会对碱敏感农药的稳定性产生负面影响。

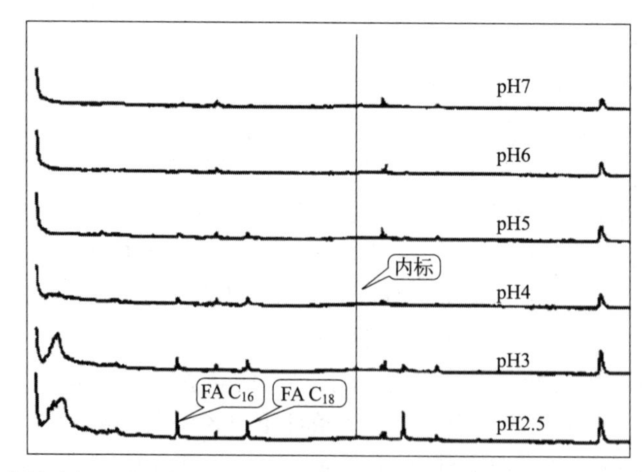

图 1-2 苹果汁提取液的 GC-MS（全扫描）色谱图中 pH 对基质共提取物的影响

采用 1g NaCl + 5g $MgSO_4$ 诱导相分离。图中 FA 为脂肪酸

碱性敏感农药的损失风险，例如克菌丹、敌菌丹、灭菌丹、百菌清和抑菌灵，不仅出现在均质样品中，也存在于最终提取液中。pH>5 的样品提取液会导致这些农药的损失，而

酸性样品的提取液在经过PSA净化后也会出现农药的损失，甚至在PSA净化后的空白提取液中添加的农药也会出现损失的现象。PSA含有可以去除酸性提取物的伯胺和仲胺基团，从而增加了待测农药碱催化降解的风险。实验表明，碱敏感农药在pH为6～7的乙腈提取物中仅能保持短暂的稳定，而在乙酸含量为0.05%～0.1%的乙腈提取液中则能保持稳定1天以上。因此，为提高这些农药的稳定性和回收率，最好保持足够的酸性条件。实际上，后来的AOAC方法就采用了在提取过程中使用少量乙酸使碱敏感农药获得了更高的稳定性和回收率。

（四）相分离过程的优化和选择

1.核磁共振波谱法测定含水量

为研究样品前处理过程中各步骤溶液中的含水量对研究结果的影响，采用核磁共振方法测定含水量。将550μL的待测乙腈-水溶液或待测样品提取液转入核磁共振管中，加入100μL的氘代乙腈（CD_3CN）作为内标物和标记物。为了定量分析含水量，配制了含水量在5～200mg/mL之间的系列乙腈溶液作为标准曲线。

2.不同盐和果糖促使相分离的比较

在采用乙腈进行样品提取后，下一步需加入盐（$MgSO_4$和NaCl）来促使相分离。这一步骤实际上是第二提取步骤，因为它的实质是再次提取和液液萃取两个过程的结合。通过加入NaCl来促使或影响液液萃取已经在许多农药多残留分析中得到了应用[21-29]。NaCl的加入引起的盐析效应通常会提高极性化合物的回收率，但这也取决于参与分配步骤的溶剂的性质。适当的盐加入量和盐组合可以控制有机相中水的比例（水相中有机溶剂的比例也可以通过盐的加入来控制），从而使两相的极性有一定的调整。

在大多数采用丙酮提取的多残留分析中[9-15]，两相分配行为是通过加入NaCl和非极性共溶剂（Co-solvents）的组合来控制的，但这种方法的主要缺点是：①共溶剂对提取液形成了稀释作用；②共溶剂通常会使提取液极性过低。

而在大多数使用乙腈[21-30]的多残留分析中，提取/分配是在不添加非极性共溶剂的情况下实现的。添加盐的方法不仅简便、快速、经济，而且不会增加提取液的体积，从而减少或避免了提取后的浓缩步骤，也不会引入过多的非极性溶剂，从而减少了提取后净化很多非极性杂质的操作。

对于盐析的方法，传统的基于乙腈提取的多残留方法只是采用NaCl使水相饱和。该实验比较了使用不同用量的果糖（fructose）、$MgSO_4$、$MgCl_2$、$NaNO_3$、Na_2SO_4、LiCl和NaCl来促使相分离的结果。除了测定农药回收率外，还使用核磁共振波谱法[19,29,42]来测量盐析步骤后乙腈相中的水分含量。

实验首先将不同种类和用量的盐（或果糖）溶解在10g（即10mL）水中，达到室温后，使之与10mL（7.86g）添加了农药（0.5μg/mL）的乙腈在涡旋混合器上混合。通过NMR测量上层液体的体积和含水量，假设1mL水+1mL乙腈=2mL溶液，近似计算下层水层中乙腈的含量（计算偏差很小，不影响相对值的结果判断）。在没有食品基质的情况下，加入了分析物保护剂来改善峰形，并以倍硫磷作为内标物的标准曲线法计算样品中极性最强的农药甲胺磷的回收率（结果见表1-5）。

表 1-5　不同盐和果糖对液液萃取后乙腈相的含水量和水相中乙腈含量的影响

化合物	20℃下水中的溶解度/(g/L)	加入量/g	上层乙腈相体积/mL	乙腈相中水分含量/(mg/mL)	水相中乙腈含量/(mg/mL)	甲胺磷回收率/%
LiCl	835	0.5	4.3	220	338	17
		1	6.4	144	267	23
		2	7.5	76	199	21
		3	7.4	55	194	17
		4	7.2	31	192	12
		6	6.4	17	220	5
		8	5.0	18	272	2
$MgCl_2$	546	1	7.5	144	232	19
		2	8.0	86	183	23
		3	8.3	57	153	21
		4	8.3	37	142	18
		5	8.3	20	132	15
NaCl	359	0.5	5.0	233	328	25
		1	6.9	157	257	34
		2	8.0	105	193	41
		3	8.3	74	162	47
		4	8.4	70	155	48
$NaNO_2$	876	4	3.5	112	333	—
		6	6.0	88	260	—
		8	6.4	84	245	—
$MgSO_4$	337	0.75	15.0	364	88	67
		1	14.2	357	131	95
		2	11.9	231	92	88
		3	11.2	174	76	91
		4	10.6	136	79	97
		5[a]	10.7	185	117	98
Na_2SO_4	195	1	10.3	257	199	69
果糖	高度溶解	2	5.0	251	333	30
		3	6.5	197	284	31
		4	7.0	178	263	34
		6	6.9	174	264	35

注：[a] 指硫酸镁在此用量下由于过饱和而有沉淀存在。

显然，农药在两相之间的分配取决于上下两相之间的极性差异。分别测定两相中的水和乙腈的准确含量，是为了证明甲胺磷和其他极性农药的回收率是否主要与乙腈相的含水量相关。然而，当分析采用不同盐（或果糖）得到的所有结果后，得出的结论是两相（有机相和水相）的组成和体积都非常重要。由表1-5可知，采用 $MgSO_4$ 促使乙腈和水分相的结果是最优的。表现为以下几点：

（1）甲胺磷的回收率最高；

（2）上层的体积明显大于采用其他盐的体积；

（3）下层水相中乙腈的含量最低；

（4）上层乙腈相中水的含量最高；

（5）上层中水的含量和下层中乙腈的含量之间浓度和总量的差异均最大。

3.硫酸盐在相分离中的作用

使用干燥盐（$MgSO_4$ 或 Na_2SO_4）来提高极性化合物回收率的方法已有报道。在瑞典的多残留分析方法中，Andersson 和 Palsheden[33] 以乙酸乙酯为提取溶剂，使用 Na_2SO_4 去除样品中的水分，实现了极性化合物的高回收率。Valverde-García 等[46] 使用 CO_2 超临界流体萃取法（SFE），通过将样品与 $MgSO_4$ 混合，显著提高了甲胺磷和乙酰甲胺磷的回收率。Eller 和 Lehotay[42] 采用了类似的方法，将 $MgSO_4$ 与含水量较高的基质相结合进行提取。

加入 $MgSO_4$ 是因为它能够结合大量的水，从而显著减少水相，这将促进农药在有机相中的分配。为了结合大量的水，添加 $MgSO_4$ 的量应该远远超过其在水中的饱和度。而 $MgSO_4$ 在20℃时水中的溶解度为337g/L[47]，说明方法中 $MgSO_4$ 结合水的量并不大（10g样品中 $MgSO_4$ 用量为4g）。此外，$MgSO_4$ 的水化过程是一个高度放热的过程，在萃取/分配过程中，样品提取液会发热，温度最高可达40～45℃。热量对提取应该是有益的，特别是在提取非极性农药的情况下。

值得注意的是，Na_2SO_4 也是一种能够形成水合物的盐，它也比其他盐有相对较高的甲胺磷回收率。也许在溶液中加入更多的 Na_2SO_4 可以获得更高的甲胺磷回收率，但 Na_2SO_4 在水中的溶解度较低限制了这种可能性。

实验还评估了 $MgSO_4$ 和 NaCl 单独使用或联合使用对果蔬样品中添加农药的提取回收率的影响。表1-6列出了这两种盐的不同用量对极性最大的三种农药在上层乙腈相分配的影响结果，所有其他能用GC测定的农药在实验中也都得到了很高的回收率。由表1-6可知，单独使用 $MgSO_4$ 对极性农药的回收率最高，即使在番茄提取过程中只加入2g $MgSO_4$，也能使近80%的甲胺磷进入乙腈相。然而，与传统的基于乙腈提取的方法一样，单独使用 NaCl 时回收率并不令人满意。$MgSO_4$ 与 NaCl 的组合效果也很好，但当 NaCl 添加量增加时，回收率略有下降。结果说明样品中添加 $MgSO_4$ 的理想用量为4～5g，因此在最终 QuEChERS 方法中确定使用4g $MgSO_4$。

这些实验结果也表明，NaCl 加入量越大，体系的相分离越彻底，乙腈相中残留的水分就越少，该有机相的极性就越弱，因而也越不容易接受甲胺磷等极性化合物。可见，体系中 NaCl 的添加量对水和乙腈的相分离有很大的影响，通过改变提取液中 NaCl 的添加量，可以控制分配步骤的极性范围和选择性。

总体从回收率来看，$MgSO_4$ 作为分相盐是最佳选择，但提取过程的选择性也必须考虑。因此，下一步实验采用 $MgSO_4$ 和 NaCl 的组合，对提取/分配步骤的选择性进行了探讨。

表 1-6 NaCl 和/或 $MgSO_4$ 对不同基质中甲胺磷、乙酰甲胺磷和氧乐果回收率的影响

基质	$MgSO_4$ 用量/g	NaCl 用量/g	回收率/%		
			甲胺磷	乙酰甲胺磷	氧乐果
番茄	0	0.25	32	42	42
	0	0.5	36	39	39
	0	1	41	44	44
	0	2	43	43	45
	0	3	53	53	64
番茄	2	0	79	**97**	**96**
	3	0	**92**	**98**	**93**
	4	0	**98**	**102**	**103**
	5	0	**101**	**95**	**91**
	6	0	**94**	**99**	**106**
苹果	5	0	**100**	**98**	**100**
	5	0.125	**95**	**96**	**99**
	5	0.25	**89**	**98**	**98**
	5	0.5	**89**	**93**	**87**
	5	1	**85**	**91**	**93**
	5	2	80	**87**	**90**
西葫芦	0	1	42	33	30
	1	1	63	61	72
	2	1	76	77	77
	3	1	78	77	**81**
	4	1	**83**	**87**	**87**
	5	1	**84**	**84**	**85**
番茄	0	2	42	34	34
	1	2	51	57	67
	2	2	69	70	74
	3	2	79	**88**	**92**
	4	2	**81**	**82**	**92**
	5	2	**88**	**85**	**87**

注：回收率大于 80%用粗体表示。

4. 相分离过程中的选择性及分相盐的确定

水相中的盐浓度不仅影响极性农药的回收率，而且影响基质中的极性化合物在有机相中的分配。图 1-3 为表 1-6 中的苹果提取液的 GC-MS 全扫描色谱图，在液液萃取过程中使用不同量的 NaCl 和 5g $MgSO_4$，所有提取液在 GC 进样前用 $MgSO_4$ 进行干燥，以消除各提取

液中可能存在的水分差异。

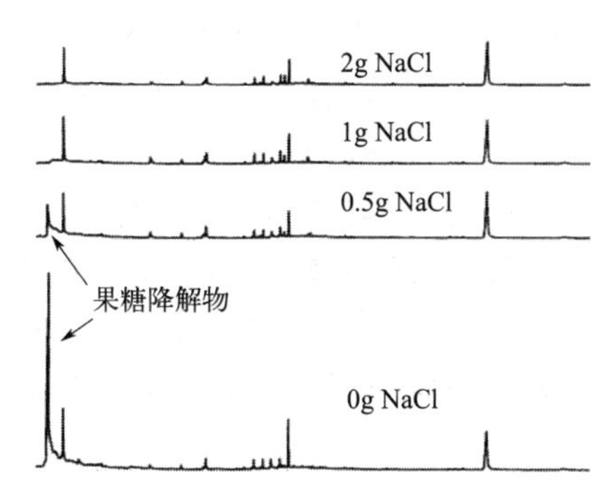

图 1-3　采用不同用量 NaCl 和 5g $MgSO_4$ 使苹果提取液相分离后的 GC-MS 全扫描色谱图

从图 1-3 可以看出，许多在 10min 前洗脱的基质成分随着 NaCl 的加入逐渐从提取液中消失。显著影响还包括色谱图中 5-羟甲基糠醛（HMF）的色谱峰变化。HMF 是一种果糖降解物，主要由果糖形成，果糖是许多水果中糖的主要成分。果糖在转化为 HMF 的过程中，先后失去 3 个水分子，该反应是酸催化反应，加热可以使之加快，因此它很容易在高温下的 GC 进样器中发生。检测到的 HMF 的含量反映了提取物中果糖的量，并提供了一个有用的工具来评估提取/分配步骤的极性范围的最高极性。NaCl 对提取物中极性基质成分含量的影响可以从果糖和葡萄糖（形成一个拖尾状的脱水吡喃葡萄糖峰）以及有机酸（脂肪酸和非脂肪酸，如香草酸、羟香豆酸和肉桂酸）等化合物反映出来。提取液的颜色差异也表明不同程度的色素被提取了出来。

在采用 $MgSO_4$ 形成相分离的过程中，通过改变 NaCl 的添加量，可以控制方法的极性范围，从而控制提取液中基质成分的量。有趣的是，分配过程中 NaCl 的用量对几种农药的峰形和峰面积也有很大的影响，这种影响与基质共提物的成分的数量及性质有关，并且会在下文中详细讨论（见分析保护剂）。

表 1-7 总结了在 $MgSO_4$ 结合 NaCl 的液液萃取过程中，随着 NaCl 用量的变化所观察到的不同效应。显然，NaCl 浓度的选择应该在不同的效果之间进行折中。在最后的 QuEChERS 方法中，选择了 4g $MgSO_4$ + 1g NaCl 作为提取/分配条件，这是一个折中方案，避免了极性基质组分的共提取，但仍然实现了极性农药的高回收率，虽然略低于单独使用 $MgSO_4$ 可能实现的回收率。

表 1-7　方法中与 $MgSO_4$ 结合使用的 NaCl 的量对各参数的影响

NaCl 用量	极性化合物的回收率	极性基质共提物的量	提取液中的水分含量	基质引起的色谱峰增强效应
增加	降低	降低	降低	降低
减少	升高	升高	升高	升高

（五）分散固相萃取净化

1. 分散固相萃取净化的优点

在农药分析中，常规的 SPE 净化由装填有 250～1000mg 吸附剂材料的塑料小柱和抽真空装置组成，包括小柱预活化、上样、预淋洗、收集洗脱液、浓缩等步骤，需要手动操作和使用多种溶剂。进行 SPE 净化需要实验人员经过一定的培训，掌握相关的理论知识和操作技能。影响SPE重现性的常见因素有：真空度的控制（真空度直接影响流速）、淋洗液窜流和柱床的干燥。SPE不容易实现自动化，而且自动化的SPE设备非常昂贵，需要维护，且对于非常规应用缺乏通用性。与其他方法相比，SPE小柱净化方法有其优势，但存在方法复杂耗时及上述一些缺点。

在QuEChERS方法中，使用了一种非常简单的净化方法，称之为“分散固相萃取（dispersive-SPE，d-SPE）”。其方法是将1mL的样品提取液加到装有少量吸附剂（25mg PSA）的小离心管中，在涡旋混合器上振摇或混合，以使吸附剂与提取液充分接触，从而达到净化的目的。然后通过离心或过滤分离吸附剂，最后得到的提取液可进样分析。这种方法十分简便，d-SPE吸附剂起到了通过“化学过滤器”去除基质成分的作用。分散固相萃取法也可以通过变换不同溶剂实现对化合物的保留/洗脱。

分散固相萃取在某些方面与基质固相分散萃取（matrix solid-phase dispersion，MSPD）相似[48-50]，但分散固相萃取是将吸附剂添加到提取液中，而MSPD是将吸附剂添加到原始样品中。考虑到样品的代表性和均匀性，MSPD的样品量不能太少，但较大的样品量会导致吸附剂用量的增加从而增加分析成本。分散固相萃取则不存在这个问题，它是将吸附剂直接加入均匀的提取液中，吸附剂用量与初始样品量无关，吸附剂用量可以很少。

与传统的SPE方法相比，分散固相萃取不采用小柱的形式，且只需要少量的吸附剂，所有的吸附剂在分散固相萃取中与基质的相互作用是完全均匀的，每毫克吸附剂的吸附容量更大，因而可以节约时间、劳动力、成本和溶剂。与SPE不同，分散固相萃取不需要对吸附剂进行预处理，不需要担心柱床溶剂流干，也不存在体积穿透效应（breakthrough）的问题，只需要对实验人员进行简单培训即可进行操作。此外，分散固相萃取技术中，研究人员可以根据具体情况采用不同吸附剂的任意用量组合，以满足他们的分析需求；但SPE一般需要定制或购买固定配方的小柱。

就像通常在固相萃取柱管顶部添加干燥剂一样，分散固相萃取方法中也同时添加$MgSO_4$作为固相萃取吸附剂，以去除大量多余的水分，并获得更好的净化效果。为了将分散固相萃取步骤之后的固相吸附剂从最终的提取液中分离出来，通过实验比较了过滤与离心两种方式，最终决定选择离心的方式。过滤的方式是采用针筒式过滤器直接将混合物过滤到自动进样瓶中，但是商品化的针筒式过滤器的体积不足以承载方法中混合提取物的体积，且所需耗材成本较高。如果可以找到一种方法实现净化和过滤同时进行，那么该方法还可以得到进一步简化。

2.净化过程中硫酸镁的脱水干燥作用

在QuEChERS方法中，分散固相萃取净化和干燥是同时进行的。干燥被认为是有益的，因为残留的水分可能会影响d-SPE和GC分离[51]。$MgSO_4$在除水方面比Na_2SO_4更有效，已被广泛应用于其他方法[19,21,28,29]。该实验研究了不同用量的$MgSO_4$从最终提取液中去除残留水分的情况。实验使用先前实验的苹果提取液，其中含有不同量的残余水分。用核磁共振法（NMR）测定用不同用量的无水$MgSO_4$干燥后每1mL提取液中的水分含量（见图1-4）。从结果可知，采用10mL乙腈提取10g苹果样品，采用1g NaCl和5g $MgSO_4$结合分相，取1mL上层乙腈相，分别加入0mg、50mg、100mg、150mg $MgSO_4$，其水分含量从约70mg/mL降至约20mg/mL，完全可满足d-SPE净化对水分含量的要求。

用$MgSO_4$干燥具有以下优点，水的去除使最终的乙腈提取液极性降低，导致某些极性共提取物的沉淀。在$MgSO_4$干燥草莓提取液的过程中和干燥后，可观察到草莓红色素（花

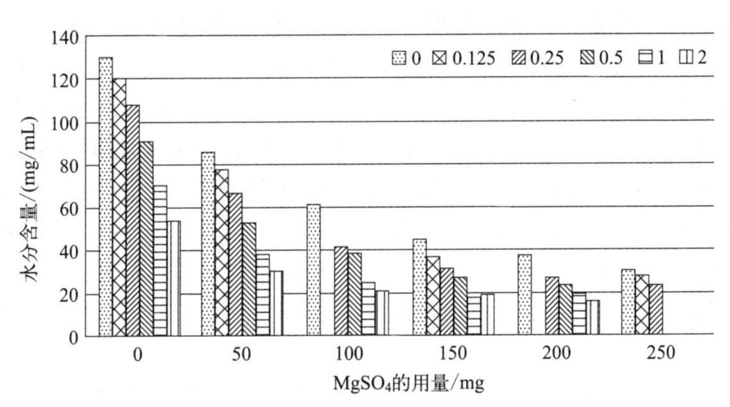

图 1-4　不同用量无水 $MgSO_4$ 干燥后的苹果提取液（1mL 上层部分）中的残余水分量

图中横坐标是每 1mL 提取液所使用的 $MgSO_4$ 的用量（mg）；图例是与 5g $MgSO_4$ 结合使用的 NaCl 的不同用量（g），该混合物用于对 10g 苹果样品的 10mL 乙腈提取液进行分相

青素）在一定程度上有明显的沉淀。在一些情况下，还可以观察到提取液用 $MgSO_4$ 干燥后，一些极性较强的基质共提物成分的色谱峰从 GC-MS 色谱图中降低或消失。

3. 采用重量分析法对不同吸附剂进行比较

已有报道的多残留分析方法使用 SPE 净化时[16,17,24-27]，最常用的吸附剂包括弱离子交换吸附剂（PSA 或—NH_2 键合硅胶吸附剂）、石墨化炭黑（GCB）、SAX 和/或 ODS（C_{18}）SPE 净化柱。实验针对分散固相萃取净化方法，比较了 PSA、氨基键合硅胶（—NH_2）、氧化铝-N、GCB、Nexus 聚合物、氰基键合硅胶（—CN）、SAX 和 ODS 等不同吸附剂的净化效果。重量分析法是指以不同吸附剂及其组合对混合果蔬的乙腈提取液进行 d-SPE 净化后，分别取一定体积的净化前和净化后的提取液，在加热条件下氮气吹干，称量最后的干燥物（即基质共提取物）的重量，计算净化后比净化前共提取物减少的百分数，即为吸附剂对共提取物的去除效率。图 1-5 总结了实验的最终结果，此外也对混合小牛肝、猪肝、鸡肝、碎牛肉进行了实验，进一步的研究可将这种方法推广到脂肪组织。

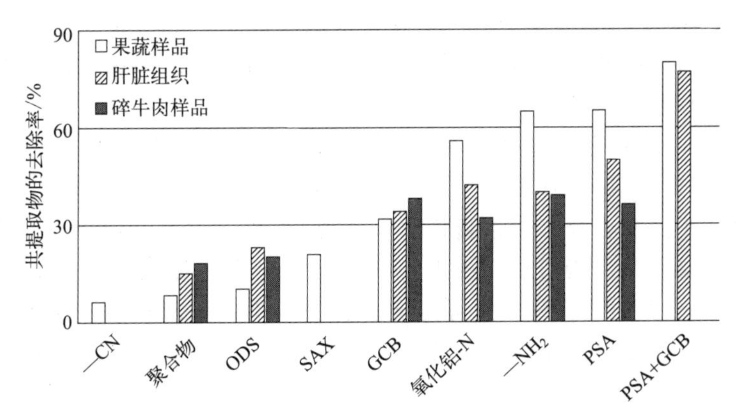

图 1-5　不同吸附剂采用 d-SPE 法对加入 1g NaCl 和 4g $MgSO_4$ 用于诱导分相的混合果蔬样品（生菜、番茄、苹果、草莓、橘子、菠菜、葡萄和胡萝卜）、混合肝脏样品（小牛肝、猪肝、鸡肝）和碎牛肉的 1g/mL 乙腈萃取物的净化能力对比

在共提物重量分析实验中，由于共提物的重量很小，为了获得可称量的重量差值，样品量、提取溶剂的体积，以及吸附剂的用量等参数均放大了 7 倍，然后再换算成每克样品所对

应的共提取物的重量。实验得到以下基质中净化前共提取物的重量分别为：混合果蔬样品平均0.17%（或1.7mg/g样品）；混合肝0.40%；碎牛肉0.19%。由图1-5可以看出，PSA+GCB去除共提物的能力最高，去除率达到80%左右。当1mL提取液（相当于1g样品）用PSA + GCB（25mg + 25mg）进行净化后，有1.4mg/g的混合果蔬或3.2mg/g肝脏样品的共提物被去除。因此，假定果蔬样品在气相色谱-质谱（GC-MS）的进样量为1.5μL时，单独采用PSA进行分散固相萃取净化可以使约1.6μg基质共提物免于进入色谱检测系统，只有约0.9μg基质共提物进入了色谱检测系统；而使用PSA + GCB时，将去除约0.5μg的基质物质（仅留下约0.4μg进入色谱系统），这有助于避免潜在的基质干扰物对色谱分析的干扰。

实验结果还表明，不同吸附剂的组合并不一定会提供加和的净化效果，因为一些吸附剂会像其他吸附剂一样去除相同的基质成分。例如，ODS去除的20%的混合食品基质共提物可能也能被PSA和GCB去除，因为观察发现当PSA和GCB与ODS联合用于乙腈提取物的净化时并没有提高共提取物的去除率（虽然在含水量高一些的提取液中情况可能不同）。此外，GCB和PSA在保留的基质组分的量和类型上也有相当多的重叠，但它们的组合使用还是提高了去除效果。

一些多残留分析方法中，采用了将初始的乙腈-水或丙酮-水混合的样品提取液在两相分离之前通过ODS SPE小柱进行净化的方法[27]。然而实验结果表明，在混合果蔬样品的提取液（同时比较了乙腈和丙酮）中加入500mg ODS吸附剂后，一些叶绿素被ODS去除，这点从提取液的绿色减少可以看出，但提取液干燥后的称量显示，无论是否添加ODS，基质共提取物的重量都没有变化。这间接说明，在含水量较高的体系中，ODS吸附共提取物的效果变差了。

4.采用GC-MS对不同吸附剂的比较

除了采用重量分析法来确定基质共提取物的整体去除率外，还可以使用GC-MS来确定不同吸附剂吸附或保留的萃取物中化学物质的类型。

对于净化效果的评价来说，GC-MS方法是指对d-SPE净化前和净化后的样品溶液采用GC-MS在全扫描方式下得到总离子流色谱图，根据色谱图中杂峰的多少和响应值高低（可以手动积分得到所有峰的峰面积），来评价净化效果，同时可以采用NIST谱库，初步确定吸附剂去除的是哪些种类的基质成分。

该实验中，GC-MS验证了前述重量分析实验得出的结论，即ODS几乎没有任何净化效果，而PSA、$—NH_2$和氧化铝-N通过氢键与化学物质相互作用，从草莓、葡萄和树莓提取物中去除了类似类型的化合物，包括脂肪酸、其他有机酸，并在一定程度上去除各种糖和色素，如花青素。正如重量分析所示（图1-5），在给定的单位用量下，PSA能够比$—NH_2$和氧化铝-N去除更多的基质共提物，这可能是由于PSA有仲氨基和伯氨基的存在而具有更高的吸附容量。如果$—NH_2$吸附剂中增加氨基的含量，也许它也可以得到与PSA相同的吸附效果。

5.GCB优缺点

GCB对平面分子有很强的亲和力，因此可以有效地去除食物中常见的色素（如叶绿素、类胡萝卜素）和固醇[52]。气相色谱-质谱联用分析表明，PSA和GCB的组合是一种很好的去除各种基质提取物的吸附剂，两者对不同类型的基质化合物具有互补作用。但不幸的是，GCB也保留了具有平面结构的农药化合物，如噻菌灵、蝇毒磷、嘧菌环胺和百菌清，以及内标物三苯基磷酸（TPP）。

在另一个添加回收实验中，用 $MgSO_4$ 对乙腈提取液进行干燥，并添加农药，然后对该液体进行分散固相萃取。用于定量的标准溶液是通过向之前在相同条件下净化过的提取液中添加标准品制备得到。当 GCB 用于分散固相萃取时，噻菌灵的回收率为 17%～44%，百菌清的回收率为 4%～30%，其回收率主要取决于所使用的基质类型和 GCB 的用量。在这些实验中，嘧菌环胺和蝇毒磷的回收率在 7%～48%。在叶绿素含量较高的基质中，GCB 导致的回收率损失较小，但回收率仍然取决于基质浓度和 GCB 的用量。尽管在提取液中加入甲苯会在一定程度上使回收率提高[24,25]，但这也会导致样品的稀释、净化效果变差，而且回收率仍然不达标等问题。

实际上被 GCB 去除的大部分基质成分并不会干扰 GC 分析，因为色素在 GC-MS 上并不出峰，而固醇类化合物通常在比拟除虫菊酯还晚的时间才会出峰。因此，使用 GCB 的“短期效益”并不显著，但由于担心色素成分和非挥发物可能会污染 GC 系统，需要对 GCB 的使用可能会带来的“长期效益”进行评估。

实验中，首先制备一种混合基质提取物（由青椒、西葫芦、草莓、桃各 1 份，胡萝卜和莴苣各半份组成），然后采用分散固相萃取技术比较了以下 4 种情况：①没有吸附剂；②吸附剂为 PSA；③吸附剂为 GCB；④吸附剂为 PSA ＋ GCB。每一种净化后的提取液都在一个序列中被连续注射了 30 多次。每隔 5 针进一针无基质的标准溶液，检查 GC 性能和鬼峰。在每一种吸附剂净化的样品序列结束后，更换进样口衬管使仪器恢复系统的初始状态，并比较各个序列中无基质标准溶液的峰面积和形状。然后，通过注射相同的样品，对 4 种不同“使用历史”的衬管进行比较。结果显示，用于“无净化”提取液的衬管活性最高，而用于 PSA ＋ GCB 提取液的衬管活性最低，但是它们之间的差异并不显著。因此，在最终的方法中，GCB 没有被采用，而是选择了单独使用 PSA 作为净化剂。

6. PSA 优缺点

在共提物重量分析实验中已经表明 PSA 具有很好的净化能力，GC-MS 实验也表明，对于相当于 1g 样品的 1mL 提取液，25mg PSA 足以完全去除几乎所有试验基质中的脂肪酸。需要注意的是，如果在不添加 NaCl 的情况下进行分相，则提取物含有更多的极性成分，如糖，此时 PSA 会由于过多糖的存在而出现超载现象。对于含有丰富花青素的草莓提取物，需要＞25mg 的 PSA 来避免吸附剂的饱和和超载。

该实验也有一些其他发现。在被检测的农药中，即使是最可能形成氢键的邻苯基苯酚，在 PSA 分散固相萃取净化过程中也没有出现任何损失，即使 PSA 用量增加 4 倍亦是如此。克菌丹和灭菌丹的回收率重复性较差，但这应该是由于 pH 的影响，而不是 PSA 净化的原因。PSA 和保留的化合物之间的相互作用基本上是瞬间完成的，因为提取液和 PSA 的接触时间并没有影响回收率。由于氢键的快速形成，样品被振摇几秒后净化就完成了，而且即使暴露时间长达 30min 也没有导致分析物的任何损失。

（六）误差来源与控制

1. 定量分析中的误差来源

任何分析都存在一定程度的随机误差，但也可能出现较大的系统误差。传统的多残留分析方法一般都有许多分析步骤，产生误差的概率也随之增加。分析人员出错的概率也会随方法中操作步骤的增加而增加。由于分析过程中的偏差是按乘法规律传递的，而不是加法规律[53]，分析方法中的误差来源越少越好。采用简便的方法不仅可以提高实验室的效率，还可以减少结果中的误差来源。因此，在开发方法时，应尽量使分析步骤少而简单。

分析结果的准确性取决于知道最终提取液所代表的样品的正确数量和用于校准的参考标准品的确切浓度。这些因素的误差将导致结果的系统性偏差。在许多情况下，当体积被错误地调整、测量或转移时，这种错误就会出现。这通常发生在体积小或使用错误校准的移液器时，例如，采用 20℃的水校准的移液器用于有机溶剂时，由于这些有机溶剂的黏度和挥发性与水有显著不同而导致体积偏差。当认为的体积与真实体积不同时，也会出现系统误差，例如在溶剂由于挥发而减少的情况下，或者在两相分配后有机相的体积不确定的情况下，很容易造成体积误差。当回收率＞100％时，这种系统误差比较容易被发现，但系统误差也可能在回收率＜100％的情况下产生。然而，农药残留分析中的这些偏差在一些出版物中很明显存在，在实践中甚至在使用基质匹配标准曲线定量时也很常见。已有一些论文对分析方法中不确定度的来源进行了细致的讨论[53-56]，但其实在分析化学中可以使用一种非常简单和历史悠久的方法来克服液体转移中所产生的系统偏差，那就是使用内标法进行定量。

QuEChERS 方法仅仅需要两次乙腈提取液的转移，但液体的转移过程是该方法中最大的潜在误差来源。在大多数使用乙腈提取的多残留分析中，液体转移是在相分离步骤之后直接进行或者在使用 Na_2SO_4 干燥之后进行的（尽管对乙腈来说 Na_2SO_4 是一种较差的干燥剂）[19,29]。此时默认为有机相的体积与最初添加到样品中的乙腈量是相同的。然而，有机相和水相之间的分离取决于多种因素，如样品的水分、糖分和脂质的含量以及溶解在水相中盐的量和类型。其他参数包括体积收缩现象和温度效应，例如样品有不同的初始温度，将乙腈与水混合会导致温度下降，添加 $MgSO_4$ 引起温度上升等。所有这些因素都会影响有机相的总体积，从而导致系统误差和/或随机误差。即使在这个阶段进行了正确的液体转移，它的有效体积也会在接下来的干燥步骤中去除水分后有所减小，当下一步将该液体进行转移时又会引入一个新的体积误差。

2. 内标物的使用

QuEChERS 方法使用 TPP 等内标物（ISTD）来消除方法中两次液体转移可能引入的误差。一旦添加了内标物，转移体积就不再是关键因素，因为基于内标物的归一化计算可以抵消操作过程中的体积变化。在 QuEChERS 方法中，两次移液操作的液体体积都较小，通常这会导致较大的相对误差，但由于采用在进行移液之前将内标物添加到提取体系中的方法（也称为前置内标法），避免了这种问题的产生。一旦选定了合适的内标物，则越早添加越能更好地解决随后可能出现的体积误差问题[55]。通过在移液之前加入内标物，所有液体转移在准确性方面变得不那么重要。事实上，内标物的数据信息还可以用来判断所有的液体转移是否都准确无误。

使用内标物的一个关键要求是所选择的内标物不能在两相分配中进入水相或者在 d-SPE 步骤中被吸附剂保留。实验结果表明，在由乙腈、水和盐组成的体系中，实验中所选择的内标物 TPP 在有机相中的回收率为 98％，在 PSA 吸附剂的净化步骤中回收率为 99％。然而，当使用 GCB 时，由于该吸附剂对芳香族结构具有很强的亲和力，因此 TPP 损失严重。TPP 的另一个优点是，它可以同时作为 GC-MS 和 HPLC-MS 的内标物，因为它在电喷雾和大气压化学电离正模式下也都能给出尖锐的峰和强烈的信号，可广泛应用于农药分析[43]。

（七）分析保护剂在 GC-MS 测定中的应用

1. 基质对 GC-MS 峰形的影响

进入气相色谱系统的分析物会与色谱柱的涂层材料和其他一些表面物质相互作用，从而形成不良的峰形拖尾和降解效应，这种相互作用主要来自进样口区域，如衬管、色谱柱接口或柱端等部位，例如，化合物在新切割的色谱柱前端可以有很强的相互作用。这些区域在多次进样后表面会覆盖一层以前样品中的非挥发性化合物，从而具有一定的吸附活性。待测化合物与这些活性表面之间的相互作用会导致峰形拖尾以及某些类型分析物（如磷酰胺、氨基甲酸酯等）的降解，高温对这些分析物也有一定的影响[15,43,46,57-60]。如果待测溶液中有其他分子可以掩盖这些活性位点，那这种不良影响将会显著减少。通常，提取液中的基质成分在一定程度上能够起到这种掩蔽剂的作用，以提高分析物进入色谱柱的效率。这种效应称为“基质诱导信号增强效应”[58]。为了克服这种效应，改善峰形，减少由基质效应导致的定量误差，许多实验室在农药分析中使用基质匹配标准曲线进行定量[15,24-29,43]。

有趣的是，在不同吸附剂的GC-MS对比实验中，经PSA和PSA＋GCB净化后的提取液中许多农药的峰形比未使用PSA时拖尾更严重。虽然PSA在GC-MS分析中去除了一些干扰基质成分，但它也去除了屏蔽玻璃表面活性位点的极性基质成分，这导致了更宽的峰形拖尾和某些分析物的显著降解。这让我们意识到，如果可以将一些能够保护分析物不受这种相互作用的化合物添加到溶液中，并且如果这些“分析保护剂（analyte protectant）”不干扰分析，那么GC分析中这种相互作用的影响就可能被彻底消除。因此，接下来的实验是试图找到能够满足这种需求的化学物质。

2.分析保护剂的筛选与评价

寻找合适的分析保护剂的出发点是从发现PSA可以选择性地去除作为良好保护剂的化学物质开始的。PSA能够与含有羟基或羧基的化合物形成氢键，实验中也确实观察到了在PSA吸附实验中各种具有氢键性质的酸和碳水化合物被PSA去除。以往的研究也表明，含有可能形成氢键基团的农药，如含氮碱性化合物（—NH—，═N—）、羟基化合物（—OH）、有机磷（P═O）、氨基甲酸酯类（R—O—CO—NHR—）和脲类衍生物（—NH—CO—NH—），比其他类型化合物具有更强烈的基质诱导增强效应[15,43,46,57-60]。此外，在两相分配过程中，当NaCl用量减少或不加NaCl时，这些“敏感”农药的峰形也有显著改善，而正如前文图1-3的讨论，不加或少加NaCl得到的提取液含有更多的极性成分，如基质中的酸和糖。基于这些证据得到的启示，说明具有能够形成氢键的官能团的化合物，例如含有多羟基、氨基和/或羧基的化合物，可能具有分析保护剂的作用。

在另一篇报道[61]中，作者用大量的实验针对不同类别的物质对敏感分析物的保护能力进行了评估。研究结果表明，没有一种化合物能同时保护所有的分析物，保护剂的分子结构、浓度和挥发性等因素起着重要作用。一般来说，具有高挥发性的化合物能更好地保护出峰较早的分析物，而挥发性较低的试剂能更好地保护出峰较晚的分析物。研究还发现，糖（如葡萄糖和果糖）和糖醇（如山梨糖醇）对分析物具有较宽的保护范围，是一类很好的分析保护剂。对于那些出峰较早的分析物，如甲胺磷和乙酰甲胺磷，3-乙氧基-1,2-丙二醇是一种很好的保护剂。

因此，在该实验中，使用山梨糖醇和3-乙氧基-1,2-丙二醇的组合来覆盖整个农药分析物范围。这两种试剂都含有羟基，它们能够与GC进样口表面的活性位点以及被分析物相互作用。在许多情况下，在保护剂的作用下实现的信号增强比存在基质成分（基质提取物）时实现的信号增强更大。图1-6显示了分析物保护剂对甲胺磷和乙酰甲胺磷的气相色谱/质谱峰的影响，清楚地说明使用分析保护剂可以给出更高质量的GC结果。通过改善分析物的响应和峰形，即使是在连续进样后非常“脏”的色谱系统中，干扰也被最小化，色谱峰的识别和积分变得更容易和准确，分析灵敏度和选择性都得到了显著的提高。

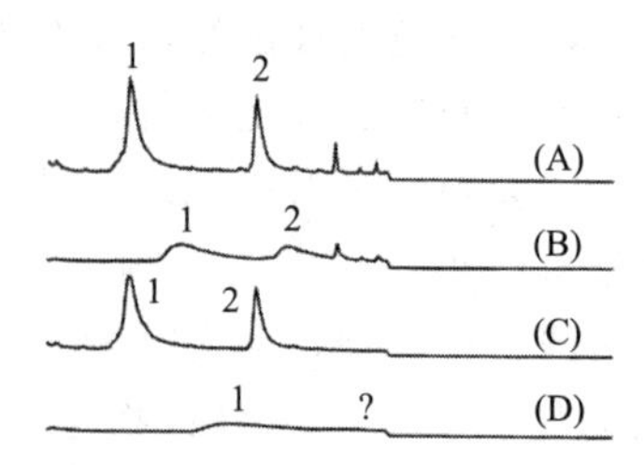

图1-6 1% 3-乙氧基-1,2-丙二醇和500mg/L山梨糖醇作为分析物保护剂对甲胺磷和乙酰甲胺磷色谱峰形和峰面积的改善效果

图中，(A) 为基质提取液+分析物保护剂；(B) 为基质提取液；(C) 为纯溶剂标准溶液 + 分析物保护剂；(D) 为纯溶剂标准溶液。1为甲胺磷；2为乙酰甲胺磷（$m/z=94$）

3. 分析保护剂对定量的影响

使用分析保护剂可以避免GC分析中与基质相关的定量误差。理想情况下，无论溶液中是否含有基质成分，分析保护剂应该提供相同程度的保护（即信号增强）。为了确定是否存在这种情况，将农药混合标准溶液分别添加在纯溶剂和几个空白样本提取液中（番茄、桃、草莓和橘子，分别有PSA净化前和净化后的液体），GC-MS进样比较了添加（不添加）分析保护剂的结果。

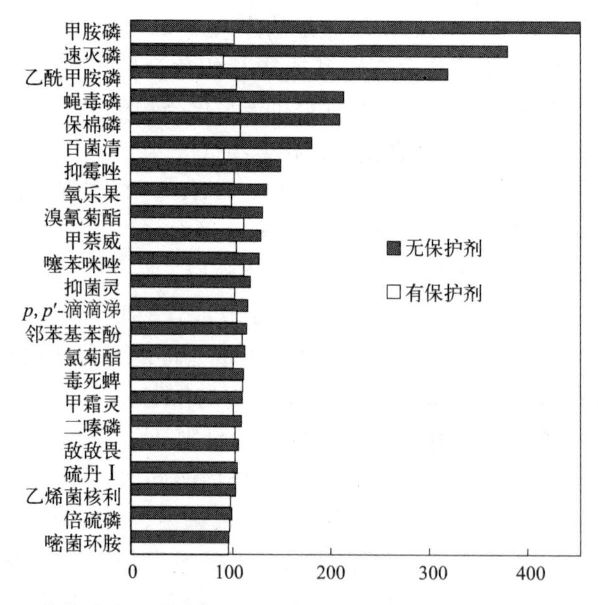

图1-7 使用分析保护剂（乙基甘油和山梨糖醇）对添加到水果基质中（桃和橙子的平均值）的农药响应值的影响

横坐标相当于基质效应，100为最佳

图1-7展示了最敏感的一些分析物的比较结果。结果表明，在分析保护剂的帮助下，基质效应引起的分析误差显著降低，说明使用分析保护剂可以为处理基质诱导信号增强问题提供一个很好的替代方案。为抵消基质效应可采取的其他办法包括：①对提取液进行更好的净化；②基质匹配校准；③标准添加法[15,43]；④采用压力脉冲式进样，使进样口内的相互作用时间最小[59,60]；⑤柱头进样；⑥同位素标记内标法；⑦对GC衬管进行脱活预处理。然

而，这些方法都有明显的缺点或缺乏有效性。

根据欧盟试验准则，必须使用基质匹配校准曲线，除非有证据表明基质在分析中没有影响[62]。在美国，当时 FDA 和 EPA 的监管政策不允许在农药监管中使用基质匹配校准曲线，尽管许多研究表明，如果不考虑基质效应，可能会产生较大的定量误差。无论如何，在分析中使用基质匹配校准并不方便，原因包括：①需要额外准备和储存空白基质；②需要额外的空白提取步骤；③进样过程中在色谱系统中引入了更多的基质污染物，从而导致更高的仪器维护频率；④即使是同一类型的样本，其基质效应也可能存在显著差异。

因此，使用分析物保护剂可能是一种很有发展前景的替代方法，但是还需要更多的研究来评估这种方法，并确定其对仪器的长期影响。

（八）农药的回收率和重复性

参考相关文献［63］，对几种不同基质中不同浓度的多种农药进行了添加回收试验。在回收率试验中，每 10g 空白样品中加入 100μL 所需浓度的农药混合标准工作溶液，将添加了工作标液的样品管涡旋 30s，静置约 1min，使农药与基质充分接触并均匀分布，然后采用优化的方法进行回收率测定。表 1-8 列出了添加水平为 250ng/g 的生菜和草莓样品中一些代表性农药的回收率（%）和相对标准偏差（RSD,%）结果。所选择列出的农药包括了在多残留分析中最难的一些化合物且涵盖了较宽范围的极性和挥发性。可以推断在这些农药的理化性质范围内的大量其他能够采用 GC 测定的农药化合物也将在该方法中获得良好的回收率。

表 1-8 生菜和草莓中代表性农药的回收率和 RSD（添加水平为 250ng/g，$n=5$）

农药中文名称	农药英文名称	生菜	草莓
敌敌畏	dichlorvos	98(0.6)	99 (3.0)
甲胺磷	methamidophos	86(2.7)	87(3.0)
速灭磷	mevinphos	98(1.2)	100(1.7)
乙酰甲胺磷	acephate	92(4.1)	95(3.5)
邻苯基苯酚	*o*-phenylphenol	100(1.2)	98(3.2)
二嗪磷	diazinon	100(1.9)	96(3.8)
氧乐果	omethoate	95(2.1)	99(2.8)
乙烯菌核利	vinclozolin	101(1.3)	98(3.2)
百菌清	chlorothalonil	96(3.1)	98(3.8)
甲霜灵	metalaxyl	101(1.1)	99 (2.7)
甲萘威	carbaryl	95(2.0)	99(4.5)
抑菌灵	dichlofluanid	97(13)	102(3.4)
倍硫磷	fenthion	100 (1.9)	98(2.6)
嘧菌环胺	cyprodinil	102(2.0)	97(2.9)
噻菌灵	thiabendazole	99 (0.9)	91(5.6)
硫丹 Ⅰ	endosulfan Ⅰ	99(1.4)	101(4.1)
抑霉唑	imazalil	102(2.8)	95(2.7)
p,*p*′-滴滴涕	*p*,*p*′-DDT	98(5.6)	96(2.0)

续表

农药中文名称	农药英文名称	生菜	草莓
异菌脲	iprodione	97(3.2)	99(3.7)
蝇毒磷	coumaphos	95(5.4)	101(4.1)
氯菊酯	permethrin	100(3.5)	99(3.4)
溴氰菊酯	deltamethrin	97(2.9)	94(3.1)

实验对极性和非极性农药的对比分析结果证明了该方法的有效性和可行性。总的来说，与其他方法相比，QuEChERS方法得到了高质量的分析结果且具有多方面的应用优势。之后陆续报道的多个实验室的验证结果以及与常规监测实验室之间的合作验证工作中，该方法的各种优点也得到了非常广泛的验证。

（九）结论

QuEChERS方法的研发者通过大量的实验数据和理论研究，终于成功地开发出了这种快速、简便、经济、高效、实用、安全的农药多残留分析方法。该方法只需使用少量的溶剂，不需要特殊设备，不需要玻璃器皿，而且对范围广泛的食品或农产品中的多类型农药多残留分析都有高质量的分析结果。通过减少或重新设计传统分析方法中的复杂步骤，该方法步骤得到了充分的简化。使用涡旋混合器而不是搅拌器，提取/分配过程在一个密封的聚四氟乙烯容器（这是唯一需要清洗或重复使用的物品）中进行。通过单一的两相分配步骤，使有机相与水相的分离变得十分容易。与其他各种方法不同，样品基质在最初的提取步骤之后不再进行过滤，并且避免了经常丢失挥发性分析物的蒸发/溶剂交换步骤。通过在第一次液体转移之前添加内标物，样品处理更加准确方便，并且使与液体转移相关的系统和随机误差得到了最大程度的减少或避免。

通过添加盐优化了两相分配的选择性，并通过使用PSA吸附剂进行净化实现了进一步的选择性。采用分散固相萃取（d-SPE）方法，使净化步骤大大简化。在这种方法中，固相萃取材料只是简单地与部分提取液混合在一起，节省了大量的时间、人工和费用，而且避免了提取液的稀释，同时实现了更好的净化效果。该方法的简便性和手动操作步骤的减少也大大减少了潜在误差的产生。据估算，采用QuEChERS方法，一个实验人员可以在30～45min内完成6～12个样品的前处理操作过程。此外，由于该方法都采用较为小型化的实验设备，具有在移动实验室或田间实验室应用的潜力。因此，QuEChERS方法确实兼有快速、简便、经济、高效、可靠和安全等优点，之后进一步的研究集中于将该方法扩展到LC检测的农药化合物、脂肪基质、大体积进样，以及与更加快速高效的色谱技术相结合等方面。

第三节　QuEChERS原创方法的验证

QuEChERS方法在2003年首次发表后，以其兼有快速、简便、经济、高效、可靠和安全等优点而备受关注。该方法使用乙腈进行提取（10mL乙腈/10g样品），使用涡旋混合，然后加入无水$MgSO_4$∶NaCl＝4g∶1g（0.5g盐/1g样品）。离心后，以分散固相萃取（d-SPE）的简单方法净化，将1mL提取物与25mg *N*-丙基乙二胺（PSA）吸附剂＋150mg无水$MgSO_4$混合。将提取物再次离心并转移到自动进样瓶中，通过气相色谱-质谱（GC-MS）

和/或其他检测技术进行分析。

然而，在研究原创方法时，作者重点进行了前处理方法中各种参数的选择和优化，只证明了不同蔬菜水果中 22 种农药化合物的适用性，虽然这些农药都经过仔细筛选，尽量代表了不同品种和结构特征的农药化合物，但对其他农药的适用性并未证实。此外，所选择的 22 种化合物均由 GC 检测分析，而那些因热不稳定或极性较强而需要采用 LC 检测分析的化合物并未包括在内。此时，LC-MS/MS 已逐渐发展起来，在一些实验室的常规检测中得以应用，可以用于检测复杂基质中 10ng/g 水平的农药残留[64-66]。

因此，QuEChERS 的初创作者 Steven Lehotay 博士于 2005 年赴荷兰食品与消费品安全署阿姆斯特丹食品检验服务实验室开展了 QuEChERS 方法对 200 多种农药的进一步验证工作[67]。该验证实验同时采用 LVI/GC/MS 和 LC-MS/MS 检测方法，对 2 种代表性作物（生菜和橙子）中的 229 种农药在 10～100ng/g 添加水平下进行了方法评价，其最终目的是对 QuEChERS 方法进行彻底的验证。验证工作还需要分析许多能力测试样本和常规实际样本，并将分析结果与当时在荷兰官方实验室一直在使用的已经非常经典的基于丙酮提取的方法[39,68-73]进行了比较。

一、实验方法

（一）QuEChERS 原创方法

在验证实验中，选择生菜和橙子作为代表性基质进行添加回收试验，为了尽量覆盖多个添加水平而不增加太大的工作量，两种基质设置了不同的添加水平，生菜中的添加水平为 10ng/g、50ng/g 和 100ng/g，橙子中为 10ng/g、25ng/g 和 100ng/g。按此水平在基质中添加标准溶液后，按照 QuEChERS 方法进行提取和净化。为了与荷兰官方的传统经典方法进行比较，所采用的 QuEChERS 方法在初创方法的基础上进行了一定的微调，具体步骤如下：

（1）称取 15.00g±0.05g 完全粉碎的样品，置于 50mL FEP（全氟乙烯丙烯共聚物）离心管中（使用 13mL 去离子水作为试剂空白）；另外称取 15g 空白样品，用于配制基质匹配标准溶液。

（2）分别添加 0.5ng/μL 农药混合标准溶液 300μL，5ng/μL 的农药混合标准溶液 75μL、150μL 和 300μL，使得样品中的添加水平分别对应为 10ng/g、25ng/g、50ng/g、100ng/g。空白不加。

（3）使用分液器向每个样品中（除空白样品外）加入 15mL 乙腈和 300μL 的 5ng/μL 的灭线磷乙腈溶液（此处灭线磷作为前置内标物使用，添加浓度为 100ng/g）。

（4）盖上盖子，用力充分摇动 45s。

（5）打开盖子，加入 6g 无水 $MgSO_4$ 和 1.5g NaCl。

（6）盖上盖子，用力充分摇动 45s，确保溶剂与样品充分接触且固体团聚物破碎。

（7）在 3000r/min 离心 1min。

（8）将提取液（上层）倒入含有 0.3g PSA＋1.8g 无水 $MgSO_4$ 的 d-SPE 净化管中。

（9）将管子盖好并振摇 20s。

（10）再次在 3000r/min 离心 1min。

将上述步骤（10）的提取液转移至单独的自动进样瓶，用于 GC-MS 和 LC-MS/MS 分析。首先，将 1mL 提取液转移至用于 GC-MS 的自动进样瓶，然后向包括空白的每种提取液中加入 50μL 含有体积分数为 2% 乙酸的 2ng/μL 的 TPP 乙腈溶液。TPP 是作为 GC-MS

分析的内标物或质量控制化合物，其在提取液中的最终浓度为100ng/g。最终提取液中含有体积分数为0.1%的乙酸，这有助于提高乙腈提取液中某些农药的稳定性[74]。

（二）荷兰经典丙酮方法

为了进行两种方法的对比，同时采用荷兰官方经典的丙酮方法分析了一些能力测试未知样品和一批实际抽检样品。简而言之，它是一种Luke方法[7]的小型化和流线型版本，方法步骤简述如下：

称取15g样品（对于极性农药，则称取7.5g样品采用丙酮 + Na_2SO_4 提取方法），置于250mL聚四氟乙烯离心管中，使用探针混合器将其与30mL丙酮混合20s。然后，加入30mL二氯甲烷 + 30mL石油醚（对于极性农药，还要加入7.5g Na_2SO_4），并再次使用探针混合器混合20s（此为分配步骤）。离心后，移取15mL上清液，置于一个校准过的试管中，并放入少量沸石，在通风橱中水浴蒸发（水浴温度从40℃开始，持续到62℃），直到蒸发近干。最后将试管置于通风橱中使剩余液体自然挥发完全。对于GC-MS（以及可选的其他GC检测系统），提取物用异辛烷-甲苯（9∶1）定容至3mL，得到提取液的样品浓度为0.9g/mL（进行了平均体积校正）。对于LC-MS/MS，取2mL提取液（相当于0.36g样品的提取液）蒸发至干，用甲醇定容至1mL后进样。

（三）基质匹配标准溶液的配制

将20μL或50μL的浓度为0.5ng/L的农药混合标准溶液添加到1mL空白基质提取液中，分别相当于添加水平为10ng/g或25ng/g的最后进样浓度；将10μL或20μL的5ng/L农药混合标准溶液分别添加到1mL空白基质提取液中，分别相当于添加水平为50ng/g或100ng/g的进样浓度。空白橙子和生菜提取物中的基质匹配标准溶液能够覆盖浓度范围为10～2500ng/g的添加水平，用于分析真实样品和能力测试样品。灭线磷（20μL）作为内标物添加到标准溶液中，并在所有样品提取液中加入适当体积的乙腈，以使各个样品在转移用于LC-MS/MS分析之前的最终体积达到1.12mL。将所有小瓶的内容物充分混合后，将0.36mL的最终溶液转移到LC-MS/MS自动进样器小瓶中。然后，加入0.64mL甲醇，将小瓶加盖并摇动，将其置于自动进样器托盘中进行顺序分析。

（四）GC-MS和LC-MS/MS测定

将离子肼GC-MS和三重四极杆LC-MS/MS同时用于检测分析，每台仪器检测144种农药，其中59种农药在两台仪器上都有检出。

GC分析采用CP-Sil 8-ms Varian毛细管柱（30m，0.25mm id，膜厚0.25μm），载气为氦气，流量为1.3mL/min；进样口为大体积程序升温进样口（LVI），初始温度80℃，保持30s，以200℃/min升至280℃，进样量5μL（LVI），在24s以内以30∶1的分流比打开吹扫阀，然后在24s到3.5min内关闭吹扫阀使样品进入色谱柱，然后再次打开吹扫阀直到一针运行结束。柱箱温度程序为起始75℃保持3min，然后以25℃/min升至180℃，接着以5℃/min升至300℃，保持3min（总运行时间34.2min）。质谱传输线温度240℃，离子肼温度230℃，传输线温度120℃。质谱在5～31min内采用自动EI和60～550 m/z 全扫描模式采集数据（扫描速度2.7scans/s），灯丝电流10A。

LC-MS/MS分析采用15cm×3mm（id），5μm粒径的Alltima C_{18} 色谱柱，进样量为5μL，流动相采用含5mmol/L甲酸的甲醇-水（体积比为25∶75），在15min内线性过渡为含5mmol/L甲酸的甲醇-水（体积比为95∶5），保持15min，总运行时间30min，流速为0.3mL/min。质谱部分采用经典的 ESI^+ 模式，毛细管电压为2.0kV；锥孔电压35V；离子源温度 100℃；干燥气温度 350℃。雾化气和干燥气均为氮气，流量分别为 100L/h 和 500L/h，化合物的 MS/MS 条件均为常规离子对条件。

二、方法验证结果对比

（一）正确度与精密度

图 1-8 显示了使用 LC-MS/MS 或 GC-MS 检测两种基质中 229 种受试农药的回收率及 RSD 结果。图 1-8（A）说明了采用 QuEChERS 方法及 LC-MS/MS 检测时的优异表现，即使两种基质中的添加浓度低至 10ng/g 时，70%～80%的分析物的回收率均达到了 90%～110%，其他大多数农药也都达到 70%～120%的回收率，符合典型的验证要求，只有少数农药不符合这些标准，下文会对这些问题农药进行具体讨论。就重复性而言，绝大多数农药在每个加标水平上的 RSD 均＜10%（$n=6$）。同样，只有少数使用 GC-MS 检测的农药 RSD＞15%，而且大多数发生在 10ng/g 水平。不同添加水平的回收率几乎没有差异，但 RSD 随着浓度的降低而有所增加。

两种仪器上都检测了橙子或生菜，图 1-8 可以看出基质之间的细微差异，有趣的是，橙子比生菜的结果更具可重复性，尽管橙子通常被认为是一种更复杂的基质（主要是由于果皮）。这可能与农药在酸性基质中的稳定性更强有关[74]。

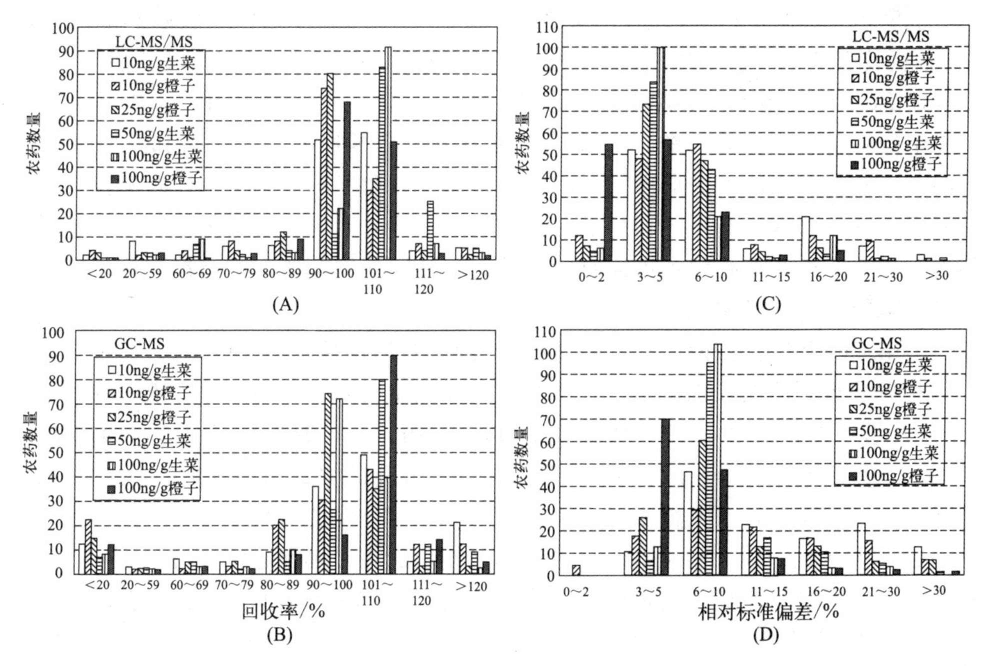

图 1-8 使用 LC-MS/MS 和 GC-MS 在不同添加水平下对生菜和橙子样品进行验证实验的农药回收率结果
（A）和（B）分别为 LC-MS/MS 和 GC-MS 的回收率，（C）和（D）分别为 LC-MS/MS 和 GC-MS 的重复性（RSD，$n=6$）

总的来说，绝大部分化合物，即 229 种待测农药中有 208 种在三个水平的平均回收率在 90%～110%，6 种农药（乙酰甲胺磷、甲胺磷、噻草酮、环酰菌胺、吡蚜酮和氰戊菊酯）的回收率在 80%～89%，3 种农药（氯菊酯、双氟磺草胺和抑菌灵）在至少一种基质中的平均回收率为 70%～79%。方法没有发现明显的系统误差。另有两种化合物在两种基质中的平均回收率均＞110%，分别是抑菌灵和对甲抑菌灵的降解产物 *N*,*N*-dimethyl-*N*-phenylsulphamide（DMSA）和 dimethylaminosulfotoluidide（DMST），其回收率升高是由母体化合物的部分降解造成的。

（二）问题农药的具体分析

有 12 种农药化合物在生菜和橙子中的回收率<70%，主要包括磺草灵、克菌丹、百菌清、丁酰肼、溴氰菊酯、三氯杀螨醇、灭菌丹、灭虫威砜、氧化亚胺硫磷、哒草嗪、福美双和甲苯氟苯胺。这些农药大部分是在 GC-MS 上结果较差，但幸运的是，其中一些农药（例如，三唑类和某些有机磷酸酯类）在 LC-MS/MS 上得到了很好的回收率，可以放弃其 GC-MS 的结果。然而，克菌丹、百菌清、三氯杀螨醇、灭菌丹以及某些拟除虫菊酯类农药在 LC-MS/MS 上分析不够灵敏，也无法提供更可靠的结果。其他问题农药的讨论可参见原文[67]，一些农药可能是受到不同基质的影响，另一些则是由于部分降解或在 GC-MS 的进样口或柱头发生了吸附而造成回收率降低，在之后改进的 QuEChERS 方法[75]中将进行讨论。

三、能力验证与实际样品试验结果对比

（一）能力验证样品结果对比

采用 QuEChERS 方法和荷兰经典标准方法同时对当地的 9 个能力验证样品分别进行了检测，总的来说，两种方法得到的结果基本一致，每个样品中都检出了 2～9 种数量和残留量均不等的农药，而且 LC-MS/MS 结果总体来说好于 GC-MS，这跟 LC-MS/MS 优异的选择性和灵敏度不无关系。例如，通过 LC-MS/MS 测定的甜瓜样品中甲胺磷和氧乐果的浓度比 GC-MS 更符合荷兰方法的经典结果和指定值。草莓中的腈菌唑和嘧霉胺也存在类似的结果，但其他 LC-MS/MS 和 GC-MS 结果非常一致，包括草莓中的戊菌唑、胡萝卜中的戊唑醇、苹果中的腈菌唑、生菜中的久效磷，以及甜椒中的烯唑醇、甲胺磷和氟醚唑。为了方便，如同在通常实践中所做的那样，本试验中采用生菜和橙子配制了基质匹配标准溶液，而不是匹配每个基质。这是基质匹配标准曲线法在适用性方面的主要缺陷，因为在基质种类较多的情况下，一个检测序列中不可能对所有基质都分别配制基质匹配标准溶液。

（二）实际样品结果对比

采用 QuEChERS 方法和荷兰经典标准方法同时对当地抽检的 20 种果蔬样品分别进行了测定，两种方法得到的结果也基本一致，有 9 个样品中检出了 2～9 种数量不等的农药，得到 47 个残留量数据，其中 30 个残留量数据均高于 10ng/g（QuEChERS 方法的定量限），另外 17 个残留量在 30～100ng/g 之间。这种对多种类样品的对比试验证明，QuEChERS 方法不仅适用于橙子和生菜，对其他多种蔬菜水果同样适用，在这些果蔬中得到的残留量结果与荷兰官方经典方法相一致，甚至有些结果比当前使用的许多其他方法更好。

此外，对于脂肪含量较高的鳄梨（牛油果）基质，QuEChERS 方法也表现出了很好的方法适用性，虽然鳄梨样品中只检测到咪鲜胺一种农药。事实上，在之后的研究中，Lehotay 等[76]继续尝试了将 QuEChERS 方法应用于鳄梨、牛奶、鸡蛋以及其他一些脂肪含量较高的食品中 32 种农药化合物的残留分析，对方法进行了优化，将 QuEChERS 方法与基质固相分散（MSPD）方法进行了对比，并考察了脂肪含量对农药回收率的影响，进一步使得 QuEChERS 方法的应用范围由初创的含水量较高的蔬果类食品扩大到含脂肪量较高的食品。

四、QuEChERS 方法的优点总结

至此，QuEChERS 方法在各方面得到充分验证后，Lehotay 等对 QuEChERS 原创方法的优缺点进行了总结[67]，QuEChERS 方法与传统的农药残留分析方法[14,25,27,33,65]相比，优

点如下：

（1）具有很宽的适用范围，适用于不同极性和挥发性的农药，甚至一些很难用常规方法分析的农药，如甲胺磷、氧乐果、抑霉唑、噻菌灵、敌敌畏和拟除虫菊酯类农药，也可以得到较好的结果；

（2）方法准确度（包括正确度和精密度）很高，采用内标法有助于校正不同基质含水量的差异和操作过程中的体积和仪器波动，从而获得准确的定量结果；

（3）操作简便、效率高，可以在30～40min内实现约10～20个预称重样品的前处理操作；

（4）绿色环保，溶剂使用量和废弃物非常少，且避免了含氯溶剂的使用；

（5）对操作技能要求不高，分析人员可以在没有太多训练或技术技能的情况下操作该方法；

（6）几乎不使用任何玻璃器皿，唯一可重复使用的实验室器皿是50mL聚四氟乙烯离心管，清洗也很方便；

（7）方法快速简便，而且结果可靠，提取净化过程尽可能地去除了农产品基质中普遍存在的脂肪酸和其他有机酸等干扰物质；

（8）需要的工作台空间非常小，因此该方法可以在小型移动实验室中进行；

（9）通过液体分配器添加溶剂到立即密封的塑料容器中，工人接触溶剂的机会很少，且不使用毒性较大的含氯溶剂；

（10）经济实用，使用的耗材很少且很便宜，每10g样品仅需使用约1美元的实验耗材；

（11）方法所需设备均为实验室常用的小型设备，如切碎机、天平和离心机等，不需要另外配备昂贵的前处理设备；

（12）方法具有极佳的灵活性。

QuEChERS方法也存在一些不足之处，例如最终提取液的浓度为1g/mL时，可能会导致方法的灵敏度降低；d-SPE净化方法对一些较为复杂的基质效果欠佳等。但QuEChERS方法的一个最大的优点是其具有很大的灵活性和兼容性，使之能够克服这些不足，因为QuEChERS方法可以根据不同的基质情况，对提取或净化方法进行优化或灵活改进。例如，对于灵敏度较低的农药，可以与氮吹等浓缩步骤结合使用；对于较为复杂的基质，可以通过采用多种净化剂组合或与SPE、GPC等方法相结合的手段达到所需的净化目的；在GC检测过程中，可以通过使用适当的内标物、分析保护剂或大体积进样装置改善峰形和提高灵敏度，或者采用灵敏度、选择性和分离效率更高的低压气相色谱-串联质谱联用仪（LP GC-MS/MS）达到短时间内分离更多化合物的目的。这些都在之后QuEChERS方法的广泛应用中得到了充分的体现。

参考文献

[1] Lehotay S J, Anastassiades M, Majors R E. The QuEChERS revolution. LCGC Europe, 2010, 23 (8): 418-429.

[2] Anastassiades M, Lehotay S J, Stajnbaher D, et al. Fast and easy multiresidue method employing acetonitrile extraction/partitioning and "dispersive solid-phase extraction" for the determination of pesticide residues in produce. Journal of AOAC International, 2003, 86 (2): 412-431.

[3] Mills P A, Onley J H, Gaither R A. Rapid method for chlorinated pesticide residues in nonfatty foods. Journal of AOAC International, 1963, 46 (2): 186-191.

[4] Storherr R W, Ott O, Watts R R. A general method for organophosphorus pesticide residues in nonfatty foods. Journal

of AOAC International，1971，54（3）：513-516.

[5] Thier H P，& Bergner K G. Dtsch. Lebensm. Rundsch，1966，62：399-402.

[6] Pfeilsticker K. Lebensmittelchemie und gerichtliche chemie. Weinheim：VCH，Germany，1971，25：129-164.

[7] Becker G. Simultaneous gas chromatographic determination of chlorinated hydrocarbons and phosphates in plant material. Dtsch. Lebensm. Rundsch.，1971，67：125-126.

[8] Luke M A，Froberg J E，Masumoto H T. Extraction and cleanup of organochlorine，organophosphate，organonitrogen，and hydrocarbon pesticides in produce for determination by gas-liquid chromatography. Journal of AOAC International，1975，58（5）：1020-1026.

[9] Specht W，Tillkes M. Gas-chromatographische bestimmung von rückstnden an pflanzenbehandlungsmitteln nach clean-up über gel-chromatographie und mini-kieselgel-sulen-chromatographie. Fresenius Zeitschrift Für Analytische Chemie，1980，301（5）：300-307.

[10] DFG rückstandsanalytik von pflanzenschutzmitteln. Weinheim：VCH，Germany，S8，DFG-S19.

[11] U. S. Food and drug administration. Pesticide analytical manual，Multiresidue methods. FDA，Washington DC，1994.

[12] AOAC official methods of analysis international. Association of Official Analytical Chemists，Washington DC，2000，17.

[13] Sawyer L D. The Luke et al. method for determining multipesticide residues in fruits and vegetables：collaborative study. Journal of AOAC International，1985，68（1）：64-71.

[14] Specht W，Pelz S，Gilsbach W. Gas-chromatographic determination of pesticide residues after clean-up by gel-permeation chromatography and mini-silica gel-column chromatography. Communication：Replacement of dichloromethane by ethyl acetate/cyclohexane in liquid-liquid partition and simplified conditions for extraction and liquid-liquid partitio. Analytical and Bioanalytical Chemistry，1995，353（2）：183-190.

[15] Anastassiades M，Scherbaum E. Multimethode zur bestimmung von pflanzenschutz-und oberflchenbehandlungsmittel-rückstnden in zitrusfrüchten mittels GC-MSD：Teil 1：Theoretische grundlagen und methodenentwicklung. Deutsche Lebensmittel-Rundschau，1997，93：316-327.

[16] Casanova J A. Use of solid-phase extraction disks for analysis of moderately polar and nonpolar pesticides in high-moisture foods. Journal of AOAC International，1996，79（4）：936-940.

[17] Nordmeyer K，Thier H P. Solid-phase extraction for replacing dichloromethane partitioning in pesticide multiresidue analysis. Zeitschrift für Lebensmitteluntersuchung und-Forschung A，1999，208（4）：259-263.

[18] Luke M，Cassias I，Yee S，Lab. Inform. Bull. Office of regulatory affairs，U. S. Food and Drug Administration. Rockville，MD，1999，No. 4178.

[19] Schenck F J，Callery P，Gannett P M，et al. Comparison of magnesium sulfate and sodium sulfate for removal of water from pesticide extracts of foods. Journal of AOAC International，2002，85（5）：1177-1180.

[20] Parfitt C H，Jr. Lab. Inform. Bull. Office of regulatory affairs，U. S. Food and Drug Administration，Rockville，MD，1991，No. 3616.

[21] Steinwandter H. Emerging strategies for pesticide analysis. T. Cairns & J. Sherma（Eds），CRC Press，Boca Raton，FL，1992.

[22] Lee S M，Papathakis M L，Feng H M C，et al. Multipesticide residue method for fruits and vegetables：California Department of Food and Agriculture. Fresenius' Journal of Analytical Chemistry，1991，339：376-383.

[23] Liao W，Joe T，Cusick W G. Multiresidue screening method for fresh fruits and vegetables with gas chromatographic/mass spectrometric detection. Journal of AOAC International，1991，74（3）：554-565.

[24] Julbe F，Ralph H，Mario L，et al. Multiresidue determination of pesticides in fruit and vegetables by gas chromatography-mass-selective detection and liquid chromatography with fluorescence detection. Journal of AOAC International，1995，78（5）：1352-1366.

[25] Fillion J，Sauvé F，Selwyn J. Multiresidue method for the determination of residues of 251 pesticides in fruits and vegetables by gas chromatography/mass spectrometry and liquid chromatography with fluorescence detection. Journal of AOAC International，2000，83（3）：698-713.

[26] Sheridan R S，Meola J R. Analysis of pesticide residues in fruits，vegetables，and milk by gas chromatography/

tandem mass spectrometry. Journal of AOAC International, 1999, 82 (4): 982-990.

[27] Cook J, Beckett M P, Reliford B, et al. Multiresidue analysis of pesticides in fresh fruits and vegetables using procedures developed by the Florida Department of Agriculture and Consumer Services. Journal of AOAC International, 1999, 82 (6): 1419-1435.

[28] Lehotay S J. Analysis of pesticide residues in mixed fruit and vegetable extracts by direct sample introduction/gas chromatography/tandem mass spectrometry. Journal of AOAC International, 2000, 83 (3): 680-697.

[29] Lehotay S J, Lightfield A R, Harman-Fetcho J A, et al. Analysis of pesticide residues in eggs by direct sample introduction/gas chromatography/tandem mass spectrometry. Journal of Agricultural and Food Chemistry, 2001, 49 (10): 4589-4596.

[30] Official methods of the AOAC. Journal of AOAC International. 1968, 51: 482-485.

[31] Krijgsmann W, van de Kamp G C. Analysis of organophosphorus pesticides by capillary gas chromatography with flame photometric detection. Journal of Chromatography A, 1976, 177: 201-205.

[32] Holstege D M, Scharberg D L, Tor E R, et al. A rapid multiresidue screen for organophosphorus, organochlorine, and *N*-methyl carbamate insecticides in plant and animal tissues. Journal of AOAC International, 1994, 77 (5): 1263-1274.

[33] Andersson A, Palsheden H. Comparison of the efficiency of different GLC multi-residue methods on crops containing pesticide residues. Fresenius' journal of analytical chemistry, 1991, 339: 365-367.

[34] Fernández-Alba A R, Valverde A, Agüera A, et al. Gas chromatographic determination of organochlorine and pyrethroid pesticides of horticultural concern. Journal of Chromatography A, 1994, 686 (2): 263-274.

[35] Lehotay S J, Chen Y. Hits and misses in research trends to monitor contaminants in foods. Analytical and Bioanalytical Chemistry, 2018, 410 (22): 5331-5351.

[36] Young S J, Parfitt C H, Newell R F, et al. Homogeneity of fruits and vegetables comminuted in a vertical cutter mixer. Journal of AOAC International, 1996, 79 (4): 976-980.

[37] Hemingway R J, Aharonson N, Greve P A, et al. Improved cost-effective approaches to pesticide residues analysis. Pure & Applied Chemistry, 1984, 56: 1131-1152.

[38] Hill A R C, Harris C A, Warburton A G. Principles and practices of method validation. A. Fajgelj, & Á. Ambrus (Eds). Royal Society of Chemistry, Cambridge, UK, 2000, 41-48.

[39] General inspectorate for health protection. Analytical methods for pesticide residues in food stuffs, Part I. Ministry of Health, Welfare and Sport, The Hague, The Netherlands, 1996.

[40] Lehotay S J, Aharonson N, Pfeil E, et al. Development of a sample preparation technique for supercritical fluid extraction for multiresidue analysis of pesticides in produce. Journal of AOAC International, 1995, 78 (3): 831-840.

[41] Lehotay S J. Supercritical fluid extraction of pesticides in foods. Journal of Chromatography A, 1997, 785 (1-2): 289-312.

[42] Eller K I, Lehotay S J. Evaluation of hydromatrix and magnesium sulfate drying agents for supercritical fluid extraction of multiple pesticides in produce. The Analyst, 1997, 122 (5): 429-435.

[43] Anastassiades M. Entwicklung von schnellen verfahren zur bestimmung von pestizidrückständen in obstund gemüsse mit hilfe der SFE-Ein beitrag zur beseitigung analytischer defizide. Shaker Verlag, Aachen, 2001, ISBN: 3-8265-9618-8.

[44] Argauer R, Lehotay S, Brown R. Determining lipophilic pyrethroids and chlorinated hydrocarbons in fortified ground beef using ion-trap mass spectrometry. Journal of Agricultural and Food Chemistry, 1997, 45 (10): 3936-3939.

[45] Burke J A. Development of the food and drug administration's method of analysis for multiple residues of organochlorine pesticides in foods and feeds. Residue reviews, 1971, 34: 59-90.

[46] Valverde-García A, Fernandez-Alba A R, Aguera A, et al. Extraction of methamidophos residues from vegetables with supercritical fluid carbon dioxide. Journal of AOAC International, 1995, 78 (3): 867-873.

[47] Lange's handbook of chemistry. J. A. Dean (Ed.). McGraw-Hill, New York, NY, 1985, 10-14.

[48] Barker S A. Applications of matrix solid-phase dispersion in food analysis. Journal of Chromatography A, 2000, 880 (1-2): 63-68.

[49] Schenck F J, Wagner R. Screening procedure for organochlorine and organophosphorus pesticide residues in milk using matrix solid phase dispersion (MSPD) extraction and gas chromatographic determination. Food Additives and Contaminants, 1995, 12 (4): 535-541.

[50] Barker S A. Matrix solid-phase dispersion. Journal of Chromatography A, 2000, 885 (1-2): 115-127.

[51] Schenck F J, Lehotay S J. Does further clean-up reduce the matrix enhancement effect in gas chromatographic analysis of pesticide residues in food? Journal of Chromatography A, 2000, 868 (1): 51-61.

[52] U. S. Department of agriculture. USDA nutrient database for standard reference, agricultural research service. Beltsville, MD, 2001.

[53] Hill A R, Von H C. A comparison of simple statistical methods for estimating analytical uncertainty, taking into account predicted frequency distributions. The Analyst, 2001, 126 (11): 2044-2052.

[54] Horwitz W. Uncertainty-a chemist's view. Journal of AOAC International, 1998, 81 (4): 785-794.

[55] Meyer V R, Majors R E. Minimizing the effect of sample preparation on measurement uncertainty. LC-GC North America, 2002, 20 (2): 106-111.

[56] Alder L, Korth W, Patey A L, et al. Estimation of measurement uncertainty in pesticide residue analysis. Journal of AOAC International, 2001, 84 (5): 1569-1578.

[57] Podhorniak L V, Negron J F, Griffith F D. Gas chromatography with pulsed flame photometric detection multiresidue method for organophosphate pesticide and metabolite residues at the parts-per-billion level in representatives commodities of fruits and vegetable crop groups. Journal of AOAC International, 2001, 84 (3): 873-890.

[58] Erney D R, Gillespie A M, Gilvydis D M, et al. Explanation of the matrix-induced chromatographic response enhancement of organophosphorus pesticides during open tubular column gas chromatography with splitless or hot on-column injection and flame photometric detection. Journal of Chromatography A, 1993, 638 (1): 57-63.

[59] Godula M, Hajslova J, Alterova K. Pulsed splitless injection and the extent of matrix effects in the analysis of pesticides. Journal of high resolution chromatography, 1999, 22 (7): 395-402.

[60] Wylie P L. Improved gas chromatographic analysis of organophosphorus pesticides with pulsed splitless injection. Journal of AOAC International, 1996, 79 (2): 571-577.

[61] Anastassiades M, Mastovska K, Lehotay S J. Evaluation of analyte protectants to improve gas chromatographic analysis of pesticides. Journal of Chromatography A, 2003, 1015 (1-2): 163-184.

[62] Hill A. Quality control procedures for pesticide residues analysis—guidelines for residues monitoring in the European union. European Commission, Brussels, Belgium, 1997, Document 7826/Ⅵ /97.

[63] Principles and practices of method validation. A. Fajgelj & Á. Ambrus (Eds). Royal Society of Chemistry, Cambridge, UK, 2000, 179-295.

[64] Klein J, Alder L. Applicability of gradient liquid chromatography with tandem mass spectrometry to the simultaneous screening for about 100 pesticides in crops. Journal of AOAC International, 2003, 86 (5): 1015-1037.

[65] Mol H G J, van Dam R C J, Steijger O M. Determination of polar organophosphorus pesticides in vegetables and fruits using liquid chromatography with tandem mass spectrometry: selection of extraction solvent. Journal of Chromatography A, 2003, 1015 (1-2): 119-127.

[66] Taylor M J, Hunter K, Hunter K B, et al. Multi-residue method for rapid screening and confirmation of pesticides in crude extracts of fruits and vegetables using isocratic liquid chromatography with electrospray tandem mass spectrometry. Journal of Chromatography A, 2002, 982 (2): 225-236.

[67] Lehotay S J, de Kok A, Hiemstra M, et al. Validation of a fast and easy method for the determination of residues from 229 pesticides in fruits and vegetables using gas and liquid chromatography and mass spectrometric detection. Journal of AOAC International, 2005, 88 (2): 595-614.

[68] Kok A, Hiemstra M, Vreeker C P. Improved cleanup method for the multiresidue analysis of N-methylcarbamates in grains, fruits and vegetables by means of HPLC with postcolumn reaction and fluorescence detection. Journal of Chromatography A, 1987, 24 (1): 469-476.

[69] de K A, Hiemstra M. Optimization, automation, and validation of the solid-phase extraction cleanup and on-line liquid chromatographic determination of n-methylcarbamate pesticides in fruits and vegetables. Journal of AOAC

International, 1992, 75 (6): 1063-1072.

[70] de Kok A. "Multiresidue methods used in the netherlands and residue data obtained in 1993", Proceedings of the 3rd International Seminar on Pesticide Residues. Almeria, Spain, 1994, 87-113.

[71] de Kok A, Vreeker C P, Besamusca E W, et al. "Evaluation, validation and practical application of GC-ITD for routine pesticide residue analysis in fruits and vegetables", Current Status and Future Trends in Analytical Food Chemistry, Proceedings of the Eighth European Conference on Food Chemistry (Euro Food Chem Ⅷ). Vienna, Austria, 1995, 415-418.

[72] Hiemstra M, Joosten J A, de K A. Fully automated solid-phase extraction cleanup and on-line liquid chromatographic determination of benzimidazole fungicides in fruit and vegetables. Journal of AOAC International, 1995, 78 (5): 1267-1274.

[73] Hiemstra M, Toonen A, Kok A D. Determination of benzoylphenylurea insecticides in pome fruit and fruiting vegetables by liquid chromatography with diode array detection and residue data obtained in the dutch national monitoring program. Journal of AOAC International, 1999, 82 (5): 1198-1205.

[74] Maštovská K, Lehotay S J. Evaluation of common organic solvents for gas chromatographic analysis and stability of multiclass pesticide residues. Journal of Chromatography A, 2004, 1040 (2): 259-272.

[75] Lehotay S J, Mastovska K, Lightfield A R. Use of buffering and other means to improve results of problematic pesticides in a fast and easy method for residue analysis of fruits and vegetables. Journal of AOAC International, 2005, 88 (2): 615-629.

[76] Lehotay S J, Mastovska K, Yun S J. Evaluation of two fast and easy methods for pesticide residue analysis in fatty food matrixes. Journal of AOAC International, 2005, 88 (2): 630-638.

第二章

QuEChERS 方法的改进和标准化

QuEChERS 方法问世之后，因其彻底克服了传统农药残留分析方法复杂耗时、有机溶剂用量大、操作效率低等缺点，成为农药残留分析方法发生巨大转折的里程碑，得到农药残留研究人员的广泛青睐，同时也受到实验耗材制造商的关注。QuEChERS 方法的两位创始人在通过申请发明专利将方法“收藏”起来和将方法标准化使之“发扬光大”之间选择了后者。可以说，20 世纪 90 年代以来 LC-MS/MS 的商业化和 GC-MS 的广泛使用也为 QuEChERS 方法的标准化提供了良好的机遇。

为了将 QuEChERS 方法标准化，首先需要方法的适用范围尽量扩大化，使之适用于更多的基质和更多的农药化合物。在 QuEChERS 方法的前述验证研究中显示，在生菜和橙子基质添加的 229 种农药中，大多数农药都有很好的结果，但研究也发现，pH 值的变化对某些以前未测试的农药化合物存在较大的影响[1]，此外，一些极性或弱酸弱碱性农药未得到满意的回收率结果。基于此，QuEChERS 方法的两位创始人分别在美国和德国的实验室对方法进行了改进研究，并开始了使 QuEChERS 方法在美国和欧盟成为“官方标准方法”的工作。

QuEChERS 的两位创始人都以改善弱酸弱碱性或极性农药的提取步骤为研究出发点，认为提取液的 pH 值是影响这些化合物回收率的关键因素，采用缓冲体系也许可以使提取液的 pH 值更加稳定和可控。其中一位创始人，美国农业部的 Steven Lehotay 博士采用醋酸盐缓冲体系（醋酸和醋酸钠）对 QuEChERS 方法进行了改进，后来成为美国 AOAC 官方标准方法 AOAC 2007.01；另一位创始人，德国的 Michelangelo Anastassiades 博士则采用柠檬酸盐缓冲体系对 QuEChERS 方法进行了改进，后来成为欧盟官方标准方法 EN 15662—2008。这两种方法后来成为人们熟知的 QuEChERS 方法的另外两个版本—AOAC 版本和欧盟版本；包括其原创版本在内，QuEChERS 方法三个版本的不同之处可以归纳为图 2-1。

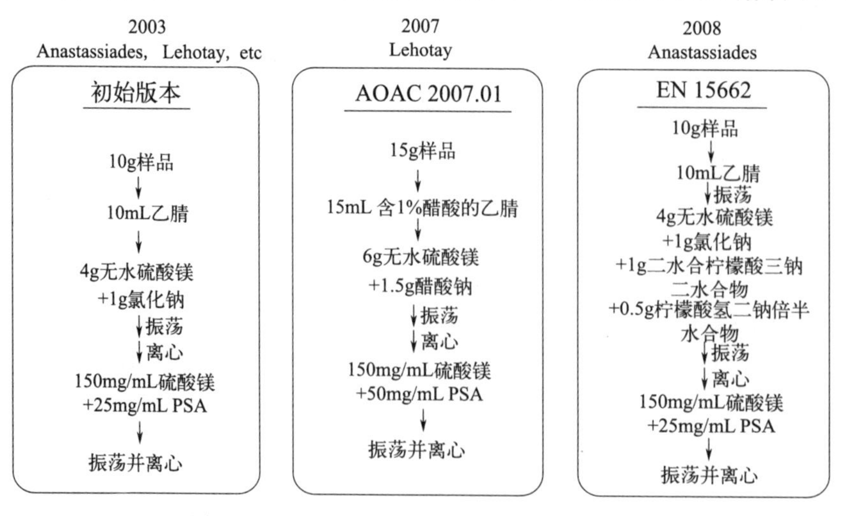

图 2-1 QuEChERS 方法三个版本的不同之处

随着QuEChERS方法不断扩展应用，我国于2018年和2021年也将QuEChERS方法纳入了国家标准方法GB 23200.113和GB 23200.121中，标志着QuEChERS方法的标准化进程经过了不断的验证和拓展。本章将对QuEChERS的AOAC标准方法、欧盟标准方法及我国两个国标方法进行详细介绍。

第一节　QuEChERS方法-AOAC版本

2005年，美国农业部的Steven Lehotay博士发表了其改进的醋酸缓冲体系QuEChERS方法，通过在乙腈提取过程中加入醋酸及其对应的缓冲盐醋酸钠，对初始QuEChERS方法进行了改进[2]，使得pH敏感的农药（如吡蚜酮和烯禾啶）回收率更高、更稳定，且不受基质pH的影响。为了在理论上验证方法的可靠性，该团队系统评估了一些难分析农药（例如百菌清、克菌丹、抑菌灵和溴氰菊酯等）在不同溶剂中的稳定性[3]。另一项研究则采用该醋酸缓冲盐QuEChERS方法对脂肪含量较高的食品基质进行了分析，并与基质固相分散方法进行了比较[4]。此外，在2004年11～12月，美国农业部/美国环境保护署（USDA/EPA）举办了培训课程，以评估该方法在干基质（如大豆、动物饲料和坚果）中的适用性，结果表明在样品中添加一定量的水，得到的回收率更高。基于2003～2004年期间所做的一系列研究，该醋酸缓冲盐QuEChERS方法获批进入了实验室协助验证阶段，并最终成了美国AOAC官方标准方法AOAC 2007.01[5]。本节着重介绍AOAC标准方法的实验室协作验证过程[6]。

一、实验室协作验证实验简介

进行实验室协作实验是为了验证改进的醋酸缓冲盐QuEChERS方法具有更广泛的适用性，是为其成为美国AOAC官方标准方法进行的验证实验。其研究过程类似于一个由多个实验室参与的能力验证实验。分析方法采用快速、简单、廉价、有效的样品前处理方法，结合气相色谱质谱（GC-MS）和高效液相色谱串联质谱（HPLC-MS/MS）进行同步分析，验证了水果和蔬菜中的多种农药残留。该验证实验同时验证了QuEChERS方法的快速、简便、经济、高效、可靠和安全等特点。

AOAC版本的QuEChERS方法使用乙腈与少量醋酸提取，并在盐析过程中加入了醋酸钠，使得醋酸与醋酸钠形成醋酸盐缓冲体系，从而使微量农药从样品水相中分离出来的过程更少受到pH值的影响。分散固相萃取（d-SPE）净化则采用*N*-丙基乙二胺（PSA）吸附剂和$MgSO_4$去除有机酸、多余的水和其他基质成分，之后提取液经气相色谱-质谱（GC-MS）和液相色谱/串联质谱（HPLC-MS/MS）进行同步分析。

在这一实验室之间的协作验证项目中，项目组织者在3种基质（葡萄、生菜和橙子）中添加了3种不同添加水平（10～1000ng/g）的20种代表性农药，而添加水平并未告知协作实验人员。来自7个国家的13个合作实验室提交了使用各自不同的仪器设备获得的研究结果。项目组织者对不同实验室的结果进行了统计评价，证明了该方法的适用性和可靠性。

二、协作验证实验方法

（一）材料与试剂

协作验证实验的组织者为参与试验的所有实验室提供了未知的添加样品，同时提供了足够量的混合标准溶液，用于质量控制和基质匹配标准溶液的配制。

分别准备了葡萄、生菜和橙子三种样品基质，在样品中直接添加了甲基毒死蜱标准溶液（添加水平为200ng/g），作为质量控制（QC）标志物，用于检验样品粉碎和混合步骤的均匀性。然后将样品在粉碎机中粉碎匀浆，每份样品被分装成15.0g±0.1g的测试样品和空白样品，其中测试样品中分别添加150μL对应浓度的混合标准溶液（以含1%醋酸的乙腈作为溶剂）。将制备好的测试样品和空白样品以及所需的其他材料贴好标签，储存在−40℃的密封容器中，在2～3天的时间内冷冻状态下运往各个协作实验室。各协作实验室在两个月内分析样品，允许不超过一个月的时间进行数据处理和报告结果。

目标基质中添加的20种待测农药包括莠去津、嘧菌酯、联苯菊酯、甲萘威、百菌清、毒死蜱、嘧菌环胺、o,p'-DDD、敌敌畏、硫丹硫酸酯、烯菌灵、吡虫啉、利谷隆、甲胺磷、灭多威、腐霉利、吡蚜酮、戊唑醇、甲苯氟磺胺（tolylfluanid）和氟乐灵。实验中还检测了田间产生的农药残留，包括生菜中的吡虫啉、氯菊酯和λ-氯氟氰菊酯；柑橘中的乙硫磷、噻菌灵和烯菌灵；以及葡萄中的嘧菌环胺和醚菌酯。实验中同时进行了盲样测定，设置3个添加浓度，从10～1000ng/g不等，另设未知空白。

（二）样品前处理方法

AOAC版QuEChERS方法包括3个主要步骤：

（1）称取均质样品15g，放入50mL离心管中，同时加入15mL含1%醋酸的乙腈、6g $MgSO_4$ 和1.5g醋酸钠，振摇，离心；

（2）将一定体积的提取液与吸附剂 $MgSO_4$ +PSA（3+1，质量比）混合，吸附剂用量为每毫升提取液200mg吸附剂，离心；

（3）采用GC-MS和HPLC-MS/MS对最终提取液进行分析。在GC-MS中检测<10ng/g的残留量时，一般需要8μL的大体积进样；或将提取液浓缩，用甲苯复溶至4g/mL，此时可采用2μL不分流进样。

（三）检测方法

采用GC-MS和HPLC-MS/MS对最终提取液进行分析。

进样检测前应对检测仪器进行适当的维护，以确保仪器的正常运行。在分析样品之前，应在使用条件下先采用10ng/g基质标准溶液进样分析。在GC-MS中，应保证被分析物的峰形为高斯峰，半高宽度<5s，在适当的保留时间选择定量离子对使得农药信噪比达到 $S/N>10$。预计一些分析物在10ng/g时可能会有问题，但HPLC-MS/MS通常为GC难测定的化合物提供了良好的结果。如果信噪比不足和/或有基质干扰存在，可使用另外的定量离子。在这种情况下，应注入试剂或基质空白溶液以确定分析物的出峰位置是否存在显著干扰。

三、分析方法的质量控制措施

要求各实验室在操作中遵循良好实验室规范（GLP），而且每个关键步骤都通过添加不同的QC标志物来评估误差来源。

（1）通过在样品粉碎前加入甲基毒死蜱（浓度为200ng/g），检查样品粉碎及混合过程中的同质性。

（2）在提取之前，以200ng/g的浓度向每个测试样品中添加两个氘代内标物，即对硫磷-D_{10} 和α-六六六-D_6，以检查前处理过程的误差，并用于补偿体积变化和仪器波动情况。

（3）为了检查仪器分析步骤的误差，在所有最终提取液中加入200ng/g的三苯基磷酸

(TPP)，作为仪器分析的质控内标物，用于评价仪器测定过程的误差。

此外，每个进样序列均需要同时分析基质空白和试剂空白，以排除基质、试剂、溶剂和分析柱中可能存在的干扰和污染来源。

四、方法评价

(一) 标准曲线及定量分析方法

在每个基质中配制 6 个水平 (5ng/g、10ng/g、50ng/g、100ng/g、250ng/g 和 1000ng/g) 的基质匹配标准溶液用于定量分析。每个基质分别建立 2 条 4 个浓度点的标准曲线，浓度范围分别为 5～100ng/g 和 100～1000ng/g。

除非另有说明，协作试验中的所有结果都是仅为外标法定量的结果，并未使用内标法进行计算。个别数据使用了内标法，其计算方法是将样品中被分析物的峰面积除以内标物对硫磷-D_{10} 的峰面积得到的比值进行定量计算。另一个内标物 α-六六六-D_6 只是作为 GC-MS 中的备份内标，实验中并未在计算中真正使用。此外，还可以利用含有内标的基质匹配标样（内标物在样品前处理结束后添加）来检查内标物的回收率。

(二) 正确度/精密度评价

通过农药在 3 种不同基质中 3 个添加水平的回收率和重复性/再现性来评价各实验室间的正确度和精密度。在单个实验室验证 (single-laboratory validations，SLVs) 中，QuEChERS 方法对水果和蔬菜中农药的回收率一般为 90%～110%，RSD 通常为 5%～10%。但实验室间的精密度通常会更高，例如，在欧盟 (EU)、美国农药数据项目、美国南方州检测项目和食品分析性能评估计划中，8～30 个实验室的农药残留检测样本的再现性 RSD 通常为 20%～40%，实验通常是在冷冻样品中添加＞100ng/g 的农药。

五、统计分析

各实验室的数据被汇总整理后，由项目负责人使用 AOAC 指南[7]进行统计分析。项目负责人按照指南中的例子，使用自行设计的 Excel 电子表格模板对结果进行评估。一位来自美国农业部农业研究局的统计学家和 AOAC 志愿者约翰·菲利普斯也使用 AOAC 指定的统计电子表格程序独立计算了结果。对结果进行比较，并查找差异的原因，直到所有结果达成一致。

项目负责人可以用几种不同的方式来评估数据，例如内标法或外标法。但统计学家只评估数据而不使用内标，在这种情况下，离群值仅会由于统计原因被删除。剔除异常值 ($P=0.025$) 的方法是基于实验室内重复性 (Cochran 异常值检验) 和实验室间重复性 (Grubbs 异常值检验) 的计算。

判断结果的可接受性主要依据回收率、实验室内重复性、实验室间重复性和霍维茨比 (Horwitz ratio，即 HorRat)，霍维茨比由以下公式进行计算：

$$\text{HorRat}=\text{RSD}_R/2C^{-0.1505}$$

式中，RSD_R 是协作实验中所有实验室重现性的总体相对标准偏差；C 是重复测试盲样中分析物的确定浓度（以分析物重量/样品重量表示）。利用这一参数，可以很容易将该协作实验的结果与其他同样使用霍维茨方程评价的协作实验结果进行比较[8]。霍维茨方程是分析物浓度和可接受的结果可变性之间的经验推导关系。本质上，HorRat 值在 0.5～2 之间表明结果符合协作实验的 AOAC 标准[9]。在农药残留分析中，回收率在 70%～120%之间（或 50%～150%，这取决于分析的目的），重复性 RSD ＜15%、再现性 RSD＜ 25%是较为理想的结果。

六、协作验证实验结果

（一）正确度与精密度试验结果

协作实验中，来自7～13个实验室的在3种基质、9个加标水平上的18个重复盲样中20种农药的平均回收率（%）（未使用内标校正）和再现性相对标准偏差（RSD^R,%）结果如下：

莠去津92（18）；嘧菌酯93（15）；联苯菊酯90（16）；甲萘威96（20）；百菌清70（34）；毒死蜱89（25）；嘧菌环胺89（19）；o,p'-DDD 89（18）；敌敌畏82（21）；硫丹硫酸酯80（27）；抑霉唑77（33）；吡虫啉96（16）；利谷隆89（19）；甲胺磷87（17）；灭多威96（17）；腐霉利91（20）；吡蚜酮69（19）；戊唑醇89（15）；甲苯氟磺胺（葡萄和橘子）68（33）；氟乐灵85（20）。

此外，还检测出8种田间引起的农药残留，包括葡萄中检出了醚菌酯（9.2ng/g±3.2ng/g）和嘧菌环胺（112ng/g±18ng/g）；生菜中检出了氯菊酯（112ng/g±41ng/g）、高效氯氟氰菊酯（58ng/g±11ng/g）和吡虫啉（12ng/g±2ng/g）；橙子中检出了乙硫磷（198ng/g±36ng/g）、噻菌灵（53ng/g±8ng/g）和烯菌灵（13ng/g±4ng/g）。样品均质时加入200ng/g甲基毒死蜱作为质量控制标准品，其平均回收率为86%，实验室间重复性RSD_R为19%。所有分析物的实验室内重复性RSD（即RSD_r）的平均值为9.8%。这些是在代表性基质中选择的具有代表性的农药分析物，该协作实验方法也可应用于其他类似的农药和基质，定量限为<10ng/g。

正确度与精密度结果表明，QuEChERS-醋酸缓冲盐方法适用于监测水果和蔬菜中的许多种农药残留，项目负责人建议将该方法纳入官方评价的第一步骤。

（二）统计分析结果

协作实验的项目负责人对从7～13个实验室汇总的葡萄、生菜、柑橘3种基质中9种检出的田间残留农药的检测结果以及这3种基质中添加的20种农药化合物的检测结果进行了统计学汇总[6]（表格不再列出），最后的平均研究结果见表2-1。

根据AOAC标准对结果进行统计分析，QuEChERS方法满足所有分析物的可接受标准。有一些特定的分析物/基质/浓度组合的HorRat >2，或数据来源少于8个实验室，但与这些分析物的总体结果相比，这些“离群”结果大多是由于试验条件方面存在的差异导致的。在26个分析物中，21个给出的平均HorRat <1.1。百菌清（添加，HorRat=1.41）和氯菊酯（田间残留，HorRat=1.63）在研究中结果最差，烯菌灵（1.36）、硫丹硫酸酯（1.29）和甲苯氟磺胺（1.32）也相对有问题。田间残留的农药与添加的农药总体效果相同，在任何分析物结果（包括pH敏感的农药）中均未发现基质或浓度的相关性，但在分析之前，甲苯氟磺胺类化合物在生菜中已发生部分降解。

表2-1 田间产生的和添加的代表性农药在多个实验室间的研究结果[a]

基质	回收率/%	RSD_r/%	RSD_R/%	HorRat	实验室个数/n
葡萄	86±11	10±4	22±8	0.90±0.29	12±1
生菜	87±12	10±7	20±9	0.83±0.45	10±1
橙子	87±15	10±6	20±8	0.84±0.37	10±2

续表

基质	回收率/%	RSD_r/%	RSD_R/%	HorRat	实验室个数/n
总体	87±11	10±6	21±8	0.86±0.37	11±2
田间残留	NA[b]	12±4	22±8	0.92±0.30	11±2

注：[a]在一次评估中，来自少于7个实验室的数据被排除在外；[b] NA表示不适用；RSD_r表示重复性相对标准偏差；RSD_R表示重现性相对标准偏差。

（三）质控结果分析

分析方法中的每个步骤都添加了质控（QC）化合物，以帮助分析每个步骤中的不确定度，并可用于校正前处理及分析过程中的操作偏差或仪器波动，以提高方法的分析性能。例如，实验项目负责人在初级农产品粉碎前加入200ng/g甲基毒死蜱，用作样品粉碎步骤的质量控制化合物，用于确定样品处理步骤的同质性（田间产生的残留物的结果也可用于此目的）；每个协作实验室都在提取步骤之前还向样品中添加200ng/g对硫磷-D_{10}和α-六六六-D_6，这两个化合物用作前处理过程的质控化合物，用于评价前处理过程中产生的误差；最后，在GC-MS和HPLC-MS/MS分析前，在所有最终提取液中加入200ng/g TPP，起到仪器检测步骤质控化合物（或内标物）的作用，用于评价仪器性能及仪器分析步骤产生的误差。除了给每个实验室分发的盲样，实验室还需进行室内基质添加回收、线性和空白样品的分析，这样每个质控化合物都会得到7～14个重复数据，这提供了足够的数据重复，用以评估实验室内每个步骤的性能或误差来源。该协作实验中使用的质控方法是一种简便且实用的误差溯源或不确定度分析方法，可以用于跟踪方法中每个步骤在实验室内部和实验室之间的误差或不确定度。

协作实验中，对硫磷-D_{10}和α-六六六-D_6是在提取步骤之前加入的QC标志物，其回收率及RSD可用于衡量样品在从提取到检测整个步骤中的总体偏差及重复性。由于α-六六六-D_6在HPLC-MS/MS上不出峰，因此它只作为GC-MS的备用QC标志物，对硫磷-D_{10}则在GC-MS和HPLC-MS/MS两种检测方法上均用作QC标志物。同样，内标物（TPP）则是进样检测之前加入的内标物，在两种仪器上也都适用。此外，进样检测之前加入的TPP的重复性RSD也是验证检测仪器系统适用性（system suitability）的重要指标，试验中要求TPP的RSD小于15%即为满足GC-MS系统适用性的要求。

当采用QC标志物或内标法计算残留量时，QC标志物或内标物相当于一个内部参比物质，因此其响应值的正确度及重复性会对计算结果产生影响，这也是衡量一个内标物是否选择得当的两个重要指标。QC标志物或内标物的回收率可采用其在测试样本（或添加回收样本）中的平均峰面积与基质标准溶液中的平均峰面积的比值来进行计算，其重复性则采用其在重复测定的峰面积的RSD来表示。

表2-2和表2-3分别表示了GC-MS和HPLC-MS/MS上三种基质中两种QC标志物（以下统称为内标物IS）及一种内标物TPP的回收率及RSD。总体来说，平均结果表明，在QuEChERS方法中，这些内标物的回收率基本上均接近100%（RSD为1.0%），只有少数情况下，质控结果出现了偏差。例如，在生菜和橙子中，实验室11在GC-MS中内标物得到了高达123%和125%的“回收率”；有些实验室（例如实验室8在橙子中）的内标表现出较高的精密度（RSD较低）但准确度却较差（IS和TPP偏离100%较多），说明它们在实验室检测或移液等过程中存在系统误差，该实验室的HPLC-MS/MS结果（表2-3）中葡萄

和生菜也显示出了类似的现象。

理论上来说，内标物或质控化合物的“回收率”不可能超过100%。因此，表2-2和表2-3中回收率>1.0的测试样本与基质效应或体积偏差有关。例如，表2-3所示的HPLC-MS/MS结果中，对硫磷-D_{10}在实验室1的橙子中（131%）和实验室8的葡萄中（154%）的结果出现了明显偏差，而其相同的样品提取液在GC-MS中（表2-2）却偏差很小。因此，这应该是由于提取液中质控化合物在HPLC-MS/MS分析中的基质效应引起的，其原因可能是“基质匹配”标准溶液对对硫磷-D_{10}的离子抑制效应比用作测试样品的基质更强烈。

总之，这些表格的结果回答了一个关键问题，即QuEChERS方法确实基本上实现了质控内标物的100%回收率，使用质控内标物出现的问题基本来源于个别实验室的分析操作、基质或仪器适用性问题，而非QuEChERS方法本身。

表2-2 各个实验室GC-MS测试样本中QC标志物（对硫磷-D_{10}和α-六六六-D_6或内标物TPP）的平均峰面积（$n=7$）与其在基质匹配标准溶液中的平均峰面积（$n=7$）之比和RSD值（$n=14$）[a]

序号	葡萄			生菜			橙子		
	α-六六六-D_6	对硫磷-D_{10}	TPP	α-六六六-D_6	对硫磷-D_{10}	TPP	α-六六六-D_6	对硫磷-D_{10}	TPP
1	0.93(8)[b]	1.00(8)	0.91(5)	1.02(12)	1.06(11)	0.96(12)	1.07(7)	1.07(6)	0.98(6)
2	0.90(14)	1.08(9)	ND[c]	1.05(9)	1.09(7)	ND	0.98(15)	1.16(16)	ND
3	0.94(3)	0.85(9)	0.93(10)	1.00(5)	0.98(8)	1.07(6)	0.99[d](17)[d]	0.99[d](24)[d,e]	0.98[d](22)[d,e]
4	0.91(13)	0.71[d,e](38)[d,e]	0.87(10)	1.04[d](17)[d]	0.96[d](22)[d,e]	1.07[d](22)[d,e]	0.94[d](27)[d,e]	1.05[d](22)[d,e]	1.03(15)
5	0.95[d](35)[d,e]	0.98(26)[e]	0.94(10)	1.20[e](20)	1.02(18)	1.02(19)	1.28[d,e](16)[d]	1.32[e](9)[d]	1.12[d](17)[d]
6	1.00[d](16)[d]	0.95[d](42)[d,e]	0.99[d](42)[d,e]	0.95[d](21)[d,e]	0.52[d,e](83)[d,e]	0.89[d](27)[d,e]	0.80[d,e](55)[d,e]	0.83[d](36)[d,e]	0.90(38)[e]
7	1.04(6)	1.11(3)	1.08(7)	1.17[d](17)[d]	1.10(11)	1.03(11)	1.08(12)	1.08(13)	1.04(16)
8	0.93(8)	0.96(6)	1.03(4)	0.84(11)	1.03(6)	1.09(6)	1.13(10)	1.23[e](10)	1.24[e](9)
9	1.00(18)	1.08[d](13)[d]	0.98(13)	0.99[d](22)[d,e]	1.44[d,e](21)[d,e]	1.06(11)	0.90(17)	1.40[d,e](8)[d]	1.06(14)
10	1.06[d](10)[d]	1.04[d](21)[d,e]	1.11[d](19)[d]	1.13[d](9)[d]	1.15[d](11)[d]	1.33[d,e](13)[d]	0.95[d](23)[d,e]	1.18[d](35)[d,e]	1.26[d,e](29)[d,e]
11	ND	1.13(5)	ND	ND	1.23[e](10)	ND	ND	1.25[e](10)	ND
12	ND	1.01(8)	1.01(7)	ND	1.12(8)	1.05(6)	ND	1.08(6)	1.04(8)
13	0.86[d](26)[d,e]	0.86[d](21)[d,e]	0.98(11)	NA[f]	NA	NA	NA	NA	NA
平均	0.96±0.06	0.98±0.12	0.98±0.07	1.04±0.11	1.06±0.21	1.06±0.11	1.01±0.13	1.14±0.15	1.06±0.11

注：序号是指实验室序号。

[a]这实质是对内标物回收率的一种测量，但也包括了体积和移液量的误差。

[b]括号内的值是比值的RSD（%，$n=14$），这表明分析序列的结果是否存在偏差或误差。

[c]ND表示没有做。

[d]表示质控化合物的RSD超过了15%，表明系统适用性可能存在问题。

[e]表示RSD大于20%或者回收率存在大于20%的偏差。

[f]NA表示不适用。

表 2-3　各个实验室 HPLC-MS/MS 测试样本中 QC 标志物对硫磷-D_{10} 及内标物 TPP 的平均峰面积（$n=7$）与其在基质匹配标准溶液中的平均峰面积（$n=7$）之比和 RSD 值[a]

序号	葡萄		生菜		橙子	
	对硫磷-D_{10}	TPP	对硫磷-D_{10}	TPP	对硫磷-D_{10}	TPP
1	1.05(7)[b]	1.02(2)	0.95(8)	0.90(3)	1.31[c](5)	1.00(9)
2	ND[d]	ND	ND	ND	ND	ND
3	1.08(15)	0.96(17)	1.03(16)	0.97(10)	1.04(18)	0.94(12)
4	ND	0.98(12)	ND	0.97(5)	ND	1.03(8)
5	0.75[c,e](123)[c,e]	1.29[c,e](66)[c,e]	0.76[c,e](33)[c,e]	0.72[c,e](36)[c,e]	1.08[e](32)[c,e]	0.99[e](22)[c,e]
6	1.09(12)	1.00(21)[c]	1.14(11)	0.95(17)	1.03(16)	1.07(17)
7	1.01(10)	1.04(9)	1.05(12)	0.97(8)	1.12(8)	1.04(5)
8	1.54[c,e](12)[e]	1.13(7)	1.26[e](10)	1.17(8)	0.94(19)	0.79[c](16)
9	ND	1.04(6)	ND	0.97(7)	ND[e]	0.83[e](29)[c,e]
10	0.99(11)	1.03(10)	0.77[c,e](6)[e]	0.64[c,e](22)[c,e]	0.91[e](35)[c,e]	0.77[c,e](41)[c,e]
11	1.25[c,e](15)[e]	1.02(5)	0.99(11)	0.93(5)	1.15(14)	1.11(5)
12	ND	0.98(9)	ND	1.10(7)	ND	1.00(8)
13	0.99(10)[f]	0.95(9)[f]	NA[g]	NA	NA	NA
平均	1.08±0.22	1.04±0.09	0.99±0.17	0.94±0.15	1.07±0.13	0.96±0.12

注：序号为实验室序号。

[a] 这实质是对内标物回收率的一种测量，但也包括了体积和移液量的误差。

[b] 括号内的值是比值的 RSD（%，$n=14$），这表明分析序列的结果是否存在偏差或误差。

[c] 表示 RSD 大于 20%或者回收率存在大于 20%的偏差。

[d] ND 表示没有做。

[e] 表示质控化合物的 RSD 超过了 15%，表明系统适用性可能存在问题。

[f] 8 个序列的平均值（$n=112$）。

[g] NA 表示不适用。

七、样品分析的不确定度

（一）不确定度估算方法

农药残留分析中，分析结果的不确定度是方法中每个步骤不确定度传递和组合的结果，可以通过质控化合物的相对标准偏差（RSD）进行估算和评价，此时每一步骤的不确定度可用该步骤的变异系数（CV）来表示。农药残留分析由样品预处理（粉碎或均质化）、样品前处理（提取和净化）、样品的检测（仪器分析）三个主要步骤组成，其不确定度（变异系数）分别表示为 CV_{proc}、CV_{prep} 和 CV_{anal}，所有步骤总的不确定度表示为 CV_{total}。根据不确定度的平方和传递原理，所有步骤的总不确定度的平方等于每一步骤不确定度的平方的加和，即：

$$CV_{proc}^2 + CV_{prep}^2 + CV_{anal}^2 = CV_{total}^2 \tag{2-1}$$

从质控化合物所参与的实验步骤可以进行如下计算：

（1）甲基毒死蜱是在样品粉碎前添加的，因此该化合物最后测得的 RSD 体现了所有步骤的变异系数，即：

$$RSD_{(甲基毒死蜱)} = CV_{total} \tag{2-2}$$

（2）在粉碎后、提取前加入的两个 QC 化合物，它们最后测得的 RSD 体现了样品前处理和仪器检测两个步骤的变异系数，即：

$$RSD_{(QC)}{}^2 = CV_{prep}{}^2 + CV_{anal}{}^2 \quad (2\text{-}3)$$

（3）TPP 是在进样检测之前加入溶液中的内标物（IS），因此该化合物测得的 RSD 体现了仪器检测步骤的变异系数，即：

$$RSD_{(IS)} = CV_{anal} \quad (2\text{-}4)$$

（4）上述各个质控（或内标）化合物的 RSD 都可以通过重复样品中相应的峰面积数据计算得到；然后根据式（2-1）、式（2-2）、式（2-3），即可计算得到 CV_{proc}；根据式（2-3）和式（2-4），即可计算得到 CV_{prep}。

（5）当估算的 CV 值出现虚数时，将其近似计为零。

（6）在得到各个步骤的 CV_{proc}、CV_{prep}、CV_{anal} 和 CV_{total} 后，即可计算每个步骤对总不确定度的贡献百分数，从而评估每一步骤对总的分析误差的贡献程度。

这种不确定度的评估方法简便有效，在任何实验室均可进行，在之后的文献[10,11]中也对该方法有具体应用和详细介绍。以下为该协作实验中不确定度估算的结果分析。

（二）样品预处理过程的不确定度

为了考察样品预处理过程（均质化和称重步骤）的不确定度，在样品均质化之前加入了甲基毒死蜱作为全部步骤的 QC 标志物，通过检测样品中甲基毒死蜱结果的 RSD，得到其体现的不确定度 CV_{total}，结果如表 2-4 所示。使用外标法计算得到的甲基毒死蜱的平均 RSD 为 12%（使用内标法时为 10%），这与样品制备和/或分析步骤中得到的精密度相近。可见，样品预处理步骤对稳定分析物（如甲基毒死蜱）的整体不确定度没有显著影响。

表 2-4　序列样品中甲基毒死蜱在 GC-MS 中峰面积的 RSD（%）（添加水平为 200ng/g，$n=7$）

实验室序号	葡萄	生菜	橙子	平均
1	2	13	6	7
2	6	6	11	8
3	6	10	16[a,b]	11
4	25[a,b]	41[a,b]	14[b]	27[a,b]
5	5	5	9[b]	6
6	20[a,b]	10[b]	15[b]	15[b]
7	4	8	12	8
8	5	5	6	5
9	16[a,b]	40[a,b]	9[b]	22[a]
10	9[b]	13[b]	21[a,b]	14[b]
11[c]	8[b]	6	20[a]	11
12	9	4	9	7
13	10[b]	NA[d]	NA	10[b]
平均	10	14	12	12

注：

[a] RSD 大于 15%。

[b] 质控化合物的 RSD 大于 15%。

[c] 实验室 11 使用的是 HPLC-MS/MS 结果。

[d] NA 表示不适用。

（三）样品前处理及分析过程的不确定度

按照前述方法估算每个实验室每个单独步骤的不确定度，如表2-5和表2-6所示，虽然其中某些实验室的系统适用性差导致了较差的估算结果，但是从总体结果来看，样品预处理过程（均质化和称样步骤）的不确定度（CV_{proc}）接近于0，样品前处理（提取和净化）步骤的不确定度（CV_{prep}）约为5%～9%，仪器分析步骤的不确定度（CV_{anal}）约为11%～14%，表明仪器分析步骤是每个实验室内分析不确定度的主要来源。

表2-5 按照基质分类，每个实验室的样品前处理（提取/净化）和样品预处理（均质和称样）步骤的估算不确定度结果[a]［以变异系数（%）表示］

实验室序号	样品前处理(CV_{prep})/%						样品预处理(CV_{proc})/%		
	葡萄		生菜		橙子		葡萄	生菜	橙子
	GC	LC	GC	LC	GC	LC	GC	GC	GC
1	0	5	4	0	0	13	0	9	—[b]
2	<8	UC[c]	<7	UC	<14	UC	—	—	—
3	6	8	3	9	6[d]	10	—	8	—[d]
4	26[d,e]	UC	—[d]	UC	12[d]	UC	—[d]	37[d,e]	—[d]
5	10	22[d,e]	0	—[d]	8[d]	19[d,e]	—	—	—[d]
6	—[d]	—	40[d,e]	0	0[d]	5	—[d]	—[d]	—[d]
7	—	0	4	7	—	11	—	—	0
8	4	23[d,e]	—	10	0	—	0	—	—
9	4	UC	41[d,e]	UC	17[e]	UC[d]	13	—[d]	—
10	0[d]	4	—[d]	—	—[d]	—[d]	—[d]	—[d]	—[d]
11	<7	17[d,e]	<13	6	<14	13	—	0[f]	14[f]
12	0	UC	7	UC	0	UC	7	—	7
13	14[d]	4	NA[g]	NA	NA	NA	—[d]	NA	NA

注：
[a] 通过质控化合物的RSD来估算的不确定度值。
[b] "—"代表估计给出了虚数。
[c] UC代表无法计算。
[d] 未达到质量控制标准，即质控化合物的RSD>15%。
[e] RSD大于15%。
[f] 使用了LC-MS/MS数据。
[g] NA表示不适用。

表2-6 按照仪器分类，每个实验室的样品预处理（均质和称样）、样品前处理（提取/净化）、样品检测分析及所有步骤的总体估算不确定度结果[a]［以变异系数（%）表示］

实验室序号	样品检测分析(CV_{anal})/%		样品前处理(CV_{prep})/%		样品预处理(CV_{proc})/%	总体(CV_{total})/%
	GC	LC	GC	LC	GC	GC
1	6	5	4	6	0	7
2	<10	UC[b]	<10	UC	—[c]	8

续表

实验室序号	样品检测分析(CV_{anal})/%		样品前处理(CV_{prep})/%		样品预处理(CV_{proc})/%	总体(CV_{total})/%
	GC	LC	GC	LC	GC	GC
3	10	8	5	9	0	11
4	13^{d}	6	15^{d}	UC	$18^{d,e}$	$27^{d,e}$
5	11	$34^{d,e}$	9	$17^{d,e}$	—	6
6	$24^{d,e}$	12	—^{d}	—	—^{d}	15^{d}
7	9	6	0	7	—	8
8	7	11	4	13	—	5
9	10	9	8	UC	$18^{d,e}$	22^{e}
10	$21^{d,e}$	$19^{d,e}$	—^{d}	—^{d}	0^{d}	14^{d}
11	<11	5	<11	12	—	11
12	5	7	5	UC	0	7
13	8^{d}	7	14	4	—^{d}	10^{d}
平均	11	14	9	5	—	12

注：

[a]通过质控化合物的平方和来估算的不确定度值。

[b] UC代表无法计算。

[c]“—”代表计算得到了虚数。

[d]未达到质量控制标准，即质控化合物的RSD>15%。

[e] RSD大于15%。

八、QuEChERS 方法的范围和适用性讨论

QuEChERS 方法被称为快速、简便、经济、高效、可靠和安全的方法，可用于多种基质中农药的多类型、多残留分析。顾名思义，在保证结果质量的前提下，QuEChERS 样品前处理方法有很多实际优势。该方法可用于替代当时多种食品基质中多种农药的多类型、多残留分析方法。使用该方法时，所有分析物的定量限（LOQ）设计为<10ng/g，线性动态范围超过10000ng/g，这取决于分析物和仪器。在前述协作实验中，目标化合物的浓度范围为10～1000ng/g。

就分析范围而言，协作试验选择了具有代表性的基质和农药，以证明该方法对各种分析物和基质的适用性。13个实验室的协作试验结果表明，除了少数几个含有羧酸基团的化合物，几乎所有农药都可以用 QuEChERS 方法进行分析。在分散 SPE 中使用的 PSA 吸附剂对含有羧酸基团的农药（如丁酰肼和2,4-滴）有一定的吸附作用，导致了它们回收率的下降。另外一些农药，包括百菌清、三氯杀螨醇、灭菌丹、克菌丹、敌菌丹、抑菌灵和甲苯氟磺胺，在 pH 值增加和光照存在时，倾向于在乙腈中降解。因此，这些农药的结果取决于基质和使用条件。

该实验仅使用 PSA 作为净化吸附剂对 QuEChERS 方法进行了评估。对于脂肪基质，中等极性和极性较强农药的回收率仍然很高，但大多数非极性农药的回收率随着脂肪含量的增加而下降。因此，对于脂肪含量较高的基质，在分散 SPE 中需同时使用 C_{18} 吸附剂以提高对脂质成分的净化效率。如果分析物中不包括平面结构的农药（如噻菌灵、特丁磷、五氯硝

基苯、六氯苯），那么石墨化炭黑（GCB）也可以用于分散固相萃取，以提高对甾醇、叶绿素和平面结构基质成分的净化效果。

该方法中最终提取液使用GC-MS和HPLC-MS/MS进行检测分析，但实际应用中检测方法具有很大的灵活性，配备有其他检测器的LC和GC也可用于农药化合物的检测分析，这取决于待测农药化合物的性质和范围。然而，由于最终提取液中存在乙腈，该方法不能用于使用氮磷检测器（NPD）或其他受高浓度氮影响的检测器（例如ECD）的气相色谱分析，除非检测器配备溶剂旁路功能或将最终提取液的溶剂彻底交换为甲苯才可以。

九、协作验证实验总结与讨论

这项AOAC协作验证实验对采用醋酸盐缓冲体系的QuEChERS方法进行了全面评估，在7个国家的13个实验室的葡萄、生菜和橙子盲样中，在10～1000ng/g之间的每个基质3个重复水平上，对26种重要的田间残留的和室内添加的代表性农药进行了评估。采用HPLC-MS/MS和GC-MS对每个样品提取液进行了分析，并分别使用内标法和外标法进行了定量分析，共产生了近50000个数据。在方法的每个步骤前（样品处理、样品制备和分析）都添加了质控化合物（或内标物），以此对每个实验室的分析结果不确定度进行了评估。

根据AOAC标准对结果进行统计分析表明，QuEChERS方法满足所有分析物的可接受标准。有一些特定的分析物/基质/浓度组合HorRat＞2，或少于8个实验室贡献了结果，但总体来看，在26个分析物中，21个得到的平均HorRat＜1.1。百菌清（添加，HorRat＝1.41）和氯菊酯（田间残留，HorRat＝1.63）在研究中结果最差，烯菌灵（1.36）、硫丹硫酸酯（1.29）和甲苯氟磺胺（1.32）的HorRat值也相对有问题。田间残留的农药与室内添加的农药的总体效果相同。在任何分析物结果（包括pH敏感的农药）中均未发现基质或浓度的相关性，但在分析前，甲苯氟磺胺类化合物在生菜中已部分降解。

在灵敏度和准确度方面，除生菜和橙子中的硫丹硫酸酯外，几乎所有基质和实验室中的所有分析物都满足＜10ng/g LOQ标准，平均回收率为87％，回收率范围为68％～98％，只有甲苯氟磺胺（68％）和吡蚜酮（69％）的平均回收率＜70％，这是由于提取溶液的pH值与这两个化合物不匹配造成的，但该方法的pH值是对所有化合物设计的折中方案。在精密度方面，所有化合物的平均RSD_r为10％，只有醚菌酯（在葡萄中测得田间残留为10ng/g）、硫丹硫酸酯和百菌清超过15％；所有化合物的平均RSD_R为21％，除氯菊酯、醚菌酯、百菌清、甲苯氟磺胺、烯菌灵和硫丹硫酸酯外，所有分析物/基质对的总体RSD≤25％。

多个实验室的协作实验证明QuEChERS方法名副其实，比其他经过实验室验证的食品中农药多类型多残留分析方法更快速、更简单、更经济，在10～1000ng/g的范围内，该方法在水果和蔬菜基质中具有良好的重复性和可靠性。

第二节　QuEChERS方法欧盟标准

QuEChERS方法的柠檬酸盐缓冲体系版本后来成了欧盟标准方法EN15662—2008《植物源性食品中农药残留分析-QuEChERS方法-乙腈提取/分相-分散固相萃取净化后采用GC-MS和/或HPLC-MS/MS测定农药残留量》[12]。该标准描述了植物源性食品中农药残留的分析方法，适用于水果（包括干果）、蔬菜、谷物及其加工产品，已在大量基质/农药组合上进行了合作研究。

一、基本原理

匀浆后的样品先用乙腈提取，含水量较低（<80%）的样品需要在初次提取前加水，以使样品中含有约10g的水。然后加入硫酸镁、氯化钠和柠檬酸缓冲盐，振荡并离心以使两相分离。取一部分有机相通过分散固相萃取（d-SPE）进行净化，采用散装吸附剂并加入硫酸镁以去除残余水分。在使用氨基吸附剂（例如PSA）净化后，通过添加少量甲酸对提取液进行酸化，以提高某些碱敏感农药的储存稳定性。最终提取液可直接用于GC和LC分析。使用内标法进行定量，内标物在首次添加乙腈后添加到提取物中。

二、实验方法

（一）试剂与材料

1.用于两相分配的缓冲盐混合物

称取4g±0.2g无水硫酸镁、1g±0.05g氯化钠、1g±0.05g二水合柠檬酸三钠和0.5g±0.03g柠檬酸氢二钠倍半水合物，置于试剂瓶中备用（此处给出的盐量适用于含有约10g水的样品）。

2.调节缓冲液的pH值

对于高酸性样品（pH<3），添加缓冲盐后的pH值通常低于5。为了更好地保护不耐酸化合物，可以通过添加5mol/L氢氧化钠溶液来提高pH值，例如，对于柠檬、酸橙和醋栗，可直接向盐混合物中添加600μL氢氧化钠溶液；对于覆盆子，直接添加200μL氢氧化钠溶液。

（二）实验步骤

1.样品的制备及储存

应确保样品制备和储存过程对测试样品（有时也称为“分析样品”）中的农药残留没有显著影响。样品制备过程应确保测试样品足够均匀且具有足够的代表性。样品量较大时应采取四分法进行缩分。在低温或冷冻状态下粉碎样品可以显著减少化学不稳定农药的损失，例如可使用液氮或干冰使样品在粉碎过程中保持低温状态。但在低温下处理试样时，应注意避免高湿度引起的冷凝对样品重量产生的影响。采用干冰粉碎后，应保证残余二氧化碳充分消散。不能立即分析的样品可冷冻保存，但应在解冻后称取试样之前确保充分混合，以保证样品的均匀性和代表性。此外，对于干果和含水量<30%的其他类似基质样品，可采用向500g冷冻干果中加入850g冷水（<4℃），然后用匀浆的方法得到分析样品（如有可能，在操作过程中加入干冰以保证低温环境）。

2.称样

将粉碎的均质样品置于50mL离心管（聚四氟乙烯离心管或一次性聚丙烯离心管，均带有螺口盖）中。对于水果和蔬菜样品，称样量为10g±0.1g；对于前文所述的干果匀浆样品，称取13.5g，相当于5g样品；对于谷物制品和蜂蜜等干燥基质样品，称取5g±0.05g的均质部分；对于发酵产品和富含提取物的香料，称样量为2g±0.03g。

样品称好后，对于含水量低于80%的样品，应添加足够的冷水（<4℃），使管中样品的总含水量约为10g。前述加水匀浆过的干果样品则不需要额外加水。

3.内标物或质控化合物的添加

添加10mL乙腈，然后加入适当体积的内标溶液（例如100μL）。内标物可根据所采用的检测器进行选择，例如TPP（三苯基磷酸，triphenyl phosphate）和三-1,3-二氯异丙基磷酸盐［tris-(1，3-dichlorisopropyl)-phosphate］均可作为GC-NPD、GC-MSD-EI(＋)及HPLC-MS/MS ESI(＋)检测的内标物，后者同时也可作为GC-ECD、GC-MSD-CI(－)及HPLC-MS/MS ESI(－)模式检测的内标物。内标物溶液一般以乙腈为溶剂配制，浓度一般以响应值与待测物响应值的数量级相当即可。

在该步骤中，也可同时添加质控（QC）标准溶液。例如，在GC-ECD或GC-MS检测中，质控化合物PCB138或PCB153具有很高的辛醇-水分配系数（K_{ow}），脂溶性高，它们的回收率会随着样品中脂肪含量的增加而降低，因此只要它们的回收率＞70％，则可以推断即使是亲脂性最高的农药也没有在两相分配过程中丢失。在GC-MS中另一个可选择的QC化合物为蒽（anthracene），该化合物具有很高的碳亲和性，只要其回收率＞70％，则意味着在d-SPE中基本上没有化合物被GCB吸附。

4. 提取

将上述离心管的盖子盖紧，用力振摇1min。如果样品的粉碎程度不足或残留物不容易从基质中提取出来，则提取时间可以延长，例如使用机械振荡器振荡提取20min或由高速匀浆机高速粉碎约2～5min。当使用高速匀浆机时，由于样品中已添加内标溶液，因此无需冲洗刀头，只需要在用于下一个样品前将刀头彻底清洁以避免交叉污染。如果样品中有易于发生降解的农药，可选择在低温下进行提取操作。

5. 加盐和分相

将前述制备好的缓冲盐混合物加入上述提取液。盖紧盖子，立即用力摇动1min，并在＞3000*g*的条件下离心5min，待净化。注意，在有水的情况下，硫酸镁容易形成团块，迅速硬化。如果在加入盐混合物后立即用力摇晃离心管几秒，可以避免这种情况。

此外，带有酸性基团的农药（如苯氧基乙醇酸）与氨基吸附剂（如PSA）有较强的相互作用。因此，这类化合物应在离心后净化前直接过膜进样，酸性化合物一般最好采用HPLC-MS/MS ESI(－)模式测定。

6. 净化

(1) 采用冷冻法去除谷物、柑橘类水果中脂肪、蜡质、糖等基质共提物　移取8mL乙腈相溶液，置于10～12mL离心管中，放入冰箱中冷冻过夜（对于面粉样品，则放置2h），其中大部分脂肪和蜡质凝固并沉淀。冷冻也有助于去除一些在乙腈中溶解度较低的其他基质共提取物，如糖。必要时离心，然后取6mL液体进行下一步d-SPE净化。

(2) 分散固相萃取（d-SPE）净化

① 用氨基吸附剂（PSA）进行d-SPE净化　取6mL乙腈相置于已经含有150mg PSA和900mg硫酸镁的一次性聚丙烯离心管（10～12mL）中。盖好盖子，用力振摇30s，然后在＞3000*g*时离心5min。若只取1mL提取液，则采用更小的离心管并改用150mg硫酸镁和25mg PSA进行净化。

② 使用氨基吸附剂＋GCB的混合物（PSA＋GCB）进行d-SPE净化　对于类胡萝卜素含量较高的样品，如红甜椒、胡萝卜等，采用150mg PSA加900mg吸附剂混合物（无水硫酸镁：GCB＝59：1，质量比）进行净化；对于叶绿素含量较高的样品，如菠菜、莴苣、卷心菜、羽衣甘蓝、藤叶等，采用150mg PSA加900mg吸附剂混合物（无水硫酸镁：GCB＝19：1，质量比）进行净化。

将6mL乙腈相转移到10～12mL的离心管中，离心管中装有上述吸附剂混合物。盖好盖子，用力摇动2min，然后在＞3000*g*时离心5min。对于1mL提取物，则只需要25mg

PSA 和 150mg 吸附剂，具体用量可根据样品调整。

③ 反相吸附剂的使用　使用硅基反相吸附剂（ODS、C_{18} 型）也可以有效去除可能对 GC 分析的耐用性产生负面影响的基质共提物，如脂肪和蜡质。为此，在 d-SPE 步骤中也可使用 25mg ODS、25mg PSA 和 150mg 硫酸镁（此为每毫升提取液对应的吸附剂用量），待测农药、内标物及 QC 化合物的回收率均不会受影响。

上述净化过程结束后，应立即进行下一步酸化过程。

7. 酸化（增加提取液的储藏稳定性）

将 5mL 上述净化并离心后的上清液转移到试剂瓶中，加入 50μL 含 5%甲酸的乙腈进行轻微酸化。也可只取 1mL 提取液，加入 10μL 含 5%甲酸的乙腈进行酸化。

8. 进样测定

将酸化的样品转入自动进样瓶中，用于 GC-MS 和 LC-MS/MS 分析。用于 LC-MS/MS 检测的质谱条件可参考 CEN/TR 15641[13]，用于 GC-MS 测定的质谱条件可参考文献 [3]。

（三）仪器色谱条件

（1）GC-MS 检测条件　相关检测参数见表 2-7。

表 2-7　GC-MS 检测参数

项目	参数设置
色谱柱	DB-5 MS 交联柱，30m × 0.25mm × 0.25μm，5%苯基甲基硅烷
载气	氦气，恒定流量 2mL/min
柱温程序	40℃保持 2min，然后 30℃/min 升至 220℃，然后 5℃/min 升至 260℃，然后 20℃/min 升至 280℃（总运行时间 15min）
传输线	280℃
进样量	3μL（PTV，溶剂延迟模式）
PTV 温度程序	50℃保持 0.8min，然后 720℃/min 升至 300℃，保持 5min，然后降温至 280℃，保持 10min
PTV 流量程序	0.5min 之前放空流量 20mL/min，从 2min 开始吹扫流量 47.4mL/min，从 6min 开始省气模式 20mL/min

（2）HPLC 检测条件-1　适用于大多数可用于液相色谱检测的化合物。

色谱柱：Zorbax XDB C_{18}，长 150mm，内径 2.1mm，粒径 3.5μm；

流动相 A1：5mmol/L 甲酸铵水溶液；

流动相 B1：5mmol/L 甲酸铵甲醇溶液；

流动相流速：0.3mL/min；柱温：40℃；进样体积：5μL。

其流动相洗脱程序见表 2-8。

表 2-8　HPLC 检测条件-1 的流动相洗脱程序

时间/min	流动相(A1)/%	流动相(B1)/%
0	50	50
20	0	100
25	0	100
26	50	50
30	50	50

(3) HPLC检测条件-2 适用于在反相柱中弱保留的极性化合物($\lg K_{ow} < 0.5$)。

色谱柱:Phenomenex Aqua,长150mm,内径2mm,固定相为125 Å C_{18} 材料,粒径3μm;

流动相A1:5mmol/L甲酸铵水溶液;

流动相B1:5mmol/L甲酸铵甲醇溶液;

柱温:40℃;

进样体积:3μL,在进样过程中自动用3μL流动相A1稀释。如果没有自动稀释装置,可以在进样前稀释后,进样量改为6μL。其流动相流速及洗脱程序见表2-9。

表2-9 HPLC检测条件-2的流动相流速及洗脱程序

时间/min	流速/(μL/min)	流动相(A1)/%	流动相(B1)/%
0	100	100	0
3	100	30	70
6	300	15	85
9	300	10	90
20.5	300	10	90
21	300	100	0
32	300	100	0

(4) HPLC检测条件-3 适用于酸性化合物。

色谱柱:Zorbax XDB C_{18},长150mm,内径2.1mm,粒径3.5μm;

流动相A2:醋酸水溶液,每升水加0.1mL冰醋酸;

流动相B2:醋酸的乙腈溶液,每升乙腈加0.1mL冰醋酸;

柱温:40℃;

进样体积:5μL。

其流动相流速及洗脱程序见表2-10。

表2-10 HPLC检测条件-3的流动相流速及洗脱程序

时间/min	流速/(μL/min)	流动相(A2)/%	流动相(B2)/%
0	300	80	20
20	300	0	100
22	300	0	100
22.1	300	80	20
30	300	80	20

(5) HPLC检测条件-4 适用于大多数可用于液相色谱检测的化合物。

色谱柱:Phenomenex Aqua C_{18},5μm,125Å,50mm × 2mm;

流动相A3:甲醇/水,2∶8(体积比),含5mmol/L甲酸铵;

流动相B3:甲醇/水,9∶1(体积比),含5mmol/L甲酸铵;

柱温:20℃;

进样程序:取5μL流动相A3,1μL样品,用乙腈清洗针头;

取 2μL 流动相 A3，1μL 样品，用乙腈清洗针头；
取 2μL 流动相 A3，1μL 样品，用乙腈清洗针头；
取 2μL 流动相 A3，1μL 样品，用乙腈清洗针头；
取 5μL 流动相 A3；
进样。
其流动相流速及洗脱程序见表 2-11。

表 2-11 HPLC 检测条件-4 的流动相流速及洗脱程序

时间/min	流速/(μL/min)	流动相(A3)/%	流动相(B3)/%
0	200	100	0
11	200	0	100
23	200	0	100
25	200	100	0
33	200	100	0

三、方法确证

1. 定性和定量

定性分析的依据包括：

(1) 分析物的保留时间，或者是同一序列中样品与内标物保留时间的比值；

(2) 分析物的峰形；

(3) 在 MS 或 MS/MS 检测中，离子或离子对的相对丰度（通常 MS/MS 中需要 2 对离子对，MS 中 SIM 模式下则需要 3 个离子）。

以上三条必须同时满足。对可疑色谱峰可采用不同色谱条件或更换定性离子的方法进行进一步确认，具体规则可参考 SANCO/2007/3131 文件[14]中描述的欧盟质量控制指南。

2. 干扰和回收率试验

准备空白试剂，并在不同的浓度水平上进行加标回收试验。在分析物的保留时间内，空白试剂的色谱图不应显示任何明显的干扰峰。

对于添加回收试验，在 10g 样品中添加 100μL 乙腈或丙酮的农药标准溶液，然后使用涡旋混合器进行短时间振摇，使溶剂和农药很好地分散在整个样品中。应避免添加较大体积的标准溶液，如果添加体积＞200μL，应在用于制备基质匹配校准溶液的空白样品中进行体积补偿，以避免最终提取物的基质浓度差异。

3. 线性

使用标准溶液检查线性，线性范围应适合待测样品的残留物浓度。当待测样品的浓度范围较大时，可能需要在测定范围内绘制多条标准曲线。优先使用基质匹配标准曲线进行定量，但是当进行大量样品筛查或已知基质效应可以忽略的情况下，可使用溶剂标准曲线进行分析。一旦检测到疑似 MRL 违规的残留量时，应使用基质匹配标准曲线或标准加入法进行更准确的测定。

四、结果与讨论

（一）方法的适用范围

该方法是在 2003 年发表的 QuEChERS 方法的基础上采用柠檬酸盐缓冲体系进行的改

进，补充了更多的待测农药，共检测了136个农药化合物，采用GC-MS和/或HPLC-MS/MS检测，验证了方法在不同酸度、不同含糖量、不同含水量及不含水的谷物类植物源基质中的适用性。

（二）样品量的确定

方法采用10g样品进行提取（含水量＜30%的基质除外），并采用6mL提取液进行净化。实际检测中，只要使用的试剂量保持相同比例，所述提取和净化步骤均可根据需要进行用量的等比例减少或增加。但是应注意，所采用的样本量越小，测量误差可能就越高。因此，在样本量较少时，需进行方法验证，并最好使用含有田间产生残留的代表性样品评价方法的可靠性。

（三）提取液pH值的调整

通过在提取液中添加柠檬酸盐缓冲盐，大多数样品的pH值在5～5.5之间。实验选择的pH范围是一个折中方案，在该范围内，既保证了酸性除草剂的定量提取，又充分保护了对碱不稳定的化合物（如克菌丹、灭菌丹、甲苯氟磺胺）和对酸不稳定的化合物（如吡蚜酮、二氧威）。

该溶液在净化过程中与PSA接触后，提取液的pH值增加，测量值达到甚至超过8.0，这可能会影响碱敏感农药（如克菌丹、灭菌丹、抑菌灵、甲苯氟磺胺、哒草嗪、甲硫威砜、百菌清）的稳定性。如果将该提取液迅速酸化至pH 5，则此类化合物的降解会显著减少，从而可以稳定储存数天。在此pH值下，不耐酸的农药（例如吡蚜酮、二氧威、硫双威）在几天内也足够稳定。只有一些非常敏感的磺酰脲类除草剂、硫丹和丙硫克百威在pH值为5时不太稳定。然而，这些化合物在未酸化提取液的pH值下（分散SPE后）可在几天内保持稳定。因此，如果待测物包括这些化合物，则应使用一小部分未酸化的提取液进行检测；当然，如果可以立即进行检测而不需要储存，则也可以使用pH 5的提取液进行检测。但应注意，在PSA净化过程中，大多数酸性磺酰脲类化合物可能会损失，因此这些化合物可与直接从粗提取液中提取的酸性农药一起进行分析（即净化前直接分析）。此外，在pH 5的样品和提取液中，丁硫克百威和丙硫克百威（它们具有单独的MRL）会降解为克百威。因此，当酸化提取物中检出克百威时，需要额外检测碱性样品，以确认丁硫克百威和丙硫克百威的存在。

（四）GCB净化

一些平面结构的农药和内标物对GCB的平面结构有很大的亲和力，但回收率实验表明，如果提取物在用GCB净化后仍保持一定量的叶绿素或类胡萝卜素，则这些化合物不会发生显著损失。此时，可将蒽（或蒽-D_{10}）用作质控化合物，如果蒽的回收率高于70%，那么即使对碳具有最高亲和力的平面结构化合物，其回收率也不会低于70%。

（五）提取液的浓缩和溶剂交换

如果无法进行大体积进样（3μL或更多），并且无法达到所需化合物的检测限，则可考虑将提取液进行浓缩，如有必要，还可考虑进行溶剂交换。如果采用GC-MS检测，提取液浓缩4倍就足够了，例如，可将4mL酸化提取液（pH 5）转移到试管中，在40℃下使用少量氮气流将其减少至约1mL。如果采用乙腈作为溶剂使GC性能不佳，或者如果使用NPD检测器，则可以选择进行溶剂交换。为此，可在40℃条件下，使用少量氮气流将提取液蒸发至近干，并采用1mL适合的溶剂使之复溶（加入几滴“保持剂”，如十二烷，可帮助减少易挥发化合物在浓缩过程中的损失），但此时用于制备标准曲线的空白提取液应以相同方式处理。

（六）内标的影响

该标准规定了使用内标法进行定性和定量，但在没有内标的情况下仍然可以采用外标法进行定量。

在采用内标法分析时，内标物响应值的波动将直接影响分析物的计算结果，因此，理想情况下，内标物响应信号的波动应仅由体积或仪器波动引起，由其他因素引起的信号波动应尽量小。可以在分析程序的不同阶段采用多个内标（或称为质控化合物），例如在进样前的溶液中添加一个内标物，有助于识别内标物的任何非体积相关的信号波动。因此，观察序列中每个样本的内标物信号强度的重复性（一般可用相对标准偏差来衡量）对质量控制非常有帮助。如果内标出现明显的响应信号偏移，应对检测过程进行检查，使用备用内标或不使用内标进行定量。

对于在提取过程中添加的内标（或称为前置内标物），在提取、分相和净化过程中内标物的损失应考虑在内，可以通过对比提取前添加样品和基质匹配标准溶液中的内标物的响应值来估算内标物的回收率。该方法中内标物的回收率都非常高，由此引起的误差很小。此外，由于基质共提取物的存在，内标物的基质效应也会影响定量准确性。可以通过对比溶剂标准曲线及基质匹配标准曲线中内标物的响应值来评价内标物的基质效应，应选择基质效应较小的内标物进行定量分析。

QuEChERS 的欧盟标准方法在欧洲国家的应用十分广泛，并且还在进一步优化和补充研究中实现了更大范围的扩展和应用，尤其对于弱碱性或弱酸性农药残留物的残留分析或检测，该方法的很多细节和成果都十分值得借鉴。

第三节 QuEChERS 方法中国标准

近年来，QuEChERS 方法在我国的国标方法中也得到了具体的体现，主要包括 GB 23200.113《食品安全国家标准　植物源性食品中 208 种农药及其代谢物残留量的测定 气相色谱-质谱联用法》[15] 和 GB 23200.121《食品安全国家标准　植物源性食品中 331 种农药残留及其代谢物残留量的测定 液相色谱-质联用法》[16] 两个国家标准。GB 23200.113 标准中的 QuEChERS 前处理方法流程见图 2-2；GB 23200.121 标准中的 QuEChERS 前处理方法流程见图 2-3。

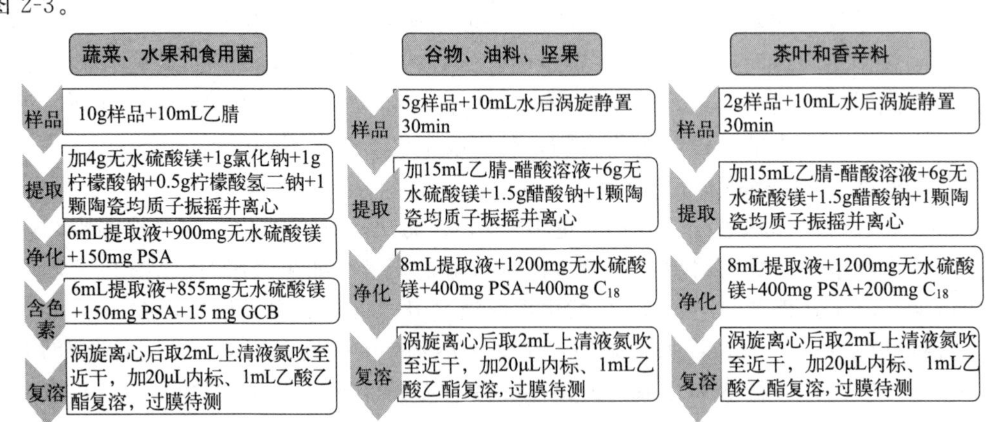

图 2-2　GB 23200.113 中 QuEChERS 的前处理方法示意图[15,17]

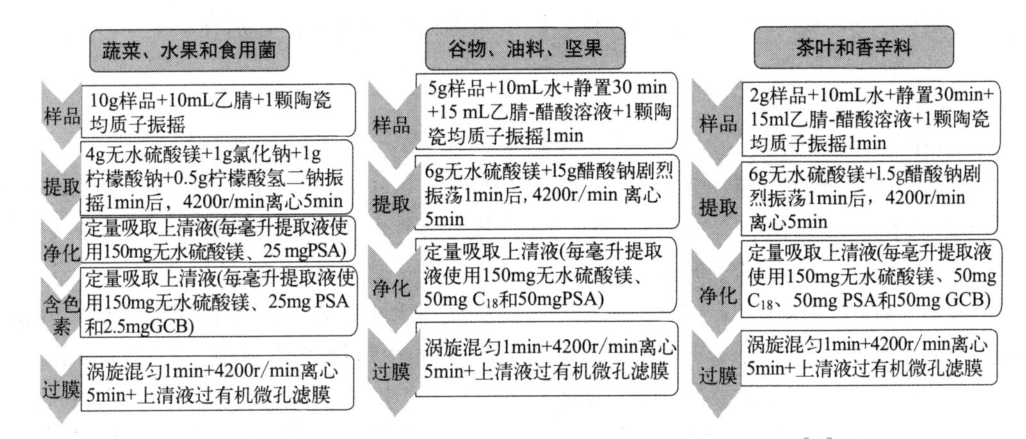

图 2-3　GB 23200.121 中 QuEChERS 的前处理方法示意图[16]

一、国标方法 GB 23200.113 简介

（一）方法说明

该标准规定了气相色谱-串联质谱法测定植物源性食品中 208 种农药及其代谢物的残留分析方法。植物油样品需用 GPC 净化；其他样品用乙腈提取，提取液可选用 QuEChERS 方法或固相萃取（SPE）方法净化；采用气相色谱-质谱（GC-MS）检测，内标法或外标法定量。

（二）实验方法

1. 标准溶液的配制

（1）标准储备溶液（1000mg/L）　准确称取 10mg（精确至 0.1mg）各农药标准品，根据标准品的溶解性选择丙酮或正己烷等溶剂溶解并定容至 10mL，避光−18℃保存，有效期 1 年。

（2）混合标准溶液（混合标准溶液 A 和 B）　按照农药的性质和保留时间，将 208 种农药及其代谢物分成 A、B 两个组。吸取一定量的农药标准储备溶液于 250mL 容量瓶中，用乙酸乙酯定容至刻度。混合标准溶液避光 0～4℃保存，有效期 1 个月。

（3）内标溶液　准确称取 10mg 环氧七氯 B（精确至 0.1mg），用乙酸乙酯溶解后转移至 10mL 容量瓶中，定容混匀为内标储备液。内标储备溶液用乙酸乙酯稀释至 5mg/L 为内标溶液。

（4）基质混合标准工作溶液　空白基质溶液氮气吹干，加入 20μL 内标溶液，加入 1mL 相应质量浓度的混合标准溶液复溶，过有机相微孔滤膜（13mm×0.22μm）。基质混合标准工作溶液应现用现配。空白基质溶液取样量应与相应的试样处理取样量一致。

2. 试样制备

蔬菜水果一般按个体大小分类，对于个体较小的样品，取样后全部处理；对于个体较大的基本均匀样品，可在对称轴或对称面上分割或切成小块后处理；对于细长、扁平或组分含量在各部分有差异的样品，可在不同部位切取小片或截成小段后处理；取样后的样品将其切碎，充分混匀，用四分法取样或直接放入组织捣碎机中捣碎成匀浆，放入聚乙烯瓶中。谷类样品一般取 500g 左右，粉碎后使其全部可通过 425μm 的标准网筛，放入聚乙烯瓶或袋中。油料作物、茶叶、坚果和香辛料各取 500g，粉碎后充分混匀，放入聚乙烯瓶或袋中。植物油类样品搅拌均匀，放入聚乙烯瓶中。将试样按照测试样和备用样分别存放。于－18℃条件下保存。

3. 样品前处理

(1) QuEChERS前处理

① 蔬菜、水果和食用菌　称取10g样品（精确至0.01g），置于50mL塑料离心管中，加入10mL乙腈、4g硫酸镁、1g氯化钠、1g柠檬酸钠、0.5g柠檬酸氢钠和1颗陶瓷搅拌子。然后盖上离心管盖，剧烈振荡1min，以4200r/min离心5min。吸取6mL上清液，加到含有900mg硫酸镁和150mg PSA的15mL塑料离心管中；对于颜色较深的试样，则加入含有885mg硫酸镁、150mg PSA和15mg GCB的15mL塑料离心管中。涡旋1min，并以4200r/min离心5min。准确吸取2mL上清液，转入10mL试管中，并在40℃水浴中氮气吹干至近干。然后加入20μL内标溶液，再加入1mL乙酸乙酯复溶，过有机相微孔滤膜（13mm×0.22μm），待进样分析。

② 谷物、油料和坚果　称取5g试样（精确至0.01g），置于50mL塑料离心管中，加10mL水涡旋混合，静置30min。加入15mL乙腈-醋酸溶液（99∶1，体积比）、6g无水硫酸镁、1.5g醋酸钠和1颗陶瓷搅拌子，盖上离心管盖，剧烈振荡1min，并以4200r/min离心5min。吸取8mL上清液，加入含有1200mg硫酸镁、400mg PSA和400mg C_{18}的15mL塑料离心管中。涡旋1min，以4200r/min离心5min。准确吸取2mL上清液，放入10mL试管中，在40℃水浴中用氮气吹至近干，然后加入20μL内标溶液，再加入1mL乙酸乙酯复溶。过有机相微孔滤膜（13mm×0.22μm），待进样分析。

③ 茶叶和香辛料　称取2g样品（精确至0.01g），置于50mL塑料离心管中，加10mL水涡旋混合，静置30min。加入15mL乙腈-醋酸溶液（99∶1，体积比）、6g无水硫酸镁、1.5g醋酸钠和1颗陶瓷搅拌子，盖上离心管盖，剧烈摇动1min，以4200r/min离心5min。吸取8mL上清液，放入含有1200mg硫酸镁、400mg PSA、400mg C_{18}和200mg GCB的15mL塑料离心管中。涡旋1min，以4200r/min离心5min。准确吸取2mL上清液，放入10mL试管中，在40℃水浴中用氮气吹至近干。然后加入20μL内标溶液，再加入1mL乙酸乙酯复溶，过有机相微孔滤膜（13mm×0.22μm），待进样分析。

注：用于净化的上清液的量可根据需要进行调整。净化吸附剂材料（无水硫酸镁、PSA、C_{18}、GCB）的量可以按比例增加或减少。

(2) 固相萃取前处理

① 提取

a. 蔬菜、水果和食用菌

称取20g试样（精确至0.01g）于100mL塑料离心管中，加入40mL乙腈，用高速匀浆机15000r/min匀浆2min，加入5～7g氯化钠剧烈振荡数次，4200r/min离心5min。准确吸取10mL上清液于100mL茄形瓶中。40℃水浴旋转蒸发至1mL左右，氮气吹至近干，待净化。

b. 谷物、油料、坚果、茶叶和香辛料

称取5g试样（精确至0.01g）于100mL塑料离心管中，加10mL水涡旋混匀，静置30min。加入20mL乙腈，用高速匀浆机15000r/min匀浆2min，加入5～7g氯化钠剧烈振荡数次，4200r/min离心5min。准确吸取5mL上清液于100mL茄形瓶中，40℃水浴旋转蒸发至1mL左右，氮气吹至近干，待净化。

② 净化 用5mL乙腈-甲苯溶液（3∶1，体积比，下同）预淋洗固相萃取柱（石墨化炭黑-氨基复合柱，500mg/500mg，容积6mL），弃去流出液。下接150mL鸡心瓶，放置于固定架上。将上述待净化试样用3mL乙腈-甲苯溶液洗涤至固相萃取柱中，再用2mL乙腈-甲苯溶液洗涤，并将洗涤液移入柱中，重复2次。在柱上加上50mL储液器，用25mL乙腈-甲苯溶液淋洗小柱，收集上述所有流出液于150mL鸡心瓶中，40℃水浴中旋转浓缩至近干。加入50μL内标溶液，加入2.5mL乙酸乙酯复溶，过有机相微孔滤膜（13mm×0.22μm），用于测定。

（3）GPC前处理 称取1g食用油试样（精确至0.01g）于10mL样品瓶中，加入7mL GPC流动相[环己烷-乙酸乙酯溶液（1∶1，体积比）混匀]，将试样溶液置于GPC上净化，净化柱为25mm（内径）×500mm，内装Bio Beads S-X3填料或相当者，上样体积为5mL，流速为5mL/min，收集1000～2700s时间段的洗脱液。将流出液浓缩至5mL，准确吸取4mL于10mL玻璃离心管中，40℃水浴中氮气吹至近干。加入20μL的内标溶液，加入1mL乙酸乙酯复溶，过有机相微孔滤膜（13mm×0.22μm），用于测定。

4.仪器测定

采用气相色谱-三重四极杆质谱联用仪（GC-MS/MS），配有电子轰击源（EI）。色谱柱：14%氰丙基苯基-86%二甲基聚硅氧烷石英毛细管柱；30m×0.25mm×0.25μm，或相当者。色谱柱温度：40℃保持1min，然后以40℃/min程序升温至120℃，再以5℃/min升温至240℃，再以12℃/min升温至300℃，保持6min。载气：氦气，纯度≥99.999%，流速1.0mL/min；进样口温度：280℃；进样量：1μL；进样方式：不分流进样；电子轰击源：70eV；离子源温度：280℃；传输线温度：280℃；溶剂延迟：3min。多反应监测模式，每种农药分别选择一对定量离子和一对定性离子。每组所有需要检测离子对按照出峰顺序分时段分别检测。

5.标准工作曲线

精确吸取一定量的混合标准溶液，逐级用乙酸乙酯稀释成质量浓度为0.005mg/L、0.01mg/L、0.05mg/L、0.1mg/L和0.5mg/L的标准工作溶液。空白基质溶液氮气吹干，加入20μL内标溶液，分别加入1mL上述标准工作溶液复溶，过有机相微孔滤膜，配制成系列基质混合标准工作溶液，供气相色谱质谱联用仪测定。以农药定量离子峰面积和内标物定量离子峰面积的比值为纵坐标、农药标准溶液质量浓度和内标物质量浓度的比值为横坐标，绘制标准曲线。

6.试样测定与定性定量

将基质混合标准工作溶液和试样溶液依次注入气相色谱-质谱联用仪中，根据保留时间和定性离子定性，测得定量离子峰面积，待测样液中农药的响应值应在仪器检测的定量测定线性范围之内，超过线性范围时应根据测定浓度进行适当倍数稀释后再进行分析。每批样品均应同时进行平行试验及试剂空白试验。

被测试样中目标农药色谱峰的保留时间与相应标准色谱峰的保留时间相比较，相对误差应在±2.5%之内。在相同实验条件下进行样品测定时，如果检出的色谱峰的保留时间与标准样品相一致，并且在扣除背景后的样品质谱图中，目标化合物的质谱定量和定性离子均出现，而且同一检测批次，对同一化合物，样品中目标化合物的定性离子和定量离子的相对丰度比与质量浓度相当的基质标准溶液相比，其允许偏差不超过表2-12规定的范围，则可判断样品中存在目标农药。定量分析可采用内标法或外标法，方法的定量限为0.01～

0.05mg/kg。

表 2-12 定性测定时相对离子丰度的最大允许偏差

相对离子丰度	>50%	20%～50%(含)	10%～20%(含)	≤10%
允许相对偏差	±20%	±25%	±30%	±50%

（三）方法讨论

GB 23200.113国标方法基于各种基质或化合物的多样性，提供了三种不同的前处理方法，即对于植物油样品，需采用GPC净化的方法，其他各种基质，则可采用QuEChERS方法或固相萃取（SPE）方法，分析工作者可根据具体情况选择。该国标中采用的QuEChERS方法在原QuEChERS方法的基础上进行了适当改进，具体如下：

（1）方法结合了欧盟和美国AOAC两个版本的优势，蔬菜水果采用了欧盟方法，谷物、茶叶等基质用AOAC方法净化效果更好。

（2）GC进样前进行溶剂置换，避免了乙腈对气相色谱柱和检测器的损伤，无需LVI（大面积）上样。

（3）使用空白基质做标准曲线，定量结果更准确。

（4）使用陶瓷均质子，使混匀效果更好。

（5）对于颜色较深的蔬菜水果，可适当增大GCB的用量。

二、国标方法GB 23200.121简介

（一）方法说明

该标准规定了植物源性食品中331种农药及其代谢物残留量的液相色谱-质谱联用测定方法。样品用乙腈提取，提取液经分散固相萃取净化，采用液相色谱-串联质谱（HPLC-MS/MS）检测，外标法定量。

（二）实验方法

1. 标准溶液的配制

（1）标准储备溶液（1000mg/L） 准确称取约10mg（精确至0.1mg）各农药标准品（纯度≥95%），根据标准品的溶解性和测定的需要选甲醇或乙腈等溶剂溶解并分别定容到10mL，避光−18℃及以下条件保存，有效期1年。

（2）混合标准储备溶液（20～50mg/L） 吸取一定量的农药标准储备溶液于容量瓶中用乙腈定容至刻度，避光−18℃及以下条件保存，有效期6个月。

（3）混合标准溶液（5mg/L） 吸取一定量的混合标准储备溶液于容量瓶中，用乙腈定容至刻度，避光−18℃及以下条件保存，有效期1个月。

2. 试样制备

食用菌、热带和亚热带水果（皮可食）随机取样1kg，水生蔬菜、茎菜类蔬菜、豆类蔬菜、核果类水果、热带和亚热带水果（皮不可食）随机取样2kg，瓜类蔬菜和水果取4～6个个体（取样量不少于1kg），其他蔬菜和水果随机取样3kg。对于个体较小的样品，取样后全部处理；对于个体较大的基本均匀样品，可在对称轴或对称面上分割或切成小块后处理；对于细长、扁平或组分含量在各部分有差异的样品，可在不同部位切取小片或截成小段后处理；取样后的样品将其切碎，充分混匀，用四分法取一部分或全部用组织捣碎机匀浆后，放入聚乙烯瓶中。

干制蔬菜、水果和食用菌随机取样500g，粉碎后充分混匀，放入聚乙烯瓶或袋中。谷类随机取样500g，粉碎后使其全部可通过425μm的标准网筛，放入聚乙烯瓶或袋中。油料、茶叶、坚果和香辛料（调味料）随机取样500g，粉碎后充分混匀，放入聚乙烯瓶或袋中。植物油类搅拌均匀，放入聚乙烯瓶中。将试样按照测试样和备用样分别存放，于−18℃及以下条件保存。

3.样品前处理

（1）蔬菜、水果、食用菌和糖料　称取10g试样（精确至0.01g）于50mL塑料离心管中，加入10mL乙腈及1颗陶瓷均质子，剧烈振荡1min，加入4g无水硫酸镁、1g氯化钠、1g柠檬酸钠二水合物、0.5g柠檬酸二钠盐倍半水合物，剧烈振荡1min后4200r/min离心5min。定量吸取上清液至内含除水剂和净化材料的塑料离心管中（每毫升提取液使用150mg无水硫酸镁、25mg PSA）；对于颜色较深的试样，离心管中另加入GCB（每毫升提取液使用2.5mg），涡旋混匀1min。4200r/min离心5min，吸取上清液过0.22μm有机相微孔滤膜，待测定。

注： 对于干制蔬菜、水果和食用菌，称取1g试样（精确至0.01g）于50mL塑料离心管中，加9mL水涡旋混匀，静置30min后按上述方式处理。

（2）谷物、油料和坚果　称取5g试样（精确至0.01g）于50mL塑料离心管中，加10mL水涡旋混匀，静置30min。加入15mL乙腈-醋酸溶液（99∶1，体积比）及1颗陶瓷均质子，剧烈振荡1min，加入6g无水硫酸镁、1.5g醋酸钠，剧烈振荡1min后4200r/min离心5min。定量吸取上清液至内含除水剂和净化材料的塑料离心管中（每毫升提取液使用150mg无水硫酸镁、50mg C_{18}和50mg PSA），涡旋混匀1min。4200r/min离心5min，吸取上清液过微孔滤膜，待测定。

（3）茶叶和香辛料（调味料）　称取2g试样（精确至0.01g）于50mL塑料离心管中，加10mL水涡旋混匀，静置30min。加入15mL乙腈-醋酸溶液（99∶1，体积比）及1颗陶瓷均质子，剧烈振荡1min，加入6g无水硫酸镁、1.5g醋酸钠，剧烈振荡1min后4200r/min离心5min。定量吸取上清液至内含除水剂和净化材料的塑料离心管中（每毫升提取液使用150mg无水硫酸镁、50mg C_{18}、50mg PSA和25mg GCB），涡旋混匀1min。4200r/min离心5min，吸取上清液过微孔滤膜，待测定。

（4）植物油　称取2g试样（精确至0.01g）于50mL塑料离心管中，加入5mL水。加入10mL乙腈及1颗陶瓷均质子，剧烈振荡1min，加入4g无水硫酸镁、1g氯化钠、1g柠檬酸钠二水合物、0.5g柠檬酸二钠盐倍半水合物，剧烈振荡1min后4200r/min离心5min。定量吸取上清液至内含除水剂和净化材料的塑料离心管中（每毫升提取液使用150mg无水硫酸镁、50mg C_{18}和50mg PSA），涡旋混匀1min。4200r/min离心5min，吸取上清液过微孔滤膜，待测定。

注： 测定蔬菜、水果、食用菌、糖料、植物油中磺酰脲类除草剂、环己烯酮类除草剂（烯草酮、烯草酮砜、烯草酮亚砜、噻草酮、三甲苯草酮、烯禾啶）、三唑并嘧啶磺酰胺类除草剂（双氟磺草胺、唑嘧磺草胺、五氟磺草胺）、氟啶胺、螺虫乙酯及其代谢物、甲磺草胺、苯嘧磺草胺、苯噻隆、氰霜唑代谢物CCIM和异噁唑草酮-二酮腈时，PSA的用量降低至每毫升提取液5mg，谷物、油料、坚果降低至每毫升提取液10mg。

4.仪器测定

采用液相色谱-三重四极杆质谱联用仪，配有电喷雾离子源（ESI）。色谱柱：C_{18}

[2.1mm（内径）×100mm，1.8μm]，或相当者；流动相：A相为2mmol/L甲酸铵-0.01%甲酸水溶液，B相为2mmol/L甲酸铵-0.01%甲酸甲醇溶液。流动相梯度条件见表2-13；流速：0.3mL/min；柱温：40℃；进样量：2μL。

质谱检测采用电喷雾离子源，正离子和负离子同时扫描，电喷雾电压为正离子5500V，负离子－4500V，离子源温度350℃，雾化气0.345MPa，辅助加热气0.345MPa，气帘气0.241MPa；多反应监测模式下，每种农药分别选择至少两个离子对，所有需要检测的离子对按照出峰顺序分时段分别检测。

表2-13　流动相及其梯度条件

时间/min	流动相A/%	流动相B/%
0	97	3
1	97	3
1.5	85	15
2.5	50	50
18	30	70
23	2	98
27	2	98
27.1	97	3
30	97	3

5. 基质匹配标准工作曲线

选择与被测样品性质相同或相似的空白样品，进行前述前处理，得到空白基质溶液。准确吸取一定量的混合标准溶液，逐级用空白基质溶液稀释成质量浓度为0.002mg/L、0.005mg/L、0.01mg/L、0.02mg/L、0.05mg/L、0.1mg/L、0.2mg/L和0.5mg/L的基质匹配标准工作溶液，根据仪器性能和检测需要选择不少于5个浓度点，供液相色谱-质谱联用仪测定。以农药定量离子对的质量色谱图峰面积为纵坐标，相对应的基质匹配标准工作溶液质量浓度为横坐标，绘制基质匹配标准工作曲线。

6. 试样测定及定性定量

将基质匹配标准工作溶液和试样溶液依次注入液相色谱-质谱联用仪中，保留时间和离子丰度比定性，测得定量用子离子的质量色谱图峰面积，待测样液中农药的响应值应在仪器检测的定量测定线性范围之内，超过线性范围时应根据测定浓度进行适当倍数稀释后再进行分析。每批样品均应同时进行平行试验及试剂空白试验。

被测试样中目标农药色谱峰的保留时间与相应标准色谱峰的保留时间相比较，相对误差应在±2.5%之内。在相同实验条件下进行样品测定时，如果检出的色谱峰的保留时间与标准样品相一致，并且在扣除背景后的样品质谱图中，目标化合物选择的子离子均出现，而且同一检测批次，对同一化合物，样品中目标化合物的离子丰度比与质量浓度相当的基质标准溶液相比，其允许偏差不超过表2-12规定的范围，则可判断样品中存在目标农药。定量分析采用外标法，方法的定量限为0.002～0.2mg/kg。

（三）方法讨论

GB 23200.121国标方法采用的是HPLC-MS/MS检测331种农药及代谢物，采用的前处理方法是改进的QuChERS方法，即在原QuChERS方法的基础上进行了适当改进和扩展，具体如下：

（1）方法结合了EN和AOAC两个版本的优势，蔬菜、水果、食用菌、糖料及植物油采用EN方法；谷物、茶叶等干燥基质采用AOAC方法。

（2）HPLC-MS/MS检测对净化的要求更宽，目标化合物范围有所扩展，方法灵敏度和特异性很高。

（3）使用基质匹配标准曲线进行定量，但未使用内标，节约了成本。

（4）对于不同的基质/化合物情形，可适当增大或减少净化剂的用量，以此获得合格的回收率。

参考文献

[1] Lehotay S J, Kok A D, Hiemstra M, et al. Validation of a fast and easy method for the determination of residues from 229 pesticides in fruits and vegetables using gas and liquid chromatography and mass spectrometric detection. Journal of AOAC International, 2005, 88 (2): 595-614.

[2] Lehotay S J, Maštovská K, Lightfield A R. Use of buffering and other means to improve results of problematic pesticides in a fast and easy method for residue analysis of fruits and vegetables. Journal of AOAC International, 2005, 88 (2): 615-629.

[3] Maštovská K, Hajšlová J, Lehotay S J. Ruggedness and other performance characteristics of low-pressure gas chromatography-mass spectrometry for the fast analysis of multiple pesticide residues in food crops. Journal of Chromatography A, 2004, 1054 (1): 335-349.

[4] Lehotay S J, Maštovská K, Yun S J. Evaluation of two fast and easy methods for pesticide residue analysis in fatty food matrixes. Journal of AOAC International, 2005, 88 (2): 630-638.

[5] Pesticide residues in foods by acetonitrile extraction and partitioning with magnesium sulfate-gas chromatography/mass spectrometry and liquid chromatography/tandem mass spectrometry. http: //www. aoacofficialmethod. org/.

[6] Lehotay S J, Collaborators. Determination of pesticide residues in foods by acetonitrile extraction and partitioning with magnesium sulfate: collaborative study. Journal of AOAC International, 2007, 90 (2): 485-520.

[7] Feldsine P, Abeyta C, Andrews W H. AOAC international methods committee guidelines for validation of qualitative and quantitative food microbiological official methods of analysis. Journal of AOAC International, 2002, 85 (5): 1187-1200.

[8] Horwitz W, Kamps L R, Boyer K W. Quality assurance in the analysis of foods and trace constituents. Journal-Association of Official Analytical Chemists, 1980, 63 (6): 1344-1354.

[9] Horwitz W, Albert R. The Horwitz ratio (HorRat): A useful index of method performance with respect to precision. Journal of AOAC International, 2006, 89 (4): 1095-1109.

[10] Han L, Lehotay S J, Sapozhnikova Y. Use of an efficient measurement uncertainty approach to compare room temperature and cryogenic sample processing in the analysis of chemical contaminants in foods. Journal of Agricultural and Food Chemistry, 2018, 66 (20): 4986-4996.

[11] Lehotay S J, Han L, Sapozhnikova Y. Use of a quality control approach to assess measurementuncertainty in the comparison of sample processing techniques in the analysis of pesticide residues in fruits and vegetables. Analytical and Bioanalytical Chemistry, 2018, 410 (22): 5465-5479.

[12] 植物源性食品中农药残留分析-QuEChERS方法-乙腈提取/分相-分散固相萃取净化后采用GC-MS和/或LC-MS/MS测定农药残留量. https: //www. cencenelec. eu/european-standardization/european-standards/.

[13] CEN/TR 15641-2007. Food analysis-Determination of pesticide residues by LC-MS/MS-tandem mass spectrometric parameters. https: //infostore. saiglobal. com/en-au/Standards/CEN-TR-15641-2007-330128 _ SAIG _ CEN _ CEN _ 759568/.

[14] Method validation and quality control procedures for pesticide residues analysis in food and feed.

[15] 农业农村部，国家市场监督管理总局，国家卫生健康委员会.植物源性食品中208种农药及其代谢物残留量的测定 气相色谱-质谱联用法：GB 23200.113—2018.北京：中国农业出版社，2018.
[16] 中华人民共和国国家卫生健康委员会，中华人民共和国农业农村部，国家市场监督管理总局.植物源性食品中331种农药残留及其代谢物残留量的测定 液相色谱-质联用法：GB 23200.121—2021.北京：中国农业出版社，2021.
[17] 食品分析之“QuEChERS”.http：//blog.biocomma.cn/quechers-of-food-analysis/.

第三章
QuEChERS 净化方法的简化

随着社会各界对食品及农产品中农药及环境污染物残留的日益重视，残留分析作为一种食品安全日常检测工作，方法的简便快速和安全可靠一直是分析化学工作者们追求的目标。QuEChERS 方法采用的 d-SPE 净化方法本身已经十分简便快速，但国内外的科研团队依然在此基础上不断进行开拓创新，希望使 QuEChERS 净化方法更加简便快捷。本章介绍四种简化净化方法，分别为过滤瓶（Filter-vial）分散固相萃取法、m-PFC 超滤净化法、SinChERS 一步净化法和磁性分散固相萃取法。

第一节 过滤瓶（Filter-vial）分散固相萃取法

为了开发更加简便快捷的 d-SPE 净化方法，QuEChERS 方法初创团队在 d-SPE 净化方法的基础上于 2014 年首次报道了一种过滤瓶（Filter-in-vial，简称 Filter-vial）分散固相萃取净化方法[1]，这种方法将过滤瓶与分散固相萃取（d-SPE）相结合，省去了移液、离心步骤，过滤后的样品可直接置于检测仪器上进样测定，使净化方法进一步得以简化。

过滤瓶（Filter-vial）分散固相萃取法是在美国加州 Thomson 公司的一种 0.2mm 聚偏氟乙烯（PVDF）过滤瓶的专利概念基础上，结合 d-SPE 净化的思路，于 2014 年首次被 Lehotay S 的科研团队应用于 QuEChERS 方法的净化装置。图 3-1(A) 为过滤瓶的构造示意图，一套过滤瓶由内管和外管两部分组成，内管比外管短一些，可以像活塞一样通过向下的压力进入外管，内管底部是一层 0.2mm 聚偏氟乙烯滤膜，上部有一个小排气孔，顶部为带有十字形预切口的自动进样瓶盖。图 3-1(B) 为过滤瓶 d-SPE 的操作步骤示意图，包括以下四步：

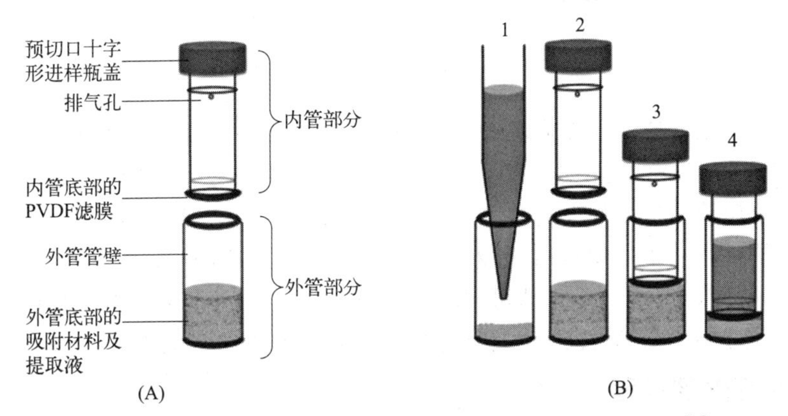

图 3-1 过滤瓶的构造示意图及其 d-SPE 的操作步骤示意图[1]

（A）为过滤瓶的构造示意图；（B）为过滤瓶 d-SPE 的操作步骤示意图

（1）先将吸附剂称量并置于过滤瓶外管底部，用移液枪将 0.5mL 初始 QuEChERS 提取液移入含有吸附剂的过滤瓶外管底部；

（2）将过滤瓶内管按压到外管底部一半的高度位置，使底部形成一个密封的空间；

（3）使用涡旋混合器或手动摇动过滤瓶 30s，使提取液与吸附剂充分混合接触；

（4）最后，将过滤瓶内管尽可能地压入底部，以迫使提取液通过内管底部的滤膜向上进入内管中，此时内管中的液体即为经过净化和过滤后的最终提取液，可直接将该过滤瓶作为自动进样小瓶置于 GC-MS(MS) 或 LC-MS(MS) 等仪器上进行进样分析。

与传统 d-SPE 方法不同，该过滤瓶 d-SPE 方法集净化和过滤为一体化，省去了移液和离心等操作过程，使净化过程更加简便快捷。

考虑到残留分析实验室常对大批量样品进行检测分析，Lehotay 团队还针对过滤瓶 d-SPE 方法，设计了一种 96 孔过滤瓶金属架［图 3-2（B）］，操作时将 96 个装有提取液的过滤瓶统一放入金属架上的圆孔中，然后将金属架放置在振荡器上进行过滤瓶的批量振摇操作。此外他们还设计了一个旋压式批量净化装置［图 3-2（A）］，可通过旋转上方的旋杆，使得金属样品盘上方的金属板向下按压，在压力作用下使得下方过滤瓶的内管同时向下挤压，从而实现很多过滤瓶的批量滤过式净化，进一步提高工作效率。

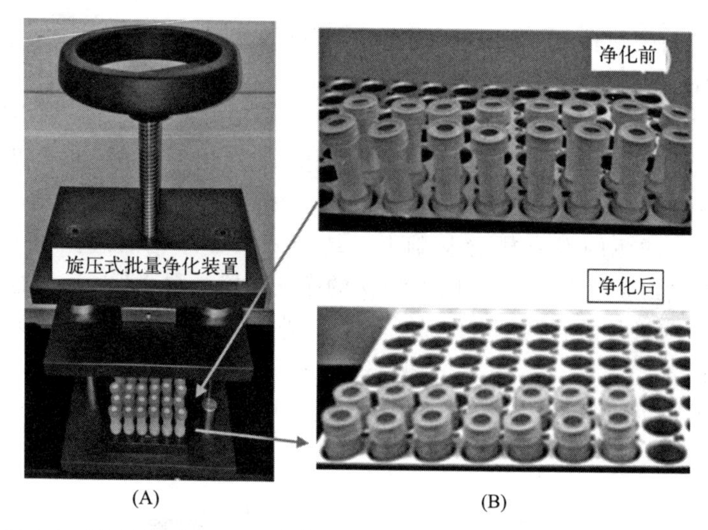

图 3-2　用于过滤瓶 d-SPE 净化的旋压式批量净化装置及金属架样品盘

为了验证过滤瓶 d-SPE 方法的适用性，Han 等[1]将该方法用于分析虾肉中 59 种目标化合物（42 种农药和 17 种环境污染物，包括多环芳烃、多氯联苯和阻燃剂）的残留量，证明了该方法的简便快捷和适用性。此外，该实验还同时采用了一种快速低压气相色谱-三重四极杆串联质谱技术（LPGC-MS/MS）和高效液相色谱-三重四极杆串联质谱（HPLC-MS/MS）技术进行检测，仅需 10min 即可同时完成仪器检测。在方法开发过程中，研究了几种不同的 d-SPE 吸附剂对虾肉中 59 种目标分析物回收率的影响。以下进行详细介绍。

一、样品前处理过程

在验证过滤瓶 d-SPE 方法的实验中，样品前处理过程在 QuEChERS 方法研究的基础上进行了一些细节上的调整，分相盐使用了甲酸铵而非传统的氯化钠和硫酸镁。具体步骤如下：

（1）提取　将10g均质化的虾肉组织样品（测得的水分含量为86%）置于50mL聚丙烯离心管中，另外取一个离心管，加入10mL超纯水作为空白试剂进行平行操作。除用于基质匹配标准溶液的样品之外，在其他所有样品中添加等量的内标溶液，使其加标水平为100ng/g。对于添加回收试验的样品，还需将目标分析物的混合工作标准溶液添加到离心管中，并涡旋混合后静置15min。以上操作完成后，使用液体分配器向每个样品管中加入10mL乙腈，置于涡旋振荡器上剧烈振摇5min。然后，向每个管中加入5g甲酸铵以诱导相分离，再进行1min的涡旋振荡。然后在室温下以4150r/min离心2min。

（2）净化　将离心后的上清液移取0.5mL，按照前述过滤瓶分散固相萃取法的操作过程进行过滤瓶d-SPE净化，净化后直接上机检测，比较59种目标化合物的回收率和相对标准偏差（RSD）。在实验中比较了以下7种不同的吸附剂组合，最后确定吸附剂组合B为最佳组合。

A：75mg无水硫酸镁；

B：75mg无水硫酸镁+25mg PSA+25mg C_{18}+25mg Z-Sep；

C：75mg无水硫酸镁+25mg PSA+25mg C_{18}+25mg Z-Sep+25mg Carbon X；

D：75mg无水硫酸镁+25mg PSA；

E：75mg无水硫酸镁+25mg C_{18}；

F：75mg无水硫酸镁+25mg Z-Sep；

G：75mg无水硫酸镁+25mg Carbon X。

（3）基质匹配标准溶液的配制　采用以上方法得到基质空白提取液，加入20μL混合标准溶液（含内标物），在其他样品（添加样品及未知样品）提取液中进行平行操作，即添加20μL乙腈，以使样品溶液及标准溶液中的体积相同。

二、检测方法

实验共选择了59种目标化合物，包括42种农药和17种环境污染物，环境污染物包括9种多氯联苯（PCB）、3种多环芳烃（PAH）和5种阻燃剂（FR），另有两种同位素标记内标物（莠去津-D_5和倍硫磷-D_6），其中30种农药和17种环境污染物采用LPGC-MS/MS进行定性定量分析，27种农药和磷酸三苯酯（TPP）采用HPLC-MS/MS进行分析，有16种化合物同时采用了两种方法检测以进行互相确认。

LPGC-MS/MS是一种快速分析技术，低压气相色谱与常规气相色谱的唯一区别是，其色谱柱由两部分连接而成，前端为5m×0.18mm Restek无涂层细径限流柱，后端为15m×0.53mm×1μm膜厚的Supelco SLB^{TM}-5ms GC粗径分析柱，前者起到限流作用，后者起到分离作用。采用粗径分析柱可以大大加快分析速度，且提高柱容量，虽然牺牲了一定的分离能力，但这种分离能力完全可以在MS/MS中得到补偿。该实验采用安捷伦7890A气相色谱仪及7000B串联质谱仪，操作软件中GC配置的虚拟柱长度为5.5m，内径为0.18mm（真空出口）。柱流量恒定为2mL/min，氦气为载气。GC柱温箱内升级配制了一个220V的快速加热模块，用于辅助柱温箱的快速加热和温度恒定。柱温箱升温程序如下：70℃保持1.5min，以80℃/min升至180℃，然后以40℃/min升至250℃，接着以70℃/min升至320℃，保持4.5min。使用Agilent大体积进样口，进样体积为5μL。质谱检测采用多反应监测（MRM）模式。

HPLC-MS/MS条件如下：采用Applied Biosystems API 3000 MS/MS质谱系统及

Agilent 1100 HPLC 系统进行分析，离子源温度 525℃。电喷雾正离子模式下的 MRM 参数均为常用参数。使用 Phenomenex 反相 Prodigy ODS3 柱（150mm×3.0mm×5μm 粒径）并保持在 30℃。流动相由 0.1%甲酸水溶液（A）和乙腈（B）组成，流速为 0.3mL/min。流动相梯度从 0～8min 为 70%A，然后在 12.6min 线性上升至 100%B。进样体积为 5μL。

三、结果与讨论

（一）四种净化剂的考察比较

实验中选择 C_{18}、PSA、Z-Sep 和 Carbon X 四种净化剂进行考察，其中 C_{18} 和 PSA 是 QuEChERS 经典方法中使用的净化剂，Z-Sep 和 Carbon X 是后来出现的两种新型净化剂，分别用于净化脂肪类和色素类化合物。为了获得最好的净化效果并考察每种吸附剂对 59 种分析物的吸附保留情况，使用 25mg C_{18}、25mg PSA、25mg Z-Sep 和 25mg Carbon X 分别与 75mg $MgSO_4$ 一起设计成 A～G 共 7 种不同组合（见“一、样品前处理过程”部分），在 d-SPE 过滤瓶中进行了比较实验。在虾肉样品中目标化合物的添加浓度均为 100ng/g($n=3$)，计算所有分析物的回收率。

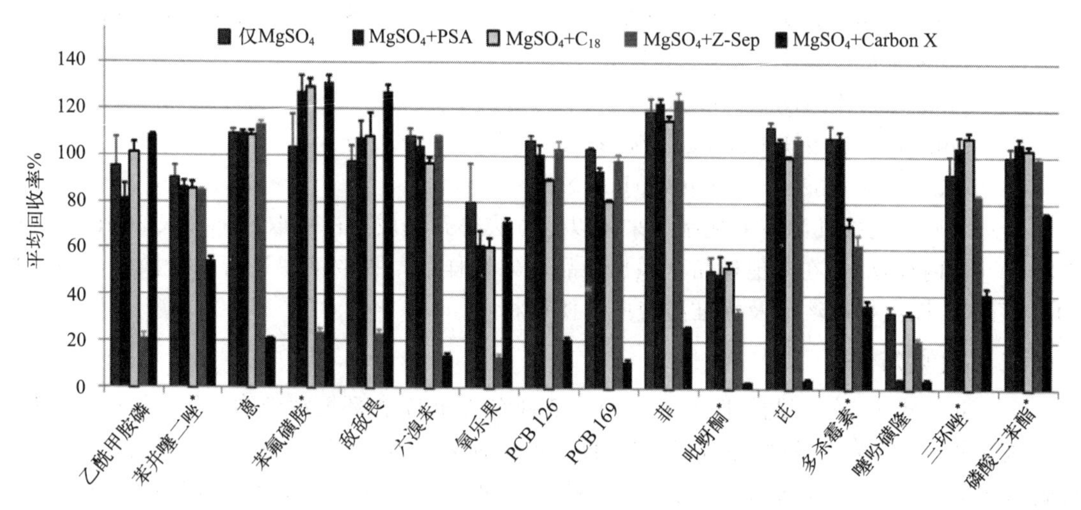

图 3-3 采用不同吸附剂得到的不同化合物的回收率
标星号的化合物是采用 HPLC-MS/MS 的测定结果

总的回收率结果表明，有 32 种分析物在采用不同吸附剂时得到的回收率大致相同，另有 17 种分析物对不同吸附剂的回收率显著不同，如图 3-3 所示，其中多杀霉素 A 和多杀霉素 D 结果相似，在图上合并显示。为了只比较单个吸附剂对目标化合物的影响，下面以不加吸附剂（即只加无水硫酸镁）的情况为基准进行讨论。

在 C_{18} 为单一吸附剂的情况下，只有多杀霉素被部分保留，导致回收率约为 60%，其他化合物均与不加吸附剂的情况相当。在 PSA 为单一吸附剂的情况下，只有乙酰甲胺磷和氧乐果的回收率比单独使用 $MgSO_4$ 略低（≈20%）。这些结果也证明了为什么 PSA 和 C_{18} 的组合通常用于 QuEChERS 中的 d-SPE 净化，因为二者对绝大多数的分析物都具有较高的回收率。

Z-Sep 和 CarbonX 是两种相对较为新型的商品化吸附剂，文献中描述其用途的论文很少[2,3]。Z-Sep 是一种新型锆基吸附剂，其保留机制涉及路易斯酸/碱相互作用，据报道可有效去除动物和植物组织提取液中的（磷酸）脂质成分[3]。图 3-3 表明，Z-Sep 强烈吸附了乙酰甲胺磷、苯氟磺胺（dichlofluanid）、敌敌畏、氧乐果、吡蚜酮、多杀霉素和噻吩磺隆，对三环唑也有一定的吸附作用，所有这些化合物都极性较高，适用于LC分析，并且倾向于弱酸或弱碱性。在之前的研究中，仅使用Z-Sep对适用于GC的分析物进行了测试[2]，结果与Rajski等[3]研究的13种农药重叠一致，但乙酰甲胺磷和多杀霉素的回收率较低。

石墨化炭黑（GCB）和Carbon X（非易碎GCB）等炭黑吸附剂能够在一定程度上吸附保留具有平面结构的化合物，如常见的植物基质共提物叶绿素。不幸的是，平面结构的分析物也能够被炭黑材料吸附保留，但据报道，Carbon X对农药的吸附力不如GCB。Carbon X的一个优点是它不易碎（不易黏附在物体表面），比GCB更容易操作使用。然而，这项研究表明，Carbon X相当强烈地吸附了吡蚜酮、噻吩磺隆、多杀霉素、六溴苯（HBB）、两种多氯联苯（PCB 126和PCB 169），以及所有3种代表性多环芳烃（蒽、菲和芘），其对苯并噻二唑（acibenzolar-*S*-methyl）、三环唑和磷酸三苯酯（TPP）的吸附能力较弱。这些分析物的共同特征是它们具有平面型的结构轮廓。

实验人员从多氯联苯系列化合物的回收率结果中还发现了一个特别有趣的现象。从表3-1可以观察到，所有9种多氯联苯（PCB）的化学结构都十分相似，它们都含有两个苯环及5～6个取代氯原子，然而其中7种PCB的回收率都在81%～85%之间，只有PCB 126和PCB 169的回收率例外，回收率只有21%和11%。从结构分析上作者发现，它们二者与其他PCB的不同之处仅仅在于，其在邻位（2、2′、6或6′）不含氯原子。从立体化学的角度，邻位的氯原子会在空间上阻碍两个苯环的共平面构象[4]，而PCB 126和PCB 169由于邻位不含取代基，两个苯环更容易形成共平面结构，因此它们能够被炭黑吸附剂强烈吸附。实验中涉及的多溴二苯醚（PBDE 47、PBDE 99和PBDE 100）与多氯联苯具有相似的二苯基基团，只是取代基是溴而不是氯，而且苯环是以醚的形式连接。在这项实验中，由于PBDE 47、PBDE 99和PBDE 100都在邻位含有溴原子，因此它们也没有被CarbonX明显吸附。

综上，由于被Z-sep吸附的化合物可以考虑在不使用过多净化的HPLC-MS/MS中进行分析，而CarbonX对平面型化合物的强烈吸附使很多化合物无法获得较高的回收率，实验最后选择了使用75mg无水硫酸镁＋25mg PSA＋25mg C_{18}＋25mg Z-Sep的净化剂组合在过滤瓶d-SPE中对虾肉样品进行净化。

表3-1 用过滤瓶d-SPE净化0.5mL虾肉提取液中10ng/g的多氯联苯得到的平均回收率和标准偏差（*n*＝3，吸附剂为75mg无水$MgSO_4$＋25mg CarbonX）

化合物名称	化学结构	化学名称	平均回收率±SD/%
	命名规则：（联苯环位置编号 2、3、4、5、6、1；1′、2′、3′、4′、5′、6′） 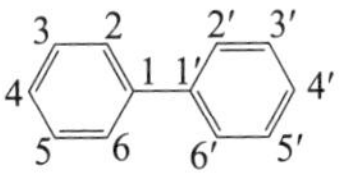		
PCB 105	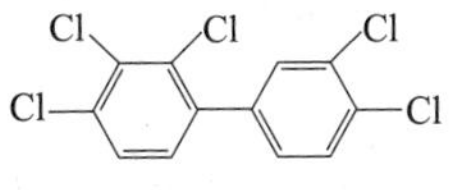 （Cl、Cl、Cl、Cl、Cl 取代联苯结构）	2,3,3′,4,4′-五氯联苯	83±1

续表

化合物名称	化学结构	化学名称	平均回收率 ±SD/%
PCB 114	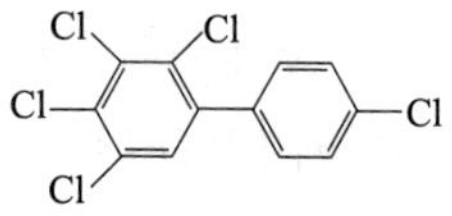	2,3,4,4′,5-五氯联苯	84 ±1
PCB 118	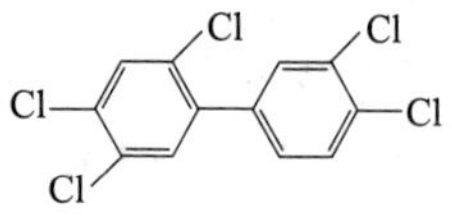	2,3′,4,4′,5-五氯联苯	85 ±1
PCB 123	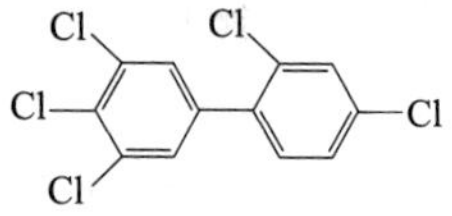	2′,3,4,4′,5-五氯联苯	85 ±1
PCB 126	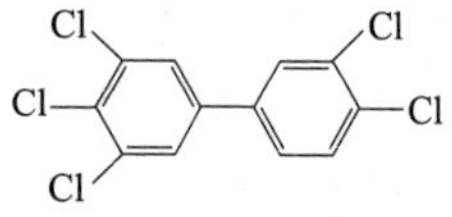	3,3′,4,4′,5-五氯联苯	**21** ±1
PCB 156	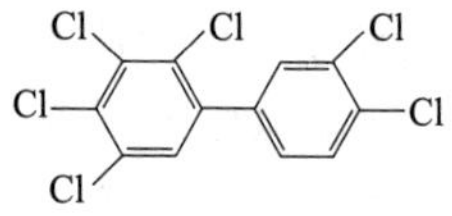	2,3,3′,4,4′,5-六氯联苯	82 ±2
PCB 157	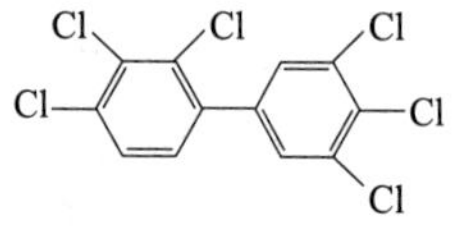	2,3,3′,4,4′,5′-六氯联苯	81 ±4
PCB 167	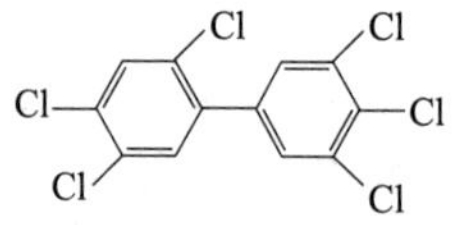	2,3′,4,4′,5,5′-六氯联苯	82 ±1
PCB 169	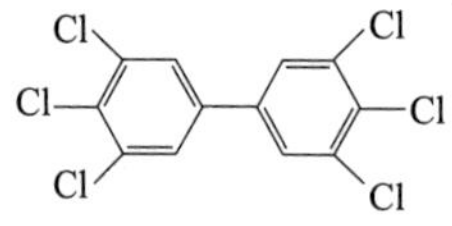	3,3′,4,4′,5,5′-六氯联苯	**11**±1

注：表中结构非常相似的化合物中，只有平面结构的 PCB 126 和 PCB 169 由于其在 2 或 2′位没有氯原子，导致了更刚性的共平面构象，回收率显著降低。证明了炭黑吸附剂 Carbon X 对平面结构化合物的吸附效应。

（二）回收率结果分析

使用 LPGC-MS/MS 和 HPLC-MS/MS 在 10ng/g、50ng/g、100ng/g（PCB 为 1ng/g、5ng/g 和 10ng/g）三个加标水平对虾肉样品中的 59 种目标化合物进行回收率试验，每个水平三个重复。按照惯例，在两种仪器的结果计算中均使用了内标法进行回收率计算，前置内标物莠去津-D_5 的回收率在两种仪器上均为 80%，RSD 略有不同（前者为 10%，后者为

5%)；备用的 GC 前置内标物倍硫磷-D_6 的回收率为 81%，RSD 为 11%。

总体来看，几乎所有化合物的相对标准偏差（RSD）均<10%（$n=9$），可以看出，方法的重复性很好，且与实验中的加标水平无关。在使用 PSA、C_{18} 和 Z-Sep 的混合物作为最优净化剂时，59 种化合物中有 50 种化合物的回收率及 RSD 均符合要求。不符合要求的化合物中，4 种农药（百菌清、灭菌丹、吡蚜酮和噻吩磺隆）在不使用 d-SPE 吸附剂时的回收率也始终低于 70%。有研究表明灭菌丹、百菌清和苯氟磺胺在 QuEChERS 提取过程中容易降解[5]，该实验中也不例外。吡蚜酮的回收率较低但一致性很好，其在较高的 pH 值下能够更好地分配到乙腈中从而使回收率提高，但实验中采用了酸性条件，使更多对碱性敏感农药的回收率有所提高[5]。类似地，噻吩磺隆的极性太强，在初始提取过程中无法完全分配到乙腈相中。另外 5 种化合物（乙酰甲胺磷、敌草隆、敌敌畏、氧乐果和多杀霉素）则由于使用了 Z-Sep 作为净化剂导致回收率较低，这也是为了去除虾肉中的脂肪类干扰物而采取的折中方案。

对于通过 HPLC-MS/MS 和 LPGC-MS/MS 两种仪器均可检测的 16 种分析物，其回收率结果几乎相同，除了少数化合物（乙酰甲胺磷、甲萘威、二嗪酮、敌敌畏和苯氟磺胺）回收率不同，这可能是由于样品和标准品之间的基质效应差异造成的。这也表明了净化步骤对提高结果准确性的重要性，在方法中省去 d-SPE 净化是不可取的。

四、方法评价与结论

过滤瓶 d-SPE 方法将过滤瓶与 d-SPE 相结合，快速、简便地对 QuEChERS 提取液进行净化，并将其应用于虾肉中 59 种农药和环境污染物的多残留分析，同时使用快速 LPGC-MS/MS 和 HPLC-MS/MS 技术进行测定。59 种目标分析物中有 42 种的回收率大于 70%，RSD 小于 20%。该方法通过结合 d-SPE 和过滤步骤，在实际应用中简化了 QuEChERS 流程，省去了离心步骤，节省了时间并简化了操作。实验还通过在 QuEChERS 中使用不同的分配盐（甲酸铵），在 d-SPE 中考察了不同的吸附剂，以及同时使用 GC 和 LC 进行检测分析，使 QuEChERS 方法在应用方面扩展了更多的基质和分析物范围。

第二节 m-PFC 超滤净化法

传统的 QuEChERS 方法采用的 d-SPE 净化方法，包括了涡旋、离心步骤，在对净化方法的改进方面，潘灿平团队的研究人员结合传统的 SPE 方法和 QuEChERS 方法，发明了滤过型固相净化装置（multi-plug filtration clean-up，m-PFC），也称为“m-PFC 超滤净化法”。这种 m-PFC 超滤净化法最初由该研究小组开发并于 2013 年发表[6]，后来又经过了不断改进，同时对新型纳米材料多壁碳纳米管（MWCNT）或其他新型的 d-SPE 吸附剂进行了考察和优化。

最初设计的 m-PFC 超滤净化装置及其操作过程如图 3-4 所示[7]，该方法将 d-SPE 步骤中使用的吸附剂装填至一个小型的固相萃取柱柱管内，然后将小柱与注射器相连，通过抽拉注射器的方式使提取液通过净化剂层，该净化操作简单，只需通过吸取提取液，使之数次快速通过固相材料，即可在数十秒内达到净化目的。与 SPE 相比，m-PFC 方法可以在几秒内完成，无需浸出和洗脱步骤。与传统的 QuEChERS 方法相比，m-PFC 程序免去了净化过程中的涡旋和离心过程。

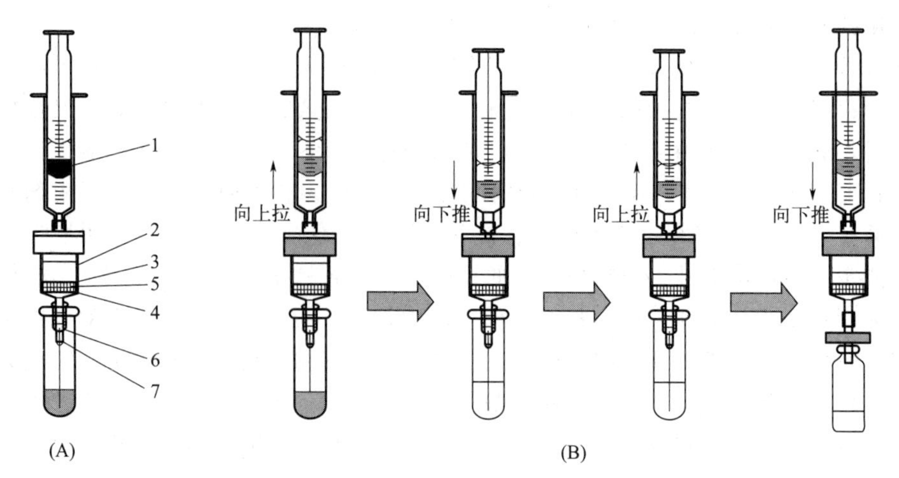

图 3-4 最初设计的 m-PFC 超滤净化法的装置示意图（A）和操作过程示意图（B）[7]

1—注射器；2—柱体；3—筛板（上）；4—筛板（下）；5—固相材料或混合材料；6—针头；7—离心管

在此基础上，该团队的韩永涛等将 m-PFC 超滤净化装置进一步进行了改进，设计了一种底部装有筛板和吸附剂的注射器，如图 3-5 所示[8]。这种改进后的设计将注射器与小柱合二为一，避免了操作过程中提取液从注射器和小柱接口处可能出现的渗漏现象，也使得操作更加便利。采用这种改进的 m-PFC 装置，结合 GC-MS/MS 检测技术，韩永涛等[8]建立了同时测定中国白酒和酿酒原料（高粱和稻壳）中 124 种农药的多残留分析方法。实验中，124 种农药是根据高粱的登记情况筛选出来的，使用 d-SPE 程序针对每种基质对吸附剂组合进行了优化，然后运用于 m-PFC 净化程序。中国白酒是世界上最古老的蒸馏酒之一，一般由谷物制成，主要原料是高粱，稻壳在酿酒过程中用作支撑。高粱种植区域在中国广泛分布，高粱的生长过程中不可避免地要使用农药，以保证高粱的高产和高品质。下面以文献[8]为例，对 m-PFC 方法及其在中国白酒及原料中的农药多残留分析中的应用进行简要介绍。

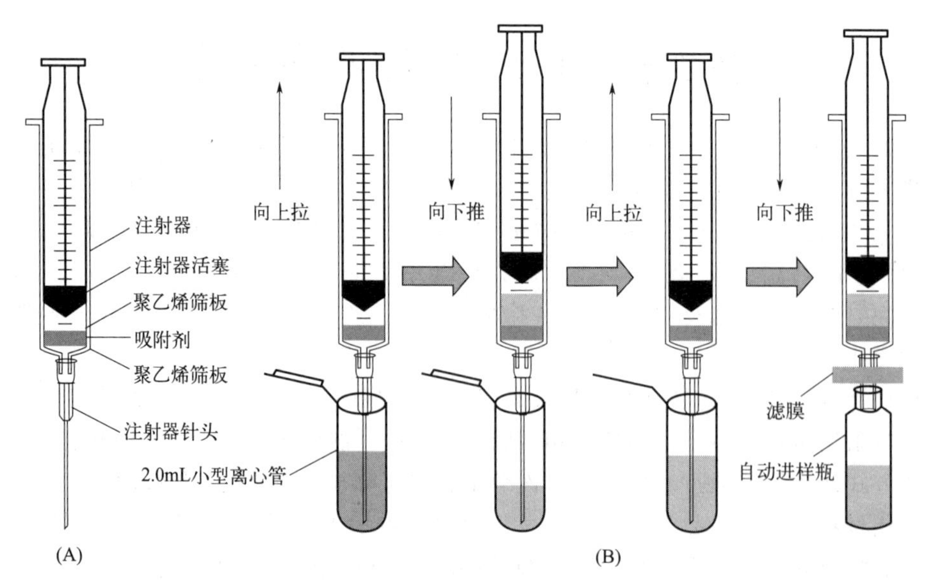

图 3-5 改进后的 m-PFC 超滤净化法的装置示意图（A）和操作过程示意图（B）[8]

一、实验方法

（一）样品前处理方法

（1）高粱和稻壳样品提取　称取5.0g均质高粱样品或2.0g稻壳样品，放入50mL聚四氟乙烯（PTFE）离心管中，加入5.0mL纯净水，摇动1min。然后加入5.0mL乙腈，再振摇2min。之后加入3.0g NaCl，并再次振摇1min。随后离心5min，移取上清液用于进一步d-SPE和m-PFC净化操作。

（2）中国白酒样品提取　称取5.0g中国白酒放入50mL旋转蒸发瓶中，于40℃减压蒸馏5min去除乙醇。然后加入5.0mL乙腈清洗旋转蒸发瓶，并转移到50mL PTFE离心管中，振摇2min。之后加入3.0g NaCl，并再次振摇1min。随后离心5min，移取上清液用于进一步d-SPE和m-PFC净化操作。

（二）净化剂优化程序

净化剂的优化采用传统的d-SPE方法进行。将1mL提取液（加标水平为0.05mg/kg）放入含有不同吸附剂组合的2.0mL离心管中。将离心管涡旋1min，然后以10000g的转速离心1min。之后取1mL上清液，采用针头式过滤器将溶液过0.22μm尼龙滤膜，滤液滤入自动进样小瓶，用于GC-MS/MS分析，比较目标化合物的回收率和基质效应。

高粱和稻壳基质成分相对复杂，含有大量淀粉、脂肪酸和色素，评估了以下三种不同吸附剂组合的净化效率：

A：5mg MWCNT ＋ 8mg PSA ＋ 8mg C_{18} ＋ 150mg无水$MgSO_4$；

B：5mg MWCNT ＋ 30mg PSA ＋ 30mg C_{18} ＋ 150mg无水$MgSO_4$；

C：5mg MWCNT ＋ 15mg PSA ＋ 15mg C_{18} ＋ 150mg无水$MgSO_4$。

对于中国白酒，基质较为简单，只含水和乙醇，提取前旋转蒸发除去乙醇后，对以下三种单一吸附剂进行评估：

a：50mg PSA ＋ 150mg无水$MgSO_4$；

b：50mg C_{18} ＋ 150mg无水$MgSO_4$；

c：5mg MWCNT ＋ 150mg无水$MgSO_4$。

（三）m-PFC净化步骤及方法性能考察

m-PFC超滤净化法的装置示意图及净化流程示意图如图3-5所示。m-PFC注射器由普通的5mL注射器改造而成，其中包含两个聚乙烯（PE）筛板和优化的吸附剂材料。净化时，移取1mL基质提取液置于2.0mL小型离心管中，保持针头在液面以下，通过拉动和推动活塞3次，提取液多次缓慢通过吸附剂，达到净化的目的。最后，提取液通过0.22μm尼龙针头滤膜再一次过滤，并滤入自动进样瓶中进行GC-MS/MS分析。

采用m-PFC超滤净化法对线性、基质效应、正确度和精密度、LOQ和LOD等参数进行了评价。使用高粱、稻壳和中国白酒基质的基质匹配标准曲线检查线性度，通过基质和溶剂的标准曲线的斜率比评估基质效应。实验在三个加标水平（0.01、0.05和0.1mg/kg）下对每个基质5次重复，三种基质中124种农药的LOQ和LOD以信噪比（S/N）分别为10和3时每种分析物的最低浓度来表示。

二、方法优化及评价结果

（一）提取和盐析过程优化

QuEChERS方法主要用于含水量为25%～80%的样品，而高粱和稻壳含水量低，为提高提取效率，需要在提取前向高粱和稻壳样品中加入少量水。因此，实验中首先对0.05mg/kg 加标水平的高粱样品中加入不同水量（0mL、1mL、3mL、5mL、7mL 和10mL）的提取效率进行了评估。当加入 0mL 或 1mL 水时，大部分乙腈提取液被基质吸收，且大多数分析物的回收率低于 70%。随着水量的增加，大多数分析物的回收率都在合格范围内（70%～120%）。添加 5mL 水时，回收率合格的分析物数量最多。此外，添加 7mL 或10mL 水也获得了令人满意的回收率，然而，当水的加入量大于 5mL 时，更多的共洗脱基质成分会引起显著的基质效应。因此在提取前只加入了 5mL 水（用于 5g 高粱或 2g 稻壳样品）。

市场上的中国白酒通常含有 30%～60%的乙醇，甚至在原酒中高达 75%。乙醇可与大多数提取溶剂（如甲醇和乙腈）混溶，影响分析物的提取和定量。为获得良好的结果，该实验首先在 40℃ 减压蒸馏去除乙醇。为了找到最佳蒸馏时间，将中国白酒（含 50% 乙醇）在0.05mg/kg 加标水平下减压蒸馏 0min、1min、3min、5min、7min 和 10min（对于 5mL 样品），然后提取。随着蒸馏时间的增加，回收率合格的分析物数量先增加后减少，在 5min时达到最高。对于乙醇含量为 30%～50% 的样品，蒸馏时间在 3～5min 之间可获得良好的结果，而对于含 50%～70%乙醇的样品，蒸馏时间在 5～7min 之间可获得满意的回收率。因此，在减压蒸馏过程中蒸馏时间选择为 5min。

在 QuEChERS 方法中，4g 无水 $MgSO_4$ 和 1g NaCl 被广泛用于在提取步骤后诱导相分离。无水 $MgSO_4$ 的加入可以提高提取液中的离子强度，但无水 $MgSO_4$ 吸水后会放出热量，可能会影响部分农药的回收率。该实验在 0.05mg/kg 的加标水平下对不同用量 NaCl（1g、3g 和 5g）的盐析效果进行了比较。结果表明，与其他用量相比，3g NaCl 的盐析效果和回收率是可以接受的。

（二）净化剂组合的比较

提取后，使用少量吸附剂（PSA/C_{18}/MWCNT）进行 d-SPE 净化是 QuEChERS 方法的常规方式。一般来说，PSA 是一种弱阴离子交换剂，可以去除基质中的极性有机酸、极性色素、脂肪酸和一些糖类；C_{18} 可以吸收脂质等弱极性物质；MWCNT 已被报道可去除色素和脂肪。高粱基质中含有大量淀粉、脂肪酸和色素[9]，因此该方法使用 MWCNT、PSA 和 C_{18} 的混合物对高粱提取液进行净化。为了方便，在净化剂选择过程中，依然采用传统 d-SPE 的方法对不同净化剂的净化效果进行了比较，之后再将最优组合装填入 m-PFC 超滤净化装置中，并与相同净化剂组合的 d-SPE 方法进行比较。

实验中首先对 MWCNT 的用量进行了评估，使用 15mg PSA 和 15mg C_{18} 及不同用量的MWCNT（5mg、10mg 和 15mg）混合物来净化高粱样品，加标浓度为 0.05mg/kg 。结果表明，随着 MWCNT 用量的增加，回收率合格的农药数量逐渐减少。因此，选择 5mg MWCNT 与 PSA 和 C_{18} 混合以净化提取物。

接下来，PSA 和 C_{18} 的影响由前述 A、B 和 C 三种净化剂组合进行比较和评价。

1. 回收率评价

采用不同净化剂组合得到的回收率按照不同回收率范围内的化合物数量进行了总结，见图 3-6。结果表明，在高粱基质中，当使用组合 C 时，113 种农药的回收率都在可接受范围内（70%～120%），优于组合 A（95 种）和组合 B（107 种）；其中 93 种农药的回收率范围为 70%～110%，也优于组合 A（73 种）和组合 B（77 种）。在稻壳基质中也得到了类似的结果。总之，随着净化剂用量的增加，回收率较高（>120%）的农药数量逐渐减少；相反，随着净化剂用量的增加，低回收率（<70%）的农药数量逐渐增加。这可能是由于高粱和稻壳在净化剂用量少的情况下，基质对某些农药具有基质增强作用，导致某些农药的回收率超过 120%，但随着净化剂用量的增加，净化剂不仅吸附了基质干扰物，还吸附了部分农药，导致部分农药的回收率低于 70%。幸运的是，回收率低的农药并不常用。

2. 基质效应评价

除了回收率，还考察了不同净化剂组合对基质效应的影响。采用不同净化剂组合得到的基质效应按照基质增强、基质抑制和无基质效应进行了分类，见图 3-7。对于高粱基质，当采用净化剂组合 C 时，共有 43.5%的农药没有表现出基质效应，明显优于组合 A（16.9%）和 B（23.4%）。至于稻壳基质，50% 的农药没有表现出基质效应，这也高于组合 A（15.3%）和组合 B（33.9%）。这些都表明，组合 C（5mg MWCNT + 15mg PSA + 15mg C_{18}）是 d-SPE 净化高粱和稻壳基质的最优选择，因此该组合进一步用于 m-PFC 程序的优化。

对于仅含有水和乙醇的相对简单的中国白酒基质，图 3-6（Ⅲ）和图 3-7（Ⅲ）分别展示了单独采用三种吸附剂（5mg MWCNT、50mg PSA 和 50mg C_{18}）进行净化的回收率和基质效应。当使用 5mg MWCNT 净化中国白酒样品时，91.1% 农药的回收率在 70%～110% 范围内，优于 50mg PSA（70.2%）和 50mg C_{18}（67.7%）。在基质效应方面，采用 MWCNT 净化时，124 种农药中有 110 种没有显著的基质效应，这也优于 PSA（96 种）和 C_{18}（97 种）。虽然从图中很难概括出哪些农药类别表现出更高的基质效应，但可以发现，中国白酒基质的基质效应显著弱于高粱和稻壳基质。因此，选择单一吸附剂（5mg MWCNT）用于中国白酒基质的 d-SPE 净化。

（三）m-PFC 程序的优化及评价

根据以上采用常规 d-SPE 方法对净化剂进行比较的结果，在 m-PFC 超滤净化装置中填充相应每种基质的最优净化剂组合，然后对其操作过程中的推拉循环次数进行了优化，以实现最佳的净化效果和合格的回收率。结果表明，随着推拉重复次数的增加，净化效果逐渐变好，重复推拉 3 次得到的净化效果最好，并且优于常规的 d-SPE 净化。因此，m-PFC 用于纯化高粱、稻壳、白酒基质需要拉推活塞 3 次。

在确定了最佳净化剂组合和推拉循环 3 次后，将 m-PFC 超滤净化的结果与相同净化剂组合情况下的 d-SPE 方法进行比较，分别为图 3-6 和图 3-7 中的 D 和 C（对于中国白酒是 d 和 c）。可以看出，当采用 m-PFC 进行基质净化时，三种基质中回收率合格的化合物数目均比 d-SPE 净化多一些，在基质效应方面，采用 m-PFC 净化程序时，没有基质效应（ME 在 0.9～1.1 之间）的化合物种类也比采用 d-SPE 时多一些，说明 m-PFC 超滤净化法的净化效果在一定程度上优于 d-SPE 方法。

该实验应用优化的 m-PFC 方法，与 GC-MS/MS 检测技术联用，对建立的中国白酒及酿酒原材料（高粱和稻壳）中 124 种农药的残留分析方法进行了方法确证。结果表明，在三个加标水平（0.01mg/kg、0.05mg/kg 和 0.1mg/kg）下对每个基质进行 5 次重复，121 种农药的回收率在 71%～121%之间，除了嘧菌环胺、吡氟草胺和丙硫菌唑 3 种农药外，其余农药的 RSD 均低于 16.8%，大部分农药满足残留分析的要求。

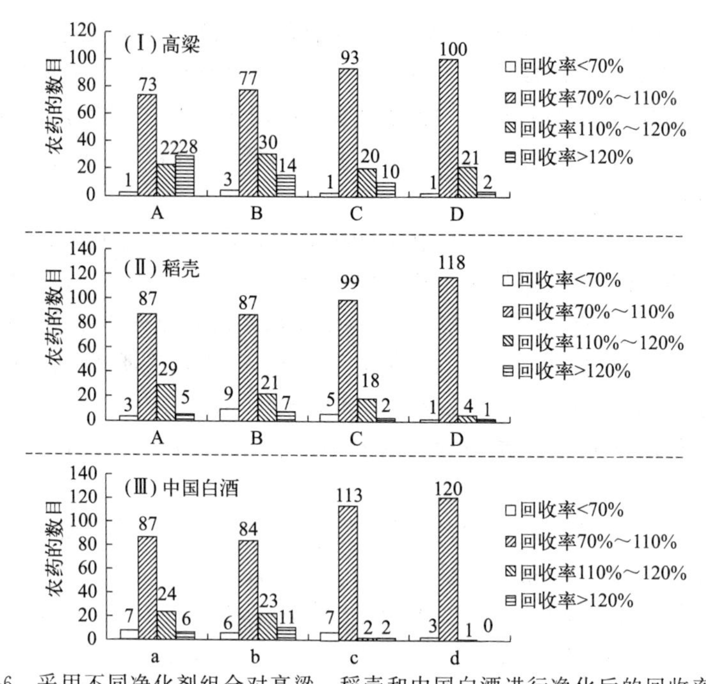

图 3-6 采用不同净化剂组合对高粱、稻壳和中国白酒进行净化后的回收率比较

柱状图中柱上的数字表示的是农药的个数。图中，不同的字母分别表示不同的净化剂组合：

A. 5mg MWCNT+8mg PSA+8mg C_{18}；B. 5mg MWCNT+30mg PSA+30mg C_{18}；

C. 5mg MWCNT+15mg PSA+15mg C_{18}；D. 填充有 5mg MWCNT+15mg PSA+15mg C_{18} 的 m-PFC；

a. 50mg PSA；b. 50mg C_{18}；c. 5mg MWCNT；d. 填充有 5mg MWCNT 的 m-PFC

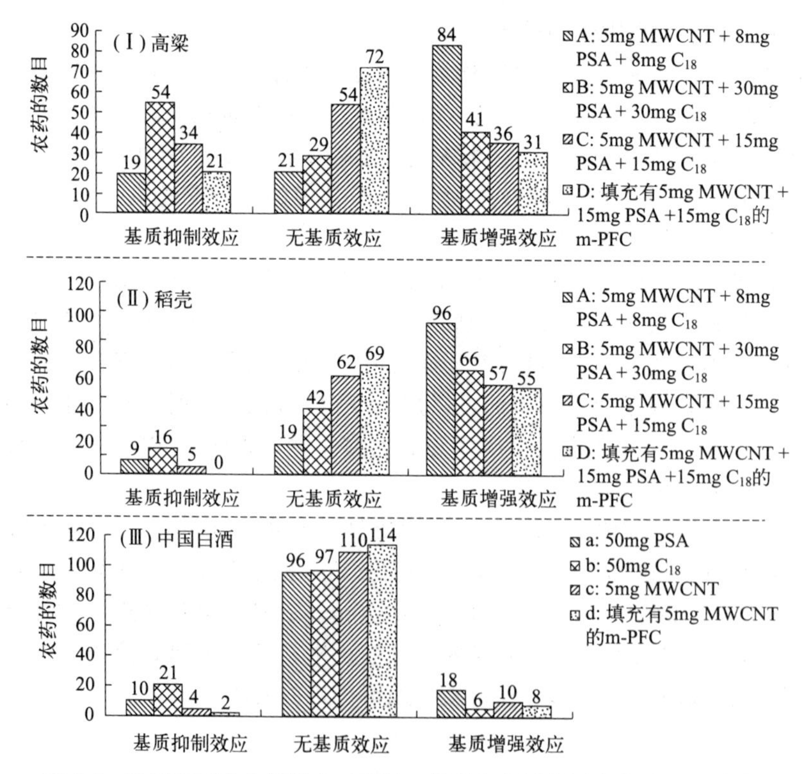

图 3-7 采用不同净化剂组合对高粱、稻壳和中国白酒净化后的基质效应

柱状图中柱上的数字表示的是农药的个数

三、总结与讨论

潘灿平团队开发的 m-PFC 超滤净化法省去了净化过程中的离心步骤，方法更加简便快捷。目前该方法也已应用于多种基质中农兽药前处理分析。例如，Zhao 等[7]将 MWCNT 作为 m-PFC 中的净化材料，建立了番茄和番茄制品中 186 种农药的残留分析方法，回收率与 RSD 均满足残留分析要求。Qin 等[10]建立了小麦、菠菜、胡萝卜、花生、苹果和柑橘等 6 种典型基质上的 25 种农药的 m-PFC 净化方法并与 d-SPE 方法比较，结果表明，m-PFC 方法可去除更多色素干扰物，且 m-PFC 操作过程中无需旋转蒸发、涡旋、离心等步骤，简化了净化方法。Qin 等[11]还将 m-PFC 方法与冷冻除脂相结合将 m-PFC 方法扩展到动物源产品中的农兽药多残留检测，建立了猪牛羊肌肉及肾脏组织和牛奶中的替米考星等 8 种兽药多残留分析方法以及鲤鱼、鲈鱼、大鲵肌肉组织中的己烯雌酚等 4 种兽药的多残留分析方法。相比分散固相萃取，m-PFC 方法不需要称量吸附剂，也无需涡旋离心等操作，可以大大缩短净化时间，从而提高工作效率。

但是在大量处理样品时，多次手动操作 m-PFC 方法比较消耗人力，同时也无法准确控制每一批次提取液通过净化剂填料层的速度，对检测结果带来一定影响。潘灿平团队已在此基础上开发了一种自动化 m-PFC 设备，可精准控制 m-PFC 方法的体积、抽提速度、灌注速度、次数，以达到节省人力和提高方法准确度的目的，该自动化方法将在第四章进行介绍。

第三节 SinChERS 一步净化法

在对 QuEChERS 方法进行改进的各种尝试中，潘灿平团队[12]报道了一种一步净化 QuEChERS 法（single-step QuEChERS），简称为 Sin-QuEChERS 或者 SinChERS 方法。SinChERS 净化方法是在 QuEChERS 提取步骤之后，将一种特制的 SinChERS 小柱按压进入萃取离心管中，使提取上清液在压力作用下通过小柱中装填的吸附剂进入内管，从而达到去除基质干扰物的目的。实验采用这种快速一步净化方法，结合快速、简单、有效、耐用和安全的 QuEChERS 提取方法，采用 LC-MS/MS 和 GC-MS/MS 检测技术，建立了辣椒、干辣椒和辣椒酱中 47 种代表性农药的残留分析方法，方法快速简便，避免了净化过程中的涡旋或离心步骤。下面以该实验为例介绍这种 SinChERS 一步净化法。

一、实验过程与方法

（一）样品前处理过程

（1）辣椒和辣椒酱样品　称量 10g 均质的辣椒或罐装辣椒酱样品，置于 50mL 聚四氟乙烯（PTFE）离心管中。添加 10mL 乙腈后，在多管涡旋仪上涡旋 5min。然后加入 1g NaCl 和 4g 无水 $MgSO_4$，再涡旋 2min。以 3800r/min 的转速将提取管离心 5min，使有机相和水相分成两层，待净化。

（2）干辣椒样品　称取 2g 干辣椒样品，置于 50mL PTFE 离心管中，加入 4mL 超纯水以增加基质含水量。添加 10mL 乙腈后，将混合物在多管涡旋仪上振摇 5min。然后将 1g NaCl 和 4g 无水 $MgSO_4$ 添加到辣椒提取物中并再振摇 2min。将提取管以 3800r/min 离心 5min，使有机相和水相分成两层，待净化。

（二）SinChERS 净化程序

SinChERS 一步净化法的核心是一种特制的 SinChERS 小柱，如图 3-8 所示，该小柱由

5 部分组成：一个与 50mL 离心管匹配的柱管、底部的一个密封圈、两个筛板和紧压在两个筛板之间的吸附剂[13]。应用时，将 SinChERS 小柱用力向下压入提取管内，提取管中的上清液在压力作用下首先进入小柱底部的聚液漏斗，然后向上通过吸附剂过滤进入上部的内管中，完成净化。具体操作步骤如下：

(1) 将 SinChERS 小柱插入到 50mL 提取离心管中。

(2) 匀速慢慢按压小柱，此时上清液在压力作用下向上移动，并通过吸附剂进入上方内管，待净化后的上清液体积符合要求时停止按压。

(3) 用移液器从上方吸取 1mL 净化后的提取液，必要时过 0.22μm 尼龙滤膜，注入自动进样器小瓶进行分析。

通过 SinChERS 小柱的内径（15mm）和液体高度估算得到净化液体积，考察了从第 1mL 到第 8mL 净化液体积中所有目标农药的回收率和基质效应。

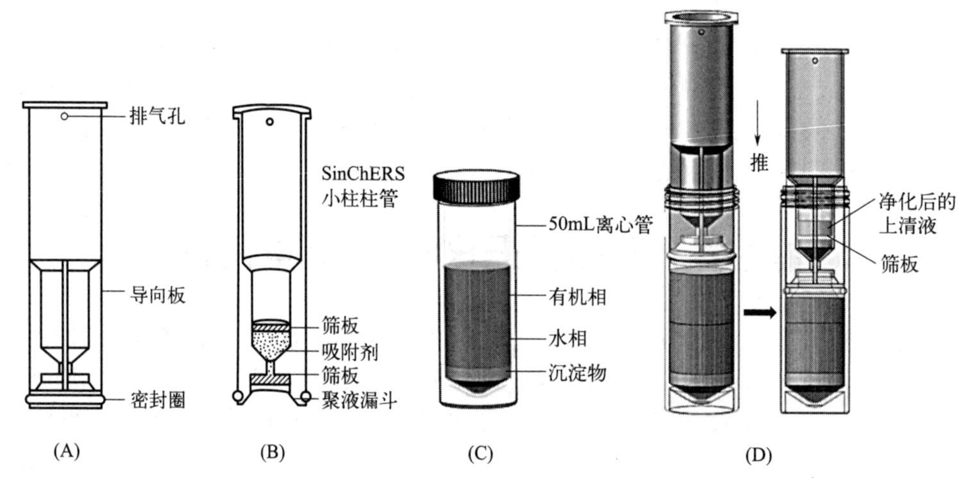

图 3-8 SinChERS 小柱的外部（A）和内部（B）结构、提取管（C）及 SinChERS 净化过程（D）示意图

（三）检测仪器条件

该实验选择了 47 种农药化合物，其中 22 种农药采用 GC-MS/MS 检测，其余 25 种采用 HPLC-MS/MS 检测。

GC-MS/MS 分析采用 Thermo TSQ Quantum XLS 三重四极杆质谱仪，所有 22 种农药均在 Rxi-5Sil MS 毛细管柱（Restek 20m × 0.18mm，0.18μm 膜厚）上分离。柱箱温度程序如下：40℃，保持 0.6min，以 30℃/min 升温至 180℃，以 10℃/min 升温至 280℃，以 20℃/min 升温至 290℃，保持 5min。进样口温度和离子源温度均为 280℃。载气为氦气，恒定流量 1.2mL/min。碰撞气为氩气，压力为 1.5mTorr（1Torr＝133.322Pa）。进样量为 1μL，采用不分流模式。在选择反应监测（SRM）模式下测定，应用 Xcalibur 软件进行数据分析。

HPLC-MS/MS 分析采用 Agilent 1200 HPLC 系统及 Thermo TSQ Quantum Access MAX 三重四极杆质谱仪，在 Hypersil GOLD-C_{18} 分析柱（100mm × 2.1mm 和 1.7μm 粒径，30℃）上进行色谱分离，流动相由乙腈（A）和含 0.1% 甲酸的超纯水（B）组成，梯度洗脱程序为：初始 20% A，在 20% A 下保持 2min，8min 内线性增加到 90% A，在

90% A 下保持 2min。在 12min 的运行时间之后，在 0.1min 内采用线性梯度从 90% A 转换为初始组分 20% A，平衡时间 1.9min。流速为 0.4mL/min，总运行时间为 14min。进样量为 5μL。采用电喷雾电离（ESI^+）在选择反应监测模式下进行数据采集。

二、SinChERS 柱填料的优化

（一）盐填料的优化

SinChERS 柱填料由盐填充材料和吸附剂两部分组成，吸附剂用于去除基质中的色素、有机酸和任何其他干扰物质，盐填充材料可以从基质中吸附水分并增加基质与吸附剂之间的接触。同时，盐可以通过将吸附剂分散在滤芯中来帮助提高净化性能。

在 d-SPE 方法中，大多数情况下使用 Na_2SO_4 和 $MgSO_4$ 作为盐填充材料[14]。实验首先评估了不同用量的 Na_2SO_4（1.0g、1.5g、2.0g、2.5g）和 $MgSO_4$（200mg、400mg、600mg、800mg）对 SinChERS 净化回收率的影响。将不同用量的 Na_2SO_4 与 600mg $MgSO_4$ 混合用作盐填充材料，并在辣椒基质中以 0.05mg/kg 的加标浓度，使用 5mg MWCNT 作为吸附剂进行净化。结果表明，回收率合格的农药数量与 Na_2SO_4 的用量没有明显的相关性，但 SinChERS 小柱的高度随着 Na_2SO_4 的用量而增加，有助于将固相吸附剂彻底混合在一起。当 Na_2SO_4 的用量为 1.0g 时，柱高太低，基质没有足够的时间与固相吸附剂混合，净化后样品的颜色较深；当 Na_2SO_4 的用量从 1.5g 增加到 2.0g 时，47 种分析物的平均回收率从 109% 变为 95%，这也许意味着适当的柱高可以帮助去除更多的干扰物质；当 Na_2SO_4 的用量增加到 2.5g 时，农药的平均回收率并没有显著提高，反而浪费了更多的时间。因此，选择了 2.0g Na_2SO_4。不同 $MgSO_4$ 用量的试验结果与此相似。$MgSO_4$ 粒径较小，200mg 太少无法操作，而 800mg 会导致柱压过高，需要更多时间和体力。此外，600mg $MgSO_4$ 的平均回收率更好，为 102%。不同盐填料对辣椒酱和干辣椒样品的净化实验也获得了类似的结果。因此最后选择 600mg $MgSO_4$ 和 2.0g Na_2SO_4 作为盐填料。

（二）吸附剂的优化

辣椒、辣椒酱和干辣椒中含有大量辣椒素、胡萝卜素等干扰物质，对基质净化效率和分析有显著影响。通过回收率实验比较了各种吸附剂组合，加标水平为 0.05mg/kg，每个水平重复 3 次。

对于辣椒基质，采用 600mg 无水 $MgSO_4$ 和 2.0g Na_2SO_4 作为盐填料，比较 5mg 和 10mg MWCNT 的净化效果。结果表明，使用 5mg MWCNT 时，35 种农药的回收率保持在合格范围内（70%～120%），但色谱干扰峰较多；当使用 10mg MWCNT 时，回收率合格的农药变为 32 种，部分农药的回收率甚至下降到 23%～58%。结果表明，10mg MWCNT 导致了辣椒基质中部分农药的损失，而 5mg MWCNT 不足以去除干扰色素。为了获得更好的净化效果，尝试将 5mg MWCNT 和 30mg PSA 结合使用，结果 47 种农药的回收率均在可接受范围内，且与 5mg MWCNT 相比，基质颜色变浅且透明，色谱干扰更小。根据这些结果，选择 5mg MWCNT、30mg PSA、600mg 无水 $MgSO_4$ 和 2.0g Na_2SO_4 作为辣椒基质的最佳 SinChERS 吸附剂。

对于辣椒酱基质，5mg MWCNT 明显不能满足要求，净化后上清液呈现深色，含有大量色素，且只有 29 种农药的回收率在 70%～120%范围内。为了提高净化性能，考察了 5mg MWCNT 与不同用量 PSA（50mg、80mg）混合，结果表明，当加入 50mg PSA 时，38 种农药的回收率均在合格范围内，优于 80mg PSA 的组合。然而，这 2 种组合并不能使

所有分析物都具有良好的回收率，因此尝试只采用 10mg 或 15mg MWCNT 进行回收率试验。结果表明，当 MWCNT 的用量为 10mg 时，46 种农药的回收率均在可接受范围内（除了嘧霉胺不合格），且得到的净化液呈现更加透明的颜色，基质效应也较小。当 MWCNT 的用量继续增加到 15mg 时，回收率合格的农药数量减少到 35 种。因此选择采用 10mg MWCNT 为辣椒酱基质的净化吸附剂。

对于干辣椒基质，参考以上结果，比较了 5mg MWCNT + 80mg PSA、10mg MWCNT、15mg MWCNT 三种净化剂方案，结果表明，采用 10mg MWCNT 时，46 种农药的回收率均在 70%～120%范围内，优于 5mg MWCNT + 80mg PSA（36 种）和 15mg MWCNT（29 种）。因此对于干辣椒基质也选择了 10mg MWCNT 为 SinChERS 吸附剂。

（三）净化体积的优化

在 SinChERS 净化过程中，装填在净化柱中的净化剂的量是确定的，通过净化剂的提取液体积（即净化体积）可以通过控制 SinChERS 小柱压入 50mL 离心管中的高度来控制。实验研究了从 1mL 到 8mL 不同的净化体积对回收率和基质效应造成的影响。结果表明，净化性能随着体积的增加而降低，净化液颜色随之加深。虽然不同净化体积得到的回收率结果相近，但基质效应随之增大，且三种基质的结果类似。以基质匹配标准曲线与溶剂标准曲线的斜率比值来表示基质效应（ME），结果表明当净化体积为 1mL 时，有 22 种（占比 47%）农药的基质效应可忽略（0.9<ME<1.1），有 20 种（占比 43%）农药表现为弱基质增强效应（ME 在 1.1～1.2 之间）。而当净化体积增加到 2～8mL 时，基质效应可忽略的农药数量为 0～21 种，而弱基质效应的农药为 3～17 种。因此确定 1mL 为 SinChERS 最佳净化体积。

三、方法确证评价与结论

通过在辣椒、辣椒酱和干辣椒空白提取物中添加 47 种农药标准溶液，配制浓度为 0.01mg/L、0.05mg/L、0.1mg/L、0.5mg/L、1mg/L 的基质匹配标准曲线，47 种农药均表现出良好的线性关系，决定系数均大于 0.99。采用 SinChERS 方法分析辣椒、辣椒酱和干辣椒样品时，分别有 42 种、29 种和 37 种农药的基质效应在 0.8～1.1 范围内，属于无基质效应或弱基质效应；除异菌脲外，大多数农药的基质效应值（ME）均低于 2.5。异菌脲在三个基质中均表现出很高的基质增强效应，ME 为 6.6～13.0。之前的一些研究结果也说明异菌脲有较强的基质效应[15,16]，但没有实验证据来解释这一现象，有文献认为一些仪器条件变化、分析误差、空白提取物中目标物的分解等因素与此相关[17]。

通过在辣椒、辣椒酱和干辣椒中添加 0.01mg/kg 和 0.1mg/kg 两个浓度的 47 种农药并重复 5 次，结果表明，除嘧霉胺外，47 种农药的回收率范围为 70%～120%，RSD 为 0.2%～16.9%。当 MWCNT 的用量增加到 10mg 时，辣椒酱和辣椒中嘧霉胺的回收率在 48%～69% 。从化学结构上看，嘧霉胺含有一个苯环和一个嘧啶环，这表明多环结构的化合物很可能被多壁碳纳米管吸附[18]。根据欧盟的方法验证程序标准（SANTE/11813/2017）[19]，所有农药的 LOQ 为其最低加标水平 0.01mg/kg，说明 SinChERS 方法在所研究的农药残留分析中表现出良好的性能。

SinChERS 方法是 QuEChERS 方法的延伸，其采用一种特制的净化柱，使得净化可以一步完成，免去了液体转移和离心的过程，为快速有效、高通量农药残留分析方法的开发应用提供了另一种选择。

第四节 磁性分散固相萃取法

一、磁性分散固相萃取法简介

磁性分散固相萃取（magnetic dispersive solid-phase extraction，MDSPE）是以磁性或可磁化的材料作为吸附剂的一种分散固相萃取技术，当磁性吸附剂为纳米材料时，也称为磁纳米微萃取技术。MDSPE也是d-SPE的延伸方法，其实质是用带有磁性的吸附剂代替了d-SPE中的常规吸附剂；其操作方法与常规d-SPE类似，磁性吸附剂不直接填充到吸附柱中，而是添加到样品溶液（或提取液）中达到净化的目的。MDSPE的优点在于其可以利用外部磁铁使磁性吸附剂与样品溶液或提取液分离，因此可以有两种净化方式。

第一种是利用磁性吸附剂将目标分析物从样品溶液中吸附到分散的磁性吸附剂表面，然后在外部磁场作用下，使吸附有目标分析物的磁性吸附剂从溶液中分离出来，最后使用合适的溶剂洗脱被测物质，这种方式特别适合于液体样品或提取液中目标化合物的富集和基质共提取物的净化（如图3-9所示）。

第二种净化方式与d-SPE类似，样品溶液中的磁性吸附剂不吸附目标化合物，而是吸附样品基质干扰物，然后在外部磁场作用下，不需要离心即可使含有目标分析物的提取液分离出来，过膜后直接进行后续的分析检测。磁性纳米复合材料可以反复使用，而且能避免传统固相萃取小柱易堵塞等问题，使得MDSPE具有简单快速、绿色安全、高效经济等优点。MDSPE在食品、环境和生物样品检测的前处理中已有较多应用，是一种很有发展潜力的样品前处理技术。

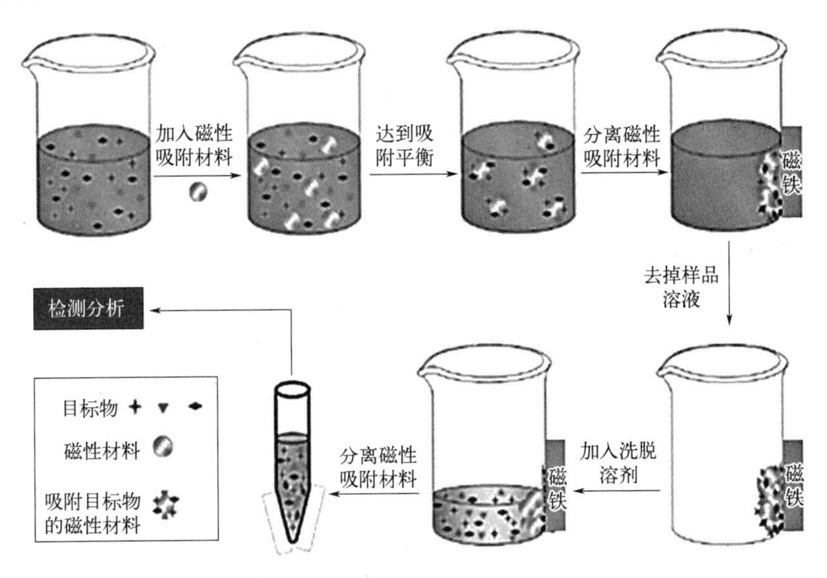

图3-9 采用MDSPE进行富集净化的操作过程示意图

通常MDSPE采用具有较大比表面积、较好生物相容性、容易达到磁性分离的磁性纳米粒子（magnetic nanoparticles，MNP），这种磁性粒子一般可由铁矿物和磁性铁氧化物组成，如磁性Fe_3O_4纳米粒子。目前制备磁性Fe_3O_4纳米粒子的常用方法有化学共沉淀法、水热法和溶剂热法。由于磁性Fe_3O_4纳米粒子具有超顺磁性，极易发生团聚，并且对目标物缺少选择性，故其吸附性能受到一定限制。对磁性 Fe_3O_4 纳米粒子进行表面功能化修饰，或采用一定的包埋技术制备磁性纳米复合材料可有效避免上述问题发生。常用的磁性纳米复合材料有无机物包覆型、有机高分子包覆型、有机高分子嫁接型、有机小分子嫁接型、碳纳米材料负载型、氧化物包覆型以及离子液体嫁接型等。

在磁性分散固相萃取过程中，影响净化效率和待测物回收率的因素有许多，其中磁性固相材料的种类对萃取效率起到至关重要的影响，一般要求磁性吸附材料具有一定稳定性、对目标分析物有较好的吸附能力，且能较快地达到吸附平衡、减少萃取时间。在建立 MDSPE 方法过程中，通常都需要根据基质和化合物种类对磁性固相材料的用量、萃取时间与解吸附时间、解吸附溶剂的种类与用量等参数进行优化，才能达到最优的富集与净化性能。

二、MDSPE 用于富集和净化的实例

由于采用 MDSPE 可以在基质净化的同时兼有对目标化合物的富集能力，因此该方法较多地应用于液体样品（如水、果汁）或样品提取液的残留分析中。例如，邓玉兰等[20]利用铁基的 MOF 材料结合聚多巴胺的特点，将两者结合并包覆在磁性材料上制备了磁性固相复合材料，并用其富集环境水样中的磺酰脲类除草剂，检出限可低至 0.28～0.77μg/L，加标回收率在 78.8%～109.7%，RSD≤7.5%，方法简便快速且符合要求，可用于实际检测工作。Adlnasab 等[21]利用鞣质酸对涂覆有双层氢氧化锌的磁性纳米材料进行了改性，利用改性后的材料对水体中的二嗪磷和甲霜灵进行前处理富集，富集因子可达 500 倍，定量限分别为 0.6μg/L 和 2μg/L，回收率为 85.0%～96.6%。黄倩等[22]通过乳液聚合反应制备了苯乙烯与甲基丙烯酸共聚物改性的 Fe_3O_4 磁性微球，并将其作为吸附剂建立了 MDSPE-GC 联用体系，分析了番茄汁、草莓汁中的 5 种有机磷农药，回收率为 85.4%～118.9%，RSD 为 3.1%～8.8%。张咏等[23]利用共聚技术，以乙二醇二甲基丙烯酸酯（ethylene dimethacrylate，EDMA）为交联剂，对 Fe_3O_4 磁性纳米粒子进行改性，制备了甲基丙烯酸（methacrylic acid，MA）改性的磁性复合纳米粒子 Fe_3O_4@MA-co-EDMA（简称为 Fe_3O_4@MAED），并将其作为吸附剂，联合 HPLC 测定水样和果汁中的 4 种苯甲酰脲类杀虫剂，LOD 为 0.29～0.30μg/kg，回收率为 78.8%～118.0%。下面以文献［23］为例介绍 MDSPE 方法在果汁中农药残留的研究方法。

（一）实验内容简介

以甲基丙烯酸为功能单体，乙二醇二甲基丙烯酸酯为交联剂对 Fe_3O_4 纳米粒子进行改性，利用红外光谱、元素分析和透射电镜对改性粒子（Fe_3O_4@MAED）进行表征。同时将改性粒子用于萃取环境水样和果汁中 4 种苯甲酰脲类杀虫剂，详细考察了磁性粒子用量、解析溶剂、吸附和解析时间、pH 值、离子强度等因素对萃取性能的影响。在此基础上，与高效液相色谱/二极管阵列检测器联用，建立了环境水样和果汁中苯甲酰脲类杀虫剂的快速、简便、灵敏的测定方法。在最佳实验条件下，方法具有较宽的线性范围、良好的线性（$R^2>0.99$）和理想的灵敏度。在实际环境水和果汁样品中，不同加标浓度的苯甲酰脲的回收率在 69.4%～118%之间，4 种杀虫剂的检测限分别在 0.10～0.19μg/L 和 0.12～0.30μg/L 之间，日内和日间相对标准偏差分别小于 7%和 11%。研究表明所制备的 Fe_3O_4@MAED 可通过疏水、氢键、离子交换等多重作用力实现对目标物的有效萃取。

（二）实验方法

1. *磁吸附剂 Fe_3O_4@MAED 的制备*

首先以 $FeCl_3$ 和 $FeCl_2$ 为原料，参照文献［24］制备 Fe_3O_4 磁性纳米粒子。然后取 1.0g

Fe_3O_4 磁性纳米粒子，分散至 100mL 异丙醇中，室温搅拌状态下逐滴加入 5mL 正硅酸乙酯和 60mL 25%氨水，氮气保护下反应 12h，反应完后用磁铁分离，磁性粒子用甲醇/水洗至中性，真空干燥后得到 Fe_3O_4@SiO_2。随后利用 3-（甲基丙烯酰氧）丙基三甲基硅烷（γ-MAPS）与 Fe_3O_4@SiO_2 反应，在纳米粒子表面引入双键，以便于与甲基丙烯酸发生共聚反应。

磁吸附剂 Fe_3O_4@MAED 的制备则是基于 MA、EDMA 的共聚反应。在三口烧瓶中依次加入 3.5g MA、20g EDMA、15g 正丙醇、8.5g 1,4-丁二醇和 4g 水，搅拌均匀后，加入 400mg 上述处理过的 Fe_3O_4@SiO_2 粒子和 200mg 引发剂（偶氮二异丁腈），氮气保护下 60℃反应 12h，反应结束后，纳米粒子分别用甲醇洗涤数次，然后用纯水洗涤至中性，60℃真空干燥后，得到磁吸附剂 Fe_3O_4@MAED。

2. 实际样品的 MDSPE 过程

对于环境水样：取经 0.45μm 滤膜过滤后的水样 50mL 于 100mL 离心管中，将其调至 pH 9.0，然后加入 20mg Fe_3O_4@MAED 纳米粒子，置于恒温摇床中以 500r/min 分散萃取 9min。萃取完成后，利用外部磁铁将磁吸附剂迅速移至离心管的侧壁，弃去样品溶液，加入 0.5mL 甲醇，以同样的摇速解析 6min，解析液直接进行 HPLC/DAD 测定。

对于果汁样品：将果汁以 4000r/min 离心 10min，取上层溶液，经 1.0μm 滤膜过滤。取滤液 5mL，用超纯水稀释到 50mL 并调至 pH 9.0，然后按环境水样的操作过程进行样品处理和测定。

3. 色谱条件

四种苯甲酰脲类农药氟苯脲、虱螨脲、氟虫脲和氟啶脲采用 HPLC/DAD 测定，色谱分离柱为 Kromasil LC-18（250mm×4.5mm，5μm）；流动相为水-乙腈（22∶78，体积比）等度洗脱；流速：1.0mL/min；检测波长：260 nm；进样体积：20μL。

（三）结果与讨论

1. 磁吸附剂 Fe_3O_4@MAED 的制备及表征

在 MDSPE 中，磁性纳米粒子的涂层对萃取效果起着至关重要的作用。苯甲酰脲类分子结构中，含有丰富的氨基和卤素原子，属于极性较强的化合物，根据“相似相溶”的原理，选用富含极性基团且价格便宜的甲基丙烯酸为功能单体，合成纳米粒子的涂层。研究表明，在一定条件下，磁吸附剂与目标物除了存在疏水作用外，涂层中的羧基发生解离，可与苯甲酰脲类的氨基发生离子交换作用。因此，Fe_3O_4@MAED 可通过多重作用力实现对苯甲酰脲类的有效富集。通过优化功能单体、交联剂及磁性纳米粒子之间的比例，所合成的 Fe_3O_4@MAED 吸附剂不仅具有良好的萃取性能，而且使用寿命较为理想，至少可连续使用 50 次以上。

对制备的吸附剂进行各项表征很有必要，元素分析结果表明，吸附剂中 C 和 H 的含量分别为 50.2%（质量分数）和 4.96%（质量分数）；红外表征表明了 MA 和 EDMA 成功地在磁性纳米粒子表面发生了共聚反应；透射电镜图表明磁吸附剂的粒径具有较好的均一性。

2. 萃取条件优化

为了得到磁吸附剂对 4 种苯甲酰脲类的最佳萃取条件，详细考察了磁吸附剂用量、解析溶剂、萃取和解析时间、样品基底 pH 值和离子强度等因素对目标物的萃取性能（以目标化合物的峰面积来表征）的影响[23]。综合实验结果，得到最佳萃取条件为：磁吸附剂用量 20mg，甲醇为解析溶剂，吸附和解析时间分别为 9.0min 和 6.0min，基质溶液 pH=9.0，保持样品的离子强度。

3. 方法的有效性

用空白水样和果汁样品配制不同浓度梯度的溶液，在最优条件下，考察方法的线性范围、线性决定系数、检出限、定量限及日内和日间重复性。在水样中，4种目标化合物均具有较好的线性关系（$R^2>0.99$），检测限（信噪比 $S/N=3$）为 0.10～0.19μg/L，定量限（信噪比 $S/N=10$）为 0.33～0.62μg/L。果汁样品中检测限为 0.12～0.30μg/L，定量限为 0.40～1.00μg/L。方法的日内和日间的实验重复性良好（RSD<11%）。

4. 实际样品测定及加标回收率实验

用该方法测定了实际水样和果汁样品，在湖水中检测到低浓度的虱螨脲和氟虫脲，其他实际样品均未检出这4种化合物。实验还测定了实际水样和果汁不同加标量的回收率，水样加标浓度为 5.0μg/L 和 50.0μg/L，果汁加标浓度为 10.0μg/L 和 100.0μg/L，4种目标物在水样和果汁中的回收率范围分别为 69.4%～110%和 78.8%～118%，RSD<12%。

（四）结论

利用共聚技术制备的甲基丙烯酸改性的磁吸附剂可用于萃取环境水样和果汁中苯甲酰脲类杀虫剂。结果表明，所合成的磁吸附剂可通过包括离子交换、氢键和疏水作用在内的多重作用力实现对苯甲酰脲类化合物的有效萃取。在此基础上，建立了可对实际水样和果汁中四种苯甲酰脲类杀虫剂残留进行有效监测的分析方法，方法具有操作简便、灵敏度高、快速和环境友好等特点。

三、特异性磁性吸附材料在 MDSPE 中的应用

在采用 MDSPE 进行基质富集或净化时，磁性吸附材料的选择性或特异性至关重要，因为方法需要其选择性地吸附基质干扰物而不吸附待测化合物，或者只吸附待测化合物而尽量少地吸附基质干扰物，因此，研究开发具有特异性吸附能力的磁性吸附剂具有重要的研究意义。金属有机骨架（MOF）材料作为近年来新兴的吸附材料，具有比表面积大、孔径可调谐等性质，在分离净化领域显示出了广阔的应用前景[25]，其对色素、染料等化合物展现出优异的吸附性能[26]。例如，王枫雅等[27]针对茶叶中的主要基质干扰成分，使用低毒的过渡金属［例如 Zn(Ⅱ)］，采用引入配体片段的策略制备功能性 MOF 吸附材料，开发了一种针对茶叶基质中茶多酚的特异性吸附材料，在茶叶类复杂样品的净化剂开发中具有一定的参考价值。以下以此为例进行具体介绍。

（一）实验内容简介

王枫雅等[27]将 Fe_3O_4 磁性纳米粒子与具有高吸附性能的锌基 MOF 结构相结合，同时引入硼酸（BA）配体，成功构建硼酸官能化金属-有机骨架磁性纳米复合材料（Fe_3O_4@BA-MOF），将其应用于茶叶中10种农药残留检测过程中茶多酚等基质干扰物的特异性净化吸附。对复合材料吸附条件进行优化后，结合气相色谱-质谱联用技术，建立了一种茶叶样品中农药残留的有效分析方法。根据文献[28]选择了茶叶中常见的10种农药化合物，分别为内标物 BDMC（4-溴-3,5-二甲苯基-*N*-甲基氨基甲酸酯）、磷酸三异丁酯（tri-iso-butyl phosphate）、蔬果磷（dioxabenzofos）、脱乙基另丁津（desethyl-sebuthylazine）、葵子麝香（musk ambrette）、麦穗宁（fuberidazole）、2-甲-4-氯丁氧乙基酯（MCPA-butoxyethyl ester）、灭菌磷（ditalimfos）、威菌磷（triamiphos）、苄呋菊酯（resmethrin）。

（二）实验方法

1. Fe_3O_4@BA-MOF 纳米复合材料的制备

首先进行 Fe_3O_4 磁性纳米粒子的制备。参考文献［29］的方法，采用经典水热合成法

制备 Fe_3O_4 磁性纳米粒子。首先将六水合氯化铁（1.35g）溶解在 40mL 己二醇中，形成澄清的橙黄色溶液；然后向上述溶液中添加 3.6g 无水乙酸钠和 1.0g 聚乙二醇，将混合物剧烈搅拌 30min，并密封在反应釜中，在 200℃下反应 10h，得到 Fe_3O_4 磁性纳米粒子。通过磁铁收集反应得到的 Fe_3O_4 磁性纳米粒子，分别使用超纯水及乙醇反复洗涤样品后，置于真空干燥箱中进行真空干燥。

然后进行 Fe_3O_4@BA-MOF 纳米复合材料的制备。参考文献 [30]，将 0.05g Fe_3O_4 与 3.0g 六水合硝酸锌混合于 15mL DMF（*N*,*N*-二甲基甲酰胺，*N*,*N*-dimethylfor mamide）试剂中，常温搅拌 4h。随后将配体对苯二甲酸（45mg）及 5-硼酸-1,3-二羧酸（4.5mg）加入体系中。将混合物搅拌 30min 后加入反应釜中，密封，120℃水热反应 6h。使用磁铁收集反应得到的 Fe_3O_4@BA-MOF 纳米复合材料，分别使用超纯水及乙醇反复洗涤样品后，置于真空干燥箱中进行真空干燥。

2. 样品前处理

将茶叶样品研磨成粉末，混匀后称取 10g 加入 50mL 离心管中，加入 30mL 去离子水（60℃）超声提取 30min。然后将混合物以 4000r/min 离心 20min。收集上清液，作为茶叶提取液，用于磁性吸附净化。

称取 50mg 的 Fe_3O_4@BA-MOF 材料，加入 2mL 茶叶提取液，调节 pH 至 7.0。振荡 10min 后，通过外部磁铁将吸附材料吸引至管壁，吸取管中澄清液体。加入 0.5mL 乙腈以提取溶液中的农药，振荡 30s 后加入 500mg 无水硫酸镁，3000r/min 离心后取有机相进行气相色谱-质谱联用分析。

3. 茶多酚及农药的检测

（1）茶多酚的检测条件　根据文献 [31]，使用分光光度计在 273nm 处对茶叶中的茶多酚总量进行检测，并使用带有光电二极管阵列检测器的高效液相色谱仪对茶多酚吸附情况进行表征[32]，液相色谱分析柱为 C_{18} 柱（250mm×4.6mm，膜厚 5μm，Waters），流动相由甲醇-水（体积比 20∶80）组成；流速为 1mL/min；柱温 25℃；检测波长 273nm；进样量为 10μL。

（2）农药的气相色谱-质谱检测条件　色谱柱：安捷伦 HP-5（30m×0.25mm×0.25μm）石英毛细管柱，色谱柱温度程序：40℃保持 1min，以 30℃/min 升温至 130℃，然后以 5℃/min 升温至 250℃，再以 10℃/min 升温至 300℃，保持 5min；进样口温度：290℃；进样量：1μL；电子轰击源：70eV；离子源温度：230℃；传输线温度：280℃；采用选择离子监测（SIM）模式扫描。

（三）结果与讨论

1. Fe_3O_4@BA-MOF 纳米复合材料的表征

MOF 材料由于其较大的比表面积、孔径可调节性和高孔隙率而被广泛应用到分析检测过程中样品的分离富集。通过配体与目标物之间的 π-π 相互作用力，可快速吸附色素，染料等化合物[33]。在此基础上，将具有茶多酚特殊识别功能的硼酸基团（5-硼苯-1,3-二羧酸）引入 MOF 材料的有机配体中，可有效提高 MOF 的识别选择性[34]，应用于茶叶农药残留分析过程中的基质净化吸附。

对实验制备的 Fe_3O_4 及 Fe_3O_4@BA-MOF 样品进行扫描电镜分析，表明该实验中通过水热法制得的 Fe_3O_4 粒子分布均匀，粒径分布范围在 400～500nm 之间；经过以硼酸为配体的锌基 MOF 材料修饰后，Fe_3O_4 磁性粒子均匀分布于 MOF 内部。通过傅里叶红外光谱

(FTIR) 和 X 射线粉末衍射仪 (XRD) 对制备的 Fe_3O_4 及 Fe_3O_4@BA-MOF 纳米复合材料的晶体结构进行了表征，说明 BA-MOF 有复合作用[35]。

2. Fe_3O_4@BA-MOF 对茶多酚的吸附性能

首先对吸附时间进行了考察。如图 3-10(A) 所示，将 Fe_3O_4@BA-MOF 吸附材料加入茶叶提取液后，溶液中茶多酚含量迅速降低，在 5min 内减少 74.58%。随着吸附时间的延长，逐渐达到平衡，在 20min 内 Fe_3O_4@BA-MOF 对茶多酚的吸附效果达到 78.78%。

溶液 pH 值可能影响 Fe_3O_4@BA-MOF 中硼酸配体对茶多酚的亲和力，是影响茶叶基质吸附效果的关键因素。不同 pH 值 (2.0、4.0、6.0、7.0) 条件下，溶液中茶多酚的吸附效率如图 3-10(B) 所示，在低 pH 值的酸性条件下，Fe_3O_4@BA-MOF 对茶叶基质的吸附效率仅为 50%。随着溶液 pH 增大，材料对茶多酚的吸附效果逐渐增强，这一现象与文献中的报道一致[35]。考虑到部分农药在碱性条件下会发生分解，因此将提取条件定为 pH 值 7.0。

实验中所采用的锌基 MOF 材料为基质吸附过程提供了较大的比表面积，然而在样品制备过程中，使用过量的吸附材料可能对目标农药的回收率和共提取物的净化效率产生直接影响。因此，在确定吸附 pH 值后，该实验对吸附剂的用量进行了考察。如图 3-10(C) 所示，在 2mL 茶叶提取液中，随着吸附剂用量逐渐增加 (5mg、10mg、30mg、50mg、80mg)，Fe_3O_4@BA-MOF 对茶多酚的吸附效率也逐渐增强。当吸附剂用量高于 50mg 时，吸附效果变化不明显。

综上，实验确定 Fe_3O_4@BA-MOF 的吸附条件为吸附时间 5min，溶液 pH 值为 7.0，吸附剂添加量为 50mg。

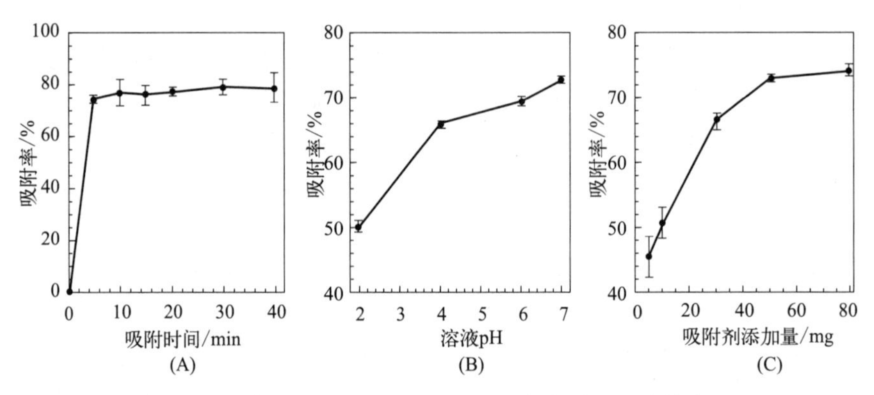

图 3-10 吸附时间、溶液 pH 和吸附剂添加量对茶多酚的吸附效率影响 ($n=3$)

3. 材料的重复使用性考察

作为色谱分离中的经典材料，硼酸亲和材料可通过溶液 pH 值，控制硼酸配体与顺式二醇化合物之间可逆的共价相互作用，实现目标物的“捕获和释放”过程[36]。在碱性条件下硼酸配体选择性捕获顺式二醇化合物，形成硼酸酯结构络合物，而在酸性条件下则自动解离[37]。因此，该实验利用硼酸亲和材料的 pH 响应性，使用 0.1mol/L NaOH 及 HCl 调节溶液 pH，在 pH 6.0 的条件下对 Fe_3O_4@BA-MOF 中吸附的茶多酚进行解吸。通过 4 个连续的吸附再生循环对 Fe_3O_4@BA-MOF 进行评估，与初始值相比，经过 4 个循环后，Fe_3O_4@BA-MOF 对茶多酚的吸附效率仅降低了 2.57%，少量的损失可能归因于循环过程中特异性结合位点的减少以及基质中色素在 MOF 晶体结构中的孔隙填充[38]。总的来说，Fe_3O_4@BA-MOF 在 4 个循环中具有良好的再生能力。

4. 与其他吸附材料的对比

在茶叶的前处理方法中，弗罗里硅土及 PSA 作为经典的吸附材料，广泛应用于茶叶中色素、有机酸等基质成分的吸附处理[39]。该实验考察了 Fe_3O_4@BA-MOF 与弗罗里硅土及 PSA 对茶多酚的吸附效果差异。称取相同质量的吸附材料，置于茶叶提取液中，充分振荡后，离心分离基质净化液，使用分光光度计测定溶液中茶多酚的含量。结果表明，Fe_3O_4@BA-MOF、弗罗里硅土及 PSA 对茶多酚的吸附效率分别是 78.78%、57.97%及 77.34%。作为正相吸附剂，弗罗里硅土在茶多酚的吸附方面缺乏特异性[40]，造成吸附效率较低。Fe_3O_4@BA-MOF 与商品化 PSA 吸附剂对茶多酚去除效率相当，证明其在茶叶基质净化方面具有一定的实用性。

为避免污染质谱的离子源，采用高效液相色谱考察了净化效果，如图 3-11 所示，经过 Fe_3O_4@BA-MOF 净化后，色谱图中干扰成分的色谱峰显著减少，可有效地提高样品检测的准确度。同时，Fe_3O_4 磁性纳米粒子的掺杂使吸附材料具有良好的顺磁性，在外部磁铁的作用下能够快速分离吸附材料，使得样品前处理过程相较于传统固相萃取有着极大的简化，提高了前处理效率。

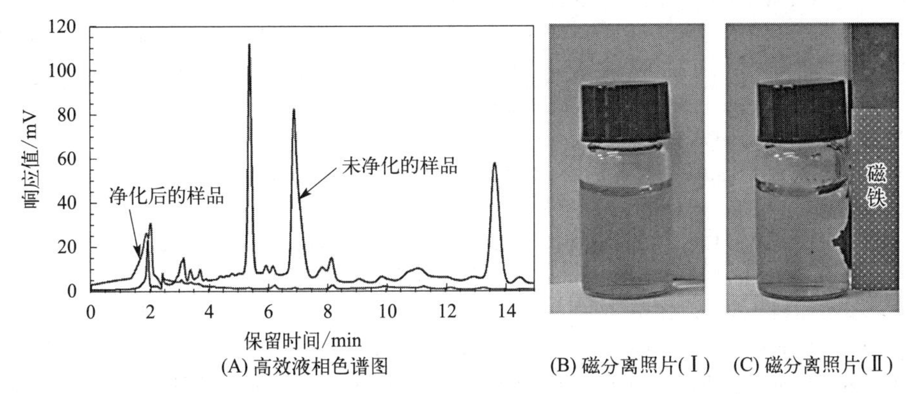

图 3-11 茶叶提取液经由 Fe_3O_4@BA-MOF 处理前后的高效液相色谱图及磁分离照片

5. Fe_3O_4@BA-MOF 在茶叶农残检测中的应用

在阴性茶叶样品中添加一定浓度的农药混合标准溶液，按照前述方法进行样品前处理，然后进行 GC-MS 分析。在 1～10mg/L 的线性范围内，混合标准溶液中各农药的线性良好。以信噪比（S/N）=3 确定 10 种农药的检出限为 0.03～0.10mg/L，以（S/N）=10 确定 10 种农药的定量限为 0.10～0.30mg/L。10 种农药的平均加标回收率为 75.8%～138.6%，RSD 为 0.5%～18.7%（n=3），表明该方法适用于茶叶中农药的检测分析。

（四）结论

针对茶叶农药残留检测中前处理复杂等问题，实验制备了一种特异吸附茶叶基质的磁性固相萃取吸附剂 Fe_3O_4@BA-MOF 材料，结合气相色谱-质谱检测，建立了一种有效测定茶叶中农药残留的方法。磁性纳米粒子与锌基 MOF 结构相结合，将硼酸配体引入 MOF 结构中，将其作为顺式二醇的识别位点，针对茶多酚等基质成分具有一定的吸附特异性，可以有效简化样品前处理步骤。该方法在针对茶叶中农药残留分析方面具有较高的应用价值和广阔的应用前景，但对于茶叶基质中咖啡碱、有机酸等成分消除能力较弱，仍需要进一步探索研究。

参考文献

[1] Han L, Sapozhnikova Y, Lehotay S J. Streamlined sample cleanup using combined dispersive solid-phase extraction and in-vial filtration for analysis of pesticides and environmental pollutants in shrimp. Analytica Chimica Acta, 2014, 827: 40-46.

[2] Sapozhnikova Y, Lehotay S J. Multi-class, multi-residue analysis of pesticides, polychlorinated biphenyls, polycyclic aromatic hydrocarbons, polybrominated diphenyl ethers and novel flame retardants in fish using fast, low-pressure gas chromatography-tandem mass spectrometry. Analytica Chimica Acta, 2013, 758: 80-92.

[3] Rajski Ł, Lozano A, Uclés A, et al. Determination of pesticide residues in high oil vegetal commodities by using various multi-residue methods and clean-ups followed by liquid chromatography tandem mass spectrometry. Journal of Chromatography A, 2013, 1304: 109-120.

[4] Safe S. Toxicology, structure-function relation-ship, and human and environmental health impacts of polychlorinated biphenyls: progress and problems. Environmental Health Perspectives, 1992, 100: 259-268.

[5] Lehotay S J. Determination of pesticide residues in foods by acetonitrile extraction and partitioning with magnesium sulfate: collaborative study. Journal of AOAC International, 2007, 90 (2): 485-520.

[6] Zhao P, Fan S, Yu C, et al. Multiplug filtration clean-up with multiwalled carbon nanotubes in the analysis of pesticide residues using LC-ESI-MS/MS. Journal of Separation Science, 2013, 36 (20): 3379-3386.

[7] Zhao P, Huang B, Li Y, et al. Rapid multiplug filtration cleanup with multiple-walled carbon nanotubes and Gas Chromatography-Triple-Quadruple Mass Spectrometry detection for 186 pesticide residues in tomato and tomato products. Journal of Agricultural and Food Chemistry, 2014, 62 (17): 3710-3725.

[8] Han Y, Song L, Liu S, et al. Simultaneous determination of 124 pesticide residues in Chinese liquor and liquor-making raw materials (sorghum and rice hull) by rapid Multi-plug Filtration Cleanup and gas chromatography-tandem mass spectrometry. Food Chemistry, 2018, 241: 258-267.

[9] Mastovska K, Dorweiler K J, Lehotay S J, et al. Pesticide multiresidue analysis in cereal grains using modified QuEChERS method combined with automated direct sample introduction GC-TOFMS and UPLC-MS/MS techniques. Journal of Agricultural and Food Chemistry, 2010, 58 (10): 5959-5972.

[10] Qin Y, Zhao P, Fan S, et al. The comparison of dispersive solid phase extraction and multi-plug filtration cleanup method based on multi-walled carbon nanotubes for pesticides multi-residue analysis by liquid chromatography tandem mass spectrometry. Journal of Chromatography A, 2015, 1385: 1-11.

[11] Qin Y, Jatamunua F, Zhang J, et al. Analysis of sulfonamides, tilmicosin and avermectins residues in typical animal matrices with multi-plug filtration cleanup by liquid chromatography-tandem mass spectrometry detection. Journal of Chromatography B, 2017, 1053: 27-33.

[12] Song L, Han Y, Yang J, et al. Rapid single-step cleanup method for analyzing 47 pesticide residues in pepper, chili peppers and its sauce product by high performance liquid and gas chromatography-tandem mass spectrometry. Food Chemistry, 2019, 279: 237-245.

[13] 张起香. 萃取结构及液体前处理装置: CN205642979U. 2016-11.

[14] Martin-Esteban A, Fernandez P, Camara C. Breakthrough volumes increased by the addition of salt in the on-line solid-phase extraction and liquid chromatography of pesticides in environmental water. International journal of environmental analytical chemistry, 1996, 63 (2): 127-135.

[15] Amvrazi E G, Papadi-Psyllou A T, Tsiropoulos N G. Pesticide enrichment factors and matrix effects on the determination of multiclass pesticides in tomato samples by single-drop microextraction (SDME) coupled with gas chromatography and comparison study between SDME and acetone-partition extraction procedure. International journal of environmental analytical chemistry, 2010, 90 (3-6): 245-259.

[16] Liu X, Guan W, Hao X, et al. Pesticide multi-residue analysis in tea using d-SPE sample cleanup with graphene mixed with primary secondary amine and graphitized carbon black prior to LC-MS/MS. Chromatographia, 2014, 77 (1-2): 31-37.

[17] Fujiyoshi T, Ikami T, Sato T, et al. Evaluation of the matrix effect on gas chromatography-mass spectrometry with

carrier gas containing ethylene glycol as an analyte protectant. Journal of Chromatography A，2016，1434：136-141.

[18] Zou N，Han Y，Li Y，et al. Multiresidue method for determination of 183 pesticide residues in leeks by rapid multiplug filtration cleanup and Gas Chromatography-Tandem Mass Spectrometry. Journal of Agricultural and Food Chemistry，2016，64（31）：6061-6070.

[19] SANTE/11813/2017. Guidance document on analytical quality control and method validation procedures for pesticide residues and analysis in food and feed.

[20] 邓玉兰，李傲天，王燕飞，等. MIL-53（Fe）@聚多巴胺@Fe_3O_4 磁性复合材料的制备及其用于环境水样中磺酰脲类除草剂的磁固相萃取. 色谱，2018，36（3）：253-260.

[21] Adlnasab L，Ezoddin M，Shabanian M，et al. Development of ferrofluid mediated CLDH@Fe_3O_4@Tanic acid-based supramolecular solvent：Application in air-assisted dispersive micro solid phase extraction for preconcentration of diazinon and metalaxyl from various fruit juice samples. Microchemical Journal，2019，146：1-11.

[22] 黄倩，何蔓，陈贝贝，等. 磁固相萃取-气相色谱-火焰光度检测联用测定果汁中的有机磷农药. 色谱，2014，10：1131-1137.

[23] 张咏，陈蕾，黄晓佳，等. 磁分散固相微萃取-高效液相色谱联用测定水样和果汁中苯甲酰脲类杀虫剂. 分析化学，2015，43（9）：7-10.

[24] Huang X，Wang Y，Liu Y，et al. Preparation of magnetic poly（vinylimidazole-co-divinylbenzene）nanoparticles and their application in the trace analysis of fluoroquinolones in environmental water samples. Journal of separation science，2013，36（19）：3210-3219.

[25] Khiarak B N，Hasanzadeh M，Mojaddami M，et al. In situ synthesis of quasi-needle-like bimetallic organic frameworks on highly porous graphene scaffolds for efficient electrocatalytic water oxidation. Chemical communications，2020，56（21）：3135-3138.

[26] Far H S，Hasanzadeh M，Nashtaei M S，et al. PPI-dendrimer-functionalized magnetic metal-organic framework（Fe_3O_4@ MOF@ PPI）with high adsorption capacity for sustainable wastewater treatment. ACS applied materials & interfaces，2020，12（22）：25294-25303.

[27] 王枫雅，冯亮. 硼酸官能化金属-有机骨架磁性纳米复合材料的制备及其在茶叶农药残留检测中的应用. 色谱，2021，39（10）：1111-1117.

[28] Wu C C. Multiresidue method for the determination of pesticides in Oolong tea using QuEChERS by gas chromatography-triple quadrupole tandem mass spectrometry. Food Chemistry，2017，229：580-587.

[29] Deng H，Li X，Peng Q，et al. Monodisperse magnetic single-crystal ferrite microspheres. Angewandte Chemie International Edition，2005，44（18）：2782-2785.

[30] Liu S，Shinde S，Pan J，et al. Interface-induced growth of boronate-based metal-organic framework membrane on porous carbon substrate for aqueous phase molecular recognition. Chemical Engineering Journal，2017，324：216-227.

[31] Zhang W，Feng X，Alula Y，et al. Bionic multi-tentacled ionic liquid-modified silica gel for adsorption and separation of polyphenols from green tea（*Camellia sinensis*）leaves. Food chemistry，2017，230：637-648.

[32] Lin B，Cui S，Liu X，et al. Preparation and adsorption property of phenyltriethoxysilane modified SiO_2 aerogel. 武汉理工大学学报：材料科学英文版，2013（28）：916-920.

[33] Haque E，Jun J W，Jhung S H. Adsorptive removal of methyl orange and methylene blue from aqueous solution with a metal-organic framework material，iron terephthalate（MOF-235）. Journal of Hazardous materials，2011，185（1）：507-511.

[34] Zhu X，Gu J，Zhu J，et al. Metal-organic frameworks with boronic acid suspended and their implication for cis-diol moieties binding. Advanced Functional Materials，2015，25（25）：3847-3854.

[35] Liu S，Ma Y，Gao L，et al. pH-responsive magnetic metal-organic framework nanocomposite：a smart porous adsorbent for highly specific enrichment of cis-diol containing luteolin. Chemical Engineering Journal，2018，341：198-207.

[36] Wang P，Zhu H，Liu J，et al. Double affinity integrated MIPs nanoparticles for specific separation of glycoproteins：A combination of synergistic multiple bindings and imprinting effect. Chemical Engineering Journal，2019，358：143-

152.

[37] Espina-Benitez M B, Randon J, Demesmay C, et al. Back to BAC: insights into boronate affinity chromatography interaction mechanisms. Separation & Purification Reviews, 2018, 47 (3): 214-228.

[38] Rego R M, Sriram G, Ajeya K V, et al. Cerium based UiO-66 MOF as a multipollutant adsorbent for universal water purification. Journal of Hazardous Materials, 2021, 416: 125941.

[39] Hou X, Lei S R, Qiu S T, et al. A multi-residue method for the determination of pesticides in tea using multi-walled carbon nanotubes as a dispersive solid phase extraction absorbent. Food Chemistry, 2014, 153: 121-129.

[40] Beyer A, Biziuk M. Comparison of efficiency of different sorbents used during clean-up of extracts for determination of polychlorinated biphenyls and pesticide residues in low-fat food. Food Research International, 2010, 43 (3): 831-837.

第四章
QuEChERS 方法的自动化

随着简便快捷的 QuEChERS 方法在各个食品安全和农产品安全质量控制实验室的广泛应用，部分实验室和仪器厂商也积极开展了 QuEChERS 方法自动化的探索。截至目前，代表性的 QuEChERS 自动化方法主要有以下三个：①北京本立科技有限公司开发的 QuEChERS 自动样品前处理系统；②德国 GERS 公司和美国安捷伦公司合作开发的 Gerstel ITSP“仪器顶部自动样品前处理”系统；③潘灿平团队与北京绿绵科技有限公司、厦门睿科集团基于 QuEChERS 开发的自动化 m-FC 及自动化 m-PFC-QuEChERS 样品净化系统。

第一节　QuEChERS 自动样品前处理系统

一、QuEChERS 自动前处理设备简介

北京本立科技有限公司开发的 QuEChERS 自动前处理设备是一款自动程序控制样品前处理的设备，该设备利用强力立体“8”字振荡造成涡旋效果，实现提取功能；再与电机单向运动实现的离心功能相结合，来完成样品中待测成分的提取和净化；通过与配套提取管组合，实现全自动 QuEChERS 前处理过程。

这款自动 QuEChERS 前处理设备的外观见图 4-1，该系统配备的专用提取管（图 4-2）由内外两层管组成，内管侧壁开若干小孔，孔上覆有只允许提取溶剂通过的半透性微孔膜。全自动 QuEChERS 前处理过程的流程示意图见图 4-3，使用时，先将样品加入外管，再加入提取剂，并放入锆珠，将装有净化材料的内管插入外管内，拧紧放入提取仪中。仪器自动按顺序实现两次振荡和离心。振荡时，在锆珠的帮助下，样品与提取剂充分接触混合。振荡提取结束后开始离心时，样品受到离心力的作用，提取液与提取残渣分离，提取液透过微孔滤膜进入内管，迅速得到洁净的上清液，再经过二次振荡，与净化剂充分作用得到净化。图 4-2 为提取管的抑制渗透效果及对实际样品的处理效果。北京本立科技有限公司研发的这种自动 QuEChERS 前处理设备价格低，简单快捷，具有很好的应用前景。下文主要介绍该自动化设备在农药残留分析中的应用实例。

图 4-1　QuEChERS 自动样品制备系统外观

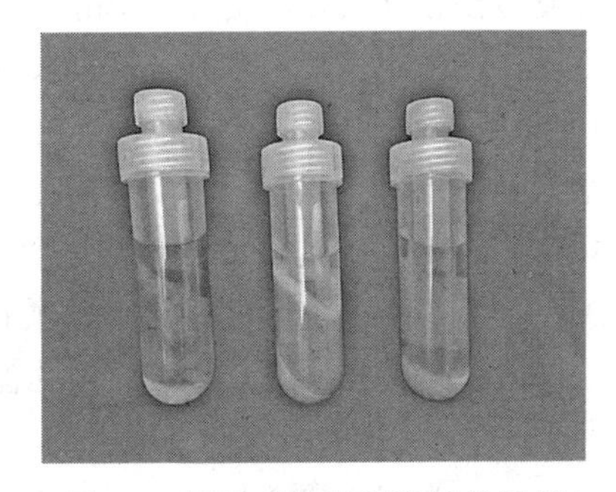

图 4-2　提取管的抑制渗透效果图

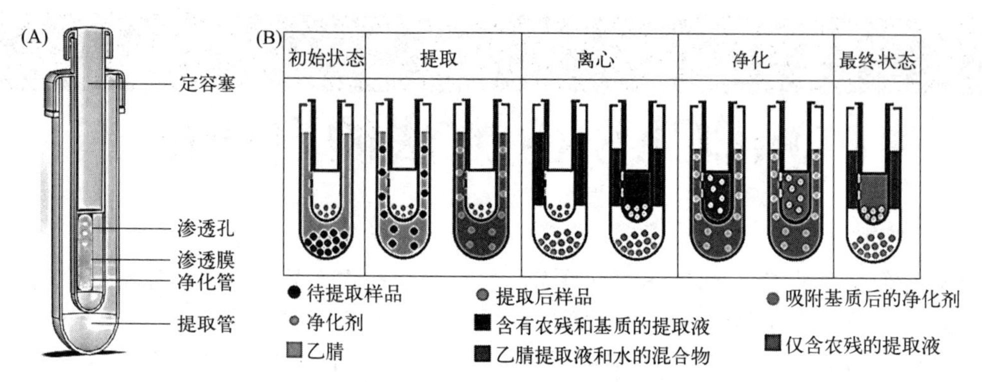

图 4-3　自动 QuEChERS 前处理系统流程示意图

(A) 为提取管剖面示意图；(B) 为样品前处理流程示意图

二、自动 QuEChERS 方法用于玉米中 133 种农药的多残留分析

(一) 方法简介

农业农村部环境保护科研监测所刘潇威研究团队采用自动 QuEChERS 方法结合液相色谱串联质谱法建立了玉米中 133 种农药的多残留分析方法[1]。该团队在 QuEChERS 方法的基础上，借助自动前处理设备，建立了一种简便、快捷的高通量自动 QuEChERS 方法。为保证方法的适用性，在自动 QuEChERS 方法建立过程中，选择了较复杂的玉米基质，结合 LC-MS/MS 进行检测，首先对提取时间和提取方法进行了优化，并将自动化方法与传统的 QuEChERS 方法进行了比较，最后对该自动化方法的实用性进行了验证。

(二) 实验方法

1. 前处理方法

欧盟 (EN) 方法的自动化：①称取玉米样品 5g 于离心管外管中，加入混标溶液（将 133 种农药标准溶液以丙酮作溶剂配成 5mg/L 混标溶液），静置 30min；②加入 10mL 水涡旋混匀，静置 30min；③加入 10mL 乙腈，加入欧盟萃取盐包（内含 4g 无水硫酸镁、1g 氯化钠、1g 柠檬酸钠、0.5g 柠檬酸氢二钠）及 10 颗锆珠，拧紧内管（内含 450mg 无水硫酸镁、75mg PSA、75mg C_{18}）；④放入自动 QuEChERS 前处理设备，开始处理。处理结束后从内管中取上清液 1mL 过 0.22μm 微孔滤膜，待测。

AOAC 方法的自动化：与欧盟法不同的是步骤③，加入 10mL 乙腈（含 1%乙酸），加入 AOAC 萃取盐包（内含 6g 无水硫酸镁、1.5g 醋酸钠）及 10 颗锆珠，拧紧内管（内含 600mg 无水硫酸镁、200mg PSA、200mg C_{18}）；其他步骤相同。

传统 QuEChERS 方法：称取 5g 玉米试样于 50mL 离心管中，加入混标溶液，静置 30min。加入 10mL 水涡旋混匀，静置 30min，加入 10mL 乙腈。加入欧盟萃取盐包（内含 4g 无水硫酸镁、1g 氯化钠、1g 柠檬酸钠、0.5g 柠檬酸氢二钠）及 1 颗陶瓷均质子，拧紧盖子，剧烈振荡 1min，于 8000r/min 离心 5min。取 6mL 上清液到净化用离心管（美国 Agilent 公司，含 150mg 净化材料无水硫酸镁、PSA 及 C_{18}）中，涡旋 1min，于 8000r/min 离心 5min。取上清液 1mL 过 0.22μm 微孔滤膜，待测。

2. 检测条件

采用 Qtrap 4500 质谱仪和 Acquity LC100 高效液相色谱仪（美国 AB Sciex 公司）；Waters C_{18} 色谱柱（1.8μm，2.1mm×100mm），柱温 40℃。流动相 A 为甲醇，流动相 B

为0.2%乙酸铵水溶液，进样量5μL，流速0.3mL/min。梯度洗脱程序见表4-1。

质谱条件包括气帘气（CUR）25psi（1psi=6.895kPa），碰撞活化参数（CAD）中等，离子喷雾电压5.5kV，离子源温度500℃。133种目标化合物的保留时间、离子对、去簇电压、碰撞能等质谱参数略。

表4-1 流动相梯度洗脱参数

时间/min	流速/(mL/min)	流动相A(甲醇)/%	流动相B(0.2%醋酸)/%
0	0.3	15	85
0.5	0.3	15	85
2.5	0.3	50	50
10	0.3	95	5
12	0.3	95	5
12.1	0.3	15	85
15	0.3	15	85

（三）结果与讨论

1.提取时间的优化

为了探索最优的提取时间，对均质分离工作站第一阶段的振荡时间进行优化比较。该实验将第一阶段振荡时间分别设为1min、2min、3min，转速1000r/min，保持后面三个阶段处理时间不变，即：第二阶段离心5min，转速4000r/min；第三阶段振荡3min，转速1000r/min；第四阶段离心3min，转速4000r/min。结果表明，当第一阶段的振荡时间为2min和3min时，回收率相近。基于效率最优化，第一阶段的振荡时间定为2min。实验过程中，对第二至第四阶段离心振荡时间也进行了优化，但对结果影响不大。

2.提取方法的比较

实验对两种提取方法（EN和AOAC）进行了比较。从两种方法得到的色谱图发现，两种方法提取效果差异不大，但AOAC方法提取溶剂中需加入1%的乙酸，且净化材料用量较大，所以实验选择了EN提取方法。

3.与传统QuEChERS方法的比较

将自动QuEChERS方法与传统QuEChERS方法进行了回收率的比较。结果表明，自动QuEChERS方法与传统QuEChERS方法回收率相差不大，几乎所有受测农药的回收率均在70%～120%之间。通过两种方法的比较，进一步说明了自动QuEChERS方法在玉米农药多残留分析中的可行性和适用性。

4.方法确证

通过回收率、线性、定量限对自动QuEChERS方法进行了确证。玉米中133种待测农药的3个添加浓度为20μg/kg、100μg/kg、500μg/kg，每一浓度5个平行，得到的回收率在70%～120%，相对标准偏差低于15%。用玉米空白基质配制8个浓度水平（2～500μg/L）的标准溶液，通过液相色谱-串联质谱得到的标准曲线线性良好，相关系数在0.990～0.999。在对玉米中133种农药检测结果中，有119种农药的定量限为20μg/kg，相比He等[2]所报道的定量限更低。基质效应评估结果表明，69%待测农药的基质效应在-20%～20%，属于弱基质效应；而溴氰菊酯、苄氯菊酯等农药表现为中等或强基质效应。

结果表明，借助自动 QuEChERS 前处理设备，结合 LC-MS/MS 测定手段，建立的玉米中 133 种农药的自动 QuEChERS 多残留分析方法简单、高效、快速、可靠。该方法将 QuEChERS 提取和净化两个步骤在同一设备上一次完成，操作要求低，解放了劳动力，提高了工作效率，同时进一步提高了实验的重现性。

三、自动 QuEChERS 前处理技术用于牛乳和花生中的残留分析

除上述研究外，自动 QuEChERS 前处理技术还被应用于生牛乳和花生中的农药多残留分析。王帅等[3]采用自动 QuEChERS 前处理方法结合 HPLC-MS/MS 建立了同时测定生牛乳中 112 种农药残留的分析方法。样品经乙腈提取，放入自动 QuEChERS 前处理设备中净化洗脱，过 0.22μm 滤膜，采用 Phenomenex H18 色谱柱分离分析。结果表明，生牛乳中 112 种农药在 0.02mg/kg、0.12mg/kg、0.2mg/kg 的添加浓度下的回收率为 80.24%～117.67%，相对标准偏差（RSD）为 0.27%～14.92%（$n=6$），方法定量限为 0.01mg/kg，所有农药标准溶液在 0.005～0.2μg/mL 质量浓度范围内呈良好线性，决定系数在 0.9973～0.9999 范围内。该方法操作简便、快捷，安全性高，只需要一台前处理设备、一种检测方法便可同时测定生牛乳中 112 种农药的残留量，准确度和灵敏度均符合残留分析的要求。

蒋康丽等[4]基于自动 QuEChERS 方法建立了花生中 297 种农药的气相色谱-串联质谱（GC-MS/MS）快速检测技术，并对提取剂种类及用量、缓冲盐用量、净化剂种类及用量进行了优化。花生样品加水浸润后，采用 1%（体积分数）醋酸乙腈提取，结合自动 QuEChERS 前处理设备，以 *N*-丙基乙二胺（PSA）、十八烷基硅烷键合硅胶（C_{18}）、碳十八键合锆胶（Z-Sep+）和无水硫酸镁为净化剂进行净化。净化液经 1mL 乙酸乙酯复溶后，过 0.22μm 有机微孔滤膜，采用 GC-MS/MS 在多反应监测（MRM）模式下进行测定，基质匹配外标法进行定量。结果表明，所有农药的决定系数（R^2）均大于 0.995，定量限为 2～10μg/kg；在 10μg/kg、20μg/kg、50μg/kg、100μg/kg 共 4 个加标水平下的平均回收率均在 70%～120%，相对标准偏差 RSD≤15%。应用所建立的方法对市售 8 批次花生样品进行检测，8 批次样品中共有 6 批次检出农药残留，共检出 17 种农药，其中一批样品中百治磷检出浓度最高，达到 34.67μg/kg。结果表明该方法简便、快速、灵敏度高且自动化程度高，适用于花生中数百种农药多残留的快速检测分析。

第二节 QuEChERS 结合 ITSP 自动样品前处理系统

一、ITSP 自动样品前处理系统简介

ITSP 的全称是“仪器顶端样品前处理系统（instrument top sample preparation）”，因其可直接安装在气相色谱仪（或气质）的仪器上方，由其自带的软件同时自动控制样品前处理过程和气相色谱的进样分析，使样品前处理与 GC 分析同时自动进行而得名，其示意图见图 4-4 和图 4-5。2016 年 Lehotay 等[5]首次报道了该系统在农药残留分析方面的应用。

ITSP 是基于德国 GERS 公司和美国安捷伦公司合作开发的一种 Gerstel MPS XT 全能自动样品进样处理平台而构建的一种农药多残留前处理分析系统。该平台采用灵活多变的模块化设计，不同模块实现不同的功能，液体进样、顶空进样、固相微萃取、磁力搅拌吸附萃取、热脱附、动态顶空、自动更换衬管、固相萃取、膜萃取、高效移液萃取等样品前处理技术均可集成于一体化的多功能全自动样品前处理平台，结合 GERS 开发的 MAESTRO 软

件，可以实现全程自动控制，使得样品前处理与GC分析同时自动进行，大大减小了分析人员的工作量，提高工作效率。

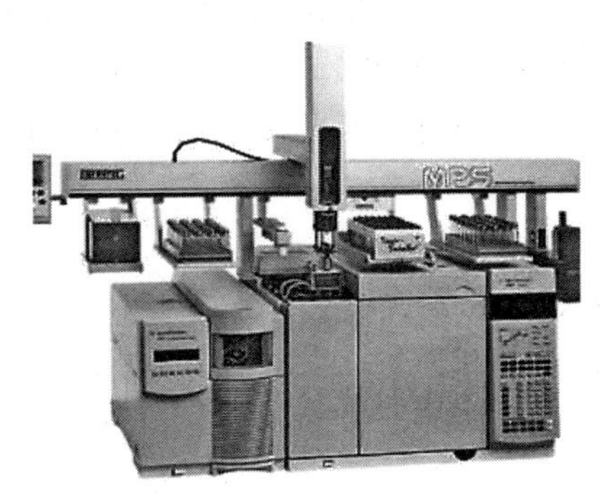

图4-4 置于GC-MS/MS上方的ITSP自动样品前处理

图4-5 ITSP自动样品处理系统的样品盘系统示意图

QuEChERS方法自首创以来，在残留分析方面得到了十分广泛的应用和发展。随着色谱及色质联用仪等仪器的自动化程度越来越高，美国农业部QuEChERS的初创团队[5]以实现样品前处理过程的自动化为目的，将QuEChERS方法与ITSP自动样品前处理平台相结合，采用自动高通量微型小柱固相萃取（μ-SPE）净化技术，建立了10种食品中97种农药和环境污染物的残留分析方法，同时对这种ITSP自动前处理技术进行了系统考察和可行性验证。

研究人员首先考察了两种微型小柱在自动化净化过程中的重复性和可靠性，然后通过在10种样品基质（苹果、猕猴桃、甘蓝、胡萝卜、脐橙、罐装黑橄榄、小麦粒、干罗勒、猪里脊肉和三文鱼）的QuEChERS提取液中添加10ng/mL、25ng/mL、50ng/mL和100ng/mL四个浓度的97种化合物（54种农药、15种多环芳烃、14种多氯联苯和14种阻燃剂），验证了这种自动ITSP在微型小柱μ-SPE样品前处理方法中的可行性和可靠性。通过将ITSP系统与快速低压气相色谱串联质谱（LPGC-MS/MS）联用，实现了平均每个样品仅需约12min即可完成样品净化前处理及GC进样分析的全过程，实现了样品的自动化高通量分析。以下对该方法的研究过程进行简要介绍。

二、QuEChERS结合ITSP自动化农药残留分析

（一）溶液配制与样品制备

1.标准溶液

以乙腈为溶剂配制97种化合物（54种农药和43种环境污染物）的工作标准溶液，混合母液浓度为5ng/μL（除了PCB浓度为0.5ng/μL）。该混合标准溶液一部分用作最高水平（100ng/mL）的加标溶液，另一部分用于稀释配制2.5ng/μL、1.25ng/μL和0.5ng/μL的混合标准溶液，这三种溶液分别用于较低加标水平（分别为50ng/mL、25ng/mL和10ng/mL）的加标溶液。

2.内标溶液

选择同位素标记内标物莠去津-D_5和倍硫磷-D_6用作农药化合物的内标，$^{13}C_{12}$-PCB153用作PCB同系物的内标，FBDE126（5′-氟-3,3′,4,4′,5-五溴二苯醚）用作PBDE同系物的内标，苊-D_8、苯并［a］芘-D_{12}、苯并［g,h,i］苝-D_{12}、荧蒽-D_{10}、萘-D_8、菲-D_{10}和芘-D_{10}共7种同位素标记的多环芳烃混合物被分别用作多环芳烃（PAH）类化合物的内标。以上内标

物用乙腈配制成 5ng/μL 的内标混合溶液备用（除了$^{13}C_{12}$-PCB153 的浓度为 0.5ng/μL）。

3. 分析保护剂及质控（AP-QC）溶液

分析保护剂（AP）溶液含有 25mg/mL 乙基甘油、2.5mg/mL 古洛糖酸内酯、2.5mg/mL D-山梨醇以及 1.25mg/mL 莽草酸，配制在含有 1.1%甲酸的乙腈水（3∶2，体积比）混合溶剂中。同时将质控化合物对三联苯-D_{14}（*p*-terphenyl）以 0.88ng/μL 的浓度配制到上述分析保护剂溶液中。

4. 样品制备

从当地超市购买 11 种不同的食品基质，包括苹果、猕猴桃、羽衣甘蓝、胡萝卜、脐橙、罐装黑橄榄、小麦粒、干罗勒（调味料）、猪里脊肉、鲑鱼和鳄梨（其中鳄梨仅用于小柱优化）。使用粉碎机将样品加适量干冰粉碎成均匀的细粉末状，于－20℃储存。

（二）实验方法

1. 样品提取

对于 9 种高含水量的基质：分别称取苹果、猕猴桃、胡萝卜、羽衣甘蓝、脐橙、黑橄榄、猪里脊、鲑鱼和鳄梨的粉碎样品（15g），与 7.5g 甲酸铵一起置于 50mL 聚丙烯离心管中，加入 15mL 乙腈，涡旋振荡提取 10min。另取一离心管，加入 15mL 水作为空白试剂，同上操作。

对于 2 种干燥的基质：分别称取小麦粒和干罗勒的粉碎样品，将 5g 样品＋15mL 水＋7.5g 甲酸铵置于离心管中，加入 15ml 乙腈，涡旋振荡提取 60min。

提取完成后，在室温下以 4150r/min（相当于相对离心力为 3711*g*）离心 3min。将基质提取液加标，并加入内标物（空白不加标），混匀。移取 1.8mL 置于玻璃自动进样小瓶中，并盖上带有一字预切口的螺纹盖，置于自动 ITSP 样品盘上，进行 ITSP 自动净化步骤。

2. ITSP 自动净化步骤

首先在 ITSP 自动样品处理平台的各模块上放好样品瓶（内有提取液）、微型 SPE 小柱、接收瓶、洗针溶剂等所需材料（若需要自动加标或自动加分析保护剂，也要放到相应的模块位置），然后在电脑工作站上编辑 ITSP 操作程序，建立前处理方法，编好进样序列。点击开始后，在 ITSP 操作软件控制下，设备自动进行以下操作：

（1）机械臂抓取 1mL 规格的定量注射器，吸取洗针溶液进行洗针；

（2）机械臂用注射器准确吸取 300μL 基质提取液；

（3）抓取微型小柱，置于相应位置的接收瓶上；

（4）将提取液以 2μL/s 的速度注入微型小柱上方，提取液经过小柱后，净化液直接流入下方的接收瓶；

（5）150s 后，机械臂将微型小柱弃入废物箱；

（6）机械臂将注射器用第一种洗针溶液（乙腈/甲醇/水，体积比 1∶1∶1）洗 2 次；

（7）机械臂将注射器用第二种洗针溶液（乙腈）洗 4 次；

（8）机械臂将注射器换成 100μL 的定量注射器，用乙腈洗 2 次；

（9）从预先装有乙腈的试剂瓶中移取 25μL 乙腈，置入接收瓶中；

（10）从预先装有 AP＋QC（分析保护剂和质控化合物）溶液的试剂瓶中移取 25μL 该混合溶液，置入接收瓶中；

（11）机械臂用注射器通过 5 次反复吸取和放入的动作，使接收瓶中的液体混合均匀；

（12）机械臂将该注射器用第一种洗针溶液（乙腈/甲醇/水，体积比 1∶1∶1）洗 5 次；

（13）机械臂将该注射器用第二种洗针溶液（乙腈）洗3次；

（14）机械臂将该注射器换成1mL注射器，等待进行下一个样品的净化。

上述整个程序大约需要8min，在上述操作的同时，ITSP下方的GC-MS/MS配备的自动进样器可同时从已完成的接收瓶中吸取样品溶液，进行GC进样分析。

3. 快速低压（LP）GC-MS/MS分析

快速低压（LP）GC-MS/MS与常规GC-MS/MS的区别仅仅在于其使用的色谱柱不同，其色谱柱由两部分构成，前边是一根0.18mm内径的细径短柱（一般为5m）作为限流保护柱，后边连接一根0.53mm内径的粗径分析柱（一般15m）。粗径分析柱后端连接高真空的质谱离子源，使得分析柱的后端也呈现半真空状态。LPGC-MS/MS的特点是分析速度快、柱容量大，10min内可完成200种以上化合物的分离分析，而如果使用常规30m×0.18mm内径的色谱柱分离100种化合物，一般每次进样分析至少需要45min。关于LPGC-MS/MS的理论和优点可参考文献［6］。

使用安捷伦7890A/7010气相色谱/三重四极串联质谱仪，电压70eV，灯丝电流100μA。97种化合物在15m×0.53mm内径×1μm膜厚的Phenomenex ZB-5MSi分析柱上实现分离，该柱前端连接有一段Restek 5m×0.18mm无涂层限流保护柱。软件设置的虚拟柱长度为5.5m×0.18mm，He（99.999%）载气的恒定流速为2mL/min。

气相色谱柱箱温度程序为70℃，保持1.5min，以80℃/min升至180℃，然后以40℃/min升至250℃，然后以70℃/min升至320℃，保持4.4min（总运行时间为10.025min）。柱箱降温和再平衡时间为3min。传输线温度为280℃，离子源温度为320℃，四极杆温度保持在150℃。碰撞气（氮气）流速为1.5mL/min，淬灭气体（氦气）为2.25mL/min。进样量1.0μL，采用上下各1.5μL空气的气体夹心法进样。进样口衬管采用安捷伦超惰性2mm不分流衬管。

在气质分析中，在进样溶液中加入分析保护剂可以有效减小基质效应并改善色谱峰形。由于分析保护剂含有糖类衍生物，为了防止糖类在多次进样后引起进样注射器堵塞，在GC-MS/MS进样前后均需先后采用洗针溶剂1（乙腈/甲醇/水，体积比1∶1∶2）和洗针溶剂2（乙腈）进行多次洗针，这些需预先编入洗针程序。

（三）自动ITSP净化方法的优化

自动ITSP微型小柱μ-SPE净化方法虽然沿用了SPE的柱净化方式，但为了提高净化速度，采用的微型小柱长度只有3.5cm，直径也只有0.8cm，而且方法去掉了常规SPE柱所需要的预活化、预淋洗及后边的淋洗过程，而是结合了d-SPE方法的思路，直接将提取液上样，小柱下方用接收瓶接收流出液，一步即完成净化过程。

为了评估这种自动化微型小柱净化的一致性和综合性能，选择了两种装有不同吸附剂的微型小柱，A柱装有45mg无水硫酸镁/PSA/C_{18}/CarbonX（20/12/12/1，质量比）；B柱装有30mg C_{18}/Z-Sep/CarbonX（20.7/8.3/1，质量比）[7]，选择了四种代表性基质（羽衣甘蓝、鳄梨、猪肉、三文鱼）对两种小柱的净化效率、洗脱体积和分析物回收率进行了比较和评价。为了避开提取过程的影响，研究人员直接在这四种基质的提取液中添加97种目标化合物（54种农药和43种环境污染物），加标水平为100ng/mL（除了多氯联苯为10ng/mL），在μ-SPE微型小柱上采用五种不同的上样体积（200μL、300μL、400μL、500μL和600μL）进行ITSP自动净化，每个处理三个平行，上样速度均为2μL/s。最后根据洗脱体积向最终提取液中加入一定比例的AP＋QC混合物后进样分析，对净化效果从以下四个方面进行比较：

① 小柱负载量及流出体积的稳定性；

② 采用 GC-MS 全扫描比较色谱干扰物的去除率；

③ 采用 96 孔板进行紫外可见光谱测量，测定流出液的吸光度，比较色素去除率；

④ 使用 LPGC-MS/MS 测量分析物的相对回收率。

实验结果分述如下：

1. 小柱负载量及流出体积的稳定性

为了确定微型小柱的上样体积，以及与上样体积相对应的流出液体积，在净化前后对接收瓶进行准确称重，根据重量差和溶液密度，换算得到流出液体积。五个不同上样体积得到的结果见图 4-6。图中可以看出，随着提取液上样体积的增加，测得的死体积（即上样体积减去流出体积）略有增加，这种现象很可能是由于随着更多溶液通过小柱时，吸附剂中的间隙空间被更充分地填充。另一个有趣的现象是，虽然两种微型小柱的填料重量和类型都不相同，但测得的死体积几乎相同，上样量从 200～600μL 时得到的死体积分别平均为（75±5）μL 至（90±8）μL。此外，从 200～600μL 的上样体积中，测得的流出体积分别为（125±5）μL 至（510±8）μL，流出体积的 RSD 均小于 5%，且不同基质溶液的表现相同。

事实上，研究人员在后续的方法确证试验中，对 10 个基质 235 个添加样品的微型小柱净化前后进行了同样的称重和计算，上样量为 300μL 时，得到的最终提取液流出体积平均为（278±5）μL，RSD 仅为 1.9%，表明 ITSP 自动前处理装置运行十分稳定，重复性很好。

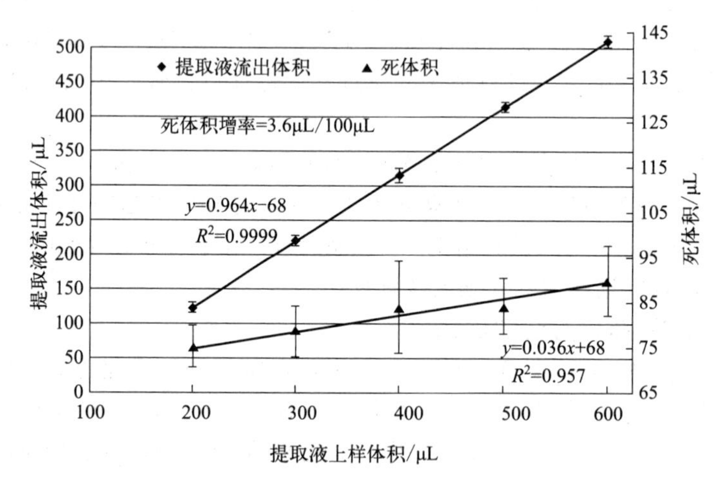

图 4-6 采用 ITSP 净化四种基质的 QuEChERS 提取液时，不同上样体积对应的微型 SPE 小柱的提取液流出体积和死体积（n=12）

2. 采用 GC-MS 全扫描比较色谱干扰的去除率

在使用 200～600μL 上样体积进行 μ-SPE 净化前后，比较了空白试剂、羽衣甘蓝、鳄梨、鲑鱼和猪肉提取液的全扫描 LPGC-MS 色谱图。结果表明，采用微型小柱 B，即 30mg C_{18}/Z-Sep/CarbonX（20.7/8.3/1，质量比），对 4 种基质中的任何一种都几乎没有净化作用，且与上样体积及流出体积无关，得到的色谱图几乎相同。这可能是由于这种微型小柱是为 LC-MS/MS 设计的[7]，由于柱内没有装填无水硫酸镁脱水，导致流出液在 LPGC-MS 上受到了较高含水量的影响。

为了验证这一推测，研究者对流出液的密度和含水量进行了测量，结果表明，含有20mg 无水硫酸镁的 45mg 微型小柱 A 净化后的提取液含水量仅约为 2%，而不含无水硫酸镁的 30mg 微型小柱 B 净化后的提取液含水量高达 15%。说明含水量低的溶液更适合于 GC 分析，并且常见吸附剂（如 PSA、Z-Sep、二氧化硅、弗罗里硅土、氧化铝等）在低含水量条件下也具有更强的吸附性能。

与采用微型小柱 B 的全扫描结果不同，在采用含有 $MgSO_4$/PSA/C_{18}/Carbon X 吸附剂的微型小柱 A 净化前后的 LPGC-MS/MS 全扫描色谱图显示[5]，微型小柱 A 显著去除了甘蓝、猪肉和三文鱼提取液中的基质共提取物，但鳄梨提取液在净化前后的差异很小，去除效率较差。结果也表明，在小于穿透体积的情况下，使用较小的上样体积取得了更好的净化效果，且净化过程所用的时间也较短。因此结合后文的分析物回收率，实验优先选择了上样体积为 200～300μL。

3. 测定流出液的吸光度，对比色素去除率

与 GC-MS 全扫描结果不同，200～600μL 上样量得到的最终提取液在 96 孔板中的紫外-可见吸收光谱图显示，使用两种不同微型小柱对色素的净化效率却是相似的。如图 4-7 所示，尤其是羽衣甘蓝提取液中的叶绿素和叶黄素，几乎已被吸附剂全部去除，这主要是由于两种微型小柱中都含有碳吸附剂 Carbon X，其对色素具有较强的吸附作用。三文鱼和猪肉提取液几乎无色，因此测得的紫外-可见吸收光谱的净化效率很低。

鳄梨的情况也较为例外，前述在全扫描 GC-MS 色谱图中鳄梨的提取液在净化前后显示出很小的差异，但 UV-Vis（紫外-可见光谱）显示，从 300～700nm 的吸光度值在净化后都大幅下降（如图 4-8 所示），说明 Carbon X 对鳄梨中的色素也起到了净化作用。

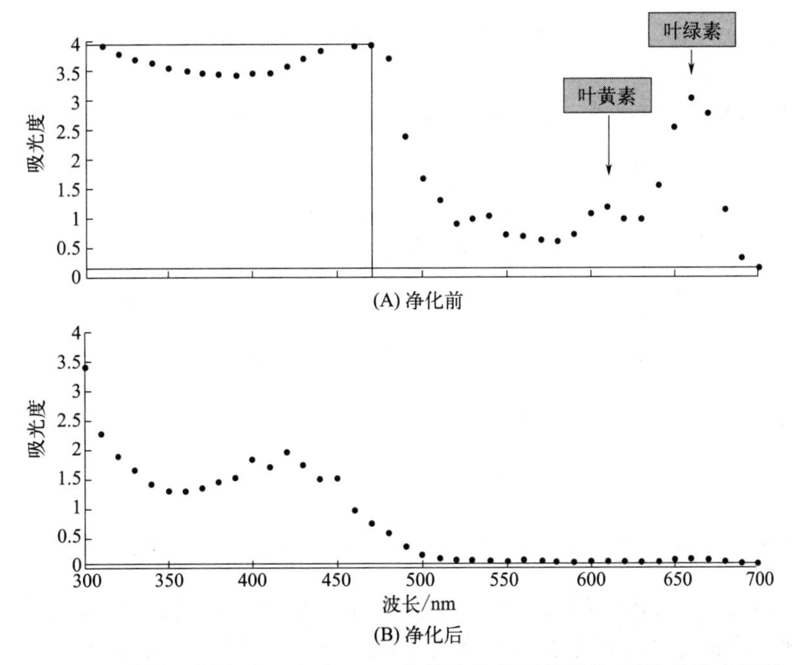

图 4-7　羽衣甘蓝提取液经自动 ITSP 小柱净化前后的紫外/可见吸收光谱图

小柱填料为 45mg $MgSO_4$＋C_{18}＋PSA＋Carbon X；提取液上样量为 300μL

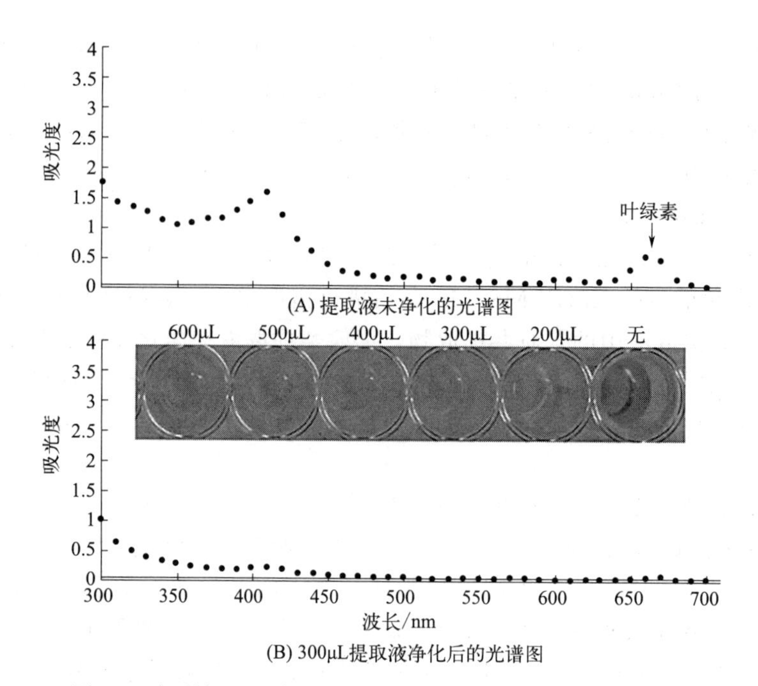

图 4-8　鳄梨提取液净化前后的 UV-Vis 光谱图及颜色对比图

图（A）为净化前；图（B）为净化后；中间部分为不同上样量净化前后的溶液置于 96 孔板中的颜色对比图

4. 使用 LPGC-MS/MS 测量分析物的回收率

使用 LPGC-MS/MS 比较了不同上样体积对四种基质中目标化合物绝对回收率（不使用内标）的影响。采用 45mg 微型小柱的净化结果见图 4-9，图中纵坐标是以上样量为 600μL 的平均峰面积为基准（100%）得到的相对回收率。图中的化合物代表了几乎所有目标农药的典型结果，表明上样体积、流出体积和基质均未对回收率产生显著影响。此外，含有 30mg 吸附剂混合物的微型小柱也得到了与含有 45mg 吸附剂的微型小柱相似的分析结果。

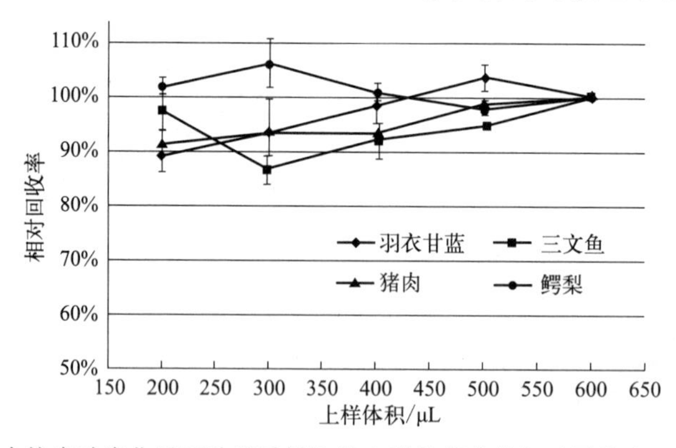

图 4-9　使用微型小柱自动净化后四种基质提取液中联苯菊酯的相对回收率（100ng/mL，$n=3$）

图 4-10 显示了 11 种内标物在不同上样量时的相对回收率（以 600μL 上样量的峰面积为 100%），大部分内标物在不同上样体积条件下均得到 70% 以上的相对回收率，只有 2 种具有共面化学结构的多环芳烃分析物回收率较低，这是它们被碳吸附剂部分吸附的结果。

综合考虑以上四个方面的结果，说明采用微型小柱 μ-SPE 的 ITSP 自动净化系统的流出体积稳定，重复性好，含有 45mg 吸附剂的微型小柱在 UV-Vis 和 LPGC-MS/MS 全扫描图中对四种代表性基质均表现了显著的净化效果，特别是在较小的上样体积条件下，QuEChERS 提取液中的大多数分析物的相对回收率较高，因而方法中最终选择了使用含有 45mg 吸附剂的微型小柱及 300μL 的上样体积。

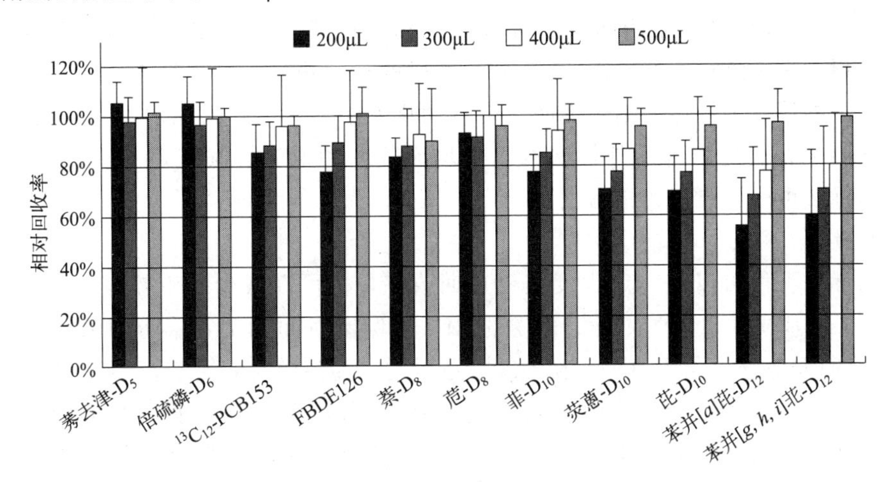

图 4-10 4 种提取液中 11 种内标物在不同上样体积（200～500μL）的相对回收率

以 600μL 上样体积的平均峰面积为 100%，使用含有 45mg 吸附剂的微型小柱，

除 PCB153 为 10ng/mL 外，其余内标物浓度均为 100ng/mL，$n=12$

（四）在 10 种基质中的方法确证

1. 方法确证概述

在确定 ITSP 微型小柱和上样体积之后，对方法进行了确证实验。根据 SANTE/11945/2015，通过在 10 种不同样品基质（苹果、猕猴桃、甘蓝、胡萝卜、脐橙、罐装黑橄榄、小麦粒、干罗勒、猪里脊肉和三文鱼）的 QuEChERS 提取液中进行四个水平 10ng/mL、25ng/mL、50ng/mL 和 100ng/mL（除了 PCB 的浓度为 1/10 倍）的添加回收试验，每种基质的每个添加水平进行四个重复。

2. 基质匹配标准曲线的制作

对于自动化 ITSP 微型小柱净化方法，用于制作基质匹配（MM）标准曲线和纯溶剂（RO）标准曲线的标准溶液需要仔细计算。该实验中，标准曲线设置 7 个浓度水平：0ng/mL、5ng/mL、10ng/mL、25ng/mL、50ng/mL、100ng/mL 和 150ng/mL（0 相当于空白）。根据前述对流出体积的称重计算，得到上样体积为 300μL 时，最终净化液体积为 220μL。因此，配制系列标准溶液时，首先需要配制目标分析物浓度分别为 0ng/μL、0.044ng/μL、0.088ng/μL、0.22ng/μL、0.44ng/μL、0.88ng/μL 和 1.32ng/μL（多氯联苯和 $^{13}C_{12}$-PCB153 均为 1/10 倍），且均含有 0.88ng/μL 内标混合物的 7 个标准添加溶液（乙腈为溶剂）；然后称取 7 个基质空白样品，通过自动化 ITSP 微型小柱净化后，向最终基质空白提取液（应为 220μL）中添加 25μL 相应浓度的标准添加溶液，然后在每个溶液中均加入 25μLAP+QC 溶液，得到最终的上述 7 个水平的系列基质匹配（MM）标准溶液。相应的，对于纯溶剂（RO）标准溶液，则只需在 7 个空的接收瓶中各加入 220μL 乙腈，同上方法，各加入 25μL 相应浓度的标准添加溶液，然后在每个溶液中均加入 25μLAP+QC 溶液，即得到上述 7 个水平的纯溶剂标准溶液。基质效应（ME）定义为基质匹配与纯溶剂标准曲线斜率的相对差值百分数。

3. 方法确证结果

表4-2列出了在不同水平（各 $n=40$）加标的10个基质中所有97种分析物的回收率结果，以及所有水平和基质的总体结果（$n=160$）。可以看出，使用内标法时，97种分析物中有85种在4个添加水平的平均回收率均达到70%～120%，且RSD≤25%。鉴于该实验是在超痕量加标水平下进行了230次10个复杂基质的连续进样，且连续5天无需手动重新积分或仪器维护的情况下，这一结果证明了该自动化方法具有很好的稳定性和可靠性。表4-2中同时还列出了各分析物采用外标法的总平均回收率和RSD，显然，在GC-MS/MS分析中，使用内标法可得到更好的精密度。

4. 基质效应

采用内标法不仅可以在一定程度上校正回收率，也可以减少基质效应（ME）的影响。图4-11为10种基质中54种农药化合物的ME与保留时间的关系。可以看出，保留时间5.5min之前的大部分化合物的ME在±20%范围内；而保留时间大于5.5min时，很多农药的ME均>20%，这些农药的极性相对较高。有10种农药在几乎所有基质中的ME均>20%，只有在不太复杂的水果和蔬菜（苹果、猕猴桃和胡萝卜）基质中例外，这些农药包括蝇毒磷、哒螨灵、甲氧滴滴涕和七种拟除虫菊酯（联苯菊酯、甲氰菊酯、氯菊酯、氯氟氰菊酯、氯氰菊酯、顺式氰戊菊酯和溴氰菊酯）。这种现象应该跟分析保护剂有关，因为之前的研究[8]已经表明，GC中使用分析保护剂可以很好地减少保留时间在氯菊酯之前的分析物的基质效应，但对于保留时间在其后的拟除虫菊酯类化合物无能为力；这是由于目前找到的分析保护剂成分（及其分解产物）沸点较低，在较早的时间洗脱，无法对后期洗脱的分析物形成保护作用。

此外，草药和香料基质较为复杂，如图4-11所示，干罗勒（一种香料）基质中一些化合物产生了严重的基质减弱效应，这可能是由于干燥草本植物中的基质共提取物较多，即使在净化后，基质效应仍然比较严重，仍然需要采用基质匹配标准曲线进行定量。

表4-2 10种基质中97种分析物在四个加标水平

（每个水平 $n=40$，总体 $n=160$）的平均回收率（%）和RSD（%）

编号	英文名称	中文名称	10 ng/mL	25 ng/mL	50 ng/mL	100 ng/mL	总体（内标法）	总体（外标法）
第1类	农药							
1	acephate	乙酰甲胺磷	98(16)	90(14)	93(20)	92(20)	95(17)	103(41)
2	aldrin	艾氏剂	91(12)	89(10)	91(11)	93(8)	90(11)	93(24)
3	atrazine	莠去津	99(8)	95(5)	96 (3)	97(4)	98(6)	104(26)
4	bifenthrin	联苯菊酯	93(8)	91(5)	93(9)	93(9)	93(9)	99(30)
5	carbofuran	克百威	102(11)	97(9)	98(9)	101(11)	101(11)	106(34)
6	carbophenothion	三硫磷	99(10)	94(5)	97(9)	97(9)	98(10)	105(32)
7	chlorothalonil	百菌清	95(16)	87(14)	88(16)	90(17)	91(16)	97(31)
8	chlorpyrifos	毒死蜱	96(8)	93(4)	95(4)	97(4)	96(6)	101(25)
9	coumaphos	蝇毒磷	94(10)	91(8)	92(12)	91(11)	93(11)	101(30)
10	cyfluthrin	氟氯氰菊酯	92(8)	91(7)	92(10)	92(9)	92(9)	100(29)

续表

编号	英文名称	中文名称	10 ng/mL	25 ng/mL	50 ng/mL	100 ng/mL	总体（内标法）	总体（外标法）
第1类		农药						
11	cypermethrin	氯氰菊酯	95(14)	88(8)	92(13)	91(11)	93(13)	100(37)
12	cyprodinil	嘧菌环胺	87(8)	86(5)	87(7)	88(7)	88(7)	93(28)
13	deltamethrin	溴氰菊酯	111(**50**)	92(22)	93(19)	88(22)	98(**34**)	119(59)
14	*o*,*p*′-DDE	*o*,*p*′-滴滴伊	94(7)	91(5)	92(5)	94(4)	93(6)	98(24)
15	*p*,*p*′-DDE	*p*,*p*′-滴滴伊	92(8)	89(7)	92(5)	93(4)	91(7)	98(30)
16	diazinon	二嗪磷	101(10)	96(7)	95(5)	97(5)	98(8)	105(29)
17	dicrotophos	百治磷	109(20)	97(11)	94(9)	96(9)	101(15)	107(35)
18	dimethoate	乐果	101 (8)	96 (5)	96 (6)	98 (6)	99 (7)	106 (30)
19	diphenylamine	二苯胺	102(15)	97(8)	98(8)	100(6)	100(11)	106(25)
20	endosulfan Ⅰ	硫丹 Ⅰ	98(14)	93(6)	94(6)	95(6)	95(9)	100(26)
21	endosulfan Ⅱ	硫丹 Ⅱ	97(8)	93(8)	94(8)	95(6)	96(8)	102(28)
22	endosulfan sulfate	硫丹硫酸盐	96(18)	95(9)	96(11)	97(8)	98(13)	104(31)
23	esfenvalerate	氰戊菊酯	96(11)	91(8)	93 (12)	93 (11)	94(12)	103 (33)
24	ethalffuralin	异氰戊菊酯	101(12)	96(9)	96(10)	97(7)	98(10)	105(25)
25	ethoprop	灭克磷	99(24)	98(12)	97(9)	98(8)	98(15)	104(28)
26	fenpropathrin	甲氰菊酯	91(**70**)	93(**34**)	89(**26**)	89(17)	92(**41**)	119(90)
27	fipronil	氟虫腈	105(12)	98(10)	99(13)	98(12)	101(12)	109 (32)
28	flutriafol	粉唑醇	99(9)	95(5)	96(11)	96(9)	98(9)	105(32)
29	heptachlor	七氯	94(14)	92(13)	93(11)	94(10)	94(12)	99(25)
30	heptachlor epoxide	环氧七氯	98(9)	95(8)	95(6)	97(5)	97(8)	102(23)
31	heptenophos	庚烯磷	103(15)	96(10)	97(12)	100(8)	100(13)	105(27)
32	hexachlorobenzene	六氯苯	83(20)	87(10)	89(11)	90(11)	86(14)	88(26)
33	imazalil	抑霉唑	83(**21**)	81(13)	83(14)	83(10)	83(15)	87(37)
34	kresoxim-methyl	醚菌酯	100(10)	96(6)	97(8)	98(7)	99(8)	106(29)
35	lindane	林丹	100(11)	97(7)	97(7)	99(6)	99(9)	104(23)
36	methamidophos	甲胺磷	97(16)	91(15)	92(16)	95(16)	96(16)	103(35)
37	methoxychlor	甲氧滴滴涕	95(**25**)	92(23)	94(**26**)	91(25)	93(25)	101(39)
38	mirex	灭蚁灵	83(9)	82(10)	85(12)	85(12)	83(11)	88(33)
39	myclobutanil	腈菌唑	99(7)	95(5)	96(9)	96(8)	98(8)	105(30)
40	*cis*-nonachlor	顺式九氯	96(9)	91(6)	92(6)	94(6)	94(7)	101(28)
41	*trans*-nonachlor	反式九氯	93(8)	91(6)	92(6)	94(5)	93(7)	98(25)
42	omethoate	氧乐果	103(15)	96(12)	90(20)	93(15)	97(16)	106(35)
43	*o*-phenylphenol	邻苯基苯酚	102(19)	97(11)	98(11)	100(8)	100(14)	104(30)
44	penconazole	戊菌唑	94(8)	92(4)	93(8)	94(7)	94(7)	101(29)
45	pentachlorothioanisole	甲基五氯苯基硫醚	93(15)	92(10)	94(11)	96(9)	93(11)	96(22)

续表

编号	英文名称	中文名称	10 ng/mL	25 ng/mL	50 ng/mL	100 ng/mL	总体（内标法）	总体（外标法）
第 1 类	农药							
46	permethrin	氯菊酯	92(16)	92(7)	93(10)	92(8)	93(11)	101(36)
47	piperonyl butoxide	增效醚	96(8)	92(6)	94(10)	93(9)	95(9)	103(31)
48	propargite	炔螨特	101(15)	94(9)	95(14)	97(14)	97(16)	103(30)
49	pyridaben	哒螨灵	93(8)	89(6)	91(11)	91(9)	92(10)	100(31)
50	pyriproxyfen	吡丙醚	93(8)	91(6)	92(11)	92(9)	93(9)	102(31)
51	tebuconazole	戊唑醇	93(14)	87(9)	90(13)	89(10)	91(12)	100(34)
52	tetraconazole	氟醚唑	99(7)	97(5)	97(7)	98(7)	99(7)	105(27)
53	thiabendazole	噻菌灵	**63(31)**	**64**(25)	**69(26)**	70(25)	**67(27)**	71(41)
54	tribufos	脱叶磷	95(11)	88(7)	91(11)	90(8)	92(10)	99(32)
第 2 类	阻燃剂(FR)							
1	BDE 183	BDE 183	101(**36**)	100(18)	100(13)	101(10)	100(21)	76(37)
2	dechlorane plus (*syn* + *anti*)	得克隆（顺式+反式）	99(12)	99(14)	99(11)	100(10)	98(11)	80(32)
3	PBB 153	PBB 153	103(11)	101(10)	103(9)	105(9)	102(10)	81(31)
4	PBEB	PBEB	**63**(20)	**63**(11)	**67**(10)	**67**(15)	**64**(15)	**67**(33)
5	PBT	PBT	92(11)	91(9)	93(10)	96(12)	92(11)	72 (29)
6	TBE	TBE	86(10)	85(7)	87(6)	87(8)	86(8)	**69**(33)
7	TBCO	TBCO	102(**43**)	93(**28**)	91(24)	93(21)	96(**30**)	104(43)
8	TBECH	TBECH	100(25)	94(17)	96(16)	95(12)	97(18)	104(32)
9	TBNPA	TBNPA	106(**26**)	98(14)	98(16)	100(11)	101(18)	103(34)
10	TBX	TBX	70(12)	69(8)	73(7)	74(10)	70(11)	73(26)
11	TCEP	TCEP	101(5)	97(4)	96(3)	98(5)	99(5)	105(28)
12	TCPP	TCPP	100(7)	96(4)	97(3)	98(4)	99(6)	105(28)
13	TDCPP	TDCPP	101(9)	97(7)	98(11)	98(10)	99(10)	107(32)
14	triphenylphosphate	磷酸三苯酯	90(**39**)	96(**27**)	98(25)	98(23)	96(**28**)	105(46)
第 3 类	多环芳烃(PAH)							
1	acenaphthene	苊	100(16)	99(6)	100(5)	101(5)	100(9)	100(27)
2	acenaphthalene	苊烯	97(6)	96(5)	97(3)	98(3)	97(5)	99(22)
3	anthracene	蒽	100(11)	92(5)	95(5)	96(4)	96(8)	85(27)
4+5	benz(*a*)anthracene + chrysene	苯并[*a*]蒽+䓛	**69**(13)	**66**(12)	**67**(13)	**68**(13)	**68**(13)	**40**(44)
6	benzo(*a*)pyrene	苯并芘	109(9)	97(6)	95(3)	97(4)	100(8)	**22**(53)
7	benzo(*b*+ *k*)fluoranthene	苯并[*b* + *k*]荧蒽	**123**(6)	115(5)	113(3)	115(3)	117(6)	**27**(48)
8	benzo(*g*,*h*,*i*)perylene	苯并[*g*,*h*,*i*]苝	120(15)	103(8)	100(4)	102(4)	106(12)	**14**(64)

续表

编号	英文名称	中文名称	10 ng/mL	25 ng/mL	50 ng/mL	100 ng/mL	总体（内标法）	总体（外标法）
第 3 类	多环芳烃(PAH)							
9	dibenz(*a*,*h*)anthracene	1,2,5,6-二苯并蒽	100(13)	84(8)	82(5)	82(5)	87(13)	**19**(58)
10	fluoranthene	荧蒽	104(5)	97(4)	96(3)	97(3)	99(5)	**63**(32)
11	fluorene	芴	115(17)	116(10)	113(7)	114(8)	114(12)	98(24)
12	indeno(1,2,3-*c*,*d*)pyrene	茚并[1,2,3-*c*,*d*]芘	117(14)	109(12)	108(8)	114(12)	113(12)	**17**(61)
13	naphthalene	萘	**128(95)**	118(**78**)	117(**29**)	108(**28**)	115(**63**)	114(71)
14	phenanthrene	菲	114(6)	101(5)	99(4)	99(3)	104(11)	89(30)
15	pyrene	芘	108(6)	99(5)	97(2)	98(3)	101(6)	**57**(36)
第 4 类	多氯联苯(PCB)							
1	PCB 77	PCB 77	97(17)	96(7)	97(8)	98(9)	97(11)	85(29)
2	PCB 81	PCB 81	100(8)	96(8)	97(6)	99(7)	98(8)	85(27)
3	PCB 105	PCB 105	106(7)	104(8)	107(6)	108(6)	106(7)	91(26)
4	PCB 114	PCB 114	106(5)	104(7)	106(7)	108(8)	106(7)	90(26)
5+6	PCB 118 + 123	PCB 118 + 123	103(8)	102(7)	106(7)	107(7)	104(8)	89(28)
7	PCB 126	PCB 126	88(12)	85(9)	87(11)	88(11)	86(11)	75(29)
8+9	PCB 156 + 157	PCB 156 + 157	100(8)	98(8)	100(9)	101(9)	99(9)	85(26)
10	PCB 167	PCB 167	98(7)	96(8)	100(8)	100 (9)	97(9)	83(28)
11	PCB 169	PCB 169	75(19)	72(13)	75(13)	74(14)	74(15)	63(30)
12	PCB 170	PCB 170	98(8)	97(9)	99(9)	100(10)	98(9)	83(29)
13	PCB 180	PCB 180	100(8)	95(9)	99(9)	98(11)	96(10)	82(28)
14	PCB 189	PCB 189	92(16)	92(12)	91(16)	93(15)	91(15)	76(25)

注：粗体表示回收率<70%或者 RSD>25%，下划线表示总体回收率在 90%～110%内且 RSD≤10%。

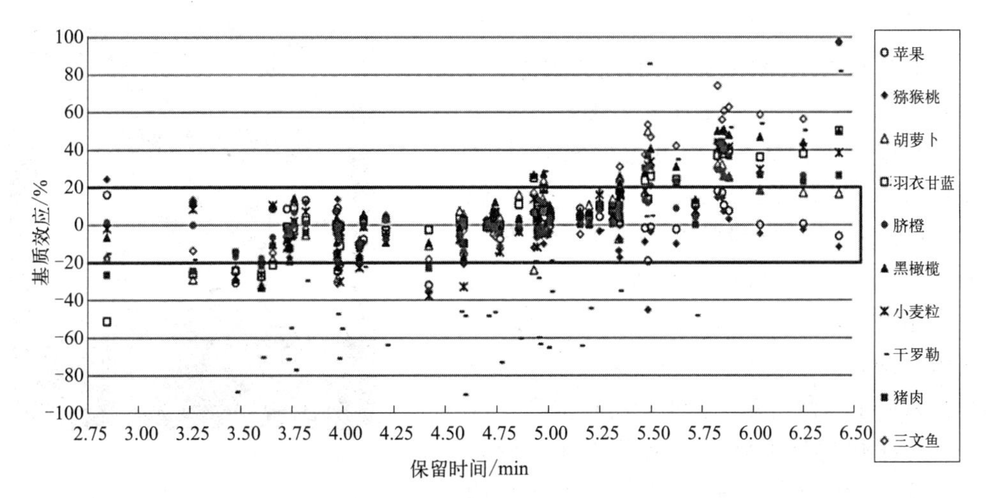

图 4-11 对 10 种基质提取液中 54 种农药进行自动 ITSP 净化后的基质效应（内标法）在 LPGC-MS/MS 分析中使用了分析保护剂

三、对自动化 ITSP 方法的讨论

（一）对自动化 ITSP 净化方法的评价

上述研究使用鳄梨、三文鱼、猪肉和羽衣甘蓝作为四种代表性基质，比较了不同 μ-SPE 微型小柱的净化效率和穿透体积，确定了最佳上样体积，回收率结果合格且 RSD 小于 10%。证明了自动高通量 ITSP 微型小柱固相萃取（μ-SPE）净化技术结合快速低压气相色谱-串联质谱（LPGC-MS/MS）的方法在分析食品中的农药和环境污染物的方面具有可靠性。

为了证明方法的高通量能力和可靠性，研究者还在 5 天内对 10 种不同基质（苹果、猕猴桃、胡萝卜、羽衣甘蓝、脐橙、黑橄榄、小麦粒、干罗勒、猪肉和三文鱼）中 97 种目标化合物的 230 个加标样品进行了自动 ITSP 微型小柱净化和连续进样分析。在连续 5 天不更换衬管和不维护离子源的情况下，使用每针 10min 的 LPGC-MS/MS 方法对 97 种目标化合物进行了 325 次连续进样分析（包含标准曲线）。方法验证结果表明，在 10 种测试的食品基质中（$n=160$），97 种分析物中的 91 种获得了满意的回收率结果（70%～120%的回收率和 RSD≤ 25%）。方法使用了分析物保护剂，基质效应大部分在±20%范围内。方法采用了求和积分函数功能（summation integration）进行色谱峰积分[9]，最大程度上免去了对积分结果的人工检查。

在实际工作中，10 个基质的 230 个样品不可能在同一天完成。该实验中，由两位工作人员（Lehotay & Han）分五天完成了 10 个基质的方法确证，每天依次分析两种基质，当天的样品量约为 53 个（添加样品 32 个，基质匹配标准曲线 2 条 14 个样品，共用一条溶剂标准曲线 7 个），在 LPGC-MS/MS 上的进样序列约需 14 小时完成。采用这种自动化 ITSP 微型小柱净化，工作人员只需要完成样品的称样和提取步骤，之后的净化和仪器分析都是自动化完成的，因此虽然仪器一直在运行，即使样品量较多，工作人员的工作强度并不高。

为期 5 天的验证实验共进样 325 针，产生了 66950 个数据点（色谱峰）。为了避免分析人员花费大量的时间来人工检查每个色谱峰是否积分正常，采用美国农业部 QuEChERS 研究团队倡导的求和积分函数[9]，分析人员只需在积分软件中设置每个色谱峰的起点和终点，积分软件会自动在所设置的起点和终点直接沿基线进行积分，所有结果都在几分钟内生成，积分结果稳定可靠，不会识别到错误的峰，也不再需要对积分结果进行人工检查，而且积分的一致性和定量结果更加可靠。

（二）对自动化 ITSP 净化小柱的改进

2022 年，该技术的研究者又对这种微型小柱进行了改进[10]，推出了一种用于 ITSP 的新型微型小柱，称为无隔垫（septumless）μ-SPE 微型小柱（见图 4-12）。新设计的无隔垫 μ-SPE 微型小柱内部装填有 20mg 无水 $MgSO_4$、12mg C_{18} 和 12mg PSA 以及 1mg GCB（用 GCB 代替了之前的 CarbonX 以降低成本）。无隔垫 μ-SPE 微型小柱采用了与注射器针头不同的抓取和上样装置，使得净化过程可以在更高的流速（例如 10μL/s）下无泄漏操作，而之前的 ITSP 小柱设计流速仅为 2μL/s；其最佳上样体积也从原来的

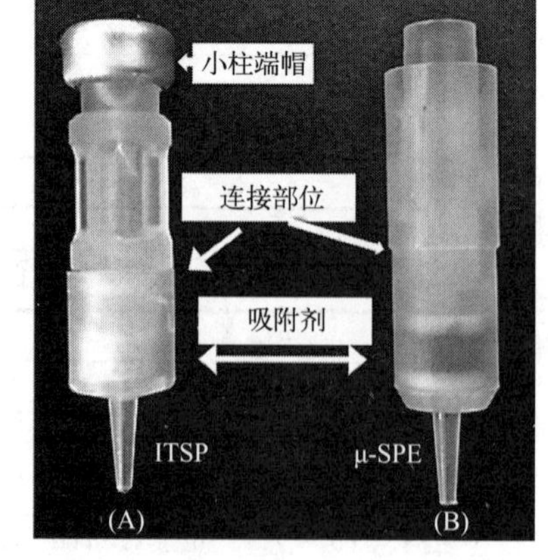

图 4-12 两种自动化净化微型小柱的结构对比图
（A）原先设计的 ITSP 小柱；
（B）改进的无隔垫微型小柱（μ-SPE）

300μL 增加到 500μL（流速设为 5μL/s），这一改进不仅加快了净化步骤，提高了结果的准确性，而且还避免了在 1mL 接收小瓶中插入 300μL 内插管。新的设计还将微型小柱中的死体积从（83±14）μL 降低到（52±7）μL（上样体积为 200～600μL）。该研究小组对改进后的小柱进行了方法评价，在菠菜、全脂牛奶、鸡蛋、鳄梨和羊肉等基质中采用 LPGC-MS/MS 分析 252 种目标化合物（包括农药、多氯联苯、多溴联苯醚、多环芳烃），其中 227～242 种化合物的回收率在 80%～120%之间，RSD 均小于 5%。这些研究在 QuEChERS 方法步骤简便、经济安全等优势的基础上，结合自动化 ITSP，使得残留分析工作变得更加简便快捷。

以上结果表明，将 QuEChERS 提取液经自动化 ITSP 微型小柱净化，再结合 LPGC-MS/MS 的快速分析，方法简便、可靠，可以实现大量样品的高通量分析。采用该方法，实验人员只需要完成样品的称样和提取步骤，其后的净化、进样、数据分析等实验步骤完全实现了自动化，大大减少了实验人员的工作强度。在之后的研究中，自动化 ITSP 微型小柱净化方法也与 HPLC-MS/MS 实现了联用分析，使得该方法在农药多残留分析中得到了更大范围的应用。总之，该自动化方法在常规农药监测实验室中将有良好的应用前景。

第三节 基于 QuEChERS 的自动化 m-FC 及 m-PFC 方法

随着 QuEChERS 方法的应用逐步深入和扩展，中国农业大学的潘灿平教授课题组研究开发了基于 QuEChERS 的多次滤过型净化方法（multi-plug filtration cleanup，m-PFC），方法将 d-SPE 净化过程中的净化和过滤两个步骤合二为一，简化了操作步骤（详见第三章第二节）。随着方法的深入开发，该团队进一步在实现方法自动化方面取得了丰硕的成果，成功开发了基于 QuEChERS 的自动多重过滤净化（自动 m-FC）及自动化多次滤过型净化（自动化 m-PFC）方法，以下分别进行详细介绍。

一、自动 m-FC 方法用于 6 种代表性作物中 23 种农药的残留分析

（一）自动 m-FC 方法简介

2017 年，Qin 等[11]报道了一种基于改良 QuEChERS 方法的自动多重过滤净化方法（自动 m-FC），方法基于潘灿平团队与北京绿绵科技有限公司合作开发的一套自动 m-FC 设备（PromoChrom SPE-04-02），进行了 23 种农药在 6 种代表性作物上的残留分析方法研究。

自动 m-FC 设备由 5 个主要部分组成：控制面板、一系列注射部件、选择阀、注射泵和托盘。该面板可以设置自动 m-FC 体积、自动 m-FC 程序的循环次数和提取液流速等参数，这些参数都可以在一种方法中单独设置。控制面板下的其他部分如图 4-13 所示，其中系列注射部件由用于净化前收集提取液的提取针、密封头（带有注射孔）和用于在净化后收集提取物的注射针组成。这些部件由旋转轴驱动，旋转轴可以使每个部件接触相应的位置或从相应的位置移开。该设备可同时处理 24 份样品。自动 m-FC 装置的托盘上可放置三种离心管，最外层是一个用于储存 QuEChERS 提取液的 8mL 离心管，中间是一个 3mL 的填充有净化剂的 m-FC 柱，最内层是一个 2mL 的微量离心管用作收集管。

自动 m-FC 程序包括三个或四个步骤：首先，提取针将提取液吸入注射泵；然后，泵注射器通过管路将提取液推至密封头（带有注射孔），密封头将提取液注入自动 m-FC 柱，并吹入空气让提取液通过吸附剂，流出的净化液储存在托盘下面的缓冲罐中；其后，如果需要

重复多次自动 m-FC 净化，则抽取净化液到管道中以重复步骤二；最后，将最终的净化液从缓冲罐收集到收集管中。完成自动 m-FC 程序后，将净化液通过 0.22μm 滤膜过滤，并置于 LC 进样小瓶中用于色谱分析。整个系统在样品之间用乙腈自动清洗。

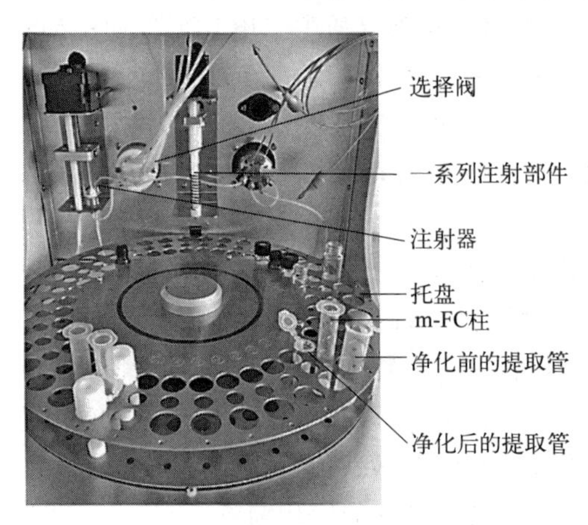

图 4-13 自动 m-FC 装置的组件示意图

自动 m-FC 设备是由自动固相萃取装置发展而来的，但其省去了固相萃取方法中的活化和洗脱步骤。其净化原理与 QuEChERS 中的 d-SPE 类似，是利用填充在自动 m-FC 柱中的吸附剂与提取液的接触过程中吸附基质干扰物质，而尽量不吸附目标分析物。因此，QuEChERS 方法中使用的 d-SPE 吸附剂均可作为自动 m-FC 柱的填料加以应用，针对不同的基质成分，可以采用不同吸附剂组合进行优化，达到净化目的。

自动 m-FC 方法是对先前报道的 m-PFC 方法的改进[12,13]，主要是为了避免重复洗脱过程中的干扰物解吸，因为这可能会导致较低的回收率。此外，将一种新型反相净化吸附剂——富氮活性炭[14]用于自动 m-FC 净化方法的评价，实现自动化的同时提高了净化效率。

（二）实验方法

1. 样品制备

该实验的目的是开发和验证自动 m-FC 方法用于三组代表性作物中农药多残留分析的可行性和可靠性。根据欧盟指南 SANTE/11945/2015，选取了 6 种具有代表性的基质：苹果（核果类水果，含水量高）和柑橘（柑橘类水果，含酸量高）被归类为高含水量基质；花生（含油种子，含油量高）和小麦（谷物，高淀粉含量）被归类为高油和高淀粉含量的基质；茶叶（难加工或独特的产品）和菠菜（多叶蔬菜，叶绿素含量高）被归类为色素含量高的难分析基质[15]。所选择的苹果、柑橘、花生、小麦、菠菜和茶叶样品在分析之前进行均质化并储存在−20℃。选择了 23 种不同化学结构的、在中国已登记的农药进行方法开发与验证。

2. 样品前处理

样品提取过程基于改进的 QuEChERS 方法。称取均质的空白样品（茶叶样品 5.0g，其他样品为 10.0g），置入 50mL 聚四氟乙烯离心管中。对于添加回收实验，样品中加入一定量的农药标准溶液，并在提取前静置 30min。然后，向相对干燥的样品中加入不同体积的水（对于茶和花生样品为 3mL，对于小麦样品为 8mL）。加入 10mL 乙腈，剧烈涡旋 3min。然后，向混合物中加入 3.0g NaCl，并重复涡旋步骤。在 3800r/min 下离心 5min 后，上清液用于随后的自动 m-FC 净化程序。

3. 自动 m-FC 净化

经过对自动 m-FC 净化剂的优化选择，对于高含水量基质，自动 m-FC 柱填充有 150mg 无水硫酸镁、30mg PSA 和 5mg 富氮活性炭；对于高油和高淀粉含量的基质，自动 m-FC 柱填充有 150mg 无水硫酸镁、30mg C_{18} 和 5mg 富氮活性炭；对于复杂的样品基质，自动 m-FC 柱填充了 150mg 无水硫酸镁、20mg 石墨化炭黑（ProElut CARB）和 15mg 富氮活性炭。

优化后的自动净化方法参数如下：对于高含水量基质，自动 m-FC 体积为 2.5mL，自动 m-FC 程序循环 1 次，自动流速为 2mL/min；对于高油和高淀粉含量的基质，自动 m-FC

体积为2.5mL，自动m-FC程序循环1次，自动流速为6mL/min；对于两种难分析基质，自动m-FC体积为2.5mL，自动m-FC程序循环2次，自动流速为6mL/min。对于所有基质的自动m-FC吸取体积均设置为2.5mL，以便将提取液完全吸入柱中。

4.液相色谱-串联质谱条件

采用Dionex Ultimate 3000 LC系统与Thermo Scientific TSQ Quantum Access MAX三重四极杆串联质谱仪，除了对化合物GA-3以ESI负离子模式运行外，其他22种化合物均以ESI正离子模式运行。HPLC色谱柱为Thermo Hypersil GOLD C_{18}柱（2.1mm×100mm，3m粒径），流速为0.4mL/min。色谱柱保持在30℃，进样体积为5μL。使用乙腈作为流动相A，含0.1%甲酸的超纯水作为流动相B进行梯度洗脱。梯度洗脱程序为：0～2min，线性梯度为30%A；2～9min，线性梯度30%～95%A，保持3min；最后，12.01min，线性梯度返回到初始成分30%A，保持4min。23种分析物在12min内实现分离，总运行时间为16min。

5.方法确证

对6种基质分别进行了方法确证，对线性、检出限（LOD）、定量限（LOQ）、添加回收的正确度和精密度（分别用回收率和RSD_r表示）、特异性和基质效应进行了评估。通过在空白提取液中添加农药标准溶液来配制10～1000μg/L范围内的五个浓度水平的基质匹配标准溶液，LOD确定为使定性离子的信噪比（S/N）为3时化合物的浓度；定量限（LOQ）确定为定量离子信噪比为10的化合物浓度。对六种基质均在两个添加水平（10μg/kg和100μg/kg）下进行了5次重复的回收率和重现性实验。通过比较试剂空白和基质空白样品中的仪器响应来评价方法的特异性。实验室内重复性（用$RSDw_R$表示）由不同的操作人员在三个不同的日期在两个验证水平获得（每个水平中$n=20$）。基质效应按照基质匹配标准曲线与纯溶剂标准曲线的斜率比计算得到。

（三）实验条件的优化

1.提取过程加水量的优化

最初的QuEChERS方法是为含有大量水分的水果和蔬菜开发的。因此，考虑将一定量的水加入干燥产品（花生、小麦和茶叶）中，以增加含水量，并使样品中的孔隙更容易接近提取溶剂。为了评估添加水的体积，使用添加水平为100μg/kg（$n=5$）的空白花生、小麦和茶叶样品研究了分析物的回收率。将一定体积的水（0mL、3mL、5mL、8mL、10mL）引入提取过程，净化步骤按自动m-FC程序进行。

对于花生和茶叶样品，超过5mL的水导致杀螟丹、氧乐果和烯啶虫胺回收率降低，这三种农药部分溶于水（水溶解度在16.0～590g/L之间），当水足以润湿样品时，会导致分析物的损失[7,16,17]。当加入3mL水时，获得了最佳回收率。对于含水量非常低的小麦样品，少于5mL的水导致回收率低于70%；当加入8mL水时，可获得最佳回收率（所有分析物的回收率为75%～108%）。因此，花生和茶样品选择3mL水，小麦样品选择8mL水。在这项研究中，加入的水量与每种基质的固有含水量有关。

2.分相盐的优化

最初的QuEChERS方法中，每个样品分别使用4g无水硫酸镁和1g氯化钠[18,19]。无水硫酸镁吸水后散热，可能会影响农药的回收率。因此，在100μg/kg（$n=5$）的加标水平下将不同用量的NaCl（2g、3g和4g）进行比对。结果表明，与2g NaCl相比，当3g NaCl用作分相盐时，分析物的回收率更高；较大的用量在回收率方面没有显示出明显的差异。因此，该方法中选择3g NaCl作为分相盐。

3. 吸附剂的优化

为了评估净化效率，对添加了100μg/kg分析物的每种基质进行了农药回收率实验（$n=5$）。对于高含水量基质，比较了不同用量的PSA和富氮活性炭组合。图4-14(A)显示了苹果样品的结果，柑橘样品得到了相似的结果。从图中可以看出，当富氮活性炭的量从5mg增加到10mg时，某些分析物的回收率降低到70%以下，这是因为分析物和干扰物同时被吸附。当150mg无水硫酸镁、5mg富氮活性炭与30mg（c组）或50mg（d组）PSA混合时，回收率均合格（70%～120%）。由于c组分析物的平均回收率为88%，高于d组（79%），因此选择了150mg $MgSO_4$、30mg PSA和5mg富氮活性炭。

对于高油和高淀粉含量的基质，比较了不同用量的C_{18}和富氮活性炭对回收率的影响。花生样品的结果如所示图4-14(B)。结果表明，150mg无水硫酸镁、30mg C_{18}和5mg富氮活性炭为最佳吸附剂组合，分析物的回收率在90%～110%之间。使用10mg富氮活性炭时得到的回收率偏低，说明富氮活性炭对目标化合物有一定的吸附。因此，选择150mg无水硫酸镁、30mg C_{18}和5mg富氮活性炭作为高油和高淀粉含量基质的净化吸附剂。

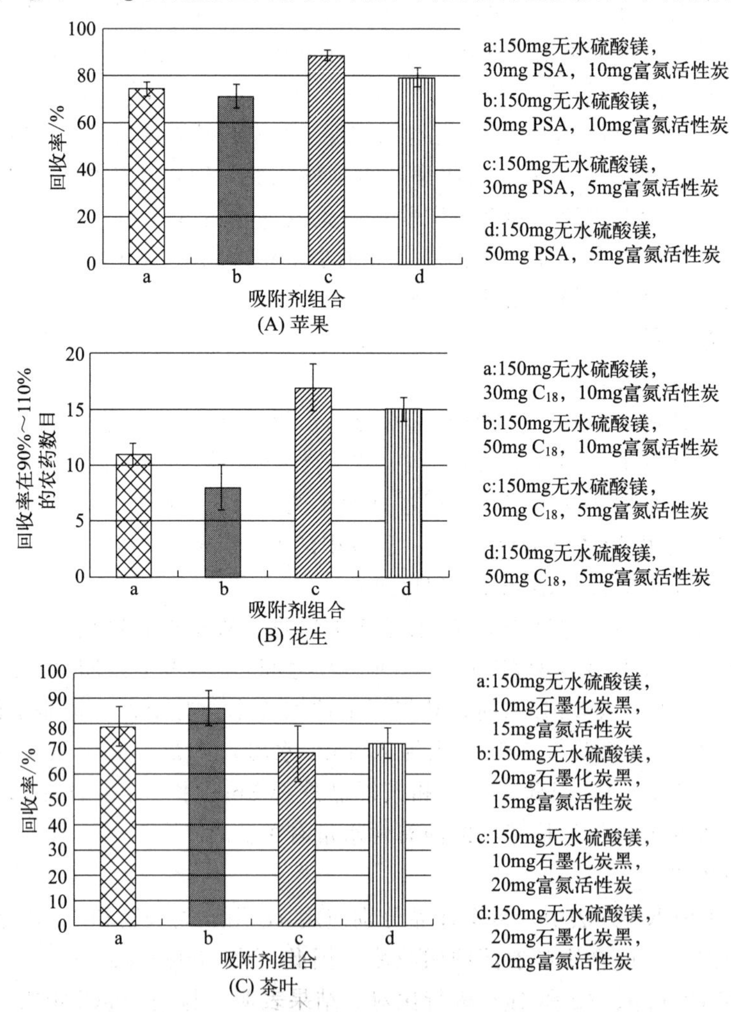

图4-14 不同吸附剂组合a、b、c和d对苹果、花生、茶叶样品中农药平均回收率的影响

对于难分析基质，预实验表明，采用5mg富氮活性炭的净化性能较差。因此，将富氮活性炭的用量增加为15～20mg的同时，还加入了一种石墨化炭黑（ProElut CARB）材料，用于吸附基质中的色素等杂质。这种石墨化炭黑（ProElut CARB）材料被认为与富氮活性炭材料混合可以增强对色素的吸附能力。如图4-14(C）所示，在茶叶样品中，当石墨化炭黑的量从10mg增加到20mg时，分析物的回收率有所增加。此外，超过20mg的石墨化炭黑会导致大多数分析物的回收率降低。因此选择了150mg无水硫酸镁、20mg石墨化炭黑和15mg富氮活性炭作为难分析基质的净化吸附剂。

4. 自动m-FC程序参数的优化

（1）净化流速的优化　在净化流速分别为2mL/min、4mL/min、6mL/min、8mL/min的条件下，添加水平设为100μg/kg，比较了各基质中农药的平均回收率（$n=5$）。结果见图4-15，对于高含水量的基质（苹果），随着流速从2mL/min增加到8mL/min时，农药的平均回收率从85%下降到69%，并且当流速设定为10mL/min时，平均回收率下降到低于60%。这说明干扰物的吸附过程需要一定的时间才能达到吸附平衡。对于高油和高淀粉基质（花生），农药的平均回收率先增长，之后从6mL/min时开始下降，且RSD增大。这意味着与高含水量基质中的糖干扰物相比，油脂和淀粉干扰物与吸附剂可能需要更少的接触时间。

对于难分析基质，趋势与高油和高淀粉基质是相似的，6mL/min似乎实现了最好的回收率。然而，由于这两种难分析基质中的色素含量非常高，净化效果仍然不令人满意。因此，在选择6mL/min的流速条件下，进一步对自动m-FC净化的循环次数进行了优化。

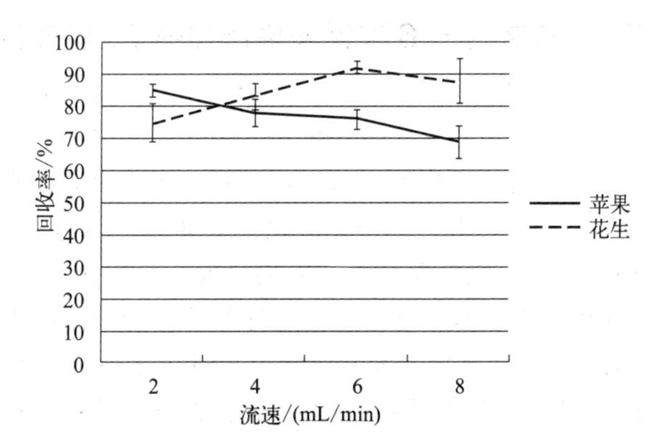

图4-15　不同净化流速下苹果和花生样品中农药的平均添加回收率

（2）自动m-FC净化的循环次数　为了提高难分析样品的净化性能，对自动m-FC程序的循环次数进行了优化。结果表明，循环次数为2次时菠菜样品中的回收率最好，而且净化后溶液的颜色也明显较浅；当净化3次或更多循环次数时，回收率开始下降。根据之前的实验，重复洗脱会导致干扰物从吸附剂上解吸。因此，较难分析的样品采用自动m-FC程序净化2次，而对于其他基质，自动m-FC程序净化1次为最佳条件，此时回收率在82%～110%范围内。

（四）方法确证

采用优化的方法，对23种分析物在6种基质中的准确度、精密度等参数进行了方法确证。在5个浓度水平（10μg/L、50μg/L、100μg/L、500μg/L和1000μg/L）配制了基质匹配标准曲线，决定系数（R^2）均超过0.997。目标分析物的LOD为1～3μg/kg，LOQ为

3～10μg/kg。在10μg/kg和100μg/kg（n=5）两个添加水平下，每种分析物的平均回收率在82%～106%之间，RSD_{rs}均<15%，符合SANTE/11945/2015指南的要求[20]。

通过空白试剂和每个基质的空白对照样品在5个重复中的仪器响应来评价特异性。在这项工作中，报告限（RL）被认为等于LOQ。6种基质的结果显示，空白试剂和空白样品中每种分析物的浓度水平均低于RL的30%，表明在试剂或基质提取物中没有观察到明显的质谱或色谱干扰。

基质效应定义为在每种基质空白提取物中制备的标准曲线的斜率除以溶剂中的斜率，如果该值介于0.9和1.1，基质效应可以忽略；如果该值小于0.9，则推断为基质抑制效应；如果该值超过1.1，则定义为基质增强效应[21,22]。在这项研究中，所有化合物均表现为基质增强效应（ME为1.2～2.5），没有观察到基质抑制效应。因此建议使用基质匹配标准曲线来减少基质效应的影响。

（五）结论

基于改进的QuEChERS方法，通过对提取液体积、自动m-FC净化的流速和循环次数等参数的优化，将自动m-FC净化方法应用于6种代表性农作物中23种农药的多残留分析。该自动化装置旨在提高净化效率，减少净化环节的人工操作工作量。所建立的自动m-FC方法，适用于高水分、高油脂和高淀粉含量以及色素含量高、难分析的菠菜和茶叶等样品基质，测试基质中所有23种分析物的加标回收率在82%～106%之间，相对标准偏差在1%～14%之间，可用于实验室常规大批量样品的自动化前处理工作。

二、自动化m-PFC方法用于6种代表性作物中25种农药的残留分析

潘灿平教授团队发明的滤过型固相净化装置（multi-plug filtration clean-up，m-PFC）在第三章已有介绍，这种方法结合了传统的SPE方法和QuEChERS方法，其优点是m-PFC操作过程无需额外的离心或溶剂转移步骤。然而，尽管该方法快速、简便，但在处理大量样品时，手动操作仍然会耗费大量人力且达不到很高的重现性。因此，该团队与天津博纳-艾杰尔公司合作，在QuEChERS方法的基础上，共同研发了自动化m-PFC净化系统，并致力于使之逐步完善和便于应用，旨在减少样品前处理净化步骤中大量的人工操作。

为了考察和验证这种自动化m-PFC净化系统在不同样品基质中农药多残留分析中的适用性和可靠性，Qin等[23]对6种代表性植物源基质中25种不同性质的农药的自动m-PFC净化方法以及LC-MS/MS检测进行了评估。根据欧盟发布的SANTE/11945/2015指南，选择了6种代表性基质，包括苹果（高含水量基质）、柑橘（高酸基质）、花生（高含油量基质）、菠菜（色素含量高的基质）、韭菜（含硫高的基质）以及绿茶（组分复杂的基质）。选择了不同化学结构类型，且具有不同lg$P$值（选取范围－0.13～5.8）的25种农药进行方法研究，这些用于所选择的作物中的农药已在中国登记。此外，包括中国在内的几个国际组织和国家已经为这些作物上的25种农药建立了最大残留限量。

（一）自动化m-PFC设备的结构

自动m-PFC设备的示意图如图4-16所示。该设备由5个主要部件组成：一个控制面板、一个旋转轴、一对架子、一对夹板和一个框架。控制面板可以控制m-PFC的净化剂体积、推拉循环次数及推拉周期速度。上述所有参数可以在一种方法中单独设置。旋转轴的设计目的是将架子上下提起，这样可以拉动和推动注射器活塞，使提取液向上或向下流动。当拉动注射器活塞时，提取液就通过针头中的吸附剂上升，然后再推动活塞，使提取液通过吸

附剂完成净化过程。夹板用于固定架子上的注射器，注射器下方连接有 m-PFC 针头，针头内部填充有适当的吸附剂材料。在自动 m-PFC 运行前，须将装有提取液的微型离心管放置在框架上（常用体积为 2mL，可根据实际情况更换为较大体积的离心管），该离心管同时用于净化后溶液的接收瓶。

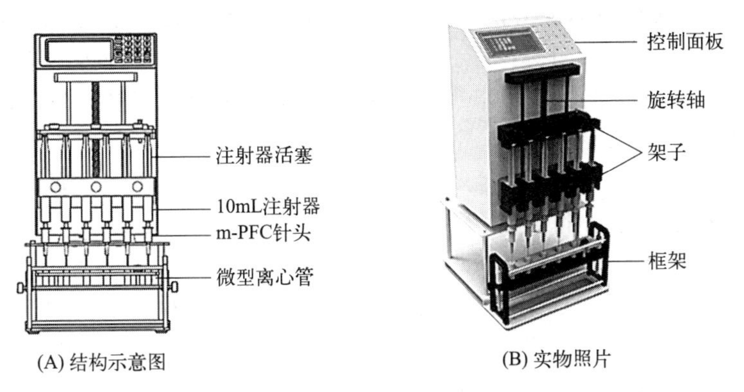

图 4-16 自动化 m-PFC 设备的结构示意图和实物照片

（二）实验方法

1. 样品前处理

有机苹果、柑橘、花生、菠菜、韭菜和绿茶空白样品采用粉碎机均质化后在－20℃储存。称取均质的样品（10.0g）置于 50mL 聚四氟乙烯离心管中，向干燥的基质（花生和绿茶）中添加 5mL 水，然后加入 10mL 乙腈，并使用多管涡流器剧烈涡旋 3min。然后，向混合物中添加 3.0g 氯化钠，涡旋 3min。在 3800r/min 离心 5min 后，取上清液进行净化。

2. 自动化 m-PFC 净化程序

将 10mL 注射器与 m-PFC 针头连接后，将其固定在自动化 m-PFC 设备的架子上。同时，将装有提取液的微型离心管放置在框架上，该管同时用于接收净化后的流出液［图 4-16(A)］。对于相对简单的样品，m-PFC 针头填充有 150mg 无水 $MgSO_4$、25mg PSA 和 5mg 多壁碳纳米管（MWCNT）。对于相对复杂的样品，针头填充有 150mg 无水 $MgSO_4$、25mg PSA、30mg 石墨化炭黑（ProElut CARB）和 5mg 多壁碳纳米管（MWCNT）。

最佳操作参数如下：m-PFC 净化体积 4mL；三次推拉循环；相对简单样品的自动提拉速度为 6mL/min，相对复杂样品为 4mL/min；相对简单样品的自动推送速度为 8mL/min，相对复杂样品为 6mL/min。如图 4-16(B) 所示，注射器活塞由自动 m-PFC 设备驱动，使提取液向上或向下均可通过吸附剂。完成该程序后，移除注射器针头，并将流出液通过 0.22μm 滤膜过滤，转入 HPLC-MS/MS 进样瓶中进行色谱分析。

3. HPLC-MS/MS 条件

采用安捷伦 6410 三重四极串联质谱仪，分析柱 Poroshell 120 SB-C_{18}（50mm×2.1mm×3.5μm）流速 0.25mL/min，柱温 30℃，进样量为 5μL。梯度洗脱以乙腈为流动相 A，含 0.1%甲酸的超纯水为流动相 B。梯度洗脱程序为：0～3min，30%～60% A；3～6min，60%～70% A；6～15min，70%～99% A；15～16min，恢复到初始成分 30% A，保持 9min。在 15min 内实现 25 种分析物的分离，总运行时间为 25min。使用 ESI 正离子和 MRM 模式进行数据采集和分析。

4. 方法确证

对25种农药在选定的6个基质中分别进行了方法确证。根据SANTE/11945/2015分析质量控制和验证程序指南，考察了线性、定量限（LOQ）、检测限（LOD）、正确度和精密度以及基质效应[20]。纯溶剂及基质匹配标准溶液由乙腈或空白基质提取液配制成5个浓度水平（10～1000μg/kg）的标准溶液。LOD定义为定性离子的信噪比（S/N）为3时对应的分析物浓度；LOQ定义为目标离子（定量离子）S/N为10的分析物浓度。回收率和再现性实验设为两个添加水平（10μg/kg和100μg/kg），5个重复。基质效应以溶剂和基质中配制的标准曲线的斜率比进行评价，评估了6种不同基质中25种研究农药的基质/溶剂值。采用基质匹配标准曲线用于定量测定，以减少样品基质成分对分析结果的影响。

（三）样品前处理方法的优化

1. QuEChERS分相盐的选择

在QuEChERS方法中，乙腈提取后分相盐采用无水$MgSO_4$和NaCl（每10mL样品使用4g无水$MgSO_4$和1g NaCl）[24]，因为无水$MgSO_4$可以减少乙腈相中的含水量，提高一些化合物的回收率。然而，$MgSO_4$在吸水后会散热，也可能会影响一些不稳定农药的回收率[25]。因此，实验中在一个添加水平（100μg/kg）下，对不同用量的无水$MgSO_4$（不加或加4g）和NaCl（1g、2g和3g）进行了三次平行分析。结果表明，当使用3g NaCl作为分相盐时，测试样品中分析物的回收率与其他盐组合相比显著更高。其他用量的NaCl可能不足以增加提取液中的离子强度，从而导致回收率较低。此外，1g NaCl无法促使水和乙腈的相分离，特别是在高含水量基质中。因此，3g NaCl在这种方法中被选为分相盐。

2. m-PFC净化剂的优化

在净化过程中，分散吸附剂的种类与用量对农药提取液的净化和回收率有显著影响。为了得到最佳的m-PFC净化剂组合，在添加水平为100μg/kg（$n=3$）的条件下，比较了不同吸附剂组合对6种基质中22种农药回收率的影响（有3种苯并杂环化合物多菌灵、精喹禾灵和嘧菌环胺在下文中单独讨论）。除了常规的净化剂PSA和C_{18}，还考察了多壁碳纳米管（MWCNT）和一种石墨化炭黑（ProElut CARB）吸附剂的适用性。

结果表明，对于苹果、柑橘、花生三种相对简单的样品，使用不同用量的MWCNT（即3mg、5mg和10mg）与不同用量的PSA（即25mg和50mg）和150mg无水$MgSO_4$混合，得到了相似的结果。以苹果样品的结果为例［图4-17(A)］，随着MWCNT用量的增加（图中的a组和b组），大多数分析物的回收率在可接受的范围内（70%～120%）；然而，当MWCNT的量增加到10mg时（图中的c组），一些分析物的回收率降低到60%以下。当25mg（图中的b组）或50mgPSA（图中的d组）与5mg MWCNT和150无水$MgSO_4$混合时，回收率都是可接受的（73%～111%）。考虑到b组分析物的平均回收率为92%，高于d组（84%），因此，选择了150mg无水$MgSO_4$、25mg PSA和5mg MWCNT作为其净化吸附剂。

对于菠菜、韭菜和绿茶样品，它们均含有较高含量的色素，因此增加了能够去除色素的石墨化炭黑吸附剂，据报道，CARB可以作为一种吸附剂用于农药残留分析领域，而不会明显吸附分析物[26]。该实验对25mg PSA与不同用量的MWCNT（即3mg、5mg和10mg）、石墨化炭黑（即10mg、20mg和30mg）和150mg无水$MgSO_4$混合的净化效果进行了比较。结果表明［图4-17(B)所示］，随着石墨化炭黑含量从10mg增加到30mg，菠菜样品中分析物的回收率随之增加（图中的b组、d组和e组），但10mg的MWCNT（图中的c组）

会导致一些农药的回收率降低（低于65%），韭菜样本中回收率甚至降低更多。因此，选择150mg无水$MgSO_4$、25mg PSA、30mg石墨化炭黑和5mg MWCNT组合作为菠菜、韭菜、绿茶三种较复杂样品的最佳m-PFC吸附剂。

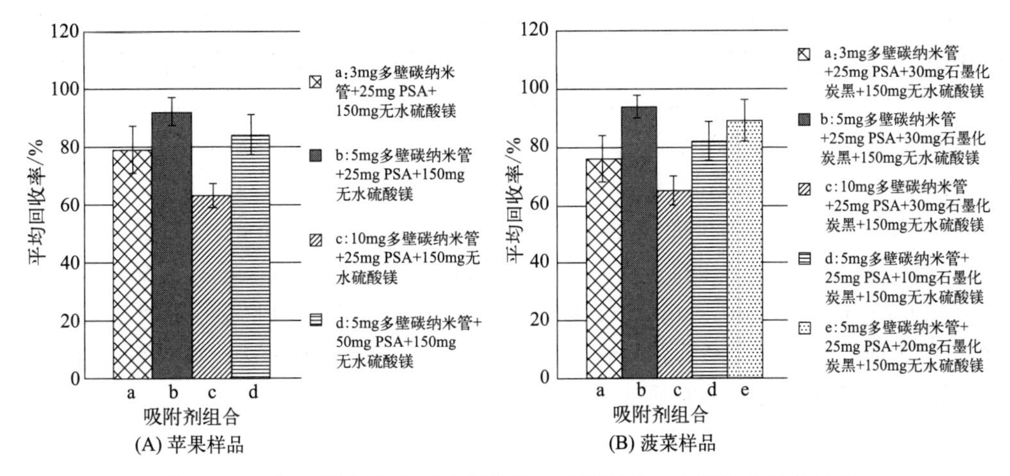

图4-17　不同吸附剂组合对苹果样品、菠菜样品中农药回收率的影响

纵坐标为22种农药的平均回收率，加标水平为100μg/kg

3. 自动化m-PFC程序的优化

（1）自动化m-PFC循环次数的优化　为了提高自动化m-PFC的净化性能，在m-PFC针头中填充优化的吸附剂，对m-PFC过程中的推拉循环次数进行了优化。为了确保提取液完全通过吸附剂，在每个拉动和推动步骤之间设置30s的暂停时间。结果表明，通过一次或两次循环的拉动和推动，各个目标化合物的回收率均满足要求，但净化性能不如3次循环，色谱干扰较多。当采用4次或更多的循环次数时，其净化性能与3次循环没有明显差异。因此，选择了3次推拉循环。

（2）自动化m-PFC净化体积优化　自动m-PFC方法的净化体积会影响净化效率，体积不当可能导致推拉步骤困难。因此实验比较了2mL、4mL、6mL和8mL 4种不同的自动m-PFC净化体积。结果表明，对于苹果样品，当体积小于4mL时，提取液无法完全吸入m-PFC尖端，但采用6mL或8mL的体积又会将更多的空气吸入注射器，使得推动步骤更加困难（推动注射器活塞，将提取物注入2mL微型离心管的步骤）。其他基质显示了类似的结果，因此采用4mL净化体积用于进一步优化。

（3）活塞推动速度（或推进速度）优化　在保持自动化m-PFC的净化体积为4mL而提拉速度保持为6mL/min的条件下，对于相对简单的样品，推动速度设为2mL/min、4mL/min、6mL/min、8mL/min或10mL/min进行优化。结果表明农药的回收率在8mL/min时最高，继续增加推动速度则导致回收率下降（图4-18）。这应该是由于吸附剂与基质成分之间需要一定时间才能达到吸附平衡。因此，对于相对简单的基质选择8mL/min的推动速度。

对于相对复杂的样品，提拉速度保持为4mL/min，推动速度设置为2mL/min、4mL/min、6mL/min、8mL/min或10mL/min进行优化。农药的回收率在6mL/min时最高，继续提高推动速度则导致回收率下降（图4-18）。这些高色素基质比相对简单的基质需要更低的推动速度，这是因为相对复杂的样品中含有更多的基质干扰（主要是色素），低速有助于增加吸附剂和萃取物之间的接触时间。因此，对于相对复杂的基质选择 6mL/min 的推动速度。

（4）活塞提拉速度优化　对于相对简单的样品，推动速度保持在 8mL/min 的条件下，通过设置 2～10mL/min 来研究提拉速度对回收率的影响。当提拉速度小于 4mL/min 时，注射器内的大量空气会阻碍提取物的注射。如图 4-19 所示，当提拉速度从 4mL/min 增加到 6mL/min 时，回收率相似。然而，当提拉速度超过 6mL/min 时，回收率降低，这是由于吸附剂和萃取物之间未达到吸附平衡。为了缩短净化时间，对相对简单的基质使用 6mL/min 的提拉速度。

对于相对复杂的样品，在推动速度保持在 6mL/min 的条件下，提拉速度从 2mL/min 到 10mL/min 进行优化。当提拉速度为 2mL/min 时，由于空气堵塞，回收率较低。如图 4-19 所示，当提拉速度从 2mL/min 增加到 4mL/min 时，农药的回收率也会增加，而在继续提高提拉速度时，回收率又会降低。这表明，当含有更多干扰时，达到吸附平衡需要更多的时间。因此，对于相对复杂的基质选择 4mL/min 的提拉速度。

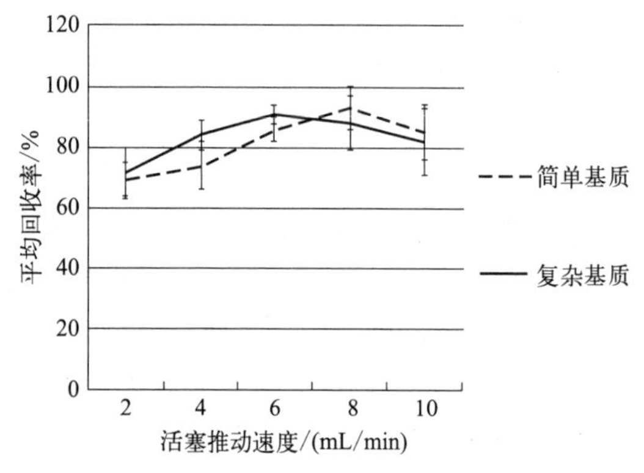

图 4-18　简单和复杂基质的活塞推动速度对平均回收率的影响

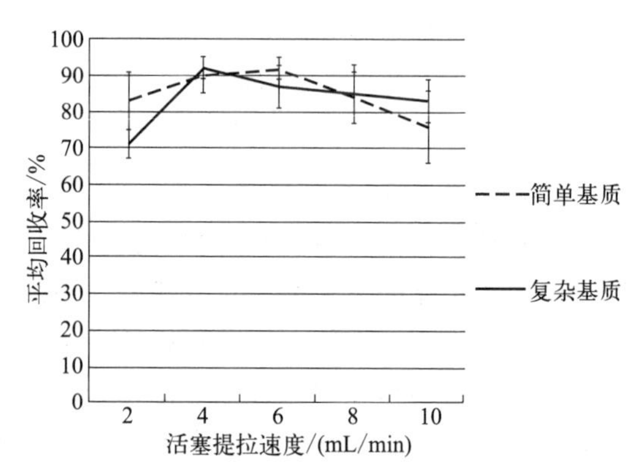

图 4-19　简单和复杂基质的活塞提拉速度对平均回收率的影响

（四）方法确证

在 6 种不同基质中以 10μg/kg 和 100μg/kg（$n=5$）两个添加水平进行添加回收试验，大多数农药的回收率在 83%～108%之间，RSD<15%，但一些苯并杂环化合物除外。对于相对简单的样品，回收率为 83%～106%。对于相对复杂的样品，大多数农药的回收率为 84%～108%。反映了方法具有良好的正确度。

对 6 种基质分别配制基质匹配标准曲线，研究了 5 个浓度水平（10μg/kg、50μg/kg、100μg/kg、500μg/kg 和 1000μg/kg）下所有农药的线性，线性决定系数（R^2）均超过 0.997。对大多数目标化合物，6 种基质中分别基于基质匹配标准溶液的信噪比 $S/N=3$ 和 $S/N=10$ 获得的 LOD 范围为 1～3μg/kg，LOQ 范围为 3～10μg/kg。在 6 种基质中，大多数目标化合物表现了较低的基质增强效应（ME 略高于 1.1），而在一些基质中，多菌灵、精喹禾灵和嘧菌环胺表现出了基质抑制效应。结果表明，提取液中的基质成分对 MS 信号有一定增强作用。

（五）几种苯并杂环化合物的问题分析

添加回收结果表明，25 种化合物中，只有 3 种化合物（多菌灵、精喹禾灵和嘧菌环胺，

3种都是苯并杂环化合物）在苹果、柑橘、菠菜和绿茶4种基质中的回收率不合格（<50%），且RSD较高（>20%），但它们在花生和韭菜中的回收率是可以接受的（70%～83%）。在没有对这3种农药进行任何净化的情况下，回收率也可以接受（76%～113%）。因此推断分析物的损失发生在净化步骤，原因可能是多壁碳纳米管对平面化合物的吸附作用，但这种吸附作用并没有使化合物在所有基质中的回收率都降低，还与基质的性质有关，这种现象有待进一步研究。

（六）结论

针对3种相对简单和3种相对复杂的样品基质，通过对前处理及自动m-PFC净化方法中各个参数的系统优化，开发了基于QuEChERS方法的自动化m-PFC方法，并应用于25种农药的多残留分析方法，该方法在净化过程中不需要额外的涡旋或离心步骤，自动化设备节省人工且易于操作。开发的m-PFC自动净化程序与传统QuEChERS方法类似，采用各种不同的吸附剂去除基质中的干扰物质，与手动m-PFC相比，自动化m-PFC方法省力、简单、可靠且可重复，可广泛应用于痕量农药的日常监测。

三、自动化多通道m-PFC用于桑叶及加工茶中82种农药的残留分析

潘灿平教授课题组在前述自动化m-PFC的基础上，设计和开发了一种自动化多通道多塞过滤净化（m-PFC）装置，可以进一步提高净化效率和精度，避免手动操作导致的错误。为评价该自动化装置，Wu等[27]将该方法应用于桑叶和桑叶加工茶中82种农药的残留检测，并对仪器的各项参数进行了系统研究。

（一）自动化多通道m-PFC装置简介

自动化多通道m-PFC装置是基于多塞式过滤净化（m-PFC）开发的一种自动化净化设备，可实现多次固相萃取和平衡，使QuEChERS方法中的净化和过滤步骤由设备自动完成。该自动化装置由三部分组成，即样品引入、样品净化、过滤收集，如图4-20所示。装置的上部由空气泵和多通道移液器组成，可以垂直和水平移动以输送提取物，中间的两个架子可以前后移动，移液器、m-PFC小柱和过滤器放在上层架子上，样品盘、缓冲液盘和收集盘从左到右依次放在下层架子上，废液槽位于自动化设备的底部。该设备配备自动化的信号发生器，通过连接信号由计算机程序自动控制。

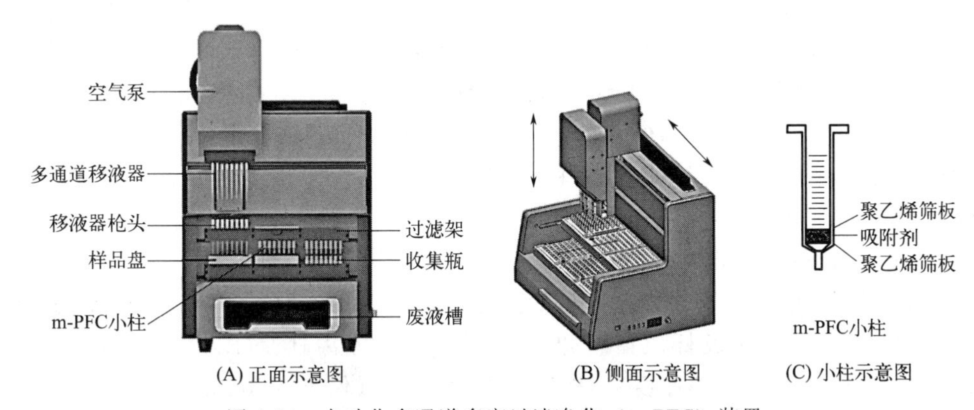

图4-20　自动化多通道多塞过滤净化（m-PFC）装置

自动化多通道m-PFC设备一次可处理48～64个样品，每个样品循环一次用时不到一分

钟。每个样品通道都有一个独立的气泵，以确保样品有足够的压力通过 m-PFC 色谱柱，并配备了用于净化复杂样品的外部氮气源。样品净化后直接过滤装入 2mL 进样小瓶中。自动化多通道 m-PFC 装置的工作流程如图 4-21 所示。首先，将 1mL 上清液手动转移到样品盘中，然后多通道移液器向下移动以吸入上清液并将其输送到 m-PFC 柱。其次，将移液器吸头中的上清液注入 m-PFC 柱中，并通过气泵或外部氮气源增加压力，使上清液完全通过吸附剂，并将净化后的提取液收集在缓冲盘中。再者，净化后的提取液用多通道移液器移液并运送到过滤架，使移液器吸头与滤膜结合，之后，多通道移液器向下移动至收集盘，推动提取液使之通过滤膜进入 2mL 收集瓶中。最后，将用过的移液器放入装置底部的废液槽中。该步骤可重复进行多次，以获得更好的净化效果。

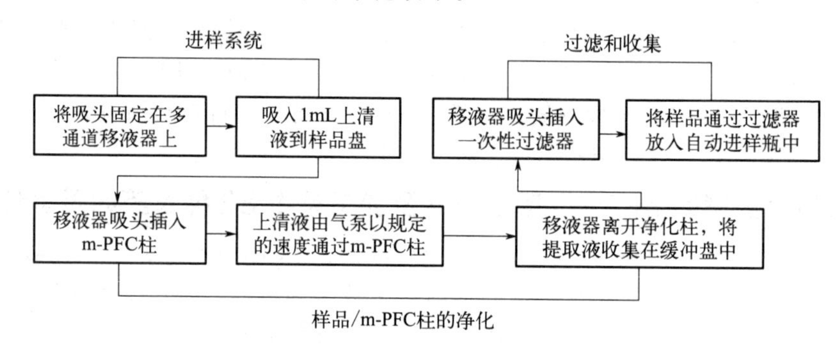

图 4-21 自动化多通道 m-PFC 设备工作流程

（二）样品前处理过程

称取一定量（2g±0.02g）均质样品（新鲜桑叶和桑叶加工茶）放入 50mL 离心管中。将标准储备溶液以 0.5mg/kg 的添加水平添加到空白样品中，并将离心管在室温下放置 30min。样品用水溶胀后（桑叶中加水 5mL，桑叶加工茶中加水 10mL），剧烈摇晃离心管 1min。然后在管中加入 10mL 乙腈，并通过涡旋振荡混合物 2min。之后，将 1g 氯化钠和 4g 无水 $MgSO_4$ 加入置于冰浴中的离心管中。当它回到室温后，涡旋 2min，以 3800r/min 的转速离心 5min，用于自动多通道 m-PFC 程序净化。

d-SPE 净化吸附剂的优化：将 1mL 上清液转移到含有不同吸附剂的 2mL 离心管中，将离心管涡旋 2min，然后以 10000r/min 的速度离心 1min。最后，将上清液通过 0.22mm 尼龙过滤膜过滤到自动进样器小瓶中进行分析。为了确定桑叶和桑叶加工茶的净化剂最佳配比，比较了如下三种组合：（a）150mg 无水 $MgSO_4$ +10mg MWCNT；（b）150mg 无水 $MgSO_4$ +50mg PSA+8mg MWCNT；（c）150mg 无水 $MgSO_4$ +30mg PSA+20mg C_{18} + 8mg MWCNT。将最佳组合填充在 m-PFC 柱中，采用上述自动化多通道多塞过滤净化（mPFC）装置进行净化。

（三）GC-MS/MS 条件

待测化合物采用带有 Trace1310 气相色谱仪和 TriPlus AI1310 自动进样器的 Thermo Scientific TSQ8000 三重四极杆质谱仪进行检测。色谱分离柱是 Rxi®-5Sil MS 毛细管柱（20m×0.18mm，0.18mm 膜厚度）。柱温程序为 40℃（保持 0.6min），以 30℃/min 升至 180℃，然后以 10℃/min 升温至 280℃，最后以 20℃/min 升温至 290℃并保持 5min。进样口温度为 250℃，在不分流模式下进样体积为 1mL。碰撞气为氩气，氦气（纯度 99.999%）作为载气，恒定流量为 0.85mL/min。传输线和离子源的温度均为 280℃。三重四极杆 MS/MS

在电子电离（EI）模式下运行，电子能量为70eV。数据采集采用多反应监测模式，82种农药化合物的监测母离子、子离子及碰撞能等参数同常规优化设置。

（四）结果与讨论

1. d-SPE条件的优化

为了得到较好的净化效果，比较了由不同配比的PSA、C_{18}和MWCNT组成的三种不同组合在0.5mg/kg加标水平下的净化效果。三种吸附剂组合分别为前述a、b和c。实验将1mL桑叶和桑叶加工茶的乙腈上清液转移到2mL含有不同用量吸附剂混合物（组合a、b和c）的离心管中。结果见图4-22，采用多壁碳纳米管和无水硫酸镁（组合a）净化后的桑叶样品看起来透明无色，但桑叶加工茶还有一定的颜色，且随着吸附剂种类的增加，组合b和c净化后的桑叶加工茶的颜色逐渐变浅。

从回收率的结果来看（如图4-23所示），组合a的大部分农药的回收率在70%～110%之间，然而使用了PSA的组合b和同时使用了PSA和C_{18}的组合c中一些分析物的回收率略有降低。考虑到桑叶加工茶的复杂性，桑叶和桑叶加工茶分别选用吸附剂组合a和c进行净化。

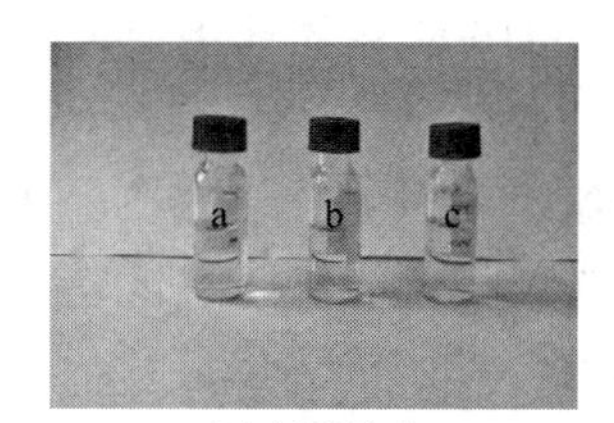

(A) 新鲜桑叶

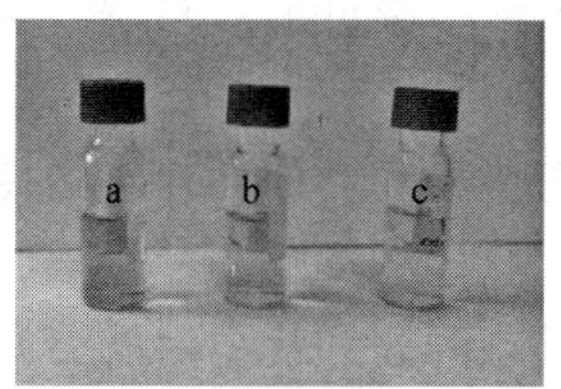

(B) 桑叶加工茶

图4-22 采用a、b、c三种不同吸附剂组合净化后的颜色对比

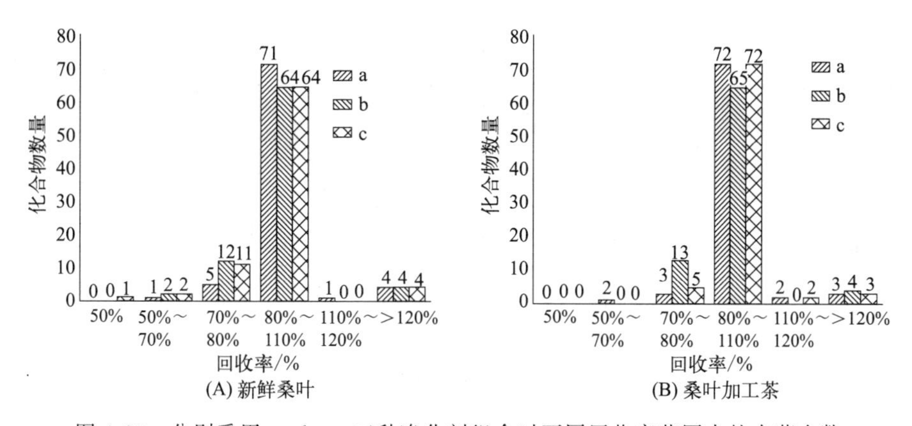

图4-23 分别采用a、b、c三种净化剂组合时不同回收率范围内的农药个数

2. 自动化多通道m-PFC器件的优化

（1）m-PFC柱循环次数的优化　将m-PFC小柱填充了优化的吸附剂，然后在保持其他参数不变的情况下，将m-PFC柱的净化循环次数分别设置为1、2、3和4次。对于新鲜桑叶样品，随着样品通过m-PFC柱的循环次数增加，样品净化液的颜色逐渐变浅，然而当循环超过3次，一些农药的回收率超过了110%。加工后的桑叶茶样品比新鲜桑叶复杂，循环次数越多，净化液颜色反而越深。当循环次数为4次时，一些农药的回收率急剧上升。说明随着循环次数的增加，可能存在基质干扰物质从吸附剂中解吸出来的现象。考虑到回收率和

净化性能，桑叶和桑叶加工茶的循环次数分别选择为3次和2次。

(2) 氮气压力的优化　为了确保提取液完全通过m-PFC色谱柱，优化了0psi（1psi=6894.757Pa）、4psi、8psi和12psi四个级别的氮气压力。结果表明，氮气压力对回收率的影响很小，大多数农药的平均回收率在70%～110%之间。随着氮气压力的增加，农药的回收率趋于稳定，相对标准偏差变小。当氮气压力为12psi时，新鲜桑叶中大部分农药的回收率均在110%以上。桑叶加工茶基质复杂，过柱阻力较大。因此，最终新鲜桑叶和桑叶加工茶的氮气压力分别设置为8psi和12psi。

(3) 推进速度的优化　上清液通过m-PFC柱的不同速度由空气泵控制，实验比较了五种推进速度（1mL/min、2mL/min、3mL/min、4mL/min和5mL/min），结果如图4-24所示，从五个特征值（最大值、最小值、中间值和两个四分位数）绘制了箱图。超过1.5倍四分位差值的距离值为离群点，在图中用“o”表示。随着推进速度的增加，桑叶和桑叶茶的颜色逐渐加深。桑叶提取液通过柱的速度大于3mL/min时，颜色明显加深，推进速度为1mL/min和3mL/min时，82种农药的平均回收率均较好。就精密度而言，推进速度为3mL/min时的回收率较为集中。对于桑叶茶来说，当推进速度为2mL/min时，桑叶茶的平均回收率较高，色泽较浅。因此，桑叶和桑叶茶通过m-PFC柱的推进速度分别设为3mL/min和2mL/min。

同时，通过柱的等待时间和外部氮气的持续时间分别设置为5s、10s，和15s进行了对比，结果表明二者对回收率的影响并不显著。为了尽可能保证净化效率，完全收集色谱柱中的所有上清液，确定等待时间和持续时间分别为5s和10s。

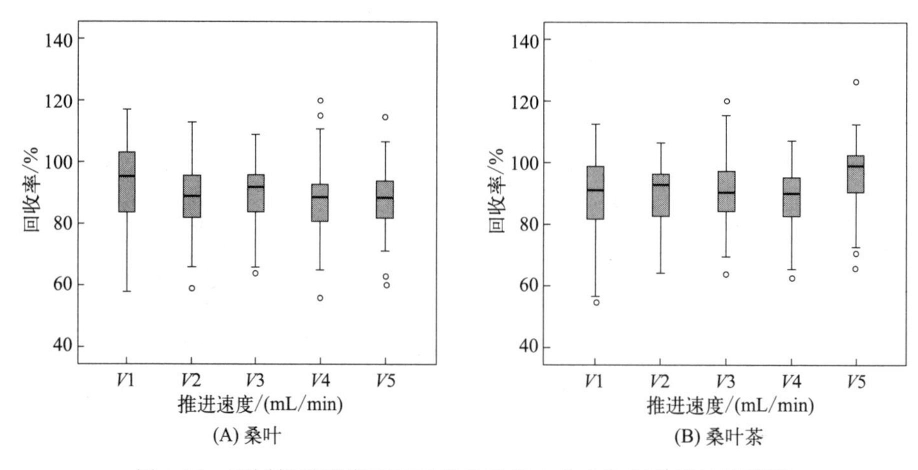

图4-24　不同推进速度下桑叶和桑叶茶中化合物回收率的箱形图

(4) 自动化设备的交叉污染　为了考察自动装置移动过程中吸管和样品盘的交叉污染，以及使用氮气时样品是否泄漏，将1mL浓度为0.5mg/L的哒螨灵和苯醚甲环唑标准溶液交叉放入样品盘中，并在m-PFC柱中填充200mg无水硫酸镁。该实验通过测定每个样品中哒螨灵和苯醚甲环唑的残留量，研究了m-PFC柱循环次数为1、2和3次（$n=6$）时的交叉污染情况。结果表明，在哒螨灵标准溶液中未发现苯醚甲环唑，在苯醚甲环唑溶液中也未发现哒螨灵。哒螨灵和苯醚甲环唑的最低可检测浓度分别为0.001mg/kg和0.005mg/kg。显然，使用自动化设备时，样品没有交叉污染。

3. 方法确证

在优化的最佳条件下，通过在空白样品中添加农药标准溶液，研究了82种农药在三个浓度水平（0.01mg/kg、0.05mg/kg和0.5mg/kg）下的添加回收率。结果表明，由五个浓度水平（0.01mg/L、0.05mg/L、0.1mg/L、0.5mg/L、1mg/L）绘制的标准曲线均为线性，决定系数（R^2）大于0.99。82种农药的添加回收率为72%～115%，相对标准偏差为1%～15%，桑叶中的烯唑醇和炔草酯除外。定量限（回收率和RSD均合格的最低添加水平）均为0.01mg/kg。

4. 自动化m-PFC设备的基质效应

该实验对方法中桑叶和桑叶加工茶的基质效应（基质匹配标准曲线和溶剂标准曲线的斜率之比）进行了研究。在大多数目标化合物中观察到了弱的基质增强效应，即ME>1.1。对于大多数农药，m-PFC法的ME值低于d-SPE方法。

5. 方法的应用与结论

该实验开发了一种快速、直接的自动多通道m-PFC装置，结合QuEChERS，用GC-MS/MS测定新鲜桑叶和桑叶加工茶中82种农药残留。同时，将自动多通道m-PFC法成功应用于从北京和山东市场采购的新鲜桑叶和桑叶加工茶样品中的农药检测。除部分农药未检出外，大多数农药残留量较低。

在大多数情况下，使用自动多通道m-PFC装置，82种农药的回收率为70%～110%，RSD小于15%。该方法的所有验证参数均符合农药分析的要求。与常规d-SPE相比，自动化多通道m-PFC设备不需要额外的涡旋、离心和过滤步骤，并且自动化设备可以同时处理48～64个样品。自动多通道m-PFC设备减少了操作人员的数量，节省了时间，操作方便，实现了样品制备清洗过程的全自动化。自动化设备的开发与应用，为QuEChERS方法在常规实验室的大批量样品分析中的进一步应用奠定了基础。

参考文献

[1] 王济世，贺泽英，徐亚平，等. 自动QuEChERS方法结合液相色谱串联质谱对玉米中133种农药的多残留分析. 农业环境科学学报，2018，37（3）：605-612.

[2] He Z Y，Wang L，Peng Y，et al. Multiresidue analysis of over 200 pesticides in cereals using a QuEChERS and gas chromatography-tandem mass spectrometry-based method. Food Chemistry，2015，169：372-380.

[3] 王帅，赵海涛，闫艳华，等. 自动QuEChERS前处理方法结合HPLC-MS/MS测定生牛乳中112种农药残留. 中国乳品工业，2021，49（6）：51-55，59.

[4] 蒋康丽，扈斌，吴兴强，等. 自动QuEChERS结合气相色谱-串联质谱法测定花生中297种农药残留. 分析测试学报，2021，40（9）：1257-1270.

[5] Lehotay S J，Han L，Sapozhnikova Y. Automated mini-column solid-phase extraction cleanup for high-throughput analysis of chemical contaminants in foods by low-pressure gas chromatography-tandem mass spectrometry. Chromatographia，2016，79：1113-1130.

[6] Sapozhnikova Y，Lehotay S J. Review of recent developments and applications in low-pressure（vacuum outlet）gas chromatography. Anal Chim Acta，2015，899：13-22.

[7] Morris B D，Schriner R B. Development of an automated column solid-phase extraction cleanup of QuEChERS extracts，using a zirconia-based sorbent，for pesticide residue analyses by LC-MS/MS. J Agric Food Chemistry，2015，63：5107-5119.

[8] Mastovska K，Lehotay S J，Anastassiades M. Combination of analyte protectants to overcome matrix effects in routine GC analysis of pesticide residues in food matrixes. Anal Chem 2005，77：8129-8137.

[9] Lehotay S J. Utility of the summation chromatographic peak integration function to avoid manual reintegrations in the

analysis of targeted analytes. LCGC North America，2017，35（6）：391-402.

[10] Michlig N，Lehotay S J. Evaluation of a septumless mini-cartridge for automated solid-phase extraction cleanup in gas chromatographic analysis of >250 pesticides and environmental contaminants in fatty and nonfatty foods. Journal of Chromatography A，2022，1685：463596-463609.

[11] Qin Y，Zhang J，Li Y，et al. Automated multi-filtration cleanup with nitrogen-enriched activated carbon material as pesticide multi-residue analysis method in representative crop commodities. Journal of Chromatography A，2017，1515：62-68.

[12] Qin Y，Zhao P，Fan S，et al. The comparison of dispersive solid phase extraction and multi-plug filtration cleanup method based on multi-walled carbon nanotubes for pesticides multi-residue analysis by liquid chromatography tandem mass spectrometry. J. Chromatogr. A，2015，385：1-11.

[13] Zhao P，Huang B，Li Y，et al. Rapid multiplug filtration cleanup with multiple-walled carbon nanotubes and gas chromatography-triple-quadruple mass spectrometry detection for 186 pesticide residues in tomato and tomato products. J. Agric. Food Chem，2014，62：3710-3725.

[14] Zhou Y，Xia Q，Ding M，et al. Magnetic nanoparticles of nitrogen enriched carbon（mnNEC）for analysis of pesticides and metabolites in zebrafish by gas chromatography-mass spectrometry. J. Chromatogr. B，2013，916：46-51.

[15] Shang T X，Ren R Q，Zhu Y M，et al. Oxygen-and nitrogen-co-doped activated carbon from waste particleboard for potential application in high-performance capacitance. Electrochim. Acta，2015，163：32-40.

[16] Szpyrka E. Assessment of consumer exposure related to improper use of pesticides in the region of southeastern Poland. Environ. Monit. Assess，2015，187：1-8.

[17] Krupčík J，Májek P，Gorovenko R，et al. Considerations on the determination of the limit of detection and the limit of quantification in one-dimensional and comprehensive two-dimensional gas chromatography. J. Chromatogr. A，2015，1396：117-130.

[18] Zheng H B，Zhao Q，Mo J Z，et al. Quick，easy，cheap，effective，rugged and safe method with magnetic graphitized carbon black and primary secondary amine as adsorbent and its application in pesticide residue analysis. J. Chromatogr. A，2013，1300：127-133.

[19] Schenck F J，Hobbs J E. Evaluation of the quick，easy，cheap，effective，rugged，and safe（QuEChERS）approach to pesticide residue analysis. Bull. Environ. Contam. Toxicol，2004，73：24-30.

[20] European Commission Guidance document on analytical quality control and method validation procedures for pesticides residues analysis in food andfeed（2015）. SANTE/11945/2015.

[21] Fujiyoshi T，Ikami T，Sato T，et al. Evaluation of the matrix effect on GC-MS with carrier gas containing ethylene glycol as an analyte protectant. J. Chromatogr. A，2016，1434：136-141.

[22] Kim N H，Lee J S，Park K A，et al. Determination of matrix effects occurred during the analysis of organochlorine pesticides in agricultural products using GC-ECD. Food Sci. Biotechnol，2016，25：33-40.

[23] Qin Y，Zhang J，Zhang Y，et al. Automated multi-plug filtration cleanup for liquid chromatographic tandem mass spectrometric pesticide multi-residue analysis in representative crop commodities. Journal of Chromatography A，2016，1462：19-26.

[24] Maes K，Liefferinge J V，Viaene J，et al. Improved sensitivity of the nano ultra-high performance liquid chromatography-tandem mass spectrometric analysis of low-concentrated neuropeptides by reducing aspecific adsorption and optimizing the injection solvent. J. Chromatogr. A，2014，1360：217-228.

[25] Cunha S C，Fernandes J O. Development and validation of a method based on a QuEChERS procedure and heart-cutting GC-MS for determination of five mycotoxins in cereal products. J. Sep. Sci.，2010，33：600-609.

[26] Chen H，Yin P，Wang Q，et al. A modified QuEChERS sample preparation method for the analysis of 70 pesticide residues in green tea using gas chromatography-tandem mass spectrometry. Food Anal. Method，2014，7：1577-1587.

[27] Wu Y，An Q，Wu J，et al. Development and evaluation of an automated multi-channel multiplug filtration cleanup device for pesticide residue analysis on mulberry leaves and processed tea. RSC Advances，2020，10：2589-2597.

第五章
QuEChERS 方法的扩展版 QuEChERSER

第一节 QuEChERSER 方法概述

一、QuEChERSER 方法的开发背景

世界各国都有一些食品安全监测计划，我国也实施了例行监测、风险评估等农兽药监测项目，以确保食品安全，减少环境影响。食品安全监测计划需要快速、简便、经济和高效的农药、兽药和其他污染物的分析方法，以提供高性能、高通量和准确可靠的监测结果。农药化合物及环境污染物一般都属于弱极性到中等极性的化合物，而兽药大部分是极性较强的化合物，一般水溶性也较高，因此多年来食品和农产品中的农药残留、兽药残留和环境污染物的残留分析都需采用单独的分析方法进行监测[1]。

此外，不同的样品所含有的基质成分不同，采用的分析检测方法也需要有针对性地进行开发和应用。蔬菜水果样品水含量高、蛋白质和脂肪含量低，采用经典的 QuEChERS 方法可以满足大多数常用农药和环境污染物的残留分析。肉类产品中蛋白质和脂肪含量较高，一些亲脂性农药和环境污染物存在提取困难的问题，一般需要使用单独的残留分析方法，例如可使用非极性有机溶剂（例如己烷、乙酸乙酯和二氯甲烷）进行加压溶剂萃取，然后用冷冻法或凝胶渗透色谱法进行净化以去除脂质干扰物，方法也较为冗长复杂[2,3]。

在美国，美国农业部食品安全检验局（USDA-FSIS）对肉类样品（牛、猪、家禽、绵羊、山羊）进行的常规监测中，用于农药分析的样品前处理方法采用乙酸乙酯对肉类样品进行提取，然后进行冷冻分离/沉淀和固相萃取（SPE）、旋转蒸发等净化步骤[4]，方法较为繁琐，而且对于同一个肉类样品中的兽药残留，还需要使用不同的方法进行检测分析。在巴西，联邦农药监管实验室（LFDA）使用 Rezende 等[5]于 2012 年提出的较为简便的样品前处理方法，该方法使用乙腈/水（4∶1，体积比）从肉类产品中提取残留物，随后使用 C_{18} 分散固相萃取（d-SPE）和正己烷进行净化，其前处理步骤与 QuEChERS 方法很相似，方法较为简便，但由于肉类基质复杂，方法净化效率低，导致仪器维护频繁，经常停机。

这些方法的局限性在于，在同一种农产品的食品安全监测中，需要对不同物理化学性质的污染物分别采用不同的方法进行分析检测，例如同一个样品中的农药、兽药和环境污染物需要分别采用不同的残留分析方法进行检测。2008 年，Mol 等[6]首次提出了一种称为“Mega-Method”的残留分析方法，该方法首次将一些农药、兽药和毒素（但不包括环境污染物）纳入了同一种检测方法中。2012 年，美国农业部农业研究服务局东部研究中心（USDA-ARS-ERRC）的 Lehotay 等[7]将该方法与其他方法进行了比较，结果表明，对于 2g 动物组织样品中的兽药残留，采用 10mL 乙腈/水（4∶1，体积比）的提取效果优于 Mol 等[6]使用的酸化乙腈提取法。

随着前处理设备及分析仪器的现代化更新，Lehotay 等[1,8]一直致力于将动物源类食品

（尤其是肉类农产品）中的农药和环境污染物分析方法与兽药及毒素残留分析方法整合在一起，经过不断优化和不同实验室的验证，终于成功推出了一种“大而全”的“Mega”方法，因为其开发理念仍然基于QuEChERS方法，是QuEChERS方法的扩展，因此称之为QuEChERSER［在原来的缩写中添加了“Efficient”（高效）和“Robust”（自动化）］或QuEChERSER-Mega方法。

二、QuEChERSER方法简介

随着QuEChERS方法的应用越来越广泛，很多标准方法或非标准方法都将QuEChERS方法应用于各种不同基质的多类型多残留分析中，涉及的化合物种类也越来越多，常用的农药、兽药、毒素、环境污染物等各种化合物都纳入食品安全常规检测中。然而，由于化合物具有不同的物理化学性质，不同种类的化合物需要采用各种不同的标准或非标准方法进行检测分析。对于分析工作者来说，最有效地提高实验室效率的方法是通过减少相同范围内分析物所需的检测方法数量来实现的[8]。这种需求促成了这种新方法，即“QuEChERSER-Mega”方法的出现[1]，该方法更好地利用现代的样品前处理和分析技术，涵盖了不同样品类型中更大范围的极性和非极性化合物的残留分析，比QuEChERS方法覆盖了更广的极性范围，并引入了更先进的自动化前处理和快速低压LPGC-MS/MS和HPLC-MS/MS检测技术，使QuEChERSER方法成了一种“大而全”的多残留方法，本书也简称其为“Mega-Method”。

使用QuEChERSER方法最大的优势是该方法的基质和待测化合物覆盖范围都更广，该方法可以用同一个前处理方法制备不同的样品，并覆盖植物源及动物源等各类食品或农产品中的各种污染物，包括农药、环境污染物（多氯联苯、多环芳烃及一些阻燃剂化合物）、兽药和真菌毒素等，目前已经验证可同时测定的化合物超过350种[1,9-12]，而这些化合物在之前通常需要四种不同的方法才能完成检测和分析。

QuEChERSER方法是基于QuEChERS的全面改进和扩展，从样品粉碎、提取、自动化净化，并结合先进的快速低压LPGC-MS/MS和UPLC-MS/MS检测技术，实现了方法“更快速、更高效”的特点。表5-1概括了QuEChERSER方法的操作步骤及其与QuEChERS方法相比每个步骤的改进之处，下面按各个步骤具体讨论QuEChERSER方法的特点和优势[8]。

表5-1 QuEChERSER和QuEChERS的方法步骤比较[8]

分析步骤	QuEChERS	QuEChERSER
样品粉碎	室温一步法(或加干冰粉碎)	加液氮或干冰一步法，或室温2步法
样品量	10～15g (2～5g)	>0.25g (2～5g)
调节含水量	干燥或油性样品均需加水	复杂的干样品才需加水
提取	1mL/g乙腈(或缓冲体系)	5mL/g乙腈-水(4∶1,体积比)，一般不需要缓冲盐
振荡时间	1～10min (最多60min)	1～10min (最多60min)
离心	>3000RCF，3min	>3000RCF，3min
盐析 (振荡1min离心3min)	每10g样品需加入4g $MgSO_4$-NaCl (4∶1,质量比)	① LC部分，不需要盐析； ② GC部分，将含有2g样品的10mL提取液倒入含有2g $MgSO_4$-NaCl (4∶1,质量比)的离心管中(即1g盐/1g样品)

续表

分析步骤	QuEChERS	QuEChERSER
净化	d-SPE 净化，每 1g 样品 0.25g $MgSO_4$/PSA/C_{18}(3∶1∶1，质量比)，或使用其他净化剂	① LC 部分，将乙腈挥发，加入流动相，超速离心 5min；② GC 部分，每 0.3mL 提取液过含有 45mg $MgSO_4$/PSA/C_{18}/CarbonX(20∶12∶12∶1，质量比)的 μ-SPE 小柱净化
最终提取液	1g/mL(可调整)	① LC 部分，根据稀释倍数可调整；② GC 部分，0.25g/mL
方法分析范围	农药、环境污染物、真菌毒素等	农药、环境污染物、真菌毒素、兽药，以及一些相对高极性的化合物等

三、QuEChERSER 方法的特点和优势

（一）样品粉碎过程

提高样品制备效率的一种简单方法是减少样品量，然而，大多数研究人员很少将样品预处理（粉碎或均质化）过程作为分析方法的一部分，尽管它与任何其他步骤同等重要（或更重要）。已有研究[9,13-17]表明，样品粉碎过程决定了测试样品是否能够对整体样品具有足够的代表性。即使经过方法确证和质量控制（QC），证明样品前处理和分析方法得到的结果多么准确，如果所分析的测试部分不能代表原始样品，则后续的分析过程和结果都将变得毫无意义。

在 QuEChERS 之前，在农药残留分析中大多数方法采用 50～100g 的试验样品量以获得足够的代表性，但研究表明，如果采用更好的粉碎方法提高样品的均匀度，10～15g 的样品量就可以产生同样的结果。因此，在 QuEChERSER 方法中，建议使用两步粉碎法或低温粉碎的方法进行样品的均质化[15]，在保证样品均匀性的前提下，测试样品的量可以减少到 1～5g。为了保证粉碎过程得到的样品足够均匀，在 QuEChERSER 方法中，开发了一种安全、简便、高通量的样品均质化方法，该方法采用常规样品粉碎设备，通入液氮，只需一步即可使未冷冻的粗切样品完成均质化粉碎。试验证明，采用这种方法，一台粉碎机配备两个粉碎筒，由两名工作人员交替进行粉碎和清洗，大约需要 4h 就可以粉碎 40 个样品，并完成将样品称好放入离心管中的步骤，待下一步提取。研究[9,16]表明，这种粉碎过程最好使用液氮冷却而不是干冰，而且这种使用液氮的高效粉碎方法可以用于任何样品的制备，粉碎后的样品呈细致均匀的粉末状，可以获得高度均一的测试样品。

为了考察粉碎过程获得的样品是否均一，可以在粉碎之前向粗切样品中添加一种稳定的 QC 标准溶液，通过测定该化合物在平行样品中响应值的重复性，来定量评价样品粉碎的均匀度，从而确定粉碎过程中是否存在误差来源。实验结果证明[9,17]，QuEChERSER 方法采用这种高效液氮粉碎过程，即使其称样量低至 1～5g，测定结果的相对标准偏差（RSD）依然比 QuEChERS 低约 5%。

（二）样品提取

在 QuEChERS 之前，每克样品通常需要 2mL 或更多的提取溶剂，例如 10g 样品通常需要 20mL 提取溶剂或者更多。QuEChERS 方法将这一比例降低到 1mL/g 样品，这是因为一方面考虑到使用较小的溶剂-样品比可以得到更高浓度的提取液，从而降低方法的检测限，提高灵敏度；另一方面，由于 QuEChERS 方法的称样量为 10～15g，更大的提取液体积会

导致更大的提取容器，使操作变得十分不便。但实际上，较小的溶剂-样品比会使一些较难提取的化合物提取效率降低，这可能也是QuEChERS对高脂肪基质中亲脂性分析物回收率较低的原因之一。

到了QuEChERSER时代，依赖高灵敏度和高选择性的二级质谱检测技术，检测灵敏度不再是需要通过降低溶剂比例来解决的问题，因此QuEChERSER尝试采用了较大的溶剂-样品比，并在一定程度上将提取液进行了进一步稀释，这不仅减轻了净化的困难，而且有助于克服质谱分析中的基质效应。QuEChERSER方法最终采用10mL体积比为4：1的乙腈-水混合溶液来提取2g动物组织的测试样品[1,7,18]，这种5mL/g的溶剂-样品比已被证明可以完全提取不同基质中的许多待测化合物[19]，包括农药、兽药、环境污染物和其他类型的分析物。

影响提取效率的一个主要因素是样品或提取溶剂中的含水量。对于干燥的基质样品，如谷物，QuEChERS和其他非水溶剂提取方法都需要在使用有机溶剂提取之前向样品中加入一定量的水，以提高溶剂对样品的渗透能力。QuEChERSER方法中的提取溶剂已经含有20%的水，因此免去了加水步骤。QuEChERS方法中2g干燥样品通常需要加5mL水，然后用10～15mL乙腈提取，这与QuEChERSER中的乙腈水提取条件没有太大区别，但后者省去了加水的步骤。

QuEChERSER方法还通过提高溶剂与样品的比例，解决了QuEChERS方法在脂肪食品和土壤中较难提取非极性分析物的局限性。即使在这两种方法中都使用了同位素标记内标物（或标准替代物）以补偿脂肪类食品中非极性农药和环境污染物较低的回收率，QuEChERSER的准确性仍明显优于QuEChERS[1,12]。

（三）液相色谱分析之前的溶剂交换和超速离心

QuEChERS的盐析分配过程虽然适合于大多数中等极性的化合物，而且分相后的提取液可以直接进行GC-MS/MS和LC-MS/MS分析，但盐析却对其后的仪器检测性能和化合物适用范围造成了负面影响，特别是仅适用于LC分析的化合物受到了较大的影响。因为在盐析分配步骤中，亲水性化合物会进入水相从而造成较低的回收率；在之后的分散固相萃取（d-SPE）中，PSA或类似吸附剂又会吸附一些由LC检测的羧酸类化合物；此外，QuEChERS中的最终提取液几乎全部由乙腈组成，在反相液相色谱中直接进样会导致较差的色谱峰形，即使将最终提取液用水部分稀释，较早流出的分析物峰形也并不理想。

为了解决上述问题，在QuEChERSER方法中，在相分离之前移取一小份（200μL）初始提取液，加水进行适当稀释后直接进行液相色谱串联质谱分析，避免了极性化合物在盐析过程中进入水相而造成的回收率损失，从而使许多极性化合物也得到了满意的回收率。然而，强极性分析物峰形较差的问题仍然没有得到很好的解决[1,10,18]。

考虑到较早流出的色谱峰峰形较差，这一般是样品溶剂与初始流动相不匹配造成的，因此在QuEChERSER方法中，提出了通过溶剂交换步骤使提取液溶剂与初始流动相匹配的解决方案，即使用氮吹仪在40℃去除200μL提取液中的溶剂（这个过程约需5min），然后加入初始配比的流动相（含95%水、2.5%甲醇和2.5%乙腈）作为溶剂（750μL）使之复溶。由于该溶剂含水量很高，氮吹过程中已经在壁上析出的少量疏水性基质成分不会从微型离心管中复溶下来，因此这一溶剂交换步骤也起到了一定的基质净化效果。在此过程中，虽然一些非极性目标化合物也会沉淀或结合在疏水性基质成分中无法被复溶下来，但这些非极性化合物都会在下一步通过盐析进入乙腈相而在GC-MS/MS上进行检测分析，因而不会受到影响。

通过氮吹-沉淀析出以达到去除非极性杂质成分的另一个关键优势是，这些成分在反相液相色谱中往往具有较高的保留特性，这可能会造成严重的基质效应，促使鬼峰形成。Michlig 等在分析复杂的大麻基质时对此进行了研究[11]，结果表明，基于这种方式起到的净化效果可以大大降低基质干扰成分与分析物随着流动相含水量降低而共流出的程度，这种类型的净化也减少了鬼峰出现的可能性。同时通过在两次进样之间用有机溶剂反冲色谱柱，也可进一步消除鬼峰的出现[11]。尽管对检测单个或少量样品来说常规的净化可能已经足够，但在较长的进样序列中，鬼峰通常是后续注射的样品中基质效应产生的原因。

常规方法中在液相色谱进样之前需要将提取液通过滤膜进行过滤。然而实验表明，无论采用哪一种类型的膜材料，“Mega”方法中总会有一些分析物被吸附，尤其是在该方法采用的高水溶剂中。此外，最终提取液在接触过滤器后有时会受到滤膜材料的污染，反而会增加潜在干扰物（尤其是对于环境污染物）。鉴于以上原因，QuEChERSER 方法在氮吹复溶后采用 5min 超速离心（13000 相对离心力）的步骤，而没有进行超滤，以避免分析物被吸附或被滤膜污染的可能，这同时也避免了另一次溶剂转移操作，使方法更加快捷。

（四）用于 GC 分析的盐析分相和自动化微型 SPE 净化

QuEChERSER 的一个优点是，盐析分相和净化步骤是为 GC 分析物量身定制的，而不会影响 LC 分析。在移取一部分初始提取液用于 LC-MS/MS 分析之后，将剩余的提取液（约 10～11.7mL）倾倒入与 QuEChERS 中相同的 2g 分相盐混合物中。正如文献［20］所示，在 QuEChERS 中使用 $MgSO_4$ 与（或不与）其他盐组合用于相分离是十分可靠的，因为即使每毫升提取液中盐的使用量不同，GC 检测的大部分农药都可以获得 100%的回收率。因此，QuEChERSER 方法也采用了 2g 相同的盐混合物进行分相。该方法只需将上清液（或提取液）倒入含盐的试管中，然后振摇 1min、离心 3min 即可。

QuEChERSER 方法的另一个先进之处在于其在分相后采用了自动化 μ-SPE 净化设备，使净化过程自动完成，这种设备称为“仪器顶部样品制备（ITSP）”，或称为 μ-SPE 净化[1,9-12,17,21-23]。该自动净化设备在第四章第二节已有具体介绍。该设备可从多家供应商处购买，可以单独使用，也可以安装在任何品牌的 GC 上，与 GC 或 GC-MS（MS）同时自动运行。分析人员只需将 1～1.5mL 乙腈提取液（上层）转移到自动进样瓶中并摆放到样品盘上，编好运行序列，ITSP 就会自动进行微型小柱的 μ-SPE 净化步骤。其移液及净化步骤均由机械臂自动完成，使样品溶液通过一个装填有吸附剂的微型小柱，并自动收集净化后的溶液。在一个样品净化完成后，下一个样品进行净化的同时，前一个净化好的样品会被自动进行 GC 进样分析，也就是前一个样品的 GC 分析与后一个样品的净化同时进行，每个样品的自动净化和 GC 分析仅需 10min，这样大大节约了时间，最大限度地提高了工作效率。

实验表明，这种自动化 μ-SPE 净化对 QuEChERS 或 QuEChERSER 方法均可适用，提取液均采用相同的吸附剂组合，即 45mg 质量比例为 20∶12∶12∶1 的 $MgSO_4$/PSA/C_{18}/Carbon X 混合吸附剂小柱。由于 QuEChERSER 方法中每毫升提取液中的等效基质含量降低了约 75%，因此其使小柱过载的可能性很小，必要时可以增加上样量来提高方法灵敏度。

与传统的 SPE 方法或分散固相萃取相比，自动化 μ-SPE 净化方法不仅可以实现全自动净化，节约时间，而且对每个样品的操作过程完全一致，包括上样体积（300～500μL）和柱内液体流速（2～10μL/s）都能保持高度一致，数据重复性比人工操作有很大提高。已有研究表明，ITSP 自动净化方法在净化稀释倍数更大的提取液时得到了很好的净化效果，例如在去除肉类[1]、鱼类[10,12]、鸡蛋、谷物、水果和蔬菜[9]等中的常见基质成分方面得到了很好的净化效果。此外，如果需要，在QuEChERSER中也可以与其他净化方法相结合使用，例如正己烷液液分配[7]、脂质增强基质去除（EMR-lipid）[24]、磁性SPE[25]和冷冻法等[13,26-28]。

（五）分析检测

虽然分析检测不同于样品前处理，但快速低压LPGC-MS（MS）[29]和分析保护剂（analyte protectant，AP）[30]等一些有价值的分析技术都同样适用于QuEChERS和QuEChERSER方法。该方法中，LPGC-MS/MS与UHPLC-MS/MS的分析速度完全匹配，二者分析一个样品中的100～200个化合物均只需大约13min，而采用常规GC-MS（MS）分析100个化合物至少需要45min。对于QuEChERS和QuEChERSER，LPGC-MS（MS）还能够在标准不分流进样口[1,9-12,29]中在加热条件下大容量注入乙腈，这是进一步降低检测限的关键。类似地，QuEChERS和QuEChERSER非常适合使用分析保护剂，这些保护剂一般是相对极性的糖衍生物，因为它们可溶于乙腈提取液。分析保护剂可以结合GC-MS（MS）系统中的活性位点，从而减少峰拖尾，增强信号，减少基质效应，提高分析准确性和高通量分析的耐用性[30]。

在大量样本的日常食品安全监测工作中，数据处理也是一项费时的工作。在多残留分析中会产生成千上万个色谱峰，部分不规则色谱峰的积分错误或积分不当也会造成定量不准确。“Mega”方法中，LPGC-MS/MS和HPLC-MS/MS中的谱图积分都采用求和函数积分功能（summation integration）[31]（详见本书第四章），这种积分方法在常规色谱工作站中都有配置，该方法只需要在每个待测物色谱峰的保留时间之前和之后设置开始和停止时间，仪器会自动在这两个时间点之间从基线位置进行积分。该方法可以大大减少分析人员在色谱峰积分检查和手动重新积分上花费的时间[31]。尤其是在多残留分析中常出现峰重叠、峰形不规则或峰很小的情况下，常规积分功能常常会识别错误的峰进行积分，或者漏掉较小的色谱峰。“Mega”方法结合求和函数积分功能很好地克服了这些问题，其数据处理是基于质谱的识别标准，包括信号或浓度阈值，来指示目标分析物是否存在，并给出确定的残留数据[32]。

四、QuEChERSER方法总结

随着分析化学技术的进步，实验室分析方法需要定期更新，以适应现代新科技的发展。QuEChERS方法是为了适应20年前商业化的分析设备和仪器而开发的，“QuEChERSER-Mega”方法[1,9-12]则顺应了样品前处理发展的三个未来趋势：小型化、高通量和自动化，引入了多方面的新技术和新经验，采用改进的粉碎设备和技术将样品量从10～15g减少到1～5g，提取和净化更适合气相色谱及液相色谱质谱联用分析，扩大了基质适用范围，分析物范围扩大到农药、兽药、毒素及环境污染物等多个领域，使用自动净化ITSP提高了净化和分析精度，同时也实现了方法的易用性和样品的高通量。总之QuEChERSER-Mega方法未来将成为一个“大而全”的、应用范围更广、更加快速、简便、可靠和能够实现自动化的整体综合性的多残留分析方法。

第二节　QuEChERSER方法应用实例

一、QuEChERSER应用概述

QuEChERSER方法的优势之一是其分析物范围很广，不仅包括农药，还扩大到了兽药、环境污染物及一些毒素化合物，而兽药检测大多涉及动物源性食品或农产品，因此 QuEChERSER 方法首先被应用于牛肉[1]和鲶鱼[10]两种代表性动物源性农产品中进行了方法开发和验证。该方法在传统分析技术的基础上，进一步引入 ITSP 自动净化设备，结合低压气相色谱串联质谱（LPGC-MS/MS）及 UPLC-MS/MS 技术，成了一种更有效的，集农药、兽药及环境污染物于一体的高通量残留分析方法，目前已应用于畜禽肉类产品中的 262 种[1]和鲶鱼中 349 种[10]残留物的检测分析和日常监测，目标化合物包括农兽药和多氯联苯（PCB）、多环芳烃（PAH）、阻燃剂（FR）等环境污染物。

以下分别以牛肉和鲶鱼的 QuEChERSER 方法为例，对该方法的实验细节进行具体介绍。

二、牛肉中的 QuEChERSER-Mega 多残留分析方法

（一）方法简介

2020 年，Lehotay 等首次提出了这种称为“QuEChERSER”的更新的、全面的、简便快速的高通量“Mega”方法，2021 年发表首篇文献[1]，该论文将 QuEChERSER 方法应用于牛肉中 262 种化合物的残留分析，涵盖了 161 种农药、63 种兽药、24 种代谢物和 14 种环境污染物（多氯联苯），并实现了快速自动化净化及分析。

该方法过程较为简便，称取 2g 均质化的牛肉样品，使用 10mL 乙腈/水（4∶1，体积比）进行提取，然后取 200μL 提取液经流动相稀释并超速离心，直接采用超高效液相色谱-串联质谱（UHPLC-MS/MS）分析兽药和一些极性农药化合物。剩余的提取液用 $MgSO_4$/NaCl（4∶1，质量比）盐析，取 1mL 上清液用于 ITSP 自动微型固相萃取（μ-SPE）净化，然后经快速低压气相色谱-串联质谱（LPGC-MS/MS）分析农药及环境污染物。自动净化和两种检测仪器同步运行，使得每个样品平均只需要 13～15min 即可完成从净化到检测 262 种化合物的全过程。美国农业部要求进行的方法验证表明，在最后验证的 259 种分析物中（另外 3 种分析物因灵敏度问题被剔除），221 种（85%）的平均回收率在 70%～120%之间，日间 RSD≤25%。对冻干牛肉认证标准物质（CRM）中的兽药分析结果也非常准确，进一步证明与使用多种方法分析不同类型化合物的做法相比，QuEChERSER-Mega 方法快速、准确、高通量，且可以节省时间、人力和资源。

（二）实验方法

1. 试剂和材料

目标化合物是根据“美国国家肉类、家禽和蛋制品残留监测计划”和“巴西国家动物产品残留控制计划（PNCRC）”选择的[33,34]，绝大部分化合物的标准品纯度都≥98%。

标准溶液的制备：准确称量每种标准品约 10mg，并将其溶解在 10mL 溶剂（通常为乙腈）中。氟喹诺酮类药物需先溶解在 0.5mL 1mol/L NaOH 中，然后用 9.5mL 乙腈稀释。将标准储备溶液用乙腈逐级稀释制备得到混合工作溶液，所有溶液在不使用时储存在 −20℃。

内标溶液的配制：农药的内标（IS）混合溶液用乙腈配制，包括浓度为 5ng/μL 的莠去津-D_5、$^{13}C_{12}$-p,p'-DDE 和哒螨灵-D_{13}，以及浓度为 0.5ng/μL 的$^{13}C_{12}$-PCB 153。对于兽药，内标混合物由莱克多巴胺-D_3、氟尼辛-D_3、克伦特罗-D_9 和青霉素 G-D_7 组成，其在乙腈中的浓度均为 5ng/μL。

分析保护剂及质控溶液的配制：对于 LPGC-MS/MS，在含有 0.88%甲酸的乙腈/水

（体积比，2∶1）中配制分析保护剂（AP）混合溶液，分析保护剂由25mg/mL 3-乙氧基-1，2-丙二醇、2.5mg/mL L-古洛糖酸 γ-内酯、2.5mg/mL D-山梨醇和1.25mg/mL 莽草酸构成，同时加入0.88ng/μL 对三联苯-D_{14} 用作 LPGC-MS/MS 运行的质控化合物。另外配制0.7ng/μL 的^{13}C-非那西丁水溶液用作 UHPLC-MS/MS 的质控化合物。

从当地超市购买了20种不同类型的牛肉作为空白样品。使用 Robot Coupe RSI 2Y1 型刀片式粉碎机将牛肉样品单独均质化，粉碎过程需添加干冰以获得均匀的粉末状。所有均质样品在−20℃下储存。

2.样品前处理

图5-1为牛肉中262种化合物的 QuEChERSER-Mega 方法流程图，具体步骤如下：

（1）在50mL 聚丙烯（PP）离心管中称取2g 均质化的试样，加入所需浓度的内标溶液，使得内标物的最终添加浓度为100ng/g（$^{13}C_{12}$-PCB 153为10ng/g）。对于用于制备基质匹配标准溶液的空白样品，该步骤不添加内标。

（2）加入10mL 乙腈/水（4∶1，体积比）混合溶液（每周新鲜配制），在涡旋振荡器上振荡提取10min，在3711g 下离心3min。

（3）移取204μL 提取液，置于2mL 聚丙烯（PP）微型离心管中，在每个离心管中添加25μL^{13}C-非那西丁 QC 溶液，使其浓度相当于每克样品中含有500ng（即500ng/g）。（注：204μL 是根据实测体积换算得到的。）

（4）然后，对于样品，在离心管中添加571μL 水，而对于配制基质匹配标准溶液的7个基质空白离心管，加入521μL 的水和50μL 不同浓度的混合标准工作溶液。将所有离心管在13000g 下离心5min，取500μL 上清液置于聚丙烯自动进样瓶中进行 UHPLC-MS/MS 分析。LC 的最终提取液含有相当于44mg/mL 的基质样品。

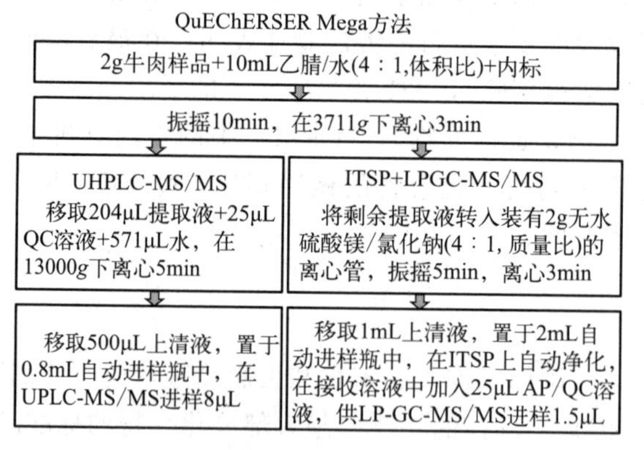

图5-1 牛肉中262种化合物的 QuEChERSER-Mega 方法流程图[1]

（5）剩余的提取液将进行盐析分相、ITSP 自动净化和 LPGC-MS/MS 检测。将剩余的初始提取液倒入含有2g 无水硫酸镁和氯化钠（1.6g+0.4g）的15mL 聚丙烯离心管中，振摇5min，并在3711g 下离心3min。

（6）将1mL 上清液转移到2mL 玻璃安瓿瓶中，将其放置在自动进样器托盘上进行自动 ITSP 净化和 LPGC-MS/MS 分析。与 UHPLC-MS/MS 中一样，需另取7份基质空白提取液用于基质匹配标准溶液的配制。

（7）ITSP 自动净化过程基于微型小柱的 μ-SPE 原理，ITSP 微型小柱只有约2.5cm 高，柱填料是由45mg 质量比为20∶12∶12∶1的无水 $MgSO_4$/PSA/C_{18}/CarbonX 混合吸附剂构成的[9,17,22,35,36]。净化程序开始后，ITSP配备的自动机械臂首先将微型小柱放置于样品盘中的2mL接收瓶上，接收瓶中需放置容积为300μL的玻璃内插管，并提前加好25μL带有QC的分析保护剂（AP/QC）溶液，这种提前加溶液的操作也可通过程序由ITSP自动进行。然后自动取样器（配备有微型注射器）将300μL提取液以2μL/s的速度加到微型小柱上，使样品溶液经过小柱内的吸附剂，完成μ-SPE净化。净化过程大约需要8min，净化后下方的接收瓶中大约可以得到220μL净化溶液。

（8）向样品接收瓶中添加25μL乙腈，向配制基质匹配标准溶液的7个接收瓶中添加25μL相应浓度的标准工作混合溶液。由于在ITSP净化中无水硫酸镁去除了残留的水分，用于GC检测的最终提取液为250mg/mL样品（即每毫升提取液相当于含有250mg的基质样品）。

3. 低压气相色谱-串联质谱（LPGC-MS/MS）分析

LPGC-MS/MS以及安装于该仪器上方的ITSP自动净化装置同时进行μ-SPE净化和GC检测，用于分析135个化合物（包括130个目标化合物、4个内标物和1个QC化合物）。ITSP自动净化装置由并入安捷伦MassHunter仪器控制系统的Maestro软件控制，样品由安捷伦7890/7010 GC-MS/MS进行检测分析，二者可同时运行，以节约时间。LPGC-MS/MS的色谱柱由两根色谱柱连接而成，连接进样口的一端为长5m、内径0.18mm的Restek脱活毛细管保护柱（同时起到限流毛细管的作用），连接检测器的一端为15m长、0.53mm内径、1μm膜厚的Rtx-5MS分析柱，该分析柱集成有长1m、内径0.53mm的毛细管传输线（运行温度280℃）。进样口为标准安捷伦分流/不分流进样口，温度为250℃。超高纯氦气作为载气，恒定流速为1mL/min。软件控制按照长5m、内径0.18mm和真空出口作为色谱柱配置。柱温箱初始温度75℃，保持0.5min，在50℃/min下升温到320℃（使用220V加热元件），并保持4.6min，总的运行时间为10min，两次进样之间的平衡时间约3min。电子电离源（EI）设置70eV电压和100μA灯丝电流，离子源温度为320℃，四极杆温度150℃。碰撞气体为氮气（1.5mL/min），淬灭气体为氦气（2.25mL/min）。采用不分流进样方式（切换隔垫吹扫模式3min），进样量1.5μL，进样口衬管型号为Restek Topaz Precision，装有低压降设计的玻璃棉。

4. 超高效液相色谱-串联质谱（UHPLC-MS/MS）分析

UHPLC-MS/MS用于分析200个化合物（包括194个目标化合物和6个内标物），采用岛津Nexera X2 UHPLC与Sciex QTRAP 6500 MS/MS串联质谱仪。分析柱为Waters HSS T3，长度10cm，内径2.1mm，粒径1.8μm，前端连接有内径相同且固定相粒径为5μm的预柱。流动相由（A）水和（B）甲醇/乙腈（1∶1，体积比）组成，均含0.1%甲酸。梯度程序从5%B开始，持续0.5min，然后在7.5min内线性增加到100%B，保持恒定2min。在5%B下重新平衡4.5min，流速恒定为0.5mL/min。柱温为40℃，自动进样器托盘为10℃，进样体积为8μL。使用电喷雾电离（ESI），由Sciex Analyst软件控制。气帘气及离子源气体流量1和2分别为25L/min、55L/min和50L/min，离子源温度为450℃，入口电压为±10V，离子喷雾电压为±4500V。

5. 多反应监测模式

对于液相色谱和气相色谱的串联质谱检测，对每个目标分析物监测3个多反应监测（MRM）离子对，个别化合物只能监测2个离子对的除外。两种仪器都使用了动态（d）或计划（s）MRM［Dynamic（d）或Scheduled（s）MRM］模式。LC和GC中用于MS/MS分析的保留时间、监测离子对、碰撞能量和其他条件不再列出（可参考文献［1］表S2和表

S3），其中有65种农药在液质质和气质质两种仪器上均有检测，可用于对结果的互相验证。

6. 色谱峰的积分和数据处理

无论是GC-MS/MS还是UHPLC-MS/MS，都在积分软件上选用了求和积分功能（summation integration），这种方法只需要输入待测化合物的峰起点和峰终点（在保留时间的前后各选一点），软件就自动在这两点之间沿着基线进行积分，这种方法可以最大限度地避免色谱峰的错误识别和错误积分。

标准曲线设置采用 $1/x$ 加权和二次回归拟合曲线（quadratic calibration），在极个别情况下，当二次曲线的最高位置低于最高浓度点时，需改用线性回归校正曲线（linear calibration）。通常选择与待测物保留时间最接近的内标物进行内标法计算，但有时也会选择化学结构上更相似或无内标的方法来提高计算的准确性。

将仪器定量软件处理后的数据结果输出到Excel电子表格中，以计算回收率、重复性、再现性和基质效应。基质效应（ME）以基质匹配（MM）标准溶液与纯溶剂（RO）标准溶液的平均响应因子的相对差值百分数来表示，即（MM/RO－1）%。

7. 方法确证

按照欧盟和美国农业部FSIS指南要求评估了方法的灵敏度、线性、基质效应、正确度（回收率）、日内（重复性）和日间（再现性）精密度。按照巴西的监管MRL值（可参考文献［1］表S1）作为1X水平，设置了4个添加水平（0.5X、1X、1.5X和2X），每个浓度10个重复，另设10个空白平行，由两名试验人员在两天内每天进行一批测试。用于制备标准曲线的基质匹配和纯溶剂标准溶液设置为0X、0.25X、0.5X、1X、1.5X、2X、4X共7个浓度，分析物回收率采用标准曲线内标法进行定量计算。

注： 此处X为监管浓度或MRL水平。

（三）前处理及分析方法的优化

1. UHPLC-MS/MS条件优化

方法采用UHPLC-MS/MS在10min内分析200个目标化合物（包括内标及QC化合物），在色谱图中从1min到9.5min共有584个离子对被检测。离子对之间的仪器驻留时间（inter-dwell time）设置为5ms，ESI中正/负离子的切换时间（settling time）为20ms。最终，使用了具有20s保留时间窗口和0.1s目标物扫描时间的sMRM（自动分段多反应监测）模式，这使得所有色谱峰均有≥10个数据点，其中最窄的是峰高为10%时的3s。

图5-2(A)表示了UHPLC-MS/MS中按保留时间排列的待测化合物的总体平均回收率，误差线表示平均总日内标准偏差，右侧次 y 轴及半虚线则表示液相色谱流动相梯度中水相的比例。从图中可以看出，方法中大多数待测化合物的回收率为70%～110%。图5-2(B)表示的是UHPLC-MS/MS分析中的总体日内RSD（重复性）和日间RSD（再现性）随着化合物保留时间变化的趋势。可以明显看出，在保留时间7～8min左右，化合物的重复性RSD及再现性RSD均出现了明显增大，此外，图中的两条多项式趋势线也表明，当流动相主要为水或几乎不为水时RSD较高，也就是色谱分离的开始阶段和结束阶段时的重复性变差。结合图5-2(A)半虚线状的流动相变化曲线可以看出，7～8min也正是当流动相从水相过渡到非水相的时间。这种现象可能是由两方面的原因造成的：一方面是基质的影响，肉类基质中的极性基质成分（可能是蛋白质和碳水化合物）与早期流出的分析物共同洗脱，而基质中的非极性脂质成分则会在色谱结束阶段与极性较低的分析物共同流出，这种共流出的基质干扰物可能导致了这些区域出现更高的背景噪声和检测信号的波动；另一方面可能是

受到了流动相组成的影响，因为MS/MS条件是在50%的水溶液中进行优化的，在有机溶剂比例较高时ESI中形成的液滴的较低蒸气压和有机溶剂的特性可能改变了离子喷雾雾化过程。总的来说，当流动相含水量约为50%±25%时，即保留时间在2.5～7min时，大多数分析物的重复性RSD和再现性RSD仅为5%～10%，而在7～8min流出的化合物的精密度明显变差，但幸运的是，这些在反相LC上后流出的化合物通常是极性较弱的，它们大部分在GC上能够得到较好的检测结果。当然，一些待测化合物的物理化学性质，也会影响其在色谱及质谱分析中的表现。

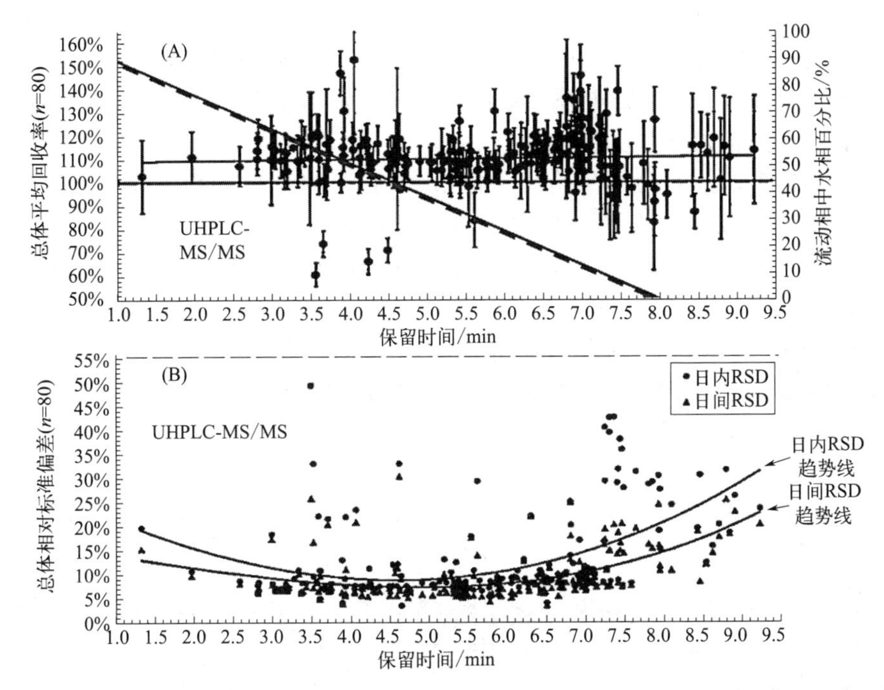

图5-2　采用QuEChERSER-Mega前处理及UHPLC-MS/MS测定牛肉中200个目标化合物的回收率和精密度结果

(A) 中圆点表示UHPLC-MS/MS中按保留时间排列的待测化合物的总体平均回收率，误差线表示总体平均日内标准偏差；右侧次 y 轴及图中的半虚线表示液相色谱流动相梯度中水相的百分比。
(B) 表示UHPLC-MS/MS分析中的总体日内RSD(重复性)和日间RSD(再现性)随着化合物保留时间变化的趋势[1]

2. LPGC-MS/MS条件优化

在QuEChERS的研发过程中[35,36]，提取方法的稀释倍数为1，ITSP净化后的QuEChERS最终提取液为1g/mL样品，即1mL提取液含有相当于1g的基质样品。考虑到色谱柱的负载量，当时LPGC-MS/MS方法使用9∶1分流比进样2μL，载气流速为2mL/min，相当于进入色谱柱的样品量是0.2mg。

新Mega方法中提取方法的稀释倍数是4，最终提取液的样品浓度降低为0.25g/mL，不再需要分流进样，所以改用常规的不分流进样。经过对不同的进样口衬管和进样量的比较，最终决定使用带有玻璃棉的低压降衬管，进样量选择1.5μL，相当于进入色谱柱的等效样品数量几乎是原来的两倍（0.375mg）。实验表明，该方法使检测限降低了约一半，而且样品进入色谱柱的效率提高了约25%。类似地，在0.5～2.5mL/min范围内比较恒定载气流速，实验发现对于几乎所有分析物，1mL/min产生的峰高约为2mL/min的两倍。

采用LPGC-MS/MS方法在10min内检测135种目标分析物和IS/QC化合物，质谱参数使用动态多反应监测（dMRM）模式。动态多反应监测模式（不同公司有不同的名称，安捷伦公司称之为dMRM，即dynamic MRM，Sciex公司称之为sMRM，即scheduled MRM）是由仪器操作软件自动动态分配监测时间和监测窗口的方法，当监测的化合物非常多时，dMRM可以通过动态分配扫描时间进行分段扫描，提高检测灵敏度。该LPGC-MS/MS方法中共包含391对监测离子对，所有化合物在2.5～8min出峰，运行时间不超过10min，大部分分析物检测3个离子对，dMRM使得每个时间窗口在有了更长的驻留时间（>4.5ms）的情况下仍能保证每个色谱峰有足够多的数据采集点，也使该方法具有更高的灵敏度。在dMRM软件设置中，各分段之间的间隔停留时间为1ms，通常将每个分析物的时间窗口设置为保留时间（t_R）的－0.1～＋0.2min，具有相同离子对且保留时间接近的分析物可以在相邻时间段之间进行组合。峰宽通常为2s，每个色谱峰都能有至少6个数据采集点，以保证峰形的正态分布及重复性。

图5-3(A）和图5-3(B）分别表示LPGC-MS/MS中所有待测化合物的总体平均回收率（误差线为日内标准偏差）以及日内RSD和日间RSD（n＝80），图5-3（A）的右侧次y轴及图中的半虚线表示GC柱温箱的温度曲线。与UHPLC-MS/MS不同，在LPGC-MS/MS结果的任何一个图中，均未观察到准确度（包括正确度和精密度）随保留时间变化的明显趋势。同样，GC中的平均回收率约为100％，而非LC中的约为110％，GC分析物的回收率或精密度也没有出现相应的日间差异。虽然LPGC-MS/MS分析中包含的一些农药的回收率或精密度较差，但几乎所有这些农药都可通过UHPLC-MS/MS进行很好的测定，反之亦然。

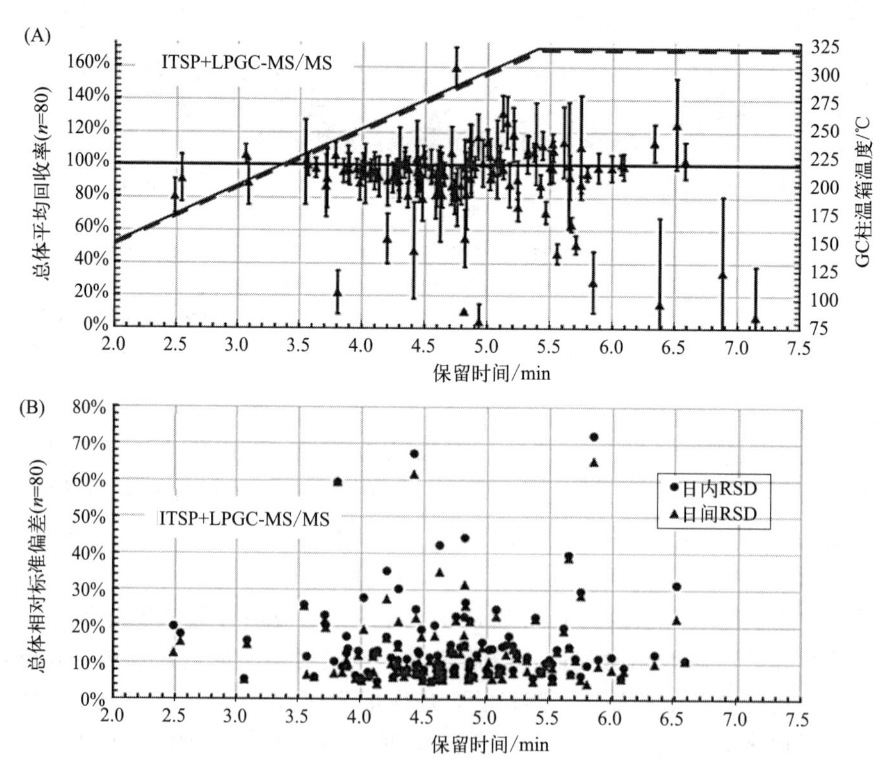

图5-3 采用QuEChERSER-Mega前处理及LPGC-MS/MS测定牛肉中135个目标化合物的回收率和精密度结果

（A）表示LPGC-MS/MS中所有待测化合物按保留时间排列的总体平均回收率（误差线为日内标准偏差），右侧次y轴及图中的半虚线表示GC柱温箱的温度曲线；（B）表示所有待测化合物的日内RSD和日间RSD（n＝80）[1]

3. 样品前处理优化

与针对农药、环境污染物和兽药的单独方法相比，这种QuEChERSER-Mega方法具有几个优点：①单一方法涵盖了所有目标污染物，节省大量时间、人力和成本；②每2g样品使用10mL提取溶剂，使得后续的液体转移过程更加容易，并减少了小柱净化过程中超载的可能；③通过将提取溶剂的体积/样品量比例增加至5mL/g，提高了部分分析物的回收率；④采用ITSP进行自动μ-SPE净化，自动化操作减少分析人员工作量的同时，提高了样品的重复性。

图5-4是对ITSP净化前和净化后牛肉的提取液采用LPGC-MS全扫描分析对比图，可以明显看出ITSP自动μ-SPE的净化效率。通过对全扫描总离子流色谱图的峰面积对比，得到该净化方法对牛肉提取液中基质共提取物的去除率为87%。从图中可以看到，净化后许多脂肪酸和胆固醇的峰完全消失了。这种优良的净化效果大大降低了气质进样口和检测器及离子源的维护频率，非常有助于提高仪器响应的长期稳定性和分析结果的重复性。

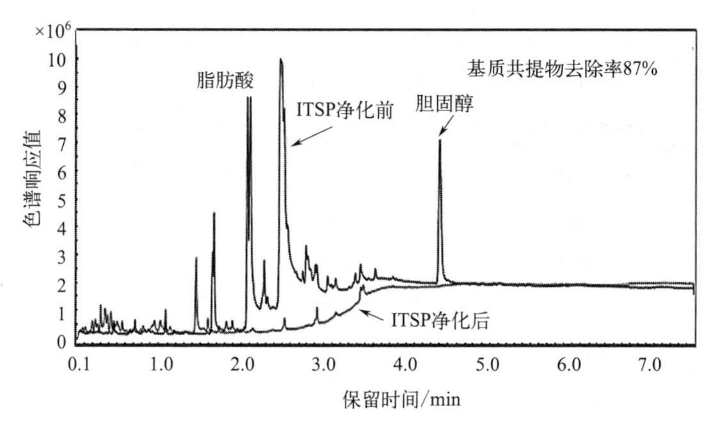

图5-4 对ITSP净化前和净化后的牛肉提取液采用LPGC-MS全扫描分析对比图[1]

（四）方法确证结果与讨论

1. 定性分析

美国农业部FSIS对色谱峰的定性判定标准要求保留时间在标准溶液平均保留时间的±0.1min以内，采用一对离子定性时，要求离子比率与标准溶液平均比率的绝对差值≤10%，采用两对离子定性时，要求离子比率与标准溶液平均比率的绝对差值均≤20%[18,37-39]。参考该标准，该方法以同一分析序列中1～4X四个浓度的试剂空白（RO）标准溶液得到的平均离子比率为基准，添加回收实验中几乎所有色谱峰都符合要求。

2. 定量分析

从UHPLC-MS/MS和LPGC-MS/MS对所有目标化合物的汇总结果来看（表5-2），可以看出绝大部分化合物都满足回收率70%～120%和RSD≤20%的要求。从图5-2和图5-3还可以直观地看出，UHPLC-MS/MS中的回收率总体比LPGC-MS/MS高出约10%，其平均回收率前者约为110%，后者约为100%，表明UHPLC-MS/MS中存在略高的偏差。这一偏差可能只是由于常见的体积和移液误差造成的，而在LPGC-MS/MS的情况下没有出现偏差，原因可能与无水硫酸镁干燥最终提取液而更好地补偿了体积差异有关。

表 5-2 牛肉中 Mega 方法确证结果[1]

序号	中文名称	英文名称	1X /(ng/g)	ME /%	回收率 /%	RSD_r /%	RSD_R /%	同位素标记内标物
1	阿维菌素	abamectin	20	**2237**	119	18	20	无
2	乙酰甲胺磷	acephate	50	**−25**	107	8	9	无
	乙酰甲胺磷*	acephate*	—	17	89	15	16	莠去津-D_5
3	啶虫脒	acetamiprid	100	−4	117	7	8	无
4	甲草胺	alachlor	10	0	109	10	10	莠去津-D_5
	甲草胺*	alachlor*	—	11	95	8	9	莠去津-D_5
5	丙硫唑	albendazole	100	−3	108	6	9	莠去津-D_5
6	2-氨基丙硫唑	albendazole,2-amino	100	3	113	7	8	无
7	丙硫唑砜	albendazole sulfone	100	4	106	7	7	克伦特罗-D_9
8	丙硫唑亚砜	albendazole sulfoxide	100	−9	118	6	7	无
9	涕灭威砜	aldicarb sulfone	10	**470**	115	—	9	克伦特罗-D_9
10	涕灭威亚砜	aldicarb sulfoxide	10	−7	110	17	18	无
11	艾氏剂*	aldrin*	100	−4	106	5	6	$^{13}C_{12}$-p,p'-DDE
12	烯丙菊酯*	allethrin*	10	**26**	82	18	20	莠去津-D_5
IS	莠去津-D_5	atrazine-D_5	—	4	100	4	5	无
	莠去津-D_5*	atrazine-D_5*	—	9	105	6	9	无
13	阿奇霉素	azithromycin	15	7	115	9	11	莠去津-D_5
14	嘧菌酯	azoxystrobin	50	−3	118	7	9	莠去津-D_5
15	燕麦灵*	barban*	10	**469**	**11**	—	**130**	莠去津-D_5
16	丙硫克百威	benfuracarb	10	**−53**	83	**25**	**31**	哒螨灵-D_{13}
17	灭草松	bentazon	20	3	98	18	18	莠去津-D_5
18	联苯菊酯*	bifenthrin*	100	−14	109	8	12	哒螨灵-D_{13}
19	联苯三唑醇	bitertanol	50	−1	**124**	16	17	莠去津-D_5
	联苯三唑醇*	bitertanol*	—	**38**	111	**29**	**30**	莠去津-D_5
20	啶酰菌胺	boscalid	100	3	115	7	10	莠去津-D_5
	啶酰菌胺*	boscalid*	—	−10	99	8	9	哒螨灵-D_{13}
21	溴螨酯*	bromopropylate*	10	−7	108	5	6	哒螨灵-D_{13}
22	甲萘威	carbaryl	50	−8	113	10	11	莠去津-D_5
	甲萘威*	carbaryl*	—	**44**	102	**21**	**30**	莠去津-D_5
23	多菌灵	carbendazim	50	3	104	7	7	莠去津-D_5
24	克百威	carbofuran	50	1	**126**	5	6	莠去津-D_5
	克百威*	carbofuran*	—	13	101	11	13	莠去津-D_5
25	三硫磷*	carbophenothion*	10	**23**	97	6	15	莠去津-D_5

续表

序号	中文名称	英文名称	1X /(ng/g)	ME /%	回收率 /%	RSD_r /%	RSD_R /%	同位素标记内标物
26	丁硫克百威	carbosulfan	50	**955**	101	**26**	**32**	无
27	卡洛芬	carprofen	250	−5	105	9	12	莠去津-D_5
28	氯霉素	chloramphenicol	10	5	114	**31**	**33**	无
29	氯溴隆	chlorbromuron	10	9	109	11	12	莠去津-D_5
30	氯丹*	chlordanes*	50	3	89	7	8	莠去津-D_5
31	毒虫畏	chlorfenvinphos	10	−4	129	8	9	莠去津-D_5
	毒虫畏*	chlorfenvinphos*	—	11	98	12	12	莠去津-D_5
32	氯嘧磺隆	chlorimuron	10	2	108	8	10	莠去津-D_5
33	毒死蜱*	chlorpyrifos*	100	6	93	7	7	莠去津-D_5
34	毒死蜱氧化物	chlorpyrifos oxon	100	−1	106	7	7	莠去津-D_5
35	甲基毒死蜱*	chlorpyrifos-methyl*	100	7	94	6	6	莠去津-D_5
36	金霉素	chlortetracycline	100	19	**66**	8	8	克伦特罗-D_9
37	环丙沙星	ciprofloxacin	100	**54**	**121**	7	22	无
IS	克伦特罗-D_9	clenbuterol-D_9	—	−6	100	4	4	无
38	克林霉素	clindamycin	15	1	111	8	12	无
39	氯氰碘柳胺	closantel	500	−5	112	15	16	无
40	氰霜唑	cyazofamid	10	4	**127**	11	11	莠去津-D_5
41	氟氯氰菊酯*	cyfluthrin*	100	−4	98	9	11	哒螨灵-D_{13}
42	高效氯氰菊酯*	λ-cyhalothrin*	100	**23**	109	6	6	莠去津-D_5
43	霜脲氰	cymoxanil	10	−12	114	11	12	莠去津-D_5
44	氯氰菊酯*	cypermethrin*	100	−2	98	8	12	哒螨灵-D_{13}
45	环丙唑醇*	cyproconazole*	50	8	114	6	9	$^{13}C_{12}$-*p*,*p*′-DDE
	环丙唑醇	cyproconazole	—	−5	101	14	16	莠去津-D_5
46	达氟沙星	danofloxacin	100	18	101	7	7	莱克多巴胺-D_3
47	*o*,*p*′-DDD*	*o*,*p*′-DDD*	100	4	99	6	7	莠去津-D_5
48	*p*,*p*′-DDD+*o*,*p*′-DDT*	*p*,*p*′-DDD+*o*,*p*′-DDT*	100	8	95	6	14	莠去津-D_5
49	*o*,*p*′-DDE*	*o*,*p*′-DDE*	100	4	84	7	8	莠去津-D_5
50	*p*,*p*′-DDE*	*p*,*p*′-DDE*	100	0	105	6	6	$^{13}C_{12}$-*p*,*p*′-DDE
IS	$^{13}C_{12}$-*p*,*p*′-DDE*	$^{13}C_{12}$-*p*,*p*′-DDE*	—	**26**	**58**	8	12	无
51	*p*,*p*′-DDT*	*p*,*p*′-DDT*	100	10	88	16	17	$^{13}C_{12}$-*p*,*p*′-DDE
52	溴氰菊酯*	deltamethrin*	100	1	103	11	11	哒螨灵-D_{13}
53	甜菜安*	desmedipham*	50	**170**	**22**	**60**	**59**	莠去津-D_5

续表

序号	中文名称	英文名称	1X /(ng/g)	ME /%	回收率 /%	RSD_r /%	RSD_R /%	同位素标记内标物
54	二嗪磷	diazinon	20	**−49**	93	19	**32**	哒螨灵-D_{13}
	二嗪磷*	diazinon*	—	5	97	6	6	莠去津-D_5
55	敌敌畏	dichlorvos	10	0	112	10	13	无
	敌敌畏*	dichlorvos*	—	−8	92	16	18	莠去津-D_5
56	双氯芬酸	diclofenac	10	−7	109	9	10	无
57	百治磷	dicrotophos	10	−8	118	7	8	无
	百治磷*	dicrotophos*	—	8	92	20	20	哒螨灵-D_{13}
58	狄氏剂*	dieldrin*	100	1	95	8	8	莠去津-D_5
59	苯醚甲环唑	difenoconazole	100	2	**139**	8	8	莠去津-D_5
	苯醚甲环唑*	difenoconazole*	—	**87**	**125**	**22**	**31**	莠去津-D_5
60	二氟沙星	difloxacin	200	−12	112	6	8	无
61	除虫脲	diflubenzuron	100	−1	**121**	9	9	莠去津-D_5
62	乐果	dimethoate	50	−10	109	6	7	莠去津-D_5
	乐果*	dimethoate*	—	−15	98	9	17	哒螨灵-D_{13}
63	烯酰吗啉	dimethomorph	10	−3	113	9	10	莠去津-D_5
	烯酰吗啉*	dimethomorph*	—	**286**	**34**	**135**	**147**	哒螨灵-D_{13}
64	二甲硝咪唑	dimetridazole	10	11	115	7	7	莱克多巴胺-D_3
65	醚菌胺	dimoxystrobin	10	−3	115	9	11	莠去津-D_5
	醚菌胺*	dimoxystrobin*	—	−12	107	11	11	哒螨灵-D_{13}
66	乙拌磷*	disulfoton*	10	10	96	6	8	莠去津-D_5
67	敌草隆	diuron	50	3	105	6	7	莠去津-D_5
68	十二环吗啉	dodemorph	10	**−29**	84	14	**29**	莠去津-D_5
69	多拉菌素	doramectin	10	**1851**	110	23	**26**	无
70	多西环素	doxycycline	100	**23**	71	7	8	克伦特罗-D_9
71	恩诺沙星	enrofloxacin	100	14	106	7	7	莱克多巴胺-D_3
72	氟环唑	epoxiconazole	10	−4	118	7	8	莠去津-D_5
73	依普菌素	eprinomectin	100	**1085**	116	12	12	莠去津-D_5
74	红霉素	erythromycin	200	9	110	10	11	莠去津-D_5
75	氰戊菊酯*	(*ES*)-fenvalerate*	25	19	114	10	12	哒螨灵-D_{13}
76	杀虫丹砜	ethiofencarb sulfone	10	−9	**153**	**21**	24	无
77	杀虫丹亚砜	ethiofencarb sulfoxide	10	−14	**147**	6	13	莠去津-D_5
78	乙硫磷*	ethion*	10	**21**	92	8	7	莠去津-D_5

续表

序号	中文名称	英文名称	1X /(ng/g)	ME /%	回收率 /%	RSD_r /%	RSD_R /%	同位素标记内标物
79	乙硫磷一氧化物	ethion monoxon	10	−2	**122**	10	10	莠去津-D_5
	乙硫磷一氧化物*	ethion monoxon*	—	**25**	103	**22**	22	莠去津-D_5
80	乙虫腈	ethiprole	10	1	108	9	9	莠去津-D_5
81	灭克磷	ethoprophos	10	5	116	8	9	莠去津-D_5
	灭克磷*	ethoprophos*	—	4	98	6	6	莠去津-D_5
82	醚菊酯*	etofenprox*	100	−3	101	6	6	哒螨灵-D_{13}
83	乙氧嘧啶磷	etrimfos	10	**−34**	101	15	**40**	哒螨灵-D_{13}
	乙氧嘧啶磷*	etrimfos*	—	10	97	7	7	莠去津-D_5
84	苯硫胍	febantel	100	1	**124**	7	9	莠去津-D_5
85	苯线磷	fenamiphos	10	2	111	9	10	莠去津-D_5
	苯线磷*	fenamiphos*	—	**44**	81	**22**	23	莠去津-D_5
86	氯苯嘧啶醇	fenarimol	20	0	118	10	10	莠去津-D_5
	氯苯嘧啶醇*	fenarimol*	—	−14	93	14	14	哒螨灵-D_{13}
87	芬苯达唑	fenbendazole	100	−9	**122**	6	9	莠去津-D_5
88	杀螟硫磷	fenitrothion	50	−1	**136**	18	20	无
	杀螟硫磷*	fenitrothion*	—	19	81	9	11	莠去津-D_5
89	仲丁威	fenobucarb	10	−3	108	8	8	莠去津-D_5
90	苯氧威	fenoxycarb	50	−2	**139**	9	10	莠去津-D_5
91	甲氰菊酯*	fenpropathrin*	10	**23**	113	5	6	莠去津-D_5
92	倍硫磷	fenthion	50	**−47**	107	17	**29**	哒螨灵-D_{13}
	倍硫磷*	fenthion*	—	12	104	7	8	莠去津-D_5
93	倍硫磷砜	fenthion sulfone	50	2	110	8	9	莠去津-D_5
	倍硫磷砜*	fenthion sulfone*	—	−10	105	10	14	哒螨灵-D_{13}
94	氟虫腈*	fipronil*	100	13	82	9	10	莠去津-D_5
95	氟甲腈*	fipronil desulfinyl*	100	12	92	10	11	莠去津-D_5
96	氟虫腈亚砜*	fipronil sulfide*	100	20	99	11	12	莠去津-D_5
97	氟苯尼考	florfenicol	100	−9	110	8	8	氟尼辛-D_3
98	氟苯尼考胺	florfenicol amine	100	**−32**	103	15	20	无
99	氟苯咪唑	flubendazole	10	4	110	6	7	莠去津-D_5
100	2-氨基氟苯哒唑	flubendazole,2-amino	10	14	106	7	7	克伦特罗-D_9
101	咯菌腈	fludioxonil	10	−16	**55**	**32**	**44**	氟尼辛-D_3
	咯菌腈*	fludioxonil*	—	**65**	117	11	11	莠去津-D_5

续表

序号	中文名称	英文名称	1X /(ng/g)	ME /%	回收率 /%	RSD_r /%	RSD_R /%	同位素标记内标物
102	氟噻草胺	flufenacet	10	−5	116	11	11	莠去津-D_5
	氟噻草胺*	flufenacet*	—	**27**	104	**22**	25	莠去津-D_5
103	氟虫脲*	flufenoxuron*	50	**−21**	94	19	**28**	莠去津-D_5
104	氟甲喹	flumequine	50	1	108	6	7	莠去津-D_5
IS	氟尼辛-D_3	flunixin-D_3	—	4	102	4	4	无
105	氟硅唑	flusilazole	20	−5	**128**	7	8	莠去津-D_5
	氟硅唑*	flusilazole*	—	19	102	11	11	莠去津-D_5
106	粉唑醇	flutriafol	20	−3	108	6	7	莠去津-D_5
	粉唑醇*	flutriafol*	—	**28**	87	13	14	莠去津-D_5
107	双氟磺草胺	foramsulfuron	10	7	103	7	8	莠去津-D_5
108	噻唑膦	fosthiazate	10	−5	107	6	8	莠去津-D_5
109	呋线威	furathiocarb	100	−11	**127**	11	15	莠去津-D_5
	呋线威*	furathiocarb*	—	−12	112	8	8	哒螨灵-D_{13}
110	α-HCH*	α-HCH*	10	−3	96	8	9	莠去津-D_5
111	β-HCH*	β-HCH*	10	1	98	6	7	莠去津-D_5
112	γ-HCH（林丹）*	γ-HCH (lindane)*	100	−2	102	5	6	哒螨灵-D_{13}
113	δ-HCH*	δ-HCH*	10	6	97	8	13	莠去津-D_5
114	七氯*	heptachlor*	100	1	100	8	8	莠去津-D_5
115	环氧七氯*	heptachlor epoxide*	100	0	94	6	6	莠去津-D_5
116	六氯苯*	hexachlorobenzene*	100	**−29**	97	10	14	哒螨灵-D_{13}
117	己唑醇	hexaconazole	10	0	119	8	9	莠去津-D_5
	己唑醇*	hexaconazole*	—	−7	98	18	23	哒螨灵-D_{13}
118	噻螨酮	hexythiazox	50	**−39**	95	11	25	哒螨灵-D_{13}
119	抑霉唑	imazalil	50	−3	113	6	7	莠去津-D_5
120	酰胺唑*	imibenconazole*	10	**−342**	**7**	**416**	**396**	哒螨灵-D_{13}
121	吡虫啉	imidacloprid	100	−6	111	6	7	莠去津-D_5
122	吲哚美辛	indometacin	10	−6	105	9	11	莠去津-D_5
123	异稻瘟净	iprobenfos	10	2	115	10	10	莠去津-D_5
	异稻瘟净*	iprobenfos*	—	13	93	13	13	莠去津-D_5
124	异菌脲	iprodione	50	4	**146**	9	12	莠去津-D_5
125	异丙硝唑	ipronidazole	10	0	112	6	7	无
126	羟基异丙硝唑	ipronidazole，hydroxy	10	−4	115	6	9	无
127	丙森锌	iprovalicarb	50	0	112	8	11	莠去津-D_5

续表

序号	中文名称	英文名称	1X /(ng/g)	ME /%	回收率 /%	RSD_r /%	RSD_R /%	同位素标记内标物
128	水胺硫磷*	isocarbofos*	10	10	80	17	19	莠去津-D_5
129	异丙隆	isoproturon	10	−5	107	6	9	莠去津-D_5
130	依维菌素	ivermectin	30	**1058**	91	14	15	无
131	酮基布洛芬	ketoprofen	50	0	105	7	7	莠去津-D_5
132	醚菌酯*	kresoxim-methyl*	50	11	102	6	6	莠去津-D_5
133	左旋咪唑	levamisole	10	−14	109	7	7	克伦特罗-D_9
134	林可霉素	lincomycin	100	**30**	105	7	8	克伦特罗-D_9
135	利谷隆	linuron	100	1	112	6	7	莠去津-D_5
136	马拉硫磷	malathion	20	7	119	13	14	莠去津-D_5
	马拉硫磷*	malathion*	—	13	97	8	8	莠去津-D_5
137	马拉氧磷	malathion oxon	20	2	109	6	8	莠去津-D_5
	马拉氧磷*	malathion oxon*	—	11	90	17	17	莠去津-D_5
138	甲苯咪唑	mebendazole	10	−6	109	7	8	莠去津-D_5
139	2-氨基甲苯咪唑	mebendazole,2-amino	10	10	103	7	8	克伦特罗-D_9
140	甲芬那酸	mefenamic acid	10	0	103	8	9	莠去津-D_5
141	美洛昔康	meloxicam	20	−1	108	7	8	莠去津-D_5
142	地胺磷	mephosfolan	10	−10	109	6	8	莠去津-D_5
	地胺磷*	mephosfolan*	—	**46**	82	**35**	**42**	莠去津-D_5
143	甲霜灵	metalaxyl	50	−3	110	5	8	莠去津-D_5
	甲霜灵*	metalaxyl*	—	16	94	10	11	莠去津-D_5
144	吡唑草胺	metazachlor	10	−3	111	6	9	莠去津-D_5
	吡唑草胺*	metazochlor*	—	11	95	6	6	莠去津-D_5
145	叶菌唑	metconazole	20	2	120	8	8	莠去津-D_5
146	甲胺磷	methamidophos	10	**−35**	111	10	11	无
	甲胺磷*	methamidophos*	—	1	81	13	20	莠去津-D_5
147	杀扑磷	methidathion	20	−7	112	**22**	22	无
	杀扑磷*	methidathion*	—	**26**	87	13	13	莠去津-D_5
148	甲硫威	methiocarb	50	0	120	8	10	莠去津-D_5
149	灭多威	methomyl	20	**−42**	110	**26**	**49**	哒螨灵-D_{13}
150	甲氧虫酰肼	methoxyfenozide	10	−10	**124**	**25**	25	莠去津-D_5
151	甲氧隆	metoxuron	10	−7	109	6	8	莠去津-D_5
152	甲硝唑	metronidazole	10	**22**	110	6	6	莱克多巴胺-D_3
153	甲磺隆	metsulfuron-methyl	10	−1	100	6	7	莠去津-D_5

续表

序号	中文名称	英文名称	1X /(ng/g)	ME /%	回收率 /%	RSD_r /%	RSD_R /%	同位素标记内标物
154	速灭磷	mevinphos	10	−4	109	10	11	莠去津-D_5
	速灭磷*	mevinphos*	—	−4	106	6	6	莠去津-D_5
155	灭蚁灵*	mirex*	100	−7	**64**	7	7	$^{13}C_{12}$-*p*,*p*′-DDE
156	久效磷	monocrotophos	10	−14	120	7	10	无
	久效磷*	monocrotophos*	—	15	87	**22**	23	莠去津-D_5
157	灭草隆	monuron	10	−11	105	6	8	莠去津-D_5
158	莫西菌素	moxidectin	20	**263**	115	18	19	无
159	腈菌唑	myclobutanil	10	−4	118	7	10	莠去津-D_5
	腈菌唑*	myclobutanil*	—	16	92	10	10	莠去津-D_5
160	萘啶酸	nalidixic acid	20	7	105	6	7	莠去津-D_5
161	萘普生	naproxen	10	15	107	13	13	莠去津-D_5
162	尼美舒利	nimesulide	10	−5	116	9	9	氟尼辛-D_3
163	烯啶虫胺	nitenpyram	10	**−27**	109	10	11	莠去津-D_5
	烯啶虫胺*	nitenpyram*	—	20	96	12	12	莠去津-D_5
164	诺氟沙星	norfloxacin	20	**75**	119	17	**33**	克伦特罗-D_9
165	氟苯嘧啶醇	nuarimol (trimidal)	10	**23**	115	7	8	莠去津-D_5
166	氧乐果	omethoate	10	**−28**	119	7	8	无
	氧乐果*	omethoate*	—	**26**	102	**26**	**26**	莠去津-D_5
167	奥芬达唑	oxfendazole	100	14	112	7	7	克伦特罗-D_9
168	喹菌酮	oxolinic acid	100	3	107	5	7	莠去津-D_5
169	乙氧氟草醚*	oxyfluorfen*	10	31	82	**26**	**27**	莠去津-D_5
170	土霉素	oxytetracycline	100	18	**60**	8	9	克伦特罗-D_9
171	多效唑	paclobutrazol	10	−8	113	6	9	莠去津-D_5
	多效唑*	paclobutrazol*	—	**26**	81	13	13	莠去津-D_5
172	对硫磷*	parathion*	10	16	108	7	9	莠去津-D_5
173	对氧磷	parathion oxon	10	1	108	7	9	莠去津-D_5
174	甲基对氧磷	parathion-methyl oxon	10	2	108	7	8	莠去津-D_5
175	PCB 77*	PCB 77*	10	12	117	12	12	$^{13}C_{12}$-PCB 153
176	PCB 81*	PCB 81*	10	7	116	8	8	$^{13}C_{12}$-PCB 153
177	PCB 101*	PCB 101*	10	−3	**160**	8	9	$^{13}C_{12}$-PCB 153
178	PCB 105*	PCB 105*	10	3	**132**	8	9	$^{13}C_{12}$-PCB 153
179	PCB 118+123*	PCB 118+123*	10	2	114	7	8	$^{13}C_{12}$-PCB 153
180	PCB 126*	PCB 126*	10	6	75	12	12	$^{13}C_{12}$-PCB 153

续表

序号	中文名称	英文名称	1X /(ng/g)	ME /%	回收率 /%	RSD$_r$ /%	RSD$_R$ /%	同位素标记内标物
181	PCB 138*	PCB 138*	10	−2	119	8	8	$^{13}C_{12}$-PCB 153
182	PCB 153*	PCB 153*	10	−1	103	8	9	$^{13}C_{12}$-PCB 153
IS	$^{13}C_{12}$-PCB 153*	$^{13}C_{12}$-PCB 153*	—	**38**	**28**	12	18	无
183	PCB 156+157*	PCB 156+157*	10	−1	88	8	8	$^{13}C_{12}$-PCB 153
184	PCB 169*	PCB 169*	10	2	**46**	13	14	$^{13}C_{12}$-PCB 153
185	PCB 180*	PCB 180*	10	−4	71	9	10	$^{13}C_{12}$-PCB 153
186	PCB 189*	PCB 189*	10	1	**52**	11	11	$^{13}C_{12}$-PCB 153
187	戊菌唑	penconazole	50	−5	**122**	8	8	莠去津-D_5
	戊菌唑*	penconazole*	—	15	90	8	8	莠去津-D_5
IS	青霉素G-D_7	penicillin G-D_7	—	2	102	7	8	无
188	氯菊酯*	permethrins*	100	−1	88	6	7	哒螨灵-D_{13}
189	稻丰散	phenthoate	10	**−35**	101	19	**41**	莠去津-D_5
	稻丰散*	phenthoate*	—	17	102	6	6	莠去津-D_5
190	保泰松	phenylbutazone	10	−9	96	13	17	无
191	甲拌磷*	phorate*	20	4	106	7	10	莠去津-D_5
192	甲拌酯	phorate oxon	20	8	112	6	10	莠去津-D_5
193	甲拌磷砜	phorate sulfone	20	4	113	9	11	莠去津-D_5
	甲拌磷砜*	phorate sulfone*	—	14	96	8	10	莠去津-D_5
194	甲拌磷亚砜	phorate sulfoxide	20	−5	106	6	9	莠去津-D_5
195	伏杀硫磷*	phosalone*	10	−11	98	9	10	哒螨灵-D_{13}
196	亚胺硫磷*	phosmet*	100	−3	113	**22**	23	哒螨灵-D_{13}
197	磷胺	phosphamidon	10	−11	109	6	8	莠去津-D_5
198	抗蚜威*	pirimicarb*	10	10	93	4	5	莠去津-D_5
199	嘧啶磷	pirimiphos	10	**−38**	97	12	**28**	哒螨灵-D_{13}
	嘧啶磷*	pirimiphos*	—	10	100	8	8	莠去津-D_5
200	甲基嘧啶磷	pirimiphos-methyl	10	**−32**	107	14	**29**	哒螨灵-D_{13}
	甲基嘧啶磷*	pirimiphos-methyl*	—	9	104	7	7	莠去津-D_5
201	吡罗昔康	piroxicam	10	1	105	7	9	莠去津-D_5
202	咪鲜胺	prochloraz	100	−7	**135**	8	10	莠去津-D_5
	咪鲜胺*	prochloraz*	—	**65**	**29**	**65**	**72**	哒螨灵-D_{13}
203	丙溴磷	profenofos	50	**−49**	108	16	**29**	哒螨灵-D_{13}
	丙溴磷*	profenofos*	—	**23**	94	15	15	莠去津-D_5
204	猛杀威	promecarb	10	−6	113	8	9	莠去津-D_5

续表

序号	中文名称	英文名称	1X /(ng/g)	ME /%	回收率 /%	RSD_r /%	RSD_R /%	同位素标记内标物
205	扑草净*	prometryn*	10	10	96	8	9	莠去津-D_5
206	霜霉威	propamocarb	10	−11	114	7	8	无
207	敌稗*	propanil*	10	**54**	**55**	**28**	**35**	莠去津-D_5
208	炔螨特*	propargite*	100	−12	119	14	15	哒螨灵-D_{13}
209	丙环唑	propiconazole	10	9	116	11	11	莠去津-D_5
	丙环唑*	propiconazole*	—	−2	**126**	13	15	哒螨灵-D_{13}
210	残杀威*	propoxur*	50	2	100	7	12	莠去津-D_5
211	异丙安替比林	propyphenazone	10	0	106	5	7	莠去津-D_5
212	氟丙磺隆	prosulfuron	20	−2	111	6	8	莠去津-D_5
213	吡唑硫磷	pyraclofos	10	**−31**	98	17	**38**	莠去津-D_5
	吡唑硫磷*	pyraclofos*	—	**48**	100	**39**	**40**	哒螨灵-D_{13}
214	吡唑醚菌酯	pyraclostrobin	100	**−32**	103	15	**38**	哒螨灵-D_{13}
	吡唑醚菌酯*	pyraclostrobin*	—	**171**	**16**	**338**	**381**	哒螨灵-D_{13}
215	吡嘧磷	pyrazophos	20	**−53**	98	**21**	**36**	哒螨灵-D_{13}
	吡嘧磷*	pyrazophos*	—	−11	114	19	20	哒螨灵-D_{13}
216	哒螨灵	pyridaben	20	**43**	87	9	**31**	哒螨灵-D_{13}
	哒螨灵*	pyridaben*	—	6	95	5	9	哒螨灵-D_{13}
IS	哒螨灵-D_{13}	pyridaben-D_{13}	—	−6	116	19	20	无
	哒螨灵-D_{13}*	pyridaben-D_{13}*	—	**42**	74	12	17	无
217	啶斑肟	pyrifenox	10	−9	**131**	7	8	莠去津-D_5
	啶斑肟*	pyrifenox*	—	**38**	108	15	15	莠去津-D_5
218	吡丙醚	pyriproxyfen	50	16	92	16	19	哒螨灵-D_{13}
	吡丙醚*	pyriproxyfen*	—	3	99	10	11	哒螨灵-D_{13}
219	莱克多巴胺	ractopamine	10	**40**	120	7	11	莱克多巴胺-D_3
IS	莱克多巴胺-D_3	ractopamine-D_3	—	−5	100	5	5	无
220	洛硝哒唑(罗硝唑)	ronidazole	10	**−26**	115	8	8	克伦特罗-D_9
221	沙拉沙星	sarafloxacin	20	9	**131**	11	22	无
222	西玛津	simazine	10	−9	105	7	9	莠去津-D_5
223	螺旋霉素	spiramycin	100	−6	104	7	8	莠去津-D_5
224	磺胺氯哒嗪	sulfachlorpyridazine	100	−8	114	6	8	无
225	磺胺嘧啶	sulfadiazine	100	3	114	7	7	克伦特罗-D_9
226	磺胺二甲氧嘧啶	sulfadimethoxine	100	−6	104	6	6	莠去津-D_5

续表

序号	中文名称	英文名称	1X /(ng/g)	ME /%	回收率 /%	RSD_r /%	RSD_R /%	同位素标记内标物
227	磺胺多辛	sulfadoxine	100	−4	119	5	7	无
228	磺胺甲基嘧啶	sulfamerazine	100	−5	116	8	8	无
229	磺胺二甲嘧啶	sulfamethazine	100	9	112	7	7	克伦特罗-D_9
230	磺胺甲噁唑	sulfamethoxazole	100	−7	116	6	8	无
231	磺胺喹噁啉	sulfaquinoxaline	100	7	108	6	7	克伦特罗-D_9
232	磺胺噻唑	sulfathiazole	100	9	113	7	7	克伦特罗-D_9
233	戊唑醇	tebuconazole	50	−4	114	8	8	莠去津-D_5
	戊唑醇*	tebuconazole*	—	−13	91	13	13	哒螨灵-D_{13}
234	吡螨胺	tebufenpyrad	50	**−47**	99	15	**29**	哒螨灵-D_{13}
235	TEPP*	TEPP*	10	20	89	12	13	莠去津-D_5
236	特丁硫磷*	terbufos*	50	5	94	5	5	莠去津-D_5
237	四环素	tetracycline	100	13	74	7	8	克伦特罗-D_9
238	噻菌灵	thiabendazole	100	**−21**	119	7	8	无
239	噻虫啉	thiacloprid	100	−3	110	6	8	莠去津-D_5
240	噻虫嗪	thiamethoxam	20	**28**	116	**21**	22	无
	噻虫嗪*	thiamethoxam*	—	**39**	**48**	**62**	**67**	莠去津-D_5
241	甲砜霉素	thiamphenicol	50	3	110	10	11	氟尼辛-D_3
242	噻吩磺隆	thifensulfuron-methyl	10	1	102	8	9	莠去津-D_5
243	禾草丹	thiobencarb	10	**−43**	107	14	**28**	哒螨灵-D_{13}
	禾草丹*	thiobencarb*	—	19	100	7	8	莠去津-D_5
244	硫双威	thiodicarb	20	**−33**	**15**	**93**	**93**	无
245	甲基硫菌灵	thiophanate-methyl	50	1	118	5	13	莠去津-D_5
246	替米考星	tilmicosin	100	**113**	119	9	10	莠去津-D_5
247	托芬那酸	tolfenamic acid	50	−7	102	8	8	莠去津-D_5
248	三唑酮	triadimefon	20	2	116	7	8	莠去津-D_5
	三唑酮*	triadimefon*	—	13	95	10	13	哒螨灵-D_{13}
249	三唑醇	triadimenol	20	−5	112	7	10	莠去津-D_5
	三唑醇*	triadimenol*	—	17	82	10	10	莠去津-D_5
250	醚苯磺隆	triasulfuron	50	−2	108	7	9	莠去津-D_5
251	三唑磷	triazophos	10	−3	**121**	7	7	莠去津-D_5
	三唑磷*	triazophos*	—	1	104	**23**	25	莠去津-D_5
252	三氯苯达唑	triclabendazole	125	**−46**	94	20	**43**	哒螨灵-D_{13}

续表

序号	中文名称	英文名称	1X /(ng/g)	ME /%	回收率 /%	RSD_r /%	RSD_R /%	同位素标记内标物
253	三氯苯达唑亚砜	triclabendazole sulfoxide	125	−8	**127**	9	9	莠去津-D_5
254	三环唑	tricyclazole	50	−6	114	6	8	无
	三环唑*	tricyclazole*	—	**116**	**5**	**222**	**217**	莠去津-D_5
255	肟菌酯	trifloxystrobin	50	**−52**	97	20	**31**	哒螨灵-D_{13}
	肟菌酯*	trifloxystrobin*	—	19	101	7	7	哒螨灵-D_{13}
256	三氟啶磺隆	trifloxysulfuron	10	8	106	6	10	莠去津-D_5
257	杀铃脲	triflumuron	10	**−37**	107	15	**43**	哒螨灵-D_{13}
258	甲氧苄啶	trimethoprim	20	9	109	6	6	莱克多巴胺-D_3
259	泰乐菌素	tylosin	100	1	113	7	8	莠去津-D_5

注：* 为 ITSP+LPGC-MS/MS 分析结果，其他为 UHPLC-MS/MS 分析结果；1X 为按照监测 MRL 值设定的浓度，方法确证采用了 0.5X、1X、1.5X 和 2X 共四个添加浓度，每个浓度设 10 个重复并进行了连续 2 天的重现性试验，最终 $n=80$。黑体表示 ME 绝对值>20%，回收率<70%或>120%，日内 RSD（RSD_r）>20%或日间 RSD（RSD_R）>25%的数据。"

3. 内标物的选择

该方法中的另一个偏差与内标物的峰面积归一化有关。对于绝大多数极性和中等极性的化合物，即使不使用内标物，其回收率也在 100%±10%范围内，使用内标物对结果的改善并不明显，但对于相对非极性的化合物（这些化合物大部分采用 GC 检测），由于其对牛肉样品中脂肪组织的亲脂性，使用内标法将对分析结果有较大的改善。

表 5-3 列出了 UHPLC-MS/MS 和 LPGC-MS/MS 中每个内标物在连续两天实验中的基质效应、回收率和日内 RSD，汇总后每个内标物的总体回收率则包括在表 5-2 中。由表 5-2 可以看出，在气相色谱中，中等极性的莠去津-D_5 的回收率为 105%±9%，而与亲脂性相关的哒螨灵-D_{13}、$^{13}C_{12}$-p,p'-DDE 和$^{13}C_{12}$-PCB153 的回收率则逐渐降低，分别为 74%±13%、58%±7%和 28%±5%。可见在 LPGC-MS/MS 中，内标物不仅补偿了体积波动，还补偿了分析物分配进入脂肪组织造成的回收率降低。已有实验证明，在不使用内标法校正时，一些非极性化合物在高脂肪基质中的回收率（采用外标法）会随着其 K_{ow} 的增大而减小，因此在选择内标物时，应重点关注化合物的亲脂性或极性。在该实验中，大多数目标化合物使用莠去津-D_5 作为 LPGC-MS/MS 中的内标物，而哒螨灵-D_{13} 则用作拟除虫菊酯和其他相对弱极性农药的内标物，一些非极性有机氯农药使用$^{13}C_{12}$-p,p'-DDE 作为内标物，亲脂性最高的$^{13}C_{12}$-PCB 153 则作为 PCB 类似物的内标物。

在 UHPLC-MS/MS 分析中，大部分目标化合物的极性相对较强，亲脂性大大降低，因此选择莠去津-D_5、克伦特罗-D_9、氟尼辛-D_3、青霉素 G-D_7 和莱克多巴胺-D_3 中的任何一个或者不采用内标都不会使 7min 以前出峰的大多数化合物的分析结果发生显著变化。与 LPGC-MS/MS 中的情况不同，UHPLC-MS/MS 中内标物的使用更多是为了补偿基质效应。例如，哒螨灵-D_{13} 在 GC 中的总体回收率为 74%±13%，具有相当稳定的基质增强效应，但在 LC 中总体回收率为 116%±27%，且在第 1 天和第 2 天的基质效应差异很大（表 5-3），这又一次证明 LPGC-MS/MS 对哒螨灵和类似农药（在液相色谱中保留时间大于 7min）的分析准确度比 UHPLC-MS/MS 更高。

表 5-3 方法确证实验中内标物的回收率、日内 RSD 及基质效应 (ME)[1]

内标物		保留时间/min	第一天			第二天		
中文名称	英文名称		ME/%	回收率/%	RSD/%	ME/%	回收率/%	RSD/%
莠去津-D_5	atrazine-D_5	5.77	2	103	4	5	98	5
莠去津-D_5*	atrazine-D_5*	3.89	12	113	8	6	97	4
哒螨灵-D_{13}	pyridaben-D_{13}	8.42	**39**	111	19	**−50**	**121**	19
哒螨灵-D_{13}*	pyridaben-D_{13}*	5.8	**35**	73	10	**50**	74	14
$^{13}C_{12}$-p,p'-DDE*	$^{13}C_{12}$-p,p'-DDE*	4.86	**32**	**60**	10	19	**55**	6
$^{13}C_{12}$-PCB 153*	$^{13}C_{12}$-PCB 153*	5.09	**32**	**32**	16	**43**	**24**	9
克伦特罗-D_9	clenbuterol-D_9	3.88	−12	100	5	0	100	3
氟尼辛-D_3	flunixin-D_3	6.5	4	104	4	4	99	3
青霉素 G-D_7	penicillin G-D_7	5.29	4	105	9	0	100	5
莱克多巴胺-D_3	ractopamine-D_3	3.59	−12	101	5	2	99	5

注：* 为 ITSP+LPGC-MS/MS 分析结果，其他为 UHPLC-MS/MS 分析结果。
粗体数字表示 ME>｜±20%｜，或者回收率>120%或<70%。

4. 基质效应

该方法中全部使用基质匹配标准曲线进行定量，但仍然对基质效应进行了全面评价。在 UHPLC-MS/MS 中，仅有 23%的分析物（194 个分析物中的 45 个）的基质效应超过了｜±20%｜，这对于未进行任何净化直接进样的方法来说是相当少了。有文献表明，采用乙腈/水混合溶剂时只有少量脂肪会与目标化合物一起被提取出来[7]，而且该实验中进入色谱柱的等效样品量只有 0.35mg。此外，在分析方法设置中，保留时间 1.1min 之前和 9.5min 之后的流出物都通过质谱切换阀切换至废液流路而没有进入离子源，并且在每次新的进样序列之前都要进行离子源的清理维护，这些日常维护工作也是减少基质效应的手段。

在 UHPLC-MS/MS 中，大多数的基质效应表现为离子抑制效应，然而，实验中出现了几个基质增强效应很高的化合物，包括硫丹和大环内酯类化合物（阿维菌素、多拉菌素、埃谱利诺菌素、依维菌素和莫西菌素），所有这些分析物的 ME>250%。这些情况下的问题不仅是由于 ESI，还由于与基质匹配标准溶液相比，酸性的纯溶剂标准溶液中的分析物稳定性有所降低，而基质成分可能通过增加 pH 值来提高最终提取液中分析物的稳定性。其他大环内酯类药物（替米考星）和氟喹诺酮类药物（环丙沙星和诺氟沙星）也在一定程度上表现了类似的特点。

在 LPGC-MS/MS 的情况下，135 种分析物中有 22 种的 ME>｜±20%｜，其中只有 8 种分析物的 ME>｜±30%｜。与 ESI 中的抑制不同，GC-MS 中的分析物往往会发生基质增强效应。这一方面得益于分析保护剂（AP）的使用[40]，另一方面，也与提取过程中较大的稀释倍数有关。

对于多残留分析来说，即使对大部分目标化合物的 ME 已经降到很低，总是无法对所有化合物都做到 ME<｜±20%｜，因此使用基质匹配标准曲线进行定量还是必要的。

5. 方法正确度与精密度

该方法采用 QuEChERSER-Mega 方法，ITSP 自动净化结合 LPGC-MS/MS 和 UHPLC-

MS/MS检测，259种分析物中有221种（85%）的总体平均回收率在70%～120%之间，日间RSD≤25%。不同加标水平的回收率如图5-5所示（具体数据参表5-2）。即使在最低的加标水平（0.5X），大部分化合物的分析结果仍然满足要求。

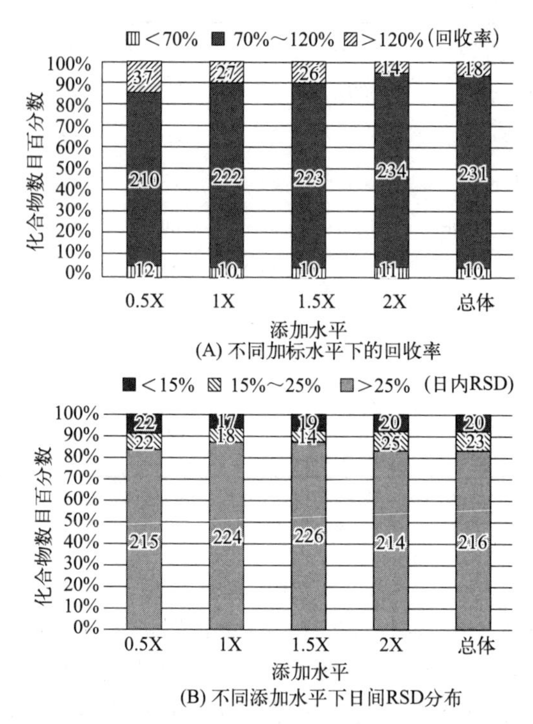

图5-5　牛肉中259种目标分析物在不同加标水平下的回收率和日间RSD分布

柱体上的数字表示不同回收率或RSD范围内的化合物个数[1]；每个加标水平下 $n=20$，总体中 $n=80$

6. 不合格化合物的讨论

方法中大部分目标化合物的回收率和RSD都符合方法要求，但仍有一些分析物的回收率或RSD不合格，有一些分析物则可以在监测分析中用于半定量筛查。在LPGC-MS/MS中，只有敌稗、酰胺唑、甜菜安和燕麦灵四种化合物的检测灵敏度没有达到监测要求。另有八种化合物（苯醚甲环唑、噻虫嗪、吡唑醚菌酯、吡唑硫磷、咪鲜胺、咯菌腈、烯酰吗啉和三环唑）在LPGC-MS/MS中效果不佳，但其UHPLC-MS/MS结果能被接受。

LPGC-MS/MS中回收率<70%的分析物包括灭蚁灵和多氯联苯（PCB169和PCB189），与这三种化合物的强非极性有关。该方法中采用5倍于样品量的提取溶剂，使得低回收率的化合物比之前溶剂与样品比例为1∶1的方法要明显减少，表明在该方法中，每克样品使用5倍以上的提取溶剂可以显著提高非极性化合物的回收率。LPGC-MS/MS中RSD大于20%的分析物包括联苯三唑醇、甲萘威、苯线磷、氟噻草胺、氟虫脲、己唑醇、地胺磷、久效磷、乙氧氟草醚、亚胺硫磷、吡唑硫磷和PCB 138。

7. 采用认证标准物质进行方法验证

QuEChERSER-Mega方法的有效性在加拿大国家研究委员会的冻干牛肉认证标准物质（CRM）中的兽药分析中得到了进一步验证。图5-6为该方法与CRM标明的五种兽药（环丙沙星、恩诺沙星、美洛昔康、莱克多巴胺和磺胺嘧啶）的浓度比较结果。在该样品中还测出了两种CRM未标明的化合物，即（199±19）ng/g的保泰松和（12750±50）ng/g的甲氧苄氨嘧啶[41]。使用Mega方法还分析了20个不同部位的市售牛肉样品，但均未发现目标分析物的残留。

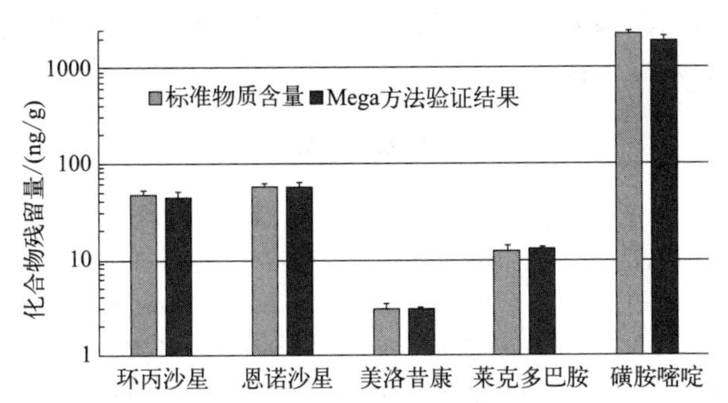

图5-6 QuEChERSER-Mega方法与加拿大国家研究委员会的冻干牛肉认证标准物质中的兽药分析结果比较[1]

（五）总结

QuEChERSER-Mega方法结合了农药和兽药两种基于QuEChERS的样品前处理方法，将目标分析物扩展到了农药、兽药和环境污染物，简单提取后进行自动化ITSP净化，然后进行UHPLC-MS/MS和LPGC-MS/MS并行分析，10min左右即可同步完成自动净化和检测过程。实验采用UHPLC-MS/MS测定了牛肉样品中的194种分析物，采用LPGC-MS/MS测定了130种分析物，运行时间均为10min左右。有65种分析物在两种检测方法中均有检测，这为定性和定量结果提供了额外的保证。此外，实验中使用求和积分函数功能进行数据处理，无需手动重新积分或人工审查，只需检查校准曲线，便可确保分析结果的准确无误。

通过对牛肉中259种农药、兽药和多氯联苯等不同类型的污染物的充分验证，证明所优化和建立的QuEChERSER-Mega方法完全符合残留分析的要求，可应用于牛肉中的目标农药、兽药和多氯联苯的高通量多残留分析，适用于监测实验室及进出口、风险评估和其他相关内容。

三、鲶鱼中的QuEChERSER多残留分析方法

QuEChERSER方法也在另一项对于鲶鱼的多类型多残留分析项目中得到了验证[10]。该项目开发并验证了同时测定349种化合物（包括227种农药及代谢物、106种兽药和16种多氯联苯）的QuEChERSER-Mega方法，检测限均达到或低于欧盟和美国制定的鲶鱼中的MRL监管水平。实验对鲶鱼中的多残留分析方法进行了确证，以MRL监管水平为1X设置了四种不同加标水平（0.5X、1X、1.5X和2X），每个水平10个重复。

方法步骤与前述牛肉的方法基本相同，称取2g鲶鱼样品，用10mL乙腈/水（4∶1，体积比）提取，移取约200μL经一定稀释后，直接进UHPLC-MS/MS分析106种兽药和125种农药及代谢物。剩余提取液经盐析后，采用ITSP（仪器顶部样品制备装置）自动进行μ-SPE（微型固相萃取）净化，之后立即进LPGC-MS/MS检测剩余的167种农药和代谢物及多氯联苯，其中有49种分析物同时在LPGC-MS/MS和UHPLC-MS/MS上都进行了检测。样品的ITSP自动净化、对167种化合物的LPGC-MS/MS分析以及对231种分析物的UHPLC-MS/MS分析均同时进行，三者同时运行且均可在约10min内完成，真正实现样品的多类型、多残留、快速、高通量分析。在MS/MS检测中，对几乎所有目标分析物均监测

三对离子对，以确保定性和定量的准确性。

方法确证实验表明，349种化合物中，有320种（92%）得到了令人满意的回收率（70%～120%）和相对标准偏差（≤20%），表明所开发的方法适用于鱼类中这些污染物的分析，可用于监管监测和风险评估。

参考文献

[1] Monteiro S H, Lehotay S J, Sapozhnikova Y, et al. High-Throughput Mega-Method for the analysis of pesticides, veterinary drugs, and environmental contaminants by Ultra-High-Performance Liquid Chromatography-Tandem Mass Spectrometry and Robotic Mini-Solid-Phase Extraction Cleanup + Low-Pressure Gas Chromatography-Tandem Mass Spectrometry, Part 1: Beef. Journal of Agricultural and Food Chemistry, 2021, 69 (4): 1159-1168.

[2] Muñoz E, Muñoz G, Pineda L, et al. Multiresidue method for pesticide residue analysis in food of animal and plant origin based on GC or LC and MS or MS/MS. Journal of AOAC International, 2012, 95 (6): 1777-1796.

[3] Wu G, Bao X, Zhao S, et al. Analysis of multi-pesticide residues in the foods of animal origin by GC-MS coupled with accelerated solvent extraction and gel permeation chromatography cleanup. Food Chemistry, 2011, 126 (2): 646-654.

[4] Office of Public Health Science, USDA Food Safety and Inspection Service. CLG-PST 5.08 screening for pesticides by LC/MS/MS and GC/MS/MS. Office of Public Health Science, USDA Food Safety and Inspection Service: Washington, D. C., 2018.

[5] Rezende C P, Almeida M P, Brito R B, et al. Optimisation and validation of a quantitative and confirmatory LC-MS method for multi-residue analyses of β-lactam and tetracycline antibiotics in bovine muscle. Food Additives and Contaminants, 2012, 29 (4): 541-549.

[6] Mol H G J, Plaza-Bolaños P, Zomer P, et al. Toward a generic extraction method for simultaneous determination of pesticides, mycotoxins, plant toxins, and veterinary drugs in feed and food matrixes. Analytical Chemistry, 2008, 80 (24): 9450-9459.

[7] Lehotay S J, Lightfield A R, Geis Asteggiante L, et al. Development and validation of a streamlined method designed to detect residues of 62 veterinary drugs in bovine kidney using ultra-high performance liquid chromatography-tandem mass spectrometry. Drug Testing and Analysis, 2012, 4 (S1): 75-90.

[8] Lehotay S J. The QuEChERSER Mega-Method. LCGC North America, 2022, 40 (1): 13-19.

[9] Lehotay S J, Michlig N, Lightfield A R. Assessment of test portion sizes after sample comminution with liquid nitrogen in an improved High-Throughput Method for analysis of pesticide residues in fruits and vegetables. Journal of Agricultural and Food Chemistry, 2020, 68 (5): 1468-1479.

[10] Ninga E, Sapozhnikova Y, Lehotay S J, et al. High-Throughput Mega-Method for the analysis of pesticides, veterinary drugs, and environmental contaminants by Ultra-High-Performance Liquid Chromatography-Tandem Mass Spectrometry and Robotic Mini-Solid-Phase Extraction Cleanup + Low-Pressure Gas Chromatography-Tandem Mass Spectrometry, Part 2: Catfish. Journal of Agricultural and Food Chemistry, 2021, 69 (4): 1169-1174.

[11] Michlig N, Lehotay S J, Lightfield A R, et al. Validation of a high-throughput method for analysis of pesticide residues in hemp and hemp products. Journal of Chromatography A, 2021, 1645: 462097.

[12] Monteiro S H, Lehotay S J, Sapozhnikova Y, et al. Validation of the QuEChERSER mega-method for the analysis of pesticides, veterinary drugs, and environmental contaminants in tilapia (*Oreochromis niloticus*). Food additives & contaminants. Part A, Chemistry, analysis, control, exposure & risk assessment, 2022, 39 (4): 699-709.

[13] Lehotay S J, Chen Y. Hits and misses in research trends to monitor contaminants in foods. Analytical and bioanalytical chemistry, 2018, 410 (22): 5331-5351.

[14] Bruce M, Raynie D E. Managing heterogeneity with incremental sampling methodology. LCGC North America, 2017, 35 (11): 792-800.

[15] Lehotay S J, Cook J M. Sampling and sample processing in pesticide residue analysis. Journal of agricultural and food chemistry, 2015, 63 (18): 4395-4404.

[16] Roussev M, Lehotay S J, Pollaehne J. Cryogenic sample processing with liquid nitrogen for effective and efficient

monitoring of pesticide residues in foods and feeds. Journal of Agricultural and Food Chemistry, 2019, 67 (33): 9203-9209.

[17] Lehotay S J, Han L J, Sapozhnikova Y. Use of a quality control approach to assess measurement uncertainty in the comparison of sample processing techniques in the analysis of pesticide residues in fruits and vegetables. Analytical and Bioanalytical Chemistry, 2018, 410 (22): 5465-5479.

[18] Lehotay S J, Lightfield A R. Extract-and-Inject analysis of veterinary drug residues in catfish and Ready-to-Eat Meats by Ultrahigh-Performance Liquid Chromatography-Tandem Mass Spectrometry. Journal of AOAC International, 2020, 103 (2): 584-606.

[19] USDA Food Safety and Inspection Service. Chemistry Laboratory Guidebook CLG-MRM1-3. accessed Oct 2023.

[20] Anastassiades M, Lehotay S J, Stajnbaher D, et al. Fast and easy multiresidue method employing acetonitrile extraction/partitioning and " dispersive solid-phase extraction" for the determination of pesticide residues in produce. Journal of AOAC International, 2003, 86 (2): 412-431.

[21] Morris B D, Schriner R B. Development of an automated column Solid-Phase Extraction cleanup of QuEChERS extracts, using a Zirconia-Based Sorbent, for pesticide residue analyses by LC-MS/MS. Journal of Agricultural and Food Chemistry, 2015, 63 (21): 5107-5119.

[22] Lehotay S J, Han L J, Sapozhnikova Y. Automated Mini-Column Solid-Phase Extraction cleanup for High-Throughput analysis of chemical contaminants in foods by Low-Pressure Gas Chromatography-Tandem Mass Spectrometry. Chromatographia, 2016, 79 (17-18): 1113-1130.

[23] Hakme E, Poulsen M E. Evaluation of the automated micro-solid phase extraction clean-up system for the analysis of pesticide residues in cereals by gas chromatography-Orbitrap mass spectrometry. Journal of Chromatography A, 2021, 1652: 462384.

[24] Anumol T, Lehotay S J, Stevens J, et al. Comparison of veterinary drug residue results in animal tissues by ultrahigh-performance liquid chromatography coupled to triple quadrupole or quadrupole-time-of-flight tandem mass spectrometry after different sample preparation methods, including use of a commercial lipid removal product. Analytical and Bioanalytical Chemistry, 2017, 409 (10): 2639-2653.

[25] Jiang H, Li N, Cui L, et al. Recent application of magnetic solid phase extraction for food safety analysis. TrAC Trends in Analytical Chemistry, 2019, 120: 115632.

[26] Perestrelo R, Silva P, Porto-Figueira P, et al. QuEChERS-Fundamentals, relevant improvements, applications and future trends. Anal Chim Acta, 2019, 1070: 1-28.

[27] Kim L, Lee D, Cho H, et al. Review of the QuEChERS method for the analysis of organic pollutants: Persistent organic pollutants, polycyclic aromatic hydrocarbons, and pharmaceuticals. Trends in Environmental Analytical Chemistry, 2019, 22: e00063.

[28] Santana-Mayor Á, Socas-Rodríguez B, Herrera-Herrera A V, et al. Current trends in QuEChERS method. A versatile procedure for food, environmental and biological analysis. TrAC Trends in Analytical Chemistry, 2019, 116: 214-235.

[29] Lehotay S J, Zeeuw J D, Sapozhnikova Y, et al. There is no time to waste: Low-Pressure Gas Chromatography-Mass Spectrometry is a proven solution for fast, sensitive, and robust GC-MS analysis. LCGC North America, 2020, 38 (8): 457-466.

[30] Rodríguez-Ramos R, Lehotay S J, Michlig N, et al. Critical review and re-assessment of analyte protectants in gas chromatography. Journal of Chromatography A, 2020, 1632: 461596.

[31] Lehotay S J. Utility of the summation chromatographic peak integration function to avoid manual reintegrations in the analysis of targeted analytes. LCGC North America, 2017, 35 (6): 391-402.

[32] Lehotay S J. Comparison of analyte identification criteria and other aspects in triple quadrupole tandem mass spectrometry: Case study using UHPLC-MS/MS for regulatory analysis of veterinary drug residues in liquid and powdered eggs. Analytical and Bioanalytical Chemistry, 2022, 414 (1): 287-302.

[33] Ministério da Agricultura, Pecuária e Abastecimento, Secretaria de Defesa Agropecuária. Normative instruction 20 of July 2018-national plan for the control of residues in animal products-PCNRC of 2018, Brazil, 10/21/2023.

[34] USDA Food Safety and Inspection Service, Office of Public Health Science. National Residue Program for Meat, Poultry, and Egg Products. Washington, DC, Oct 2023.

[35] Han L J, Sapozhnikova Y. Semi-automated high-throughput method for residual analysis of 302 pesticides and environmental contaminants in catfish by fast low-pressure GC-MS/MS and UHPLC-MS/MS. Food Chemistry, 2020, 319: 126592.

[36] Sapozhnikova Y. High-throughput analytical method for 265 pesticides and environmental contaminants in meats and poultry by fast low pressure gas chromatography and ultrahigh-performance liquid chromatography tandem mass spectrometry. Journal of Chromatography A, 2018, 1572: 203-211.

[37] Geis-Asteggiante L, Lehotay S J, Lightfield A R, et al. Ruggedness testing and validation of a practical analytical method for>100 veterinary drug residues in bovine muscle by ultrahigh performance liquid chromatography-tandem mass spectrometry. Journal of Chromatography A, 2012, 1258: 43-54.

[38] Schneider M J, Lehotay S J, Lightfield A R. Validation of a streamlined multiclass, multiresidue method for determination of veterinary drug residues in bovine muscle by liquid chromatography-tandem mass spectrometry. Analytical and Bioanalytical Chemistry, 2015, 407 (15): 4423-4435.

[39] Lehotay S J, Lightfield A R. Simultaneous analysis of aminoglycosides with many other classes of drug residues in bovine tissues by ultrahigh-performance liquid chromatography-tandem mass spectrometry using an ion-pairing reagent added to final extracts. Analytical and Bioanalytical Chemistry, 2018, 410 (3): 1095-1109.

[40] Maštovská K, Lehotay S J, Anastassiades M. Combination of analyte protectants to overcome matrix effects in routine GC analysis of pesticide residues in food matrixes. Analytical Chemistry, 2005, 77 (24): 8129-8137.

[41] McRae G, Melanson J E, Meija J, et al. BOTS-1: Certified reference material of veterinary drug residues in bovine muscle. National Research Council Canada, 2018.

第六章

极性农药的残留分析 QuPPe 方法

第一节 QuPPe 方法简介

QuEChERS 方法自发表以来，已被广泛应用于蔬菜、水果、土壤等多种基质的农药残留检测。2019 年，Lehotay 等发表了 QuEChERS 方法的扩展版本 QuEChERSER 方法[1]，将方法进一步扩展应用到包括农药、兽药、环境污染物及真菌毒素等多种类型化合物的多残留分析中。然而，对于极性较强的化合物，仍需要开发单独的简便有效的残留分析方法。为此，欧盟（EU）农药残留参考实验室的 Anastassiades 等在 QuEChERS 的研究基础上进一步进行了深入研究，专门针对采用 QuEChERS 方法难以有效提取的高极性农药，开发了一系列新方法，这些新方法统称为 QuPPe（quick polar pesticide）方法[2]。

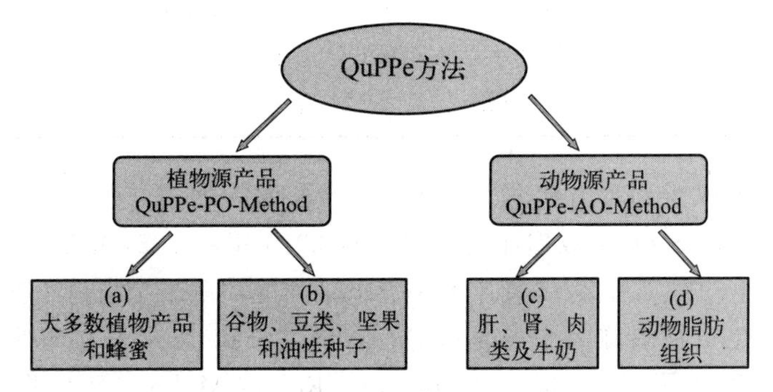

图 6-1 QuPPe 方法的分类示意图

QuPPe 方法针对不同基质分为四种方法，适用于多种类型的基质，如图 6-1 所示[3]。其中（a）和（b）两种方法适用于植物源产品，被颁布为欧盟植物源 QuPPe 标准方法，即 QuPPe-PO-Method（QuPPe for food of plant origin），（c）和（d）两种方法适用于动物源产品，被颁布为欧盟动物源 QuPPe 标准方法，即 QuPPe-AO-Method（QuPPe for food of animal origin）。

这些方法的前处理步骤在 QuEChERS 方法的基础上进行了适当的改进。首先称量样品，根据样品的含水量加入（补充）一定量的水，然后采用酸化的有机溶剂进行样品提取。对于高脂肪样品，通过加热（脂肪）或冷却（脂质和蛋白质）的方法去除生物大分子。样品经过 d-SPE 净化后，采用 LC-MS/MS 或离子色谱（IC)-MS/MS 进行检测。进样前可根据需要在提取液中加入 EDTA 以复合金属离子。由于该方法的前处理较为简单，因此仍然可以观察到较强的基质效应，可通过添加同位素标记的前置内标物的方法补偿体积偏差、分析物损失或基质效应对回收率的影响。如果没有合适的内标物，则采用基质匹配标准曲线或标准添加法进行定量以补偿基质效应的影响。由于目标分析物的强极性，采用塑料瓶可减少玻璃瓶表面对强极性目标化合物吸附造成的损失。此外，QuPPe对样品的粉碎过程要求较高，样品需要研磨至小于500μm的粒度，然后均质成自由流动的混合物。

在QuPPe开发过程中，开发团队进行了多个实验室之间的方法验证。每种样品以0.005～20mg/kg的添加水平添加了具有代表性的14种强极性化合物（表6-1），分别采用基质匹配标准曲线和同位素内标定量的方法进行验证。报告的平均回收率在70%～120%之间，相对标准偏差为0%～20%。该团队开展的验证实验涉及了各种代表性的植物源和动物源的食品，包括柑橘类水果、仁果类水果、核果类水果、浆果类水果、干果、根和块茎蔬菜、韭葱类蔬菜、茄果类蔬菜、绿叶蔬菜和草本植物、茎类蔬菜、豆类、谷物、油料种子、坚果、动物组织、全脂和脱脂牛奶、蜂蜜、鸡蛋和动物脂肪。

表6-1 QuPPe开发过程中具有代表性的强极性化合物[3]

英文名称	中文名称	英文名称	中文名称
glyphosate	草甘膦	paraquat	百草枯
melamine	三聚氰胺	diaquat	敌草快
phosphonic acid and metabolites	膦酸及其代谢产物	*N*,*N*-dimethyl hydrazine	*N*,*N*-二甲基肼
perchlorate	高氯酸盐	cyanuric acid	三聚氰酸(氰尿酸)
streptomycin	链霉素	morpholine	吗啉
nicotine	尼古丁	diethanolamine	二乙醇胺
1,2,4-triazole	1,2,4-三氮唑	trifluoroacetic acid	三氟乙酸

QuPPe方法已被欧盟颁布为标准方法。然而，作为一种相对较新的方法，有关QuPPe的报道仍然很少。根据Scopus数据库的记录，从2016年到2021年底，共有21篇QuPPe相关的文献报道，平均每年有2～6篇。其中Pan的研究团队最早报道了参考QuPPe方法使用多壁碳纳米管净化植物源样品中的草胺膦[4]，该方法在12种样品基质中的线性范围为10～500μg/kg，检测限为0.3～3.3μg/kg。Robles-Molina等[5]报道了QuPPe和QuEChERS方法的融合，分析了45种非极性和极性农药，覆盖了很宽的$\lg K_{ow}$（超过10个数量级），并采用平行、正交的亲水作用色谱（HILIC）和反相（RP）LC色谱进行了检测。类似的研究[6]表明，HILIC对从植物源食品中提取的强极性除草剂具有良好的保留性和选择性，采用壳聚糖或石墨烯进行净化可有效降低基质效应。Lara等[7]在净化步骤中添加了PSA，采用实时直接分析质谱法（DART-MS）进行检测，并与Orbital trap质谱和四极杆-飞行时间（Q-TOF）质谱分析仪进行了比较。

尽管QuPPe仍然是一种新兴的技术，但其从QuEChERS中吸取了经验教训，成功应用于植物源和动物源样本中强极性农药的残留分析。QuPPe开发团队还在对方法进行持续优化和更新，这种方法及其潜在的改进版本作为多残留监测的重要工具非常值得关注。

第二节 植物源食品QuPPe-PO方法

一、方法简介

QuPPe-PO方法是欧盟农药残留参考实验室发布的单残留分析标准方法中的第一部分，

是一种针对植物源食品中强极性农药开发的残留分析方法。该方法适用于水果、蔬菜、谷物类、干豆类、油料籽粒、坚果以及蜂蜜等植物源性食品中强极性的、不适用 QuEChERS 方法的农药的残留分析。

该方法采用酸化甲醇提取，LC-MS/MS 检测。在样品前处理过程中，首先加水调节样品含水量，再加入酸化甲醇进行提取。对于谷物、豆类、坚果和油料籽粒，需添加 EDTA 络合钙、镁等金属离子，这些金属离子可能影响某些化合物（例如草甘膦和 AMPA）的分析。然后混合物经过离心和过滤，采用不同的 LC-MS/MS 方法分析不同的几种农药。目前的方法中，常使用同位素标记的类似物作为前置同位素标记内标物（ILIS）进行定量，这些内标物在提取之前直接添加到试样中，以补偿对回收率产生影响的任何因素，例如体积偏差、样品前处理过程中的分析物损失以及样品测定过程中的基质效应。由于方法前处理较为简单，因此常会观察到较强的基质效应。

二、仪器与试剂

样品前处理设备：用于蔬菜水果的匀浆机，用于谷物等干燥基质的粉碎机（带有 0.5mm 的筛孔）；塑料液氮筒（样品在粉碎之前要放入液氮中冷却）；50mL 带螺旋密封盖的离心管 [可反复使用的聚四氟乙烯（Teflon）管或者一次性的聚丙烯（PP）管]；10mL 带螺旋密封盖的离心管（用于 d-SPE 净化）；自动移液管（规格分别为 10～100μL、200～1000μL 和 1～10mL）；10mL 溶剂分配器（用于移取酸化甲醇）；离心机（能够达到>3000g）；一次性针式过滤器；超滤装置（ultrafiltration unit）（适合 5kDa 或 10kDa 的离心过滤器）。

自动进样瓶：适用于 LC 自动进样器。推荐使用塑料瓶，因为该方法所涵盖的几种化合物（如膦酸酯、尼古丁、百草枯、敌草快、链霉素和草甘膦）倾向于与玻璃表面相互作用。这种与玻璃表面的相互作用通常在由非质子溶剂（如乙腈）组成的溶液中更为明显。增加含水量或酸度通常可减少这种相互作用。由于这种相互作用而造成的损失百分比在低浓度时通常较高。

具塞容量瓶：用于配制标准母液和工作溶液，同样推荐使用塑料容量瓶。

试剂：除非另有规定，一般都使用分析纯试剂，包括甲醇、乙腈（色谱纯）；甲酸、乙酸（≥98%）；酸化甲醇（将 10mL 甲酸移入 1000mL 的容量瓶中，并加入甲醇定容）；C_{18} 吸附剂（ODS 吸附剂）；柠檬酸一水合物、二甲胺、甲酸铵、无水柠檬酸三铵、氢氧化钠、十二水合四硼酸二钠；乙二胺四乙酸四钠盐（二水合或四水合盐均可）；10% EDTA 水溶液 [将 15.85g EDTA 四钠四水合物（或 14.59g EDTA 四钠二水合物）置于 100mL 容量瓶中，溶解在 80mL 水中，加水定容至 100mL，得到的溶液含有 10g/100mL 的 EDTA 四价阴离子]。

三、农药标准溶液与内标溶液

在该方法中，农药标准母液及标准工作溶液应根据化合物的溶解性质，采用与水互溶的溶剂进行配制，如甲醇、乙腈、水或者它们的混合溶剂，母液浓度一般为 1mg/mL。表 6-2 列出了农药标准储备液及工作标准溶液的配制溶剂及建议浓度，建议将配制的溶液保存在塑料容器中，因为该方法中的一些强极性化合物易与玻璃表面发生相互作用。

内标物（IS）也需要先配制标准母液，然后再配制工作标准溶液。采用内标法定量时，要确保添加到样品（或样品提取液）与添加到标准曲线溶液中的内标物的量及比例是已知且准确的。因此建议配制两种不同用途的内标工作溶液，一种用于提取前添加到样品中（标记为 IS-WSln-1)，另一种用于制备含有内标的标准曲线工作溶液（标记为 IS-WSln-2)，后者可由前者用与水混溶的溶剂稀释得到。配制内标工作溶液时，对溶剂的建议也参考表 6-2，即与农药化合物的建议溶剂相同，对内标工作溶液浓度的建议见表 6-3。与前述农药标准溶液类似，配制好的内标溶液也都建议保存在塑料容器中。

一般来说，内标物溶液的绝对浓度并不重要，只要其在最终提取液中的浓度足够高，以确保在信号噪声影响很小的情况下进行良好的检测（通常信噪比 $S/N>20$)。此外，内标物标准品的纯度较低也是可以接受的，只要其中不含干扰测定的物质即可。但需要注意的是，一些同位素内标物可能含有或者会在特定的条件下转化成方法中的待测目标化合物，例如，内标物 *N*-乙酰草甘膦（乙酰-D_3）可能会去乙酰化形成草甘膦，内标物乙膦酸-D_5（fosetyl-D_5）倾向于水解形成膦酸，马来酰肼内标物（maleic hydrazide-D_2）的标准品中本身含有少量的马来酰肼本体。此外，在水溶液中，特别是在高 pH 水平时，内标物膦酸-$^{18}O_3$（phosphonic acid-$^{18}O_3$）中的$^{18}O_3$ 将逐渐转化为$^{18}O_2{}^{16}O_1$ 和$^{18}O_1{}^{16}O_2$，甚至完全转变为$^{16}O_3$（天然）膦酸，因此该内标物建议采用乙腈配制标准溶液，在短期使用的情况下（例如一个月），膦酸的同位素内标物也可以用酸化甲醇稀释。由于同位素标记物有时含有少量未标记的类似物，为了将假阳性的风险降至最低，添加到样本中的内标物的量不应高于必要量，通常这种交叉污染处于很低的水平，并且由于内标物也会加入校准溶液中，因此这种干扰会通过截距减去。但是如果向样品中添加较高浓度的内标物，仍需要特别注意可能产生的本底干扰。

此外，如果化合物的检测样品量很少且内标物成本较高时，建议将内标物后置，即将内标溶液在进样前直接添加到进样瓶中；或者可以在第一次筛查分析中完全不加内标物，只有在第一次分析为阳性时才在第二次分析中添加内标物以确保准确定量。当然，第一种方法是首选的，特别是当化合物的保留时间有少量漂移时，可以通过比较内标物和疑似峰之间的保留时间以及色谱峰的形状，显著提高定性鉴定的确定性。

表 6-2 农药标准储备液及工作标准溶液的建议浓度及配制溶剂

化合物中文名	化合物英文名	标准储备液(示例)		工作标准溶液(包括混标)	
		溶剂	浓度/(mg/mL)	溶剂	浓度/(μg/mL)
氯丙嘧啶酸	aminocyclopyrachlor	甲醇	1	甲醇	10/1/0.1
杀草强	amitrole	甲醇	1	甲醇	10/1/0.1
氨甲基膦酸	AMPA	10%乙腈水溶液	1	10%乙腈水溶液	10/1/0.1
溴酸盐	bromate	水/甲醇(50∶50)	1	甲醇	10/1/0.1/0.01
溴化物	bromide	甲醇	1	甲醇	10/1/0.1/0.01
氯酸盐	chlorate	甲醇	1	甲醇	10/1/0.1/0.01
脱苯基氯草敏	chloridazon-desphenyl	甲醇	1	甲醇	10/1/0.1
矮壮素	chlomequat	甲醇	1	甲醇	10/1/0.1
氰尿酸	cyanuric acid	甲醇	1	10%乙腈水溶液	10/1/0.1
环丙氨嗪,灭蝇胺	cyromazine	甲醇	1	甲醇	10/1/0.1
丁酰肼	daminozide	甲醇	1	甲醇	10/1/0.1
二乙醇胺	diethanolamine	乙腈	1	甲醇	10/1/0.1
野燕枯	difenzoquat	乙腈	1	甲醇	10/1/0.1

续表

化合物中文名	化合物英文名	标准储备液(示例)		工作标准溶液(包括混标)	
		溶剂	浓度/(mg/mL)	溶剂	浓度/(μg/mL)
二氟乙酸	difluoroacetic acid	含5%水的乙腈	1	含5%水的乙腈	10/1/0.1
敌草快	diquat**	10%乙腈水溶液	1	10%乙腈水溶液	10/1/0.1
乙烯利	ethephon	10%乙腈水溶液+0.1%HCl	1	10%乙腈水溶液+0.1%HCl	10/1/0.1
亚乙基硫脲	ETU	甲醇	1	甲醇	10/1/0.1
乙膦酸	fosetyl	10%乙腈水溶液	0.1	10%乙腈水溶液	10/1/0.1
草铵膦	glufosinate	10%乙腈水溶液	1	10%乙腈水溶液	10/1/0.1
草甘膦	glyphosate*	10%乙腈水溶液	1	10%乙腈水溶液	10/1/0.1
HEPA	HEPA	10%乙腈水溶液	1	10%乙腈水溶液	10/1/0.1
春雷霉素	kasugamycin	甲醇	1	甲醇	10/1/0.1
马来酰肼	maleic hydrazide	甲醇	1	10%乙腈水溶液	10/1/0.1
甲哌鎓	mepiquat	甲醇	1	甲醇	10/1/0.1
4-羟基-甲哌鎓	mepiquat-4-hydroxy	甲醇	1	甲醇	10/1/0.1
吗啉	morpholine	甲醇	1	甲醇	10/1/0.1
MPPA	MPPA	10%乙腈水溶液	1	10%乙腈水溶液	10/1/0.1
N,*N*-二甲基肼	*N*,*N*-dimethylhydrazine	甲醇	1	甲醇	10/1/0.1
N-乙酰-AMPA	*N*-acetyl-AMPA	10%乙腈水溶液	1	10%乙腈水溶液	10/1/0.1
N-乙酰草铵膦	*N*-acetyl-glufosinate	10%乙腈水溶液	1	10%乙腈水溶液	10/1/0.1
N-乙酰草甘膦	*N*-acetyl-glyphosate	10%乙腈水溶液	1	10%乙腈水溶液	10/1/0.1
沙蚕毒素	nereistoxin	甲醇/水(3∶1)	1	甲醇	10/1/0.1
尼古丁	nicotine*	乙腈	1	乙腈	1/0.1
百草枯	paraquat**	10%乙腈水溶液	1	10%乙腈水溶液	10/1/0.1
高氯酸盐	perchlorate	甲醇	1	甲醇	10/1/0.1/0.01
膦酸	phosphonic acid*	水(内标为$^{18}O-H_2O$)	1	乙腈***	10/1/0.1/0.01
霜霉威	propamocarb	乙腈	1	甲醇	10/1/0.1
N-脱甲基霜霉威	propamocarb-*N*-desmethyl	乙腈∶丙酮(1mL丙酮初溶)	1	甲醇	10/1/0.1
霜霉威-*N*-氧化物	propamocarb-*N*-oxide	甲醇	1	甲醇	10/1/0.1
丙烯硫脲	PTU	甲醇	1	甲醇	10/1/0.1
链霉素	streptomycin*	水/甲醇(1∶1)	0.5	甲醇	10/1/0.1
三乙醇胺	triethanolamine	甲醇	1	甲醇	10/1/0.1
三氟乙酸	trifluoroacetic acid	含5%水的乙腈	1	含5%水的乙腈	10/1/0.1
三甲基锍盐	trimethylsulfonium	甲醇	1	甲醇	10/1/0.1

注：10%乙腈可抑制微生物的生长；* 容易与玻璃表面相互作用的化合物，使用塑料容器和塞子；** 该溶液需使用塑料瓶并避光保存；*** 也可用纯水配制内标工作溶液（ILIS 为$^{18}O-H_2O$）。本表所建议的溶剂也同样适用于对应的同位素内标物溶液的配制，并建议使用塑料容器。

表 6-3 内标工作溶液（IS-WS）的建议浓度

化合物	同位素标记内标物(ILIS)	加到样品中的内标		标准溶液中的 IS		样品提取液中 IS 的预期浓度(约 20mL)和标准溶液中的 IS 浓度(约 1mL)/(μg/mL)
		IS-WSln1 的建议浓度/(μg/mL)	加到样品中的 IS 的绝对质量(100μL IS-WSln1)/μg	IS-WSln2 的建议浓度**/(μg/mL)	加到标准溶液中的 IS 的绝对质量(100μL IS-WSln2)/μg	
杀草强	amitrole-(^{15}N)/($^{15}N_2$,$^{13}C_2$)	20	2	1	0.1	0.1
氨甲基膦酸	AMPA-^{13}C,^{15}N	20	2	1	0.1	0.1
溴酸盐	bromate-$^{18}O_3$	200	20	10	1	1
氯酸盐	chlorate-$^{18}O_3$	20	2	1	0.1	0.1
脱苯基氯草敏	chloridazon-desphenyl-$^{15}N_2$	40	2	2	0.2	0.2
矮壮素	chlormequat-D_4	10	1	0.5	0.05	0.05
环丙氨嗪	cyromazine-D_4	20	2	1	0.1	0.1
丁酰肼	daminozid-D_6	10	1	0.5	0.05	0.05
二乙醇胺	diethanolamine-D_6	20	2	1	0.1	0.1
二氟乙酸	difluoroacetic acid-$^{13}C_2$	10	1	1	0.05	0.05
双氢链霉素	dihydrostreptomycin****	20	2	1	0.1	0.1
敌草快	diquat-D_4	40	4	2	0.2	0.2
乙烯利	ethephon-D_4	20	2	1	0.1	0.1
亚乙基硫脲	ETU-D_4	20	2	1	0.1	0.1
乙膦酸(来自磷乙酰铝)	fosetyl-D_5(from fosetyl-aluminium-D_{15})	20	2	1	0.1	0.1
草铵膦	glufosinate-D_3	20	2	1	0.1	0.1
草甘膦	glyphosate-$^{13}C_2$,^{15}N	20	2	1	0.1	0.1
HEPA	HEPA-D_4	20	2	1	0.1	0.1
马来酰肼	maleic hydrazide-D_2	20	2	1	0.1	0.1
三聚氰胺	melamine-$^{15}N_3$	20	2	1	0.1	0.1
甲哌鎓	mepiquat-D_3	10	1	0.5	0.05	0.05
吗啉	morpholine-D_8	20	2	1	0.1	0.1
MPPA	MPPA-D_3	20	2	1	0.1	0.1
N-乙酰草铵膦	*N*-acetyl-glufosinate-D_3	20	2	1	0.1	0.1
N-乙酰草甘膦	*N*-acetyl-glyphosate-$^{13}C_2$,^{15}N	20	2	1	0.1	0.1
沙蚕毒素	nereistoxin-D_4	10	1	0.5	0.05	0.05
尼古丁	nicotine-D_4	10	1	0.5	0.05	0.05
百草枯	paraquat-D_6	40	4	2	0.2	0.2
高氯酸盐	perchlorate-$^{18}O_4$	20	2	1	0.1	0.1

续表

化合物	同位素标记内标物(ILIS)	加到样品中的内标		标准溶液中的 IS		样品提取液中 IS 的预期浓度(约 20mL)和标准溶液中的 IS 浓度(约 1mL)/(μg/mL)
		IS-WSln1 的建议浓度/(μg/mL)	加到样品中的 IS 的绝对质量(100μL IS-WSln1)/μg	IS-WSln2 的建议浓度**/(μg/mL)	加到标准溶液中的 IS 的绝对质量(100μL IS-WSln2)/μg	
膦酸	phosphonic acid-$^{18}O_3$	20	2	1	0.1	0.1
霜霉威	propamocarb-D_7	2	0.2	0.1	0.01	0.01
丙烯硫脲	PTU-D_6	10	1	0.5	0.05	0.05
三乙醇胺	triethanolamine-D_{12}	10	1	0.5	0.05	0.05
三氟乙酸	trifluoroacetic acid-$^{13}C_2$	10	1	1	0.05	0.05
三甲基锍盐	trimethylsulfonium-D_{10}	10	1	0.5	0.05	0.05

注：**用于添加回收样品中的内标物溶液稀释了 20 倍；**** 双氢链霉素没有同位素标记，但如果调整 LC 条件以确保准确共洗脱，从而确保等效的基质效应，则仍适用于补偿链霉素的基质效应。

四、样品前处理方法

（一）样品制备

按照相关指南要求，对样品进行预处理。

1. 水果和蔬菜样品

对于水果和蔬菜样品，最好采用低温粉碎过程（例如使用干冰）以减少分析物的降解，并减小颗粒尺寸，从而提高样品的均匀性和残留物的可提取性。低温粉碎过程可以分两步进行：先将较大体积的样品粗切成约 3cm×3cm 的块状，冷冻，然后用粉碎机粉碎约 1～2min，加入干冰（大约每 500g 样品加 150～200g）继续粉碎，直到几乎观察不到任何二氧化碳气雾为止。另一种低温粉碎的方法是，在一个塑料或聚苯乙烯容器中充入大约 5～10cm 厚的液氮层，将样品浸入液氮中。当样品完全冻结时，转移到强力的粉碎机中高速粉碎，直到成为能够自由流动的雪一般的细粉末状态。如果样品在粉碎过程中部分解冻，可以适当再添加一些液氮或干冰，继续完成粉碎过程。粉碎后的样品应立即放入冷冻箱中冷冻保存。

2. 干燥样品

对于干燥样品，如谷物和干豆类，建议使用强力研磨机或粉碎机，最好将样品颗粒大小降至 500μm 以下以提高样品内部残留物的可提取程度。颗粒越小，内吸性化合物定量提取所需的时间就越短。使用带有 500μm 筛板的超离心研磨机效果更佳。在研磨过程中，添加干冰（样品：干冰为 2：1）可以消耗研磨过程中产生的热量。也可以使用刀片式粉碎机，但需要延长粉碎时间以减小颗粒的大小，并定期加入一些干冰以减少热量的形成。另外，采用两步研磨法会得到更好的粉碎效果，即先进行第一步粉碎，然后取一部分代表性样品转移到第二个较小的研磨机进一步均质化。

3. 干燥的油性样品

对于干燥的油性农产品，如油料籽粒和坚果，在室温下使用研磨机或超离心研磨机往往无法完成研磨过程，容易形成厚厚的糊状物或导致过滤器堵塞。因此，建议使用低温强力刀片式粉碎机进行粉碎。可以使用干冰预先使粉碎机降到低温，然后将样品与干冰以大约 2：1

的比例进行样品粉碎，直到得到细颗粒粉末。在粉碎过程中必须保持持续低温，否则样品容易部分解冻而结块，从而更难处理。另外，与水果、蔬菜类似，也可以采用将样品浸没在充有液氮的塑料或聚苯乙烯容器中的方法，当样品完全冷冻后，转移到强力刀片式粉碎机中进行粉碎，直到得到细颗粒粉末。需要注意的是，不要过度磨碎样品以防止样品解冻后结块而更难处理。

4. 干果或类似农产品

对于含水量低于30%的干果和类似农产品，建议采用以下步骤：在500g冷冻干果中加入850g冷水，使用强力匀浆机（mixer）进行匀浆，匀浆时尽可能加入干冰以防止或减缓任何化学和酶解反应，每13.5g匀浆液相当于5g样品。当然，也可以采用前述基质的处理方法，将样品浸没在充有液氮的塑料或聚苯乙烯容器中，完全冷冻后转移到强大的研磨机中进行研磨，直到得到细颗粒粉末。同样不要磨得太久，以免解冻结块，难以处理。

（二）样品前处理步骤

QuPPe-PO前处理方法的流程图见图6-2（对于大多数农产品）和图6-3（对于豆类、坚果和油料籽粒）。

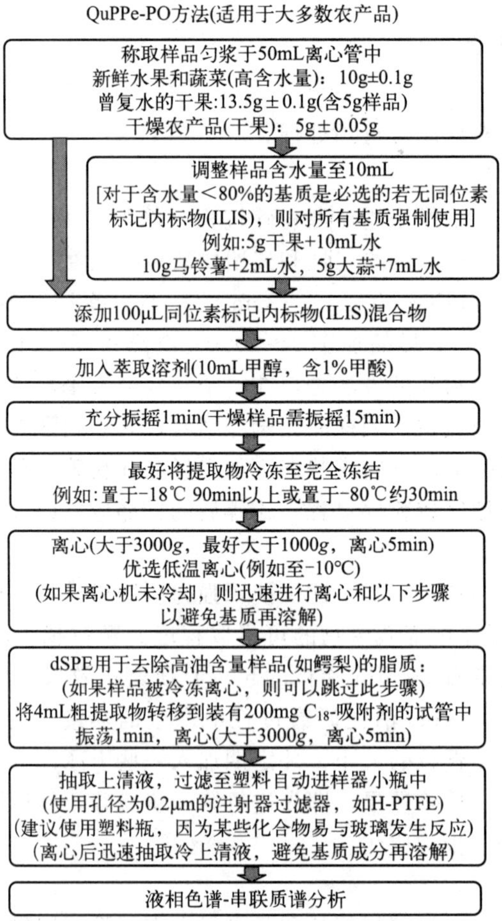

QuPPe-PO方法(适用于大多数农产品)

称取样品匀浆于50mL离心管中
新鲜水果和蔬菜(高含水量)：10g±0.1g
曾复水的干果:13.5g±0.1g(含5g样品)
干燥农产品(干果)：5g±0.05g

调整样品含水量至10mL
[对于含水量＜80%的基质是必选的若无同位素标记内标物(ILIS)，则对所有基质强制使用]
例如:5g干果+10mL水
10g马铃薯+2mL水，5g大蒜+7mL水

添加100μL同位素标记内标物(ILIS)混合物

加入萃取溶剂(10mL甲醇，含1%甲酸)

充分振摇1min(干燥样品需振摇15min)

最好将提取物冷冻至完全冻结
例如:置于−18℃ 90min以上或置于−80℃约30min

离心(大于3000*g*，最好大于1000*g*，离心5min)
优选低温离心(例如至−10℃)
(如果离心机未冷却，则迅速进行离心和以下步骤以避免基质再溶解)

dSPE用于去除高油含量样品(如鳄梨)的脂质：
(如果样品被冷冻离心，则可以跳过此步骤)
将4mL粗提取物转移到装有200mg C_{18}-吸附剂的试管中
振荡1min，离心(大于3000*g*，离心5min)

抽取上清液，过滤至塑料自动进样器小瓶中
(使用孔径为0.2μm的注射器过滤器，如H-PTFE)
(建议使用塑料瓶，因为某些化合物易与玻璃发生反应)
(离心后迅速抽取冷上清液，避免基质成分再溶解)

液相色谱-串联质谱分析

图6-2 QuPPe-PO方法（一）

适用于大多数农产品的一般检测步骤，不考虑百草枯和敌草快

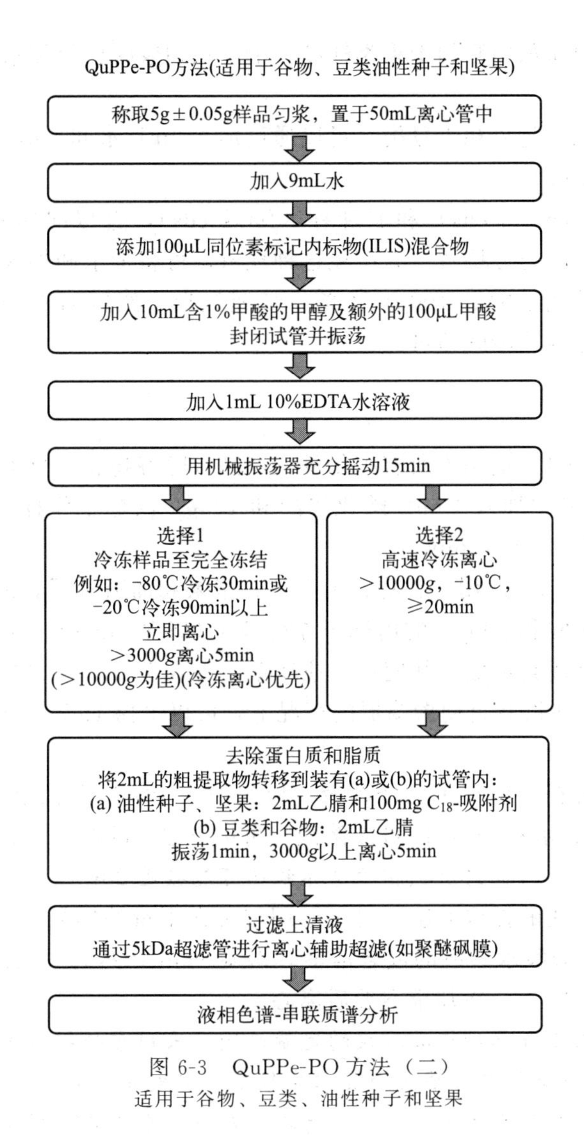

图 6-3　QuPPe-PO 方法（二）
适用于谷物、豆类、油性种子和坚果

1. 试样的称量

称取代表性均质化处理后的样品，置于 50mL 离心管中，样品量分别为：

（1）新鲜的水果、蔬菜和果汁：称量 10g±0.1g 样品。

（2）谷物、干豆类、油料种子、坚果、果脯、干制蔬菜、干蘑菇以及蜂蜜：称量 5g±0.05g 样品。

（3）对于加水匀浆处理的干果：称量 13.5g±0.1g 的加水匀浆后的样品（相当于 5g 干燥样品）。

（4）对于基质很复杂的样品，如香料和发酵产品，或者具有很高吸水能力的样品，试样量可适当减少。

2. 含水量的调整

（1）对于含水量≥80%且使用了合适的内标物的样品，不需要调节含水量。

（2）对于含水量≥80%但没有使用内标，或者本身含水量<80%的样品，需要根据样品的自身含水量加入适量的去离子水，使水的总量约为 10mL。

(3) 对于前述采用加水匀浆的干果类样品，由于在匀浆时已经加水，因此不必再调整含水量。

(4) 对于油料籽粒、坚果和干豆类，可以通过加入 9mL 水和 1mL EDTA 水溶液来调整含水量，总加水量为 10mL。

(5) 对于奇亚籽（chia seeds）和亚麻籽（flaxseeds），直接向样品中加水会形成胶质层，妨碍溶剂与提取物的充分接触。为避免这种现象，可将加水和加入提取剂的顺序进行调换，即先加入 10mL 酸化甲醇和 100μL 甲酸，快速振摇，然后加入 9mL 水和 1mL EDTA 溶液，再进行之后的振荡等步骤即可。

3. 提取

(1) 常规方法

① 方法 QuPPe PO-1　适用于所有植物源农产品（除谷物、干豆类、坚果和油料种子），流程图见图 6-2。在样品中加入 10mL 酸化甲醇和 100μL 内标工作标液 I（IS-WSln-1），用手或机械振荡器用力振荡 1～15min。

② 方法 QuPPe PO-2　适用于谷物、干豆类、坚果和油料种子，流程图见图 6-3。在样品中加入 10mL 酸化甲醇和 100μL 的内标工作标液 I（IS-WSln-1），并快速摇匀。额外添加 100μL 甲酸，涡旋几秒使其扩散，并使蛋白质凝聚。加入 1mL 10%的 EDTA 水溶液，用自动振荡器振摇 15min。在没有自动振荡器的情况下，可以手摇 1min，然后浸泡 15min，再用手用力振摇 1min。

对于奇亚籽和亚麻籽，前文中已经提及，应先加入 10mL 酸化甲醇和 100μL 甲酸，快速振摇，然后加入 9mL 水和 1mL EDTA 溶液，再进行之后的振荡步骤。

注： 如果不使用内标，应该使液相的总体积尽可能接近 20mL。

(2) 百草枯与敌草快的提取方法　对于已调整过含水量的样品，加入 10mL 按 1∶1 配制的甲醇与 0.1mol/L 盐酸水溶液的混合溶液，涡旋 1min，然后放入 80℃水浴中振荡提取 15min。取出后再涡旋 1min，冷却至室温后离心。

注： 上述方法适用于百草枯与敌草快的定量检测。采用常规提取方法（含 1%甲酸的甲醇），在室温下得到的百草枯与敌草快的提取率较低，只能用于定性筛查。同样采用常规提取，在加热条件下（80℃下水浴 15min）可满足小麦和马铃薯实际田间样品的定量检测，但对小扁豆（lentil）仍然不能满足定量检测的要求。

4. 冷冻与离心

根据离心设备的不同，可以选择不同方法：

(1) 室温离心　在≥3000g 离心力（越高越好）下离心 5min。但该方法不能用于较难过滤的样品，例如面粉、菠萝和梨。这类样品应选用下面的方法。

(2) 冷冻后离心　将在步骤 3 中得到的提取液置于冰箱中冷冻一段时间（例如：在−80℃冷冻 30min 或在−20℃冷冻超过 120min），然后将冷冻状态下的提取液在≥3000g 离心力下离心 5min，若提高离心力或冷冻离心则效果更好。

(3) 高速冷冻离心　将提取液在低温（<−5℃）下高速（>10000g）离心至少 20min，若提取液经过预先冷冻，则可将离心时间缩减至 5min。

注： 方法（2）和（3）适用于所有的样品，尤其适用于难以过滤的样品。低温可以降低基质中杂质的溶解度，有利于基质共提物的沉淀并通过过滤去除，从而降低基质效应并提高色谱柱的使用寿命。为避免离心后析出的沉淀随着温度的升高而发生再溶解，建议及时转移

上清液或者立即进行下一步操作。

5. 蛋白质和脂质的去除

（1）谷类与豆类 将 2mL 上清液转移到含有 2mL 乙腈的 10mL 离心管中，涡旋 1min，在>3000g 条件下离心 5min。

（2）坚果和油料种子 将 2mL 上清液转移到含有 2mL 乙腈和 100mg C_{18} 的 10mL 离心管中，涡旋 1min，在>3000g 条件下离心 5min。

（3）油性果实（如鳄梨） 将 4mL 上清液转移到含有 200mg C_{18} 的 10mL 离心管中，涡旋 1min，在>3000g 条件下离心 5min。如果样品是经过步骤 4 方法（2）（3）在冷冻状态下离心的，或者移取上清液时温度仍然很低，则可以跳过该步骤。

6. 过滤

用注射器吸取 2～3mL 上清液，然后用针式过滤器过滤并装入自动进样瓶中。如果过滤困难，可以使用 0.45μm 与 0.2μm 的两步过滤法。对于高脂质、低蛋白质含量的基质（如鳄梨），如果经过低温离心但跳过了上述去脂肪的步骤，则需要尽快过滤上清液，以防脂质再溶解。对于谷类、豆类、坚果和油料种子，将 3mL 在步骤 5 中得到的上清液转移到 5kDa 或 10kDa 的离心超滤器（ultrafiltration unit）中，在约 3000g 条件下离心，直到得到足够多的滤液后（通常只需 5min），将滤液转移到自动进样瓶中进行检测。

（三）添加回收试验

取适量空白样品于 50mL 离心管中，加入适量（50～300μL）的农药标准工作溶液，然后进行提取及之后的操作。添加的标准工作溶液不宜体积过大，以免对提取液的总体积造成较大的影响。同时，为制备空白基质溶液，取适量空白样品但不添加农药，进行相同的前处理。

（四）标准曲线溶液配制

标准曲线可由四种不同的配制方法得到，相应的定量方法也各不相同，包括纯溶剂标准曲线法、基质匹配标准曲线法、标准添加法及过程标准曲线法。

（1）纯溶剂标准曲线法 纯溶剂标准曲线法（solvent-based calibration standards）的溶液配制较为常规，但必须使用内标法来补偿仪器波动及基质效应的影响。配制方法可参考表 6-4。

（2）基质匹配标准曲线法 基质匹配标准曲线法（matrix-based or matrix-matched calibration standards）是定量的最佳选择，在某些情况下比纯溶剂标准曲线法更为准确，因为基质的存在可使峰形和保留时间更接近于待测样品的检测结果。但基质匹配标准溶液的配制较为复杂，需要控制每个溶液中的空白基质溶液比例相同，如果采用内标法，内标物添加量也应相同，内标物添加体积可与提取阶段的添加体积一致。表 6-4 给出一个配制实例以供参考。

表 6-4 标准溶液的配制方法举例

项目	溶剂标准溶液			基质匹配标准溶液					
	使用内标 IS			不使用内标 IS			使用内标 IS		
浓度水平/(μg/mL)，或 IS 部分/μg	0.05	0.1	0.25	0.05	0.1	0.25	0.05	0.1	0.25
空白提取液	—	—	—	850μL	850μL	850μL	800μL	800μL	800μL
水和酸化乙腈（1∶1,体积比）	850μL	800μL	850μL	100μL	50μL	100μL	50μL	—	50μL

续表

项目	溶剂标准溶液			基质匹配标准溶液					
	使用内标 IS			不使用内标 IS			使用内标 IS		
农药工作溶液(1μg/mL)	50μL	100μL	—	50μL	100μL	—	50μL	100μL	—
农药工作溶液(5μg/mL)	—	—	50μL	—	—	50μL	—	—	50μL
IS-WSln-2	100μL	100μL	100μL	—	—	—	100μL	100μL	100μL
总体积	1000μL	1000μL	1000μL	1000μL	1000μL	1000μL	1000μL	1000μL	1000μL

（3）标准添加法　在没有合适的内标物可用的情况下，标准添加法（standard addition approach）是一种非常有效的具有补偿基质增强或抑制效应的方法。由于该过程涉及线性外推，因此要求农药浓度和检测信号在整个相关浓度范围内呈线性关系。此外，该方法还需要初步了解样品中估计的残留水平。配制过程参考表 6-5，制备 4 份等量的最终提取液，并在其中 3 份加入不同体积的农药标准工作标液，添加以后的量也应保持在线性范围内。还应避免添加水平与预期的待测分析物水平相差太大，以避免对分析结果产生较大的测量误差。如果浓度超出线性范围，则需将所有 4 种提取液均采用提取溶剂进行等体积稀释。三个添加量可以有两种设置方法：一种为估计残留水平的 0.5 倍、1 倍、1.5 倍，另一种为估计残留水平的 1 倍、2 倍、3 倍。表 6-5 中的实例属于第二种情况（添加了 50μL、100μL、150μL）。

分别进样测定四个样品中待测物的峰面积，未知样品中的农药含量采用图 6-4 所示的方法，通过线性回归进行计算。校准图中的 y 截距表征的是样品提取物未添加农药的溶液（瓶 1）中所含的农药质量，得到未知样品中的农药绝对量 x 的值，即可计算其在提取前样品中的残留量。

表 6-5　标准添加法的体积举例

项目	瓶 1	瓶 2	瓶 3	瓶 4
样品提取液的体积/μL	1000（=0.5g 样品）	1000（=0.5g 样品）	1000（=0.5g 样品）	1000（=0.5g 样品）
内标溶液(IS)	不加	不加	不加	不加
农药标准工作溶液(5μg/mL)/μL	—	50	100	150
加入每瓶的农药质量(m)/μg	—	0.25	0.5	0.75
溶剂体积(用于体积配平)/μL	150	100	50	—
最终总体积/μL	1150	1150	1150	1150

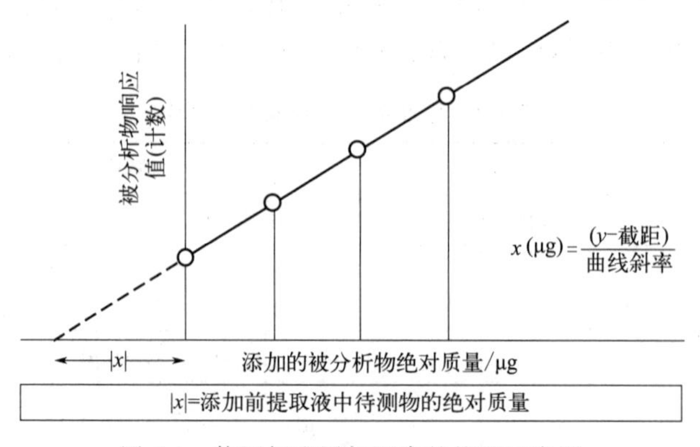

图 6-4　使用标准添加程序的校准示意图

(4) 过程标准曲线法 过程标准曲线法（procedural calibration standards）仅适用于分析相同基质类型的多个样品。在同一个进样序列中采用一组过程标准曲线，可以在很大程度上补偿回收率损失和基质效应。理想的先决条件是能够得到与待分析样品基质类型完全相同的空白基质。首先，称取 4 份空白样品，并在其中三个样品中加入体积递增的农药标准工作溶液（加入标准溶液的体积应尽量与添加回收试验一致），加入的浓度应覆盖所有未知样品的浓度范围。然后按照既定的前处理方法进行提取和净化，计算方法与基质匹配标准溶液的方法相同。

（五）计算方法

(1) 内标法 在计算农药含量时，可采用内标法或外标法，其中内标法又分为内标物前置（提取前添加）和内标物后置（提取后添加）两种情况。当内标物前置时，要求待测样和标准曲线溶液中添加的内标物质量比（$m_{\mathrm{IS}}^{\mathrm{sample}}/m_{\mathrm{IS}}^{\mathrm{cal\ mix}}$）是确定且一致的，质量比最好与样品提取溶液体积和标准曲线配制溶液体积比一致，以使内标物在提取液和标准曲线溶液中浓度一致。通过在整个标准曲线范围内保持内标物恒定，标准曲线的每个浓度点的峰面积比 $\mathrm{PR}^{\mathrm{cal\ mix}}$（$A_{\mathrm{pest}}^{\mathrm{cal\ mix}}/A_{\mathrm{IS}}^{\mathrm{cal\ mix}}$）可直接对农药质量作图，而不需要使用质量比 $m_{\mathrm{pest}}^{\mathrm{cal\ mix}}/m_{\mathrm{IS}}^{\mathrm{cal\ mix}}$。当内标物后置时，则需要明确提取溶液的体积。因此，必须对样品进行补水以使提取溶液总体积尽量接近 20mL，还应根据使用的提取液体积（V_{aliquot}）相应调整内标物的添加量，建议 $m_{\mathrm{IS}}^{\mathrm{aliquot}}/m_{\mathrm{IS}}^{\mathrm{sample}}=V_{\mathrm{aliquot}}/20$（谷物、豆类、坚果和油料为 $V_{\mathrm{aliquot}}/40$）。在这种情况下，$m_{\mathrm{IS}}^{\mathrm{sample}}$ 不是实际的添加量，而是提取前添加内标物的理论值。

以下为内标法计算公式，通过式（6-1）绘制标准曲线，内标物前置的情况下，样品中农药的质量分数（w_{R}）通过式（6-2）计算，内标物后置的情况下，w_{R} 通过公式（6-3）计算：

$$\mathrm{PR}^{\mathrm{cal\ mix}}=a_{\mathrm{cal}}\times m_{\mathrm{pest}}^{\mathrm{cal\ mix}}+b_{\mathrm{cal}} \tag{6-1}$$

$$w_{\mathrm{R}}=\frac{(\mathrm{PR}^{\mathrm{sample}}-b_{\mathrm{cal}})}{a_{\mathrm{cal}}}\times\frac{1}{m_{\mathrm{a}}}\times\frac{m_{\mathrm{ISTD}}^{\mathrm{sample}}}{m_{\mathrm{ISTD}}^{\mathrm{cal\ mix}}}\left(\frac{\mathrm{mg}}{\mathrm{kg}}\right) \tag{6-2}$$

$$w_{\mathrm{R}}=\frac{(\mathrm{PR}^{\mathrm{sample}}-b_{\mathrm{cal}})}{a_{\mathrm{cal}}}\times\frac{1}{m_{\mathrm{aliquot}}}\times\frac{m_{\mathrm{ISTD}}^{\mathrm{aliquot}}}{m_{\mathrm{ISTD}}^{\mathrm{cal\ mix}}}\left(\frac{\mathrm{mg}}{\mathrm{kg}}\right) \tag{6-3}$$

式中，$\mathrm{PR}^{\mathrm{cal\ mix}}$ 为标准曲线溶液中农药与内标物的峰面积比；$m_{\mathrm{pest}}^{\mathrm{cal\ mix}}$ 为标准曲线溶液中的农药质量，μg；a_{cal} 为标准曲线斜率；b_{cal} 为标准曲线截距；$\mathrm{PR}^{\mathrm{sample}}$ 为进样的提取液中农药与内标物的峰面积比；m_{a} 为样品质量，g；$m_{\mathrm{ISTD}}^{\mathrm{sample}}$ 为添加到样品中的内标物质量，μg；$m_{\mathrm{ISTD}}^{\mathrm{cal\ mix}}$ 为标准曲线溶液中的内标物质量，μg；m_{aliquot} 为添加内标物的提取液所代表的样品质量，g；$m_{\mathrm{ISTD}}^{\mathrm{aliquot}}$ 为添加到样品提取液中的内标物质量，μg。

(2) 外标法 外标法适用于没有合适的内标物的情况，推荐采用基质匹配标准溶液或标准添加法来补偿基质效应的影响。无论采用哪种方法，都需要对样品进行补水使提取液总体积尽量接近 20mL。当采用基质匹配标准溶液计算时，采用式（6-4）绘制标准曲线，样品中农药的质量分数（w_{R}）通过式（6-5）计算。

$$A_{\mathrm{pest}}^{\mathrm{cal\ mix}}=a_{\mathrm{cal}}\times c_{\mathrm{pest}}^{\mathrm{cal\ mix}}+b_{\mathrm{cal}} \tag{6-4}$$

$$w_{\mathrm{R}}=\frac{(A_{\mathrm{pest}}^{\mathrm{sample}}-b_{\mathrm{cal}})}{a_{\mathrm{cal}}}\times\frac{1}{m_{\mathrm{a}}}\times V_{\mathrm{end}}\left(\frac{\mathrm{mg}}{\mathrm{kg}}\right) \tag{6-5}$$

式中，$A_{\mathrm{pest}}^{\mathrm{cal\ mix}}$ 为标准曲线溶液中农药的峰面积；a_{cal} 为标准曲线斜率；b_{cal} 为标准曲线截

距；$c_{pest}^{cal\ mix}$ 为标准曲线溶液中农药的浓度，μg/mL；A_{pest}^{sample} 为样品溶液中农药的峰面积；m_a 为样品质量，g；V_{end} 为提取液体积，mL。

标准添加法通过线性回归计算样品中农药的质量分数。如图 6-4 所示，以农药的绝对添加质量（$m_{pest}^{std\ add}$，μg）对峰面积绘制标准曲线，标准曲线延长线与 x 轴的交点绝对值即为样品提取液中农药的原始质量（$|x|$，μg），$|x|$ 通过式（6-6）计算，样品中农药的质量分数（w_R）通过式（6-7）计算。

$$x=\frac{b}{a}(\mu g) \tag{6-6}$$

$$w_R=\frac{b}{a}\times\frac{V_{end}}{V_{al}\times m_a}\left(\frac{mg}{kg}\right) \tag{6-7}$$

式中，b 为农药标准曲线 y 截距；a 为农药标准曲线斜率；V_{end} 为提取液体积，mL；V_{al} 为用于加标的提取液体积，mL；m_a 为样品质量，g。

（六）标准溶液的稳定性

标准溶液的稳定性主要取决于化合物的性质，但是储藏方法和保存期限也是重要的影响因素。实验表明，方法中的大部分目标化合物适合使用含 10%乙腈的水作为溶剂配制标准溶液（马来酰肼和三聚氰酸除外）。标准储备液的稳定性通常优于工作溶液。具体也可参考前文中的标准溶液配制表（见表 6-4）。

乙烯利（或其同位素内标物）对中性和碱性敏感。因此，建议使用盐酸酸化的方法来保存标准储备溶液，一般可添加 0.1%（体积比）的浓 HCl（37%）。该酸含量可以保证其稀释 100 倍的工作溶液（即 10μg/mL）的稳定性，而不需要在稀释过程中再次加酸酸化。方法中的其他化合物的稳定性不会受到此酸含量的显著影响。

以前推荐的甲醇/（水+1%甲酸）（1∶1，体积比）作为溶剂不适合标准溶液的长期保存，因为一些化合物（如草甘膦）在此溶剂中会发生甲基化、甲酰化和脱水等降解反应。在一定程度上，个别化合物在 QuPPe 提取液［由水/甲醇+1%甲酸（1∶1，体积比）提取］中也会有少量的降解，例如，AMPA 和 N-乙酰草甘膦受到的影响最大。

一般来说，如果提取液储存在室温下并且在 14 天内进行分析，其降解可以忽略不计。此外，这种少量的降解还可以通过内标法得到有效校正。

采用不同溶剂配制的草甘膦及其类似化合物的标准溶液（10μg/mL），在 6℃储存 6 个月的稳定性实验结果见表 6-6。草甘膦及其类似物在含有 10%乙腈的水中，在 6℃冰箱中放置 7 个月的储藏稳定性见图 6-5。

表 6-6 草甘膦等类似化合物在不同溶剂中的长期储存稳定性

（储存溶液中分析物的浓度为 10μg/mL；储存期限为 6 个月；储存温度为 6℃）

化合物名称	化合物英文名称	储存溶剂组成											
		纯水				水/甲醇（甲醇含量 25%和 50%）*			纯甲醇		水/乙腈（乙腈含量 25%和 50%）**		
		w/o acid	1% FA	1% AA	0.1% HCl**	w/o acid	1% FA	1% AA	w/o acid	1% FA	w/o acid	1% FA	1% AA
AMPA	AMPA	NT	NT	NT	NT	✓	NT	NT	NT	NT	NT	NT	NT

续表

化合物名称	化合物英文名称	储存溶剂组成											
		纯水				水/甲醇（甲醇含量 25%和 50 %）*			纯甲醇		水 / 乙腈（乙腈含量 25%和 50%）**		
		w/o acid	1% FA	1% AA	0.1% HCl**	w/o acid	1% FA	1% AA	w/o acid	1% FA	w/o acid	1% FA	1% AA
双丙氨磷	bialaphos	NT	NT	NT	NT	✓	NT	NT	NT	NT	NT	NT	NT
三聚氰酸	cyanuric acid	NT	NT	NT	NT	✓	NT	NT	NT	NT	NT	NT	NT
乙烯利	ethephon	✗	✓	✓	✓	NT	NT	NT	NT	✓	NT	NT	NT
三乙基膦酸铝	fosetyl-Al	✓	✗	✓	✗	✓	NT	NT	NT	NT	NT	NT	NT
草铵膦	glufosinate	NT	NT	NT	NT	✓	NT	NT	NT	NT	NT	NT	NT
草甘膦	glyphosate	✓	✗	✗	NT	✗	✗	✗	NT	NT	✗	✗	✗
HEPA	HEPA	NT	NT	NT	NT	NT	NT	NT	✓	✓	NT	NT	NT
马来酰肼	maleic hydrazide	NT	NT	NT	NT	NT	NT	NT	✓	✓	NT	NT	NT
MPPA	MPPA	✓	✓	✓	NT	✗	✗	✗	NT	NT	✓	✓	✓
N-乙酰-AMPA	*N*-acetyl-AMPA	✓	✓	✓	NT	✗	✗	✗	NT	NT	✓	✓	✓
N-乙酰草铵膦	*N*-acetyl-glufosinate	NT	NT	NT	NT	✓	NT	NT	NT	NT	NT	NT	NT
N-乙酰草甘膦	*N*-acetyl-glyphosate	✓	✓	✓	NT	✗	✗	✗	NT	NT	✓	✓	✓

注：✓＝足够稳定（与相同成分的新鲜制备标准品的偏差小于｜±10%｜）；✗＝不稳定；w/o acid＝不含酸；FA＝甲酸；AA＝乙酸。* 含 25%和 50%有机溶剂的溶液均经过测试；** 0.1% 浓 HCl（37%）的水溶液（体积比）。

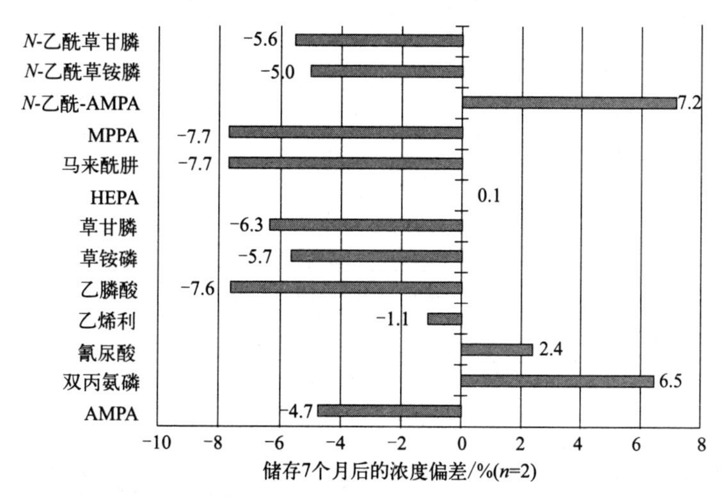

图 6-5　与相同成分新制备的标准品相比，浓度为 10μg/mL 的草甘膦及相关化合物在含有 10%乙腈和 0.1%盐酸（体积比）的水溶液中在 6℃下储存 7 个月后测得的浓度偏差

五、液质质检测方法

由于 QuPPe 方法涉及的化合物极性和化学性质各异，德国 CVUA 实验室的研究人员一直在对 QuPPe 方法涉及的液质质检测方法进行优化和更新。近年来颁布的 QuPPe-PO-Method（V11 和 V12 两个版本）测试了 16 种液质质检测方法，各自适用于不同的化合物及不同的实验条件。这些条件包括不同的离子源正或负模式、不同的色谱柱、不同的液相色谱流动相条件、不同的质谱检测离子对等等。德国 CVUA 实验室主要采用的 8 种检测方法为方法 M1.3、M1.4、M4.1、M4.2、M6、M7、M8 和 M9，这些方法的详细信息列于表 6-7～表 6-14 中，以供参考。（注：本文主要参考的版本为 V11[8]，后来更新的 V12[2] 中，M6、M8 和 M9 不再是该实验室常用的方法，此处列出以供参考。）

表 6-7 （方法 M1.3）乙烯利、HEPA、草甘膦、AMPA、*N*-乙酰草甘膦、*N*-乙酰基-AMPA、草铵膦、MPPA、*N*-乙酰草铵膦、乙磷铝、马来酰肼、氰尿酸和双丙氨磷等 13 种化合物的 LC-MS/MS 条件

仪器参数	检测条件(方法 M1.3)		
电离模式	ESI 负电离模式		
色谱柱/温度	Hypercarb 2.1mm×100mm;5μm(P/N35005-102130);40℃		
预柱	Hypercarb Guard 2.1mm×10mm;5μm(P/N35005-102101)		
前置过滤器	例如 Supelco 2.0μm 色谱柱前置过滤器(可选)		
流动相 A	1%乙酸水溶液+5%甲醇		
流动相 B	含 1%乙酸的甲醇		
流动相梯度	A/%	流速/(mL/min)	时间/min
	100	0.2	0
	70	0.2	10
	70	0.4	11
	70	0.4	18
	10	0.4	19
	10	0.4	22
	100	0.2	22.1
	100	0.2	30
进样量	5μL		
稀释	不规则;在强基质干扰的情况下 5～10 倍		
校准溶液及浓度水平	例如 0.05μg/IS 部分* 或 0.1μg/IS 部分* +一个报告限水平		
化合物(中文名称)	化合物(英文名称)	检测离子对(*m*/*z*)	
草甘膦	glyphosate	168/63,168/124,168/150,168/81	
草甘膦-$^{13}C_2$,^{15}N(内标)	glyphosate-$^{13}C_2$,^{15}N(ILIS)	171/63,171/126	
AMPA**	AMPA**	110/63,110/79,110/81**	
APMA-^{13}C,^{15}N(内标)	APMA-^{13}C,^{15}N(ILIS)	112/63,112/81	
N-乙酰-AMPA	*N*-acetyl-AMPA	152/63,152/79,152/110	

续表

化合物(中文名称)	化合物(英文名称)	检测离子对(m/z)
N-乙酰草甘膦	N-acetyl-glyphosate	210/63,210/150,210/79,210/148
N-乙酰草甘膦-D_3(内标)	N-acetyl-glyphosate-D_3(ILIS)	213/63,213/153
乙烯利	ethephon	143/107,143/79,145/107
乙烯利-D_4(内标)	ethephon-D_4(ILIS)	147/111,147/79(杂质干扰时可选用)
HEPA	HEPA	125/79,125/95,125/63
HEPA-D_4(内标)	HEPA-D_4(ILIS)	129/79,129/97
草铵膦	glufosinate	180/63,180/136,180/85,180/95
草铵膦-D_3(内标)	glufosinate-D_3(ILIS)	183/63,183/98
N-乙酰草铵膦	N-acetyl-glufosinate	222/63,222/59,222/136
N-乙酰草铵膦-(乙酰基)D_3(内标)	N-acetyl-glufosinate-[acetyl]D_3(ILIS)	225/63,225/137
N-乙酰草铵膦-(甲基)D_3(内标)	N-acetyl-glufosinate-[methyl]D_3(ILIS)	225/63
MPPA	MPPA	151/63,151/107,151/133
MPPA-D_3(内标)	MPPA-D_3	154/63,154/136
乙磷铝	fosetyl-Al	109/81,109/63 (作为 fosetyl 检测)
乙磷铝-D_{15}(内标)	fosetyl-Al-D_{15}(ILIS)	114/82,114/63 (作为 fosetyl-D_5 检测)
马来酰肼	maleic hydrazide	111/82,111/42,111/55,111/83
马来酰肼-D_2(内标)	maleic hydrazide-D_2(ILIS)	113/42,113/85
三聚氰酸(氰尿酸)	cyanuric acid	128/42,128/85
氰尿酸-$^{13}C_3$	cyanuric acid-$^{13}C_3$	131/43,131/87
双丙氨膦	bialaphos	322/88,322/94,322/134
脱甲基乐果	desmethyl-dimethoate	214/104,214/95,214/136

注：* 一个内标部分是指在制备的标准溶液中所含的内标物的绝对质量；** 三乙膦酸可能会对此离子对造成干扰。

表 6-8　(方法 M1.4) 膦酸 (膦乙酰代谢产物)、高氯酸盐、氯酸盐、溴化物和溴酸盐的 LC-MS/MS 分析条件

仪器参数	检测条件(方法 M1.4)
电离模式	ESI 负电离模式
色谱柱/温度	Hypercard 2.1mm×100mm;5μm(P/N35005-102130);40℃
预柱	Hypercard Guard 2.1mm×10mm;5μm(P/N35005-102130)
前置过滤器	Waters ACQUITY UPLC 色谱柱在线过滤器套件[205000343]
流动相 A	1%醋酸水溶液+5%甲醇
流动相 B	1%醋酸甲醇溶液

续表

仪器参数	检测条件(方法 M1.4)		
流动相梯度	A/%	流速/(mL/min)	时间/min
	100	0.4	0
	70	0.4	10
	100	0.4	10.1
	100	0.4	15
进样量	5μL		
稀释	用甲醇+1%甲酸稀释5倍[1μL样品提取物+4μL(甲醇+1%甲酸)]		
校准溶液及浓度水平	例如0.05μg/IS部分或0.1μg/IS部分+一个报告限水平		
化合物(中文名称)	化合物(英文名称)		检测离子对(m/z)
溴酸盐	bromate		127/95,129/113,127/111,129/97
溴酸盐-$^{18}O_3$(内标)	bromate-$^{18}O_3$(ILIS)		135/117
溴化物*	bromide*		81/81,79/79
氯酸盐	chlorate		83/67,85/69
氯酸盐-$^{18}O_3$(内标)	chlorate-$^{18}O_3$(ILIS)		89/71,91/73
高氯酸盐	perchlorate		99/83,101/85
高氯酸盐-$^{18}O_4$(内标)	perchlorate-$^{18}O_4$(ILIS)		107/89,109/91
膦酸	phosphonic acid		81/79,81/63
膦酸-$^{18}O_3$(内标)	phosphonic acid-$^{18}O_3$(ILIS)		87/85,87/67
硫氰酸盐	thiocyanate		58/58
硫氰酸盐-$^{13}C^{15}N$	thiocyanate-$^{13}C^{15}N$		60/60

注：* 对于溴化物筛查，需进行5倍稀释。对于溴化物定量分析，浓度超过1mg/kg时，样品提取液需稀释约250倍(人工稀释50倍，HPLC稀释5倍)。

表6-9 (方法M4.1) 敌草快、百草枯、矮壮素、甲哌啶、丁酰肼、二甲基肼、灭蝇胺、三甲基硫、沙蚕毒素、野燕枯、三聚氰胺、霜霉威等12种化合物的LC-MS/MS分析条件

仪器参数	检测条件(方法 M 4.1)
电离模式	ESI正电离模式
色谱柱/温度	Obelisc R 2.1mm×150mm;5μm;100Å(SIELC;OR-21.150.0510);40℃
前置过滤器	例如Supelco 2.0μm色谱柱前置过滤器
预柱	Obelisc R 2.1mm×10mm;5μm(SIELC;OR-21.G.0510)
流动相A	20mmol/L甲酸铵水溶液(用甲酸调至pH 3),配制方法是使用棕色玻璃瓶,将1.8mL甲酸与500mL 20mmol的甲酸铵水溶液混合。 可替代的流动相A:50mmol/L甲酸铵水溶液(用甲酸调至pH 3),该流动相也用于方法M4.2"Quats & Co BEH Amide"中
流动相B	乙腈

续表

仪器参数	检测条件(方法 M 4.1)		
流动相梯度	A/%	流速/(mL/min)	时间/min
	20	0.4	0
	80	0.4	4
	80	0.4	12
	20	0.4	12.1
	20	0.4	20
进样量	10μL		
校准溶液及浓度水平	例如 0.05μg/IS 部分* 或 0.1μg/IS 部分* +一个报告限水平 (如果百草枯和敌草快在检测范围内,建议使用塑料瓶)		

化合物(中文名称)	化合物(英文名称)	检测离子对(m/z)
敌草快**	diquat**	92/84,183/157,157/92
敌草快-D_4(内标)	diquat-D_4(ILIS)	188/160(该内标溶液不稳定)
敌草快-D_8(内标)	diquat-D_8(ILIS)	96/88,191/165
百草枯**	paraquat**	186/171,171/93,93/77
百草枯-D_8(内标)	paraquat-D_8(ILIS)	194/179,179/97
矮壮素	chlormequat	122/58,122/63,124/58
矮壮素-D_4(内标)	chlormequat-D_4(ILIS)	126/58
甲哌啶	mepiquat	114/98,114/58
甲哌啶-D_3(内标)	mepiquat-D_3(ILIS)	117/101
丁酰肼	daminozide	161/143,161/61,161/101,161/115,161/44
丁酰肼-$^{13}C_4$(内标)	daminozide-$^{13}C_4$(ILIS)	165/147
丁酰肼-D_6(内标)	daminozide-D_6(ILIS)	167/149
N,N-二甲基肼	N,N-dimethyl hydrazine	61/44,61/45
N,N-二甲基肼-D_6(内标)	N,N-dimethyl hydrazine-D_6(ILIS)	67/49
灭蝇胺	cyromazine	167/68,167/125,167/85,167/108
灭蝇胺-D_4(内标)	cyromazine-D_4(ILIS)	171/86
三甲基锍盐	trimethyl sulfonium	77/62,77/47
三甲基锍盐-D_9(内标)	trimethyl sulfonium-D_9(ILIS)	86/68
沙蚕毒素	nereistoxin	150/105,150/61,150/71
沙蚕毒素-D_6(内标)	nereistoxin-D_6(ILIS)	156/105
野燕枯	difenzoquat	249/77,249/130,249/193
目前没有可用内标	No ILIS currently available	—
三聚氰胺	melamine	127/85,127/68,(127/60)
三聚氰胺-$^{15}N_3$(内标)	melamine-$^{15}N_3$(ILIS)	130/87
霜霉威	propamocard	189/144,189/102,189/74
霜霉威-D_7(内标)	propamocard-D_7(ILIS)	196/103

注：* 一个内标部分是指在制备的标准溶液中所含的内标物的绝对质量；** 敌草快和百草枯需要特殊的提取条件；对于吗啉、二乙醇胺和三乙醇胺，最好采用方法 M7，因为二乙醇胺在离子源中会转化为吗啉，这两者的色谱分离是至关重要的，而采用方法 M4.1 时，这两个峰不能充分分离。

表 6-10 （方法 M4.2）氯丙嘧啶酸、杀草强、矮壮素、脱苯基氯草敏、灭蝇胺、丁酰肼、二乙醇胺、野燕枯、亚乙基硫脲（ETU）、三聚氰胺、甲哌啶、4-羟基甲哌啶、吗啉、沙蚕毒素、尼古丁、霜霉威、N-脱甲基-霜霉威、霜霉威-N-氧化物、丙烯硫脲（PTU）、三乙醇胺、三甲基锍盐等 21 种化合物的 LC-MS/MS 分析条件

仪器参数	检测条件(方法 M 4.2)		
电离模式	ESI 正电离模式		
色谱柱/温度	BEH Amide 2.1mm×100mm;1.7μm(P/N:186004801);40℃		
前置过滤器	例如 Supelco columnsaver 2.0μm 色谱柱前置过滤器		
预柱	BEH Amide 1.7μm(P/N:186004799)		
流动相 A	50mmol/L 甲酸铵水溶液(用甲酸调至 pH 3),使用棕色玻璃瓶		
流动相 B	乙腈		
流动相梯度	A/%	流速/(mL/min)	时间/min
	3	0.5	0
	3	0.5	0.5
	30	0.5	4
	60	0.5	5
	60	0.5	6
	3	0.5	6.1
	3	0.5	10
进样量	2μL		
校准溶液及浓度水平	例如 0.05μg/IS 部分* 或 0.1μg/IS 部分* +一个报告限水平		
化合物(中文名称)	化合物(英文名称)	检测离子对(m/z)	
氯丙嘧啶酸	aminocyclopyrachlor	214/170,214/168,214/101	
杀草强	amitrole	85/43,85/57,85/58	
杀草强-^{15}D(内标)	amitrole-^{15}N(ILIS)	86/43	
杀草强-$^{15}D_2{}^{13}C_2$(内标)	amitrole-$^{15}N_2{}^{13}C_2$(ILIS)	89/44	
矮壮素	chlormequat	122/58,124/58,122/63	
矮壮素-D_4(内标)	chlormequat-D_4(ILIS)	126/58	
5-氨基-4-氯-3-哒嗪(或脱苯基-氯草敏)	chloridazon-desphenyl	146/117,146/101,146/66	
5-氨基-4-氯-3-哒嗪-$^{15}N_2$(内标)	chloridazon-desphenyl-$^{15}N_2$(ILIS)	148/117,148/102	
灭蝇胺	cyromazine	167/68,167/125,167/108,167/85	
灭蝇胺-D_4(内标)	cyromazine-D_4(ILIS)	171/86,171/68	
丁酰肼	daminozide	161/143,161/61,161/101,161/115,161/44	
丁酰肼-$^{13}C_4$(内标)	daminozide-$^{13}C_4$(ILIS)	165/147,165/44	
丁酰肼-D_6(内标)	daminozide-D_6(ILIS)	167/149,165/97	
二乙醇胺***	diethanolamine***(DEA)	106/88,106/70,106/45	

续表

化合物(中文名称)	化合物(英文名称)	检测离子对(m/z)
二乙醇胺-D_4(内标)	diethanolamine-D_4(ILIS)	110/92
野燕枯	difenzoquat	249/130,249/77,249/193
目前没有可用内标溶液	No ILIS currently available	—
亚乙基硫脲	ETU(ethylenethiourea)	103/60,103/44,103/86
亚乙基硫脲-D_4(IS)	ETU-D_4(IS)	107/48
三聚氰胺	melamine	127/85,127/68,(127/60)
三聚氰胺-$^{15}N_3$(内标)	melamine-$^{15}N_3$(ILIS)	130/87,130/44
马来酰肼	maleic hydrazide	113/67,113/40
马来酰肼-D_2	maleic hydrazide-D_2	115/69,115/87
甲哌啶	mepiquat	114/98,114/58
甲哌啶-D_3(内标)	mepiquat-D_3(ILIS)	117/101
4-羟基甲哌啶	mepiquat-4-hydroxy	130/58,130/96,130/114
吗啉***	morpholine***	88/70,88/45,88/44
吗啉-D_8(内标)	morpholine-D_8(ILIS)	96/78,96/46
沙蚕毒素	nereistoxin	150/105,150/61,150/71
沙蚕毒素-D_6(内标)	nereistoxin-D_6(ILIS)	156/105,156/61
尼古丁	nicotine	163/130,163/132,163/84
尼古丁-D_4(内标)	nicotine-D_4	167/84
霜霉威	propamocard	189/144,189/74,189/102
霜霉威-D_7(内标)	propamocard-D_7(ILIS)	196/103,196/75
N-脱甲基-霜霉威	propamocard-*N*-desmethyl	175/102,175/144,175/74
霜霉威-*N*-氧化物	propamocard-*N*-oxide	205/102,205/144,205/74
PTU-丙烯硫脲**	PTU-*N*,*N*′-(1,2-propylene)thiourea**	117/100,117/58,117/60,117/72
PTU-D_6(丙烯硫脲-D_6)**	PTU-D_6-*N*,*N*′-(1,2-propylene) thiourea-D_6**	123/64,123/74
三乙醇胺***	triethanolamine***(TEA)	150/132,150/70,150/88
三乙醇胺-D_{12}(内标)	triethanolamine-D_{12}(ILIS)	162/144
三甲基锍盐	trimethyl sulfonium	77/62,77/47
三甲基锍盐-D_9(内标)	trimethyl sulfonium-D_9(ILIS)	86/68,86/50

注：* 一个内标部分是指在制备的标准溶液中所含的内标物的绝对质量。

** PTU 是丙森锌的代谢物 *N*,*N*′-(1,2-丙烯基) 硫脲 (CAS 号 2055-46-1)。

*** 对于吗啉、二乙醇胺和三乙醇胺，最好采用方法 M7，因为这些化合物通常在这些液相色谱条件下被基质强烈抑制。在某些情况下，二乙醇胺甚至出现假阴性结果。如果将提取物稀释 5 倍或 10 倍，这种影响会减弱。

表 6-11 (方法 M6) 链霉素和春雷霉素的 LC-MS/MS 分析条件

仪器参数	检测条件(方法 M6)	
电离模式	ESI 正电离模式	
色谱柱	Obelisc R 2.1mm×150mm;5μm;100Å (SIELC;OR-21.150.0510);40℃	
前置过滤器	例如 Supelco columnsaver 2.0μm 色谱柱前置过滤器	
预柱	Obelisc R 2.1mm×150mm,5μm (SIELC;OR-21.G.0510)	
流动相 A	0.1%甲酸水溶液	
流动相 B	含 0.1%甲酸的乙腈	

仪器参数	A/%	流速/(mL/min)	时间/min
流动相梯度	20	0.3	0
	20	0.3	8
	20	0.3	13
	80	0.5	18
	80	0.5	23
进样量	20μL;驻留时间增加到 200ms		
校准溶液及浓度水平	例如 0.05μg/IS 部分* 或 0.1μg/IS 部分* +一个报告限水平 (如果链霉素在检测范围内,请使用塑料瓶)		

化合物(中文名称)	化合物(英文名称)	检测离子对(*m*/*z*)
链霉素	streptomycin	582/263,582/246,582/221
双氢链霉素(IS)**	dihydrostreptomycin(IS)**	584/263
春雷霉素	kasugamycin	380/112,380/200
目前没有可用的内标物	No IS currently available	—

注:* 一个内标部分是指在制备的标准溶液中所含的内标物的绝对质量。

** 双氢链霉素本身就是一种兽药。如果样品中显示其不存在，则可作为链霉素定量分析的内标物（反之亦然）。

表 6-12 (方法 M7) 对吗啉、二乙醇胺和三乙醇胺建立的 LC-MS/MS 和液相色谱条件

仪器参数	检测条件(方法 M7)
电离模式	ESI 正电离模式
色谱柱	Dionex Acclaim Trinity P1 2.1mm×100mm (3μm)(P/N 071389);40℃
前置过滤器	例如 Supelco 2.0μm
预柱	Dionex Acclaim Trinity P1 2.1mm×10mm (3μm)(P/N 071391)
流动相 A	50mmol/L 甲酸铵水溶液(用甲酸调节至 pH 3),使用棕色玻璃瓶
流动相 B	乙腈

仪器参数	A/%	流速/(mL/min)	时间/min
流动相梯度	10	0.4	0
	10	0.4	10
进样量	5μL		
校准溶液及浓度水平	例如 0.05μg/IS 部分* 或 0.1μg/IS 部分* +一个报告限水平		

续表

化合物(中文名称)	化合物(英文名称)	检测离子对(m/z)
吗啉	morpholine	88/70,88/45,88/44
吗啉-D_8(IS)	morpholine-D_8(1S)	96/78,96/46
二乙醇胺(DEA)	diethanolamine (DEA)	106/88,106/70,106/45
二乙醇胺-D_4(IS)	diethanolamine-D_4(IS)	110/92
三乙醇胺(TEA)	triethanolamine (TEA)	150/132,150/70,150/88
三乙醇胺-D_{12}(IS)	triethanolamine-D_{12}(IS)	162/144

注：* 一个 IS 部分是制备的校准标准溶液中所含内标物的绝对质量（另见表 6-4）。吗啉、DEA 和 TEA 不是杀虫剂，它们是用于覆盖作物（柑橘、苹果和芒果等）的蜡的添加剂。将它们包含在此方法中以便于同时进行分析检测。由于这三个化合物的检测灵敏度很高，因此建议在进样前对提取物进行 5～10 倍稀释，特别是在没有内标并且需要采用标准添加法的情况下适用。

表 6-13 （方法 M8）对 1,2,4-三氮唑、三氮唑-丙氨酸、三氮唑-乙酸、三氮唑-乳酸和 1,2,3-三氮唑等三唑类衍生物及代谢物建议的 LC-MS/MS 及液相色谱条件

仪器参数	检测条件(方法 M8)			
电离模式	ESI 正电离模式			
色谱柱	Hypercarb 2.1mm×100mm;5μm (P/N 35005-102130); 40℃			
预柱	Hypercarb Guard 2.1mm×10mm;5μm (P/N 35005-102101)			
前置过滤器	例如,Supelco 2.0μm 色谱柱前置过滤器(可选)			
流动相 A	1%乙酸水溶液+5%甲醇			
流动相 B	含 1%乙酸的甲醇			
流动相梯度	A/%	流速/(mL/min)	时间/min	
	100	0.6	0	
	10	0.6	5	
	10	0.6	6	
	100	0.6	6.1	
	100	0.6	10	
进样量	2μL			
校准溶液及浓度水平	例如 0.05μg/IS 部分* 或 0.1μg/IS 部分* +一个报告限水平			
化合物(中文名称)	化合物(英文名称)	检测离子对(m/z)	DMS 设置***	
			COV(V)	SV(V)
1,2,4-三氮唑#	1,2,4-triazole#	70/43,70/70	−10	2600
1,2,4-三氮唑-$^{13}C_2$,$^{15}N_3$(内标)	1,2,4-triazole-$^{13}C_2$,$^{15}N_3$, (IS)	75/46	−13.75	3000
三唑-丙氨酸	triazole-alanine	157/70,157/88,157/42	−2.0	3000
三唑-丙氨酸-$^{13}C_2$,$^{15}N_3$(内标)	triazole-alanine-$^{13}C_2$,15N_3, (IS)	162/75	−1.75	3100
三唑乙酸	triazole-acetic acid	128/70,128/43 128/73	−6.0	3100
三唑乙酸-$^{13}C_2$,$^{15}N_3$(内标)	triazole-acetic acid-$^{13}C_2$,$^{15}N_3$, (IS)	133/75	−6.0	3500

续表

化合物(中文名称)	化合物(英文名称)	检测离子对(m/z)	DMS 设置***	
			COV(V)	SV(V)
三唑乳酸	triazole-lactic acid	158/70,158/43,158/112	−3.0	3300
三唑乳酸-$^{13}C_2$,$^{15}N_3$(内标)	triazole-lactic acid-$^{13}C_2$,$^{15}N_3$(IS)	163/75	−2.25	3500
1,2,3-三氮唑#	1,2,3-triazole#	70/43	−12	3000
当前没有可用的内标	No IS currently available	—	—	—

注：* 一个 IS 部分是制备的校准标准溶液中所含内标物的绝对质量（另见表 6-4）。

*** 该设置针对 Selexlon Q-trap 5500，其他参数有：DMS 温度：低；CUR 20，GS1 60，GS2 70，DMO −3.0。DMS 条件在一定程度上因仪器而异。

1,2,4-三氮唑和 1,2,3-三氮唑常被用作肥料中的硝化抑制剂。

所有内标物都来自其他实验室的友好捐赠，当时买不到。

表 6-14 （方法 M9）对二氟乙酸和三氟乙酸建立的 LC-MS/MS 和液相色谱条件

仪器参数	检测条件(方法 M9)
电离模式	ESI 负电离模式
色谱柱	Dionex/Thermo,Acclaim Trinity P1,2.1mm×100mm,(3μm)(P/N 071389)；40℃
预柱	Thermo Guard Cartrige Acclaim Trinity P1,21mm×10mm,(3μm)(P/N 071391)
前置过滤器	例如,Supelco 2.0μm 色谱柱前置过滤器(可选)
流动相 A	50mmol/L 甲酸铵水溶液,用甲酸调节至 pH 3
流动相 B	乙腈

仪器参数	A/%	流速/(mL/min)	时间/min
流动相梯度	10	0.45	0
	10	0.45	3.5
	50	0.45	4
	50	0.45	6
	10	0.45	6.1
	10	0.45	10

仪器参数	检测条件(方法 M9)
进样量	2μL
校准溶液及浓度水平	0.05μg/IS 部分* 或 0.1μg/IS 部分*,一个报告限水平。需使用基质校准而不是溶剂标准溶液

化合物(中文名称)	化合物(英文名称)	检测离子对(m/z)	DMS 设置****	
			COV/V	SV/V
二氟乙酸 (DFA)	difluoroacetic acid (DFA)	95/51,95/95***	−9.5	2500
二氟乙酸-$^{13}C_2$(ILIS)**	difluoroacetic acid-$^{13}C_2$(ILIS)**	75/46	−12	3000
三氟乙酸(TFA)	trifluoroacetic acid (TFA)	113/69,113/113***	−5.6	2200
三氟乙酸-$^{13}C_2$(ILIS)	trifluoroacetic acid-$^{13}C_2$(ILIS)	115/70	−5.5	2300

注：* 一个 IS 部分是制备的校准标准溶液中包含的内标物的绝对质量（另见表 6-4）。

** 该内标物来自友好捐赠，当时无法买到。

*** 尽管没有质量转变，DMS 仍具有良好的选择性。

**** 该设置针对 Selexlon Q-trap 5500，其他条件有 DMS 温度：中等；CUR 20，GS1 60，GS2 70，DMO −3.0；其他仪器上的 DMS 条件可能会有所不同。

六、方法确证结果

根据 SANTE/11945/2015 指导文件，方法确证实验数据可查询 EURL 验证数据库[9]。QuPPe-PO V11 原文[8]中表 26 列出了采用不同方法对不同基质中各化合物在定量限水平的添加回收率及 RSD 数据，此处仅对其数据结果归纳如下：

（1）采用方法 M1.3 检测的化合物有氨甲基膦酸（AMPA）、三聚氰酸（氰尿酸）、乙烯利、三乙膦酸、草铵膦、HEPA、马来酰肼、MPPA 及 *N*-乙酰草铵膦，这 9 种化合物在各种不同含水量及酸碱性的样品基质中的 LOQ 水平在 0.02mg/kg、0.05mg/kg 或 0.1mg/kg，重复测定 3～17 次，平均回收率在 85%～120%，RSD 为 1%～14%。

（2）采用方法 M1.4 检测的化合物有溴酸盐、氯酸盐、高氯酸盐及膦酸，在各种不同含水量及酸碱性的样品基质中的 LOQ 水平在 0.01～0.2mg/kg（除了无机溴酸盐为 1.0 外），重复测定 5 次，平均回收率在 87%～108%，RSD 为 2%～12%。

（3）采用方法 M4.1 中检测的化合物有杀草强、脱苯基氯草敏、矮壮素、灭蝇胺、丁酰肼、二乙醇胺、野燕枯、敌草快、亚乙基硫脲（ETU）、三聚氰胺、甲哌鎓、吗啉、沙蚕毒素、百草枯、丙烯硫脲（PTU）、三乙醇胺及三甲基锍盐，在各种不同含水量及酸碱性的样品基质中的 LOQ 水平在 0.01～0.2mg/kg，重复测定 3～10 次，平均回收率在 83%～120%，RSD 为 1%～15%。

（4）采用方法 M4.2 检测的化合物有氯丙嘧啶酸、杀草强、脱苯基氯草敏、矮壮素、灭蝇胺、丁酰肼、二乙醇胺、野燕枯、亚乙基硫脲（ETU）、三聚氰胺、甲哌鎓、4-羟基-甲哌鎓、吗啉、沙蚕毒素、尼古丁、霜霉威、*N*-脱甲基霜霉威、霜霉威-*N*-氧化物、丙烯硫脲（PTU）、三乙醇胺及三甲基锍盐，在各种不同含水量及酸碱性的样品基质中的 LOQ 水平在 0.01～0.02mg/kg，重复测定 5 次，平均回收率在 84%～120%（除了三甲基锍盐在苹果中为 73%），RSD 为 1%～18%。

（5）采用方法 M6 检测的化合物有两个，春雷霉素和链霉素，基质均为苹果，LOQ 水平均为 0.01mg/kg，重复次数分别为 5 次和 10 次，平均回收率分别为 98%和 106%，RSD 分别为 4%和 9%。

（6）采用方法 M7 检测的化合物有三个，吗啉、二乙醇胺和三乙醇胺，均在三种高含水量水果基质中（苹果、柑橘、芒果）进行了添加回收，LOQ 水平均为 0.1mg/kg，重复 5 次，平均回收率为 94%～118%，RSD 为 1%～7%。

（7）采用方法 M8 检测的化合物有四种，主要是三唑类及其酸性衍生物，包括 1,2,4-三氮唑、三唑乙酸、三唑-丙氨酸和三唑乳酸，均在高含水量（黄瓜、马铃薯）、高酸性（橘子、葡萄）、干燥谷物（大米和大麦）和高脂肪水果（鳄梨）中进行了添加回收试验，添加 LOQ 水平为 0.01～0.02mg/kg（除了 1,2,4-三氮唑为 0.1～0.2mg/kg 以外），均重复测定 5 次，平均回收率为 85%～119%（除了三唑-丙氨酸和三唑乳酸在大米中为 74%和 71%），RSD 为 2%～20%。

（8）采用方法 M9 检测的化合物有 2 种，二氟乙酸和三氟乙酸，分别在苹果、鳄梨、黄瓜、面粉、醋栗、葡萄、大米、柑橘、番茄中进行了添加回收，LOQ 水平为 0.01～0.04mg/kg，重复 5 次，平均回收率为 70%～109%（除了三氟乙酸在醋栗中为 128%），RSD 为 2%～15%。

七、QuPPe-PO 方法结论

QuPPe-PO 方法对植物源基质中多种难分析的酸性、碱性或离子型农药化合物的残留分析方法进行了系统研究。通过对提取、净化和检测条件的优化，对稳定性的考察，以及对内标法和外标法等不同方法的比较，建立了相应的稳定可靠的多残留或少数单残留农药残留分析方法，为难分析农药化合物的残留分析提供了宝贵的参考。欧盟农药残留参考实验室（EU Reference Laboratories for Residues of Pesticides）还在对该方法进行持续优化和更新，并在其网站[2]公开发布，研究人员可参考。

第三节　动物源食品 QuPPe-AO 方法

一、方法简介

针对采用 QuEChERS 方法无法分析的强极性农药，QuPPe-AO 方法建立了这些化合物在动物源食品中的残留分析方法。

该方法首先在样品中加水调节含水量，再加入酸化甲醇和 EDTA 溶液，通过振荡提取残留物，离心后，用乙腈稀释的同时，采用装有 ODS 吸附剂的 d-SPE 进行净化，使大部分基质共提取物发生沉淀或被吸附。净化后的提取物经离心和过滤后，通过 LC-MS/MS 方法进行测定分析。

该方法包含了同时分析不同农药组合的多种 LC-MS/MS 方法，大多数情况下采用同位素标记内标法定量。方法中的同位素标记内标物（ISTD）都是前置内标物，即在前处理过程之前（即提取之前）直接添加到测试样品中。这样可以在一定程度上补偿部分操作过程对回收率的影响，包括体积偏差、提取和净化过程中的分析物损失以及 LC-MS/MS 检测的基质效应等。

二、仪器与试剂

同第二节　植物源食品 QuPPe-PO 方法中的二、仪器与试剂。

三、农药标准溶液与内标溶液

同第二节　植物源食品 QuPPe-PO 方法中的三、农药标准溶液与内标溶液。

四、样品前处理方法

（一）样品制备

按照相关指南要求进行样品预处理。

(1) 鸡蛋样品　鸡蛋去壳后采用手动搅拌器搅拌混合，直到成为自由流动的均匀混合物。

(2) 牛奶样品　对于已有脂肪析出的非均质牛奶，也需进行类似的搅拌混合，使之成为均质牛奶。

(3) 动物组织　对于肌肉、肾脏和肝脏等动物组织，最好低温研磨（例如使用干冰），低温研磨一方面可减少分析物降解，得到均匀且细度很小的样品颗粒，另一方面可提高样品的均匀性并使残留物易于提取。低温研磨或粉碎过程可以分两步进行，具体过程同第二节植物源食品 QuPPe-PO 方法中的第四部分（一）样品制备。

(4) 动物脂肪　对于动物脂肪的分离和预均质，如商业乳脂肪或精制猪油，应进行均质化。一种方法是在室温下使用高速匀浆机进行匀浆，另一种方法是冷冻法，将脂肪切成小块（例如 2cm×2cm），将其冷冻后用强大的刀片式匀浆机进行均质化。采用冷冻法时，需将冷冻脂肪块放入研磨机中，加入干冰（约 4∶1 的比例）并研磨至样品呈流动粉末状，或者将脂肪块浸入液氮中冷却，然后用刀片式匀浆机（或刀磨机）研磨至自由流动的粉末状。最后将研磨后的样品装入合适的容器或袋子中，并立即冷冻保存。

（二）样品前处理步骤

QuPPe-AO 前处理方法的流程图见图 6-6（对于动物肝、肾、肌肉和牛奶）和图 6-7（对于动物脂肪）。

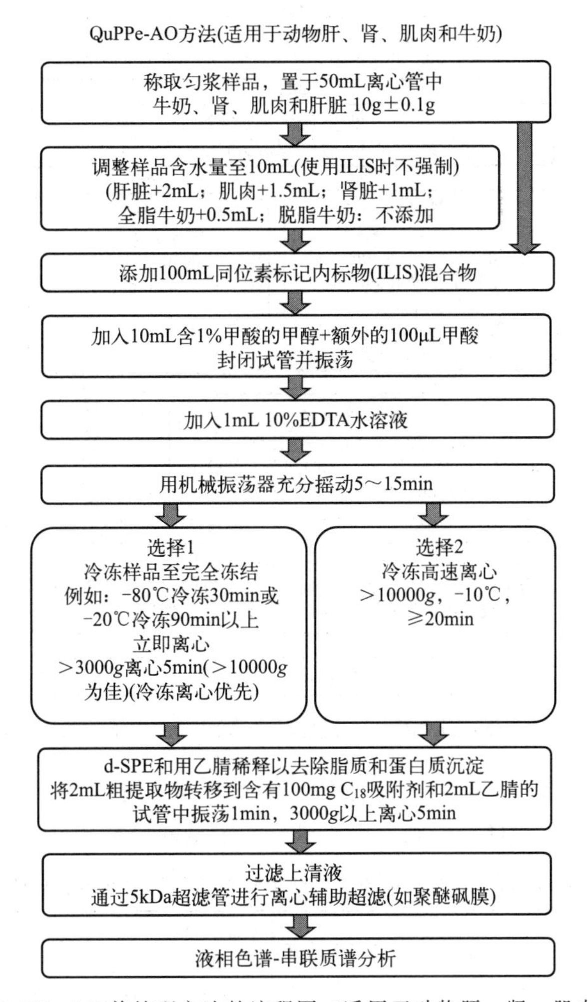

图 6-6　QuPPe-AO 前处理方法的流程图（适用于动物肝、肾、肌肉和牛奶）

1. 样品的称量

称取适量均质化的样品，置于 50mL 离心管中。动物组织（肝、肾、肌肉）、牛奶、鸡蛋均称取 10g±0.1g，动物脂肪则称取 5g±0.05g。

2. 含水量的调整

向样品中加入适当体积的水，使总含水量达到约 10g（或 10mL），不同样品需加水的量可参考表 6-15。动物脂肪样品不需要添加额外的水。

如果未使用内标物，或者内标物是在分取提取液后添加的，则必须将水调节至 10g，以减少体积带来的误差。如果在分取提取液之前添加了适当的内标物，则含水量的调整就不重

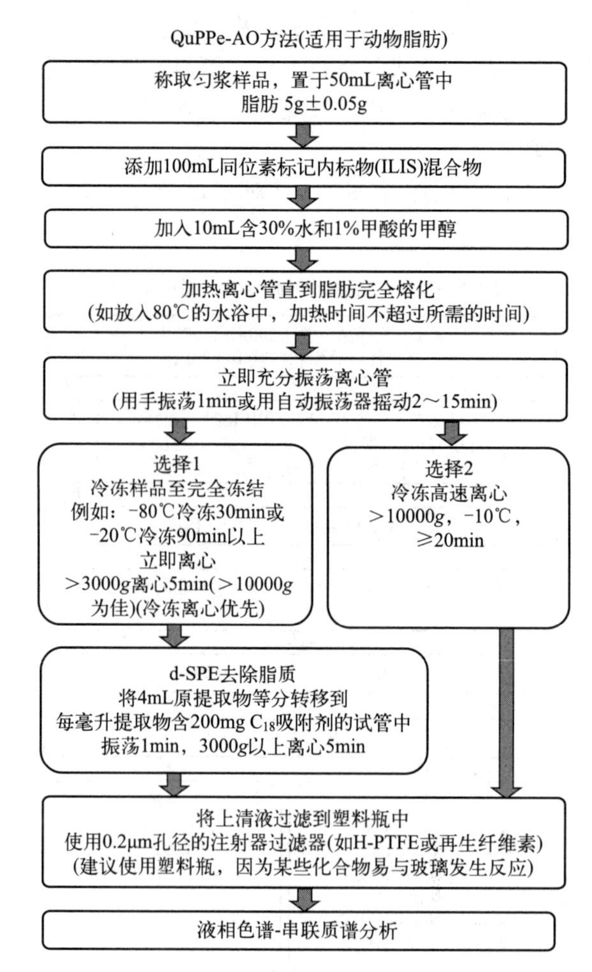

图 6-7　QuPPe-AO 前处理方法流程图（适用于动物脂肪）

要了，尤其是对于含水量大于 80%的样品，或含水量大于 70%且在下一步骤添加 1mL EDTA 水溶液（见下文）的样品，则可以不进行含水量的调整。

表 6-15　不同样品需加水的量（动物脂肪样品不需要添加额外的水）

基质	样品重量/g	含水量/(g/100g)	需加水的体积/mL	EDTA 溶液的体积/mL	加水步骤是否可以忽略*	加入内标溶液 IS-WSln-1 的体积/μL	额外加甲酸的体积/μL	提取溶剂
全脂牛奶	10	85	0.5	1	是	100	100	10mL 甲醇+1%甲酸
牛奶(含 1.5%脂肪)	10	90	—	1	是	100	100	
肝脏	10	70	2	1	否	100	100	
肾	10	80	1	1	是	100	100	
肌肉	10	80	1.5	1	是	100	100	
动物脂肪	5	—	—	—	不适用	100	不加	10mL 甲醇∶水(7∶3)+1%甲酸

注：* 如果在之前使用了合适的内标。

3. 提取

（1）动物肝脏、肾、肌肉和牛奶　加入 10mL 酸化的甲醇和适量小体积（例如 100μL）的内标工作溶液 IS-WSln-1（对于肝脏和牛奶样品，还需额外加入 100μL 的甲酸）。盖好盖子，涡旋几秒，使酸分散并使蛋白质凝聚。然后加入 10% EDTA 溶液，涡旋或手摇 1min，或者使用振荡器振摇 2～15min。

如果不使用内标，应注意此时的液体总体积应接近 20mL，相应地每毫升提取液相当于含有 0.5g 或 0.25g 样品基质（因为称样量分别为 10g 或 5g）。此时溶液的体积变化会对结果产生误差，该误差可以采用回收率校正的方法予以补偿，或者采用第二节提到的标准添加法或过程标准曲线法予以克服或减轻。

（2）动物脂肪　加入 10mL 含 30%水的酸化甲醇（取 10mL 甲酸置于 1000mL 容量瓶中，加入 300mL 水，用甲醇定容至刻度），然后加入适量小体积的（例如 100μL）的内标工作溶液 IS-WSln-1。盖紧盖子，涡旋几秒，置于 80℃水浴中静置 3～4min，直到脂肪全部溶化。趁热剧烈振摇 1min，或者使用振荡器振摇 2～15min，使极性农药能够分散进入水相。

由于甲醇水的混合溶液与脂肪的混溶性较差，最终提取液的体积可视为 10mL，相当于每毫升提取液含有 0.5g 样品基质。如果只是出于筛查的目的，则可以将内标溶液直接添加到样品提取液中（而非提取之前的样品中），例如，取 1mL 提取液置于自动进样瓶中，此时 1mL 提取液相当于 0.5g 样品基质，然后加入内标溶液，通过这种方式，每个样品的内标物添加量可以显著减少到原来的 1/10，可以节约昂贵的内标溶液。

此外，虽然动物脂肪的熔点通常在 30～50℃之间，但仍建议将样品加热到至少 60℃，以确保脂肪快速融化并能在振荡过程中仍保持液态。

4. 冷冻与离心

根据离心设备的不同，可以选择不同方法：

（1）冷冻后离心　将在上述步骤中得到的提取液置于冰箱中冷冻一段时间（例如：在 −80℃冷冻 30min 或在 −20℃冷冻 >90min），将冷冻状态下的提取液在 ≥3000*g* 离心力下离心 5min，若提高离心力（例如 ≥10000*g*）则效果更好。

（2）高速冷冻离心　将提取液在低温（< −5℃）下高速（>10000*g*）离心至少 20min，若提取液经过预先冷冻，则可将离心时间缩减至 5min。

注：低温可以降低基质中杂质的溶解度，有利于基质共提物的沉淀并通过过滤去除，从而降低基质效应并提高色谱柱的使用寿命。为避免离心后析出的沉淀随着温度的升高而发生再溶解，建议及时转移上清液或者立即进行下一步操作。

5. 蛋白质和脂质的去除

（1）动物肝脏、肾、肌肉和牛奶　移取 2mL 上清液，置于预先装有 2mL 乙腈和 100mg C_{18} 吸附剂的带有螺旋盖子的 10mL 离心管中，涡旋或振摇 1min，然后在 >3000*g* 离心力下离心 5min。

（2）动物脂肪　若上下层液体已在低温下分相，则不必进行本步骤。否则，移取 4mL 上清液，置于预先装有 200mg C_{18} 吸附剂的带有螺旋盖子的 10mL 离心管中，涡旋或振摇 1min，然后在 >3000*g* 离心力下离心 5min。

6. 过滤

（1）动物肝脏、肾、肌肉和牛奶　分取上述上清液 3mL，转移到超滤装置（5kDa 或 10kDa 的超滤装置）中，并以 3000*g* 离心，直到收集到足够的滤液（通常 5min 就足够了）。

移取一部分滤液置于自动进样瓶，待进样测定。

（2）动物脂肪　用注射器吸取上清液 2～3mL，用针式过滤器过滤膜，装入自动进样瓶。

（三）添加回收试验

同第二节 QuPPe-PO 的方法。取适量空白样品于 50mL 离心管中，加入适量（50～300μL）农药标准工作溶液，然后进行之后的加水等操作。添加的标准工作溶液体积不宜过大，以免对提取液的总体积造成较大的影响。

对于脂肪样品，为了更好地模拟实际样品中的农药残留，可将待分析的脂肪样品首先水浴熔化，然后放冷，并在脂肪仍为液态时加标（例如在 45℃下），然后将脂肪样品轻轻搅拌以使加入的农药分散均匀，之后再将添加好的脂肪样品放置在冰箱或冷冻柜中冷却并固化。然后再进行上述提取过程，得到的回收率更有实际意义。

（四）标准曲线溶液配制

同 QuPPe-PO 方法，标准曲线也可以有四种不同的制作方法，包括纯溶剂标准曲线、基质匹配标准曲线、标准添加法及过程标准曲线法，相应的定量方法也各不相同。具体参见第二节 QuPPe-PO 方法中标准曲线溶液配制部分。

对于动物源样品，纯溶剂标准曲线和基质匹配标准曲线的配制方法可参见表 6-16。标准添加法的使用方法和过程同样可以参考表 6-3，只是对于动物源样品来说，1000μL 提取液相当于所含的样品基质是 0.25g 而不是 0.5g，表格中的其他数据则完全相同。

（五）计算方法

同 QuPPe-PO 方法，包括内标法和外标法。具体请参见第二节的内容。

表 6-16　标准溶液的配制方法举例

项目	溶剂标准溶液			基质匹配标准溶液					
	使用内标 IS			不使用内标 IS			使用内标 IS		
浓度水平/(μg/mL)，或 IS 部分/μg	0.05	0.1	0.25	0.05	0.1	0.25	0.05	0.1	0.25
空白提取液	—	—	—	875μL	875μL	875μL	825μL	825μL	825μL
水和酸化乙腈(1：1,体积比)	925μL	900μL	825μL	100μL	75μL	—	100μL	75μL	—
农药标准工作溶液(0.5μg/mL)	25μL	50μL	125μL	25μL	50μL	125μL	25μL	50μL	125μL
内标溶液 IS-WSln-2	50μL	50μL	50μL	—	—	—	50μL	50μL	50μL
总体积	1000μL	1000μL	1000μL	1000μL	1000μL	1000μL	1000μL	1000μL	1000μL

五、液质质检测方法

德国 CVUA 实验室 QuPPe 方法的研究人员也一直在对 QuPPe-AO 方法涉及的液质质检测方法进行优化和更新。截至 2023 年，本文参考的版本 V3.2 为其最新版本[2]，方法 M1.3、M1.4、M1.6、M1.7 和 M4.2 被用于动物源食品的验证工作，其中方法 M1.3、M1.4 和 M4.2 在第二节 QuPPe-PO 方法中已有描述，方法 M1.6 和 M1.7 见表 6-17 和表 6-18。

表 6-17　(方法 M1.6) 草甘膦、AMPA、*N*-乙酰-AMPA、*N*-乙酰草甘膦、乙烯利、HEPA、草铵膦、*N*-乙酰草铵膦、MPPA 和三乙膦酸铝的 LC-MS/MS 分析条件

仪器参数	检测条件(方法 M1.6)		
电离模式	ESI 负电离模式		
色谱柱/温度	Waters Tours^{TM}DEA 2.1mm；1.7μL；50℃		
预柱	Waters Tours^{TM}DEA VanGuard^{TM}2.1mm×5mm；1.7μm		
前置过滤器	Waters ACQUITY UPLC 色谱柱在线过滤器套件[205000343]		
流动相 A	1.2%甲酸水溶液		
流动相 B	在乙腈中加入 0.5%甲酸		
流动相梯度	A/%	流速/(mL/min)	时间/min
	10	0.5	0
	10	0.5	0.5
	80	0.5	1.5
	90	0.5	4.5
	90	0.5	17.5
	10	0.5	17.6
	10	0.5	23
进样量	10μL		
校准溶液及浓度水平	例如 0.05μg/IS 部分或 0.1μg/IS 部分＋一个报告限水平		

化合物(中文名称)	化合物(英文名称)	检测离子对(m/z)
草甘膦	glyphosate	168/63,168/124,168/150,168/81
草甘膦-$^{13}C_2$,^{15}N(内标)	glyphosate-$^{13}C_2$,^{15}N(ILIS)	171/63,171/126
AMPA	AMPA	110/63,110/79,110/81
APMA-^{13}C,^{15}N(内标)	APMA-^{13}C,^{15}N(ILIS)	112/63,112/81
N-乙酰基-AMPA	*N*-acetyl-AMPA	152/63,152/79,152/110
N-乙酰草甘膦	*N*-acetyl-glyphosate	210/63,210/150,210/79,210/148
N-乙酰草甘膦-D_3(内标)	*N*-acetyl-glyphosate-D_3(ILIS)	213/63,213/153
乙烯利	ethephon	143/107,143/79,145/107
乙烯利-D_4(内标)	ethephon-D_4(ILIS)	147/111,147/79(杂质干扰时可选用)
HEPA	HEPA	125/79,125/95,125/63
HEPA-D_4(内标)	HEPA-D_4(ILIS)	129/79,129/97
草铵膦	glufosinate	180/63,180/136,180/85,180/95
草铵膦-D_3(内标)	glufosinate-D_3(ILIS)	183/63,183/98
N-乙酰草铵膦	*N*-acetyl-glufosinate	222/63,222/59,222/136
N-乙酰草铵膦-[乙酰基]D_3(内标)	*N*-acetyl-glufosinate-[acetyl]D_3(ILIS)	225/63,225/137
N-乙酰草铵膦-[甲基]D_3(内标)	*N*-acetyl-glufosinate-[methyl]D_3(ILIS)	225/63
MPPA	MPPA	151/63,151/107,151/133
MPPA-D_3(内标)	MPPA-D_3	154/63,154/136
乙磷铝	fosetyl-Al	109/81,109/63 (作为 fosetyl 检测)
乙磷铝-D_{15}(内标)	fosetyl-Al-D_{15}(ILIS)	114/82,114/63 (作为 fosetyl-D_5 检测)

表 6-18 (方法 M1.7) 高氯酸盐、氯酸盐、膦酸的 LC-MS/MS 分析条件

仪器参数	检测条件(方法 M1.7)		
电离模式	ESI 负电离模式		
色谱柱/温度	Waters Tours^{TM}DEA 2.1mm;1.7μL;50℃		
预柱	Waters Tours^{TM}DEA 2.1mm×5mm;1.7μm		
前置过滤器	Waters ACQUITY UPLC 色谱柱在线过滤器套件[205000343]		
流动相 A	1.2%甲酸+10mmol 甲酸铵水溶液		
流动相 B	在乙腈中加入 0.5%甲酸		
流动相梯度	A/%	流速/(mL/min)	时间/min
	10	0.5	0
	10	0.5	0.5
	80	0.5	1.5
	90	0.5	4.5
	90	0.5	17.5
	10	0.5	17.5
	10	0.5	23
进样量	10μL		
校准溶液及浓度水平	例如 0.05μg/IS 或 0.1μg/IS 部分+一个报告限水平		
化合物(中文名称)	化合物(英文名称)	检测离子对(m/z)	
溴化物	bromide	81/81,79/79	
氯酸盐	chlorate	83/67,85/69	
氯酸盐-$^{18}O_3$(内标)	chlorate-$^{18}O_3$(ILIS)	89/71,91/73	
高氯酸盐	perchlorate	99/83,101/85	
高氯酸盐-$^{18}O_4$(内标)	perchlorate-$^{18}O_4$(ILIS)	107/89,109/91	
膦酸	phosphonic acid	81/79,81/63	
膦酸-$^{18}O_3$(内标)	phosphonic acid-$^{18}O_3$(ILIS)	87/85,87/67	

六、方法确证结果

根据 SANTE/11945/2015 指导文件，方法确证实验数据可查询 EURL 验证数据库[9]。QuPPe-AO V3.2 原文[10]中表 4 列出了采用不同方法对不同基质中各化合物在定量限水平(最低合格添加水平）的添加回收率及 RSD 数据，本文仅对数据结果进行归纳总结如下：

(1) 采用方法 M1.3 检测的化合物有氨甲基膦酸（AMPA)、乙烯利、三乙膦酸、草铵膦、草甘膦、HEPA、MPPA、N-乙酰氨甲基膦酸及 N-乙酰草铵膦，大多都在黄油脂肪、全脂牛奶、牛肝脏、牛肾和猪肉五种基质中进行了添加回收，合格的最低添加水平（LOQ）为 0.05mg/kg [在黄油脂肪中氨甲基膦酸（AMPA）和 N-乙酰氨甲基膦酸为 0.02mg/kg，其他化合物均为 0.005mg/kg]，重复测定 5 次，平均回收率为 79%～117%，RSD 为 1%～15%。

（2）采用方法 M1.4 检测的化合物有膦酸、氯酸盐及高氯酸盐，均在全脂牛奶、牛肝脏和黄油脂肪三种基质中进行了添加回收，LOQ 分别为 0.2mg/kg、0.01mg/kg 和 0.01mg/kg，重复 5 次，平均回收率为 94%～108%，RSD 为 1%～15%。需要注意，该结果采用了膦酸特有的离子对 81/79 进行定量。在分析膦酸时，必须考虑磷酸对膦酸的干扰，尤其是在动物源基质中。

（3）采用方法 M1.6 检测的化合物与 M1.3 类似，包括氨甲基膦酸（AMPA）、乙烯利、三乙膦酸、草铵膦、草甘膦、HEPA、MPPA、*N*-乙酰氨甲基膦酸、*N*-乙酰草铵膦及 *N*-乙酰草甘膦，在全脂牛奶、牛肝脏、黄油脂肪、牛肾和猪肉五种基质中均进行了添加回收，最低添加水平（LOQ）为 0.01～0.05mg/kg（黄油脂肪中 *N*-乙酰草甘膦为 0.02mg/kg，其他均为 0.005mg/kg），重复 5 次，平均回收率为 80%～117%，RSD 为 2%～21%。

（4）采用方法 M4.2 检测的化合物包括氯丙嘧啶酸、杀草强、矮壮素、脱苯基氯草敏、灭蝇胺、甲哌啶、吗啉、沙蚕毒素、三甲基锍盐、霜霉威和三聚氰胺，在全脂牛奶、牛肝脏、黄油脂肪、牛肾和猪肉五种基质中均进行了添加回收，最低添加水平（LOQ）为 0.01～0.05mg/kg（黄油脂肪中吗啉为 0.02mg/kg，其他均为 0.005mg/kg），重复 5 次，平均回收率为 80%～119%，RSD 为 1%～14%。

此外，前处理不加 EDTA 的情况下（参考 QuPPe-AO-Ⅴ2，当前版本为Ⅴ3.2），这些方法对大多数化合物也能得到满意的回收率结果，例如采用不加 EDTA 的 M8 方法的结果。

（5）采用方法 M8 检测的化合物有四种，主要是三唑类及其酸性衍生物，包括 1,2,4-三氮唑（TRZ）、三唑乙酸（TAA）、三唑丙氨酸（TA）和三唑乳酸（TLA），均在全脂牛奶中进行了添加回收试验，添加水平（LOQ）为 0.02mg/kg（除了 TRZ 为 0.2mg/kg 以外），均重复测定 5 次，平均回收率为 85%～97%，RSD 为 4%～21%（TA 为 21%）。

七、QuPPe-AO 方法结论

一般情况下，动物源基质中极性化合物存在残留的可能性较小，因为其脂肪含量高，极性化合物亲脂性较低。然而，如果畜牧业中直接使用这些化合物，其残留情况也值得关注。QuPPe-AO 方法对动物源基质中的多种难分析的酸性、碱性或离子型农药化合物的残留分析方法进行了系统研究。在方法优化过程中，欧盟农药残留参考实验室（EU Reference Laboratories for Residues of Pesticides）通过对其提取、净化、检测过程的不断改进，建立了相应的稳定可靠的多残留或少数单残留农药残留分析方法，为难分析农药化合物的残留分析提供了宝贵的参考。由于这些化合物性质各异，在尽可能进行多残留分析的方法开发过程中研究过的一些旧版方法（例如前处理不加 EDTA 的Ⅴ2 版本）也都有其可取之处。该实验室也还在对方法进行持续优化和更新，开发研究的新旧版本都在该实验室的网站公开，学者们可以查询下载、参考使用。

参考文献

[1] Lehotay S J. The QuEChERSER Mega-Method. LCGC North America，2022，40（1）：13-19.

[2] Anastassiades M，Wacltler A K，Kolberg D I，et al. Quick method for the analysis of highly polar pesticides in food involving extraction with acidified methanol and LC-or IC-MS/MS measurement Ⅰ. Food of plant origin（QuPPe-PO-Method）(Version 12.2). URL：https：//www. eurl-pesticides，eu/userfiles/file/EurlSRM/EurlSrm _ meth _ QuPPe _ PO _ V12 _ 2. pdf.

[3] Raynie D E. Quick Polar Pesticides（QuPPe）：Learning from and expanding on the work of others. LCGC North

Ameica, 2022, 40 (3): 118-120.

[4] Han Y, Song L, Zhao P, et al. Residue determination of glufosinate in plant origin foods using modified Quick Polar Pesticides (QuPPe) method and liquid chromatography coupled with tandem mass spectrometry. Food Chemistry, 2016, 197: 730-736.

[5] Robles-Molina J, Gilbert-López B, García-Reyes J F, et al. Simultaneous liquid chromatography/mass spectrometry determination of both polar and "multiresidue" pesticides in food using parallel hydrophilic interaction/reversed-phase liquid chromatography and a hybrid sample preparation approach. Journal of Chromatography A, 2017, 1517: 108-116.

[6] Kaczyński P. Clean-up and matrix effect in LC-MS/MS analysis of food of plant origin for high polar herbicides. Food Chemistry, 2017, 230: 524-531.

[7] Lara F J, Chan D, Dickinson M, et al. Evaluation of direct analysis in real time for the determination of highly polar pesticides in lettuce and celery using modified Quick Polar Pesticides Extraction method. Journal of Chromatography A, 2017, 1496: 37-44.

[8] QuPPe的旧版本, QuPPe: Obsolete Versions, URL: https: //www. quppe. eu/quppe _ obsolete. asp.

[9] EURL验证数据库. URL: https: //www. eurl-pesticides-datapool. eu/.

[10] Anastassiades M, Wachtler A K, Kolberg D I, et al. Quick method for the analysis of highly polar pesticides in food involving extraction with acidified methanol and LC-MS/MS Measurement. Ⅱ. Food of animal origin (QuPPe-AO-Method) (Version 3. 2).

第七章

植物源农产品的农残分析 QuEChERS 方法

第一节 植物源农产品中农残分析方法研究历程

农药残留分析中，研究较多的植物源农产品主要是蔬菜水果、谷物及豆类以及茶叶等大作物产品，近年来中草药、调味料等产品的农药残留也逐渐受到关注。

由于蔬菜水果的种植面积广、产量大、品种繁多，病虫害多发，导致其农药使用量大，且蔬菜水果需要新鲜采摘和食用，采收期短，食用风险较高，因此蔬菜水果中的农药残留分析最早受到社会的关注，且一直以来都是被关注的焦点。蔬菜水果中的农残分析方法也经过了较长的历史演化过程。

Mills 等[1]最早于 1963 年发表了蔬菜水果中有机氯农药的多残留分析方法，样品称样量较大（50～100g），使用乙腈作为提取溶剂，提取后加入大量水和饱和氯化钠溶液，通过液液萃取，使相对非极性的有机氯农药转入石油醚中，石油醚提取液经旋转蒸发浓缩，再经弗罗里硅土柱净化后，用 GC-ECD 测定。20 世纪 60 年代末期，极性较高的有机磷农药开始广泛使用，Watts 等[2]建立了采用乙酸乙酯从苹果、胡萝卜、甘蓝等样品中提取有机磷农药的多残留分析方法，提取液经分液、浓缩后以活性炭柱净化，用 GC-NPD 测定，方法对 60 种有机磷农药均获得较好的回收率。后来，分析工作者希望能将有机磷和有机氯农药一起测定，但使用石油醚液液萃取时这些极性较高的有机磷农药回收率偏低。Storherr 等[3]将方法进行了改进，仍使用乙腈作为提取溶剂，而在液液萃取中以极性较高的二氯甲烷代替非极性的石油醚，并使用酸化处理的活性炭代替弗罗里硅土柱净化，其可以作为水果和蔬菜中有机磷和有机氯农药的多残留分析方法。

20 世纪 70 年代初期，出现了使用丙酮为提取溶剂提取植物源样品中的有机氯和有机磷农药的报道。1975 年 Luke 等[4]报道了以丙酮为提取溶剂测定有机氯、有机磷和有机氮农药的方法，称取 100g 粉碎的果蔬样品，加入 200mL 丙酮提取，再用液液萃取将农药转入石油醚和二氯甲烷的混合溶剂中。该方法的净化方法与 Mills 方法[1]相同，也采用弗罗里硅土柱净化。

1981 年 Specht 和 Tillkes[5]发表了蔬菜和动物源食品中 90 种农药的多残留分析方法，先用二氯甲烷将农药从丙酮水溶液中提取出来，然后使用凝胶渗透色谱柱（GPC）净化。该方法后来发展为德国的 DFGS-19 法，于 20 世纪 80～90 年代在德国以及许多欧洲实验室使用。

20 世纪 90 年代初期，分析化学家面临不得使用含氯有机溶剂（如二氯甲烷等）的压力，Koinecke 等[6]于 1994 年提出，可以使用环己烷、石油醚、叔丁基甲基醚等毒性较低的溶剂取代二氯甲烷，很多农药甚至水溶性的农药，也可以从样品的丙酮提取液中萃取到这些取代后的溶剂中。Specht[7]还将 DFGS-19 法液液萃取中的二氯甲烷用乙酸乙酯/环己烷

(1∶1)取代，同时还简化了该法，将丙酮提取与液液萃取步骤合并为一步，该方法的另一个优点是乙酸乙酯/环已烷(1∶1)同时也是GPC的淋洗溶剂，不再需要溶剂交换。

20世纪90年代初期，已有研究人员使用乙腈从农产品中提取约100种有机氯、有机磷和氨基甲酸酯类农药。Liao等[8]用乙腈从各种不同作物中提取143种农药，使用100mL乙腈提取50g粉碎的样品，加入固体氯化钠以促使两相分离，上层乙腈相不需净化，即可进GC-MS测定。美国加州食品和农业部的Bennett等[9]使用上述相同的提取步骤，采用固相萃取小柱净化，使之适应于GC的FPD、ECD和HPLC测定。Fillion等[10]于1995年也使用相同的提取技术，但是以活性炭和硅藻土净化样品，以GC-MS和HPLC荧光检测器测定。Cook等[11]于1999年仍应用该提取方法，使用不同的固相萃取小柱净化，测定了水果和蔬菜中89种农药。

我国于20世纪90年代末期引进上述以美国加州食品和农业部为主的方法，基本采用上述相同的提取步骤测定蔬菜和水果中的有机磷、有机氯、拟除虫菊酯和氨基甲酸酯等农药的多残留检测，后来发展成为我国的农业行业标准NY/T 761—2008。该方法当时在国内大多数实验室用于蔬菜水果中农药多残留的例行检测。

2003年，QuEChERS方法的发表，使得农药多残留分析进入到一个“快速简便且可靠”的新时代。QuEChERS方法[12]总结了前人的经验，进行了大量的实验，最后确定采用乙腈为提取溶剂，在氯化钠盐析的步骤中加入了无水硫酸镁，采用d-SPE净化，大大简化了前处理步骤，开发了适用于含水量较高的蔬菜水果类基质的多残留分析方法。该方法随后很快被应用于谷物、豆类等其他植物源农产品的农药多残留分析中，并扩展到环境污染物等化合物及动物源产品的残留分析中。QuEChERS方法发表之后的近20年，蔬菜水果等植物源产品中的农药(及环境污染物等)残留分析方法几乎都是基于QuEChERS方法的扩展应用。

第二节 果蔬中农残分析的QuEChERS方法

QuEChERS原创方法在2003年发表后，为了在不同实验室验证该方法的普适性和可靠性，其发明者Steven Lehotay赴荷兰农业部官方实验室开展了QuEChERS方法对蔬菜水果中229种农药的方法验证工作。这是QuEChERS方法首次在蔬菜水果中针对大范围农药种类的方法应用。在之后对方法的验证及改进过程中，为了使方法更加普适和可靠，研究人员对方法的各个方面进行了系统的分析和研究。

一、蔬菜水果基质特点

蔬菜水果农产品中一般都含有数量不等的脂肪、水、糖、色素等基质成分(见表7-1和表7-2)。可以看出，蔬菜水果基质中最主要的成分是70%～95%左右的水分。果蔬基质中所选择的提取溶剂一般都是乙腈、丙酮等能与水互溶的溶剂，因为这些溶剂能够更好地渗透到样品基质中，得到较高的提取效率，同时可以扩大多残留分析中待测化合物的极性范围。然而，由于其与水的互溶性质，果蔬基质中大量的水分也同时被提取或溶解到了乙腈或丙酮相中。即使在盐析分相后，有机相中仍然残留有部分水分，影响后续步骤。因此，QuEChERS方法首先需要考虑水分的去除问题。

在使用有机溶剂提取样品中的农药时，样品中的油脂、蜡质、蛋白质、叶绿素及其他色素、胺类、酚类、有机酸类、糖类等会同农药一起被提取出来。提取液中既有农药又有许多干扰物质，这些物质亦称基质共提物，有时会干扰残留量的测定。因此，QuEChERS 方法其次需要考虑的是基质共提物的净化。

在 QuEChERS 方法的初创过程中，研究人员对这些问题都进行了细致的理论分析和比较实验，以下分别简述之。

表 7-1　各种蔬菜中脂肪、水分和糖的大致含量

蔬菜	脂肪/%	水分/%	糖/%	蔬菜	脂肪/%	水分/%	糖/%
大白菜	0.20	95.32	1.0	韭菜	0.30	83.00	3.9
甘蓝	0.18	92.52	2.7	洋葱	0.16	89.68	4.1
红甘蓝	0.26	91.55	5.4	马铃薯	0.10	78.96	1.0
花茎甘蓝(花椰菜)	0.35	90.69	1.6	萝卜	0.54	94.84	2.7
菜花	0.18	92.26	2.2	甘薯	0.30	72.84	5.0
芹菜	0.14	94.64	1.0	芋头	0.20	70.64	0.8
芦笋	0.22	92.25	2.1	荸荠	0.10	73.46	4.8
朝鲜蓟	0.15	84.94	2.2	山药	0.17	69.60	0.5
莴苣	0.20	94.91	2.0	蘑菇	0.42	91.81	1.8
菠菜	0.35	91.58	0.4	青豌豆	0.40	78.86	4.5
胡萝卜	0.19	87.79	6.6	新鲜甜玉米	1.18	75.96	5.4
大蒜	0.50	58.58	1.0	佛手瓜	0.30	93.00	—
黄瓜	0.12	96.05	2.3	辣椒	0.20	87.74	—
茄子	0.10	91.93	3.4	甜椒	0.19	92.19	2.5
葫芦(圆)	0.02	95.54	—	南瓜	0.10	91.60	4.4

注：表中糖的百分含量是以一个或多个单糖和双糖的总和计算的，有的食品目前缺乏该项指标。在少数食品中，脂肪、水分和糖含量的总和超过 100%，这是因为数据是从不同来源、不同时间和不同样品搜集的。

表 7-2　水果、坚果类农产品中脂肪、水分和糖的大致含量

果名	脂肪/%	水分/%	糖/%	果名	脂肪/%	水分/%	糖/%
葡萄(美)	0.35	81.30	16.4	杏	0.39	86.35	9.3
葡萄(德)	0.58	80.56	18.1	杏干	0.46	31.09	38.9
葡萄干(无籽)	0.46	15.42	61.7	甜瓜(香瓜)	0.28	89.78	8.1
草莓	0.37	91.57	5.7	西瓜	0.43	91.95	9.0
黑莓	0.55	86.57	—	柿子(日本)	0.19	80.32	—
柑橘	0.21	87.14	8.9	柿子	0.40	64.4	—
中国柑橘	0.19	87.60	—	石榴	0.30	80.97	8.9
鳄梨	17.3	72.56	0.9	番荔枝	0.30	73.2～81.2	—
樱桃(酸)	0.30	86.13	8.1	栗子(带壳)	2.26	48.65	10.6
樱桃(甜)	0.96	80.76	14.6	栗子(去壳)	1.25	52.00	11.3
枣(干)	0.45	22.50	64.2	橡树果	23.86	27.90	—
桃	0.09	87.66	8.7	花生(未加工)	49.24	6.50	4.3

二、提取及水分去除研究

为了将蔬菜水果样品中的痕量农药残留提取出来，QuEChERS方法在开发之初，比较了不同极性的提取溶剂对样品的提取效果，结果表明，蔬菜水果样品的含水量一般都在80%以上，对于蔬菜水果等含水量很高的样品，使用与水互溶的溶剂如丙酮、乙腈可以有效地将极性与非极性农药同时从蔬菜水果中提取出来。然而在接下来的净化（如使用SPE净化）和GC测定中，需要把水分从各种样品提取液中去除。

QuEChERS方法采用了盐析分相的方法，即在乙腈-水或丙酮-水混合提取液中加入NaCl等盐类，通过盐析使水相与有机相分离。为了降低极性农药在水溶液中的溶解度，需要加入高浓度的各种盐以有效地降低农药对水相的亲和力。当使用非极性有机相萃取时，盐的加入也可促使待测化合物转移到与水不相溶的有机溶剂中。加入NaCl后，乙腈比丙酮更易于与水分离，因此方法确定采用乙腈作为提取溶剂。然而，盐析后的乙腈提取液中仍然含有微量的水分，这会影响样品基质成分的去除、农药的分离和回收率。因此，在盐析过程中需要增加干燥剂的使用量，以除去乙腈相中的微量水分。

为了比较Na_2SO_4和$MgSO_4$两种无水无机盐类作为干燥剂从有机溶剂中去除水分的效果并分析其作用机理，Schenck等设计了一个实验[13]，分别在分液漏斗中加入200mL乙腈或丙酮，加入80mL水（模拟约100g蔬菜水果中的水分），混匀后，再加入8g NaCl，振摇1min，静止分层15min后，将下层被盐析出的水相和未溶解的盐放出，分别从上层有机相中取出2mL置于核磁共振仪的玻璃小瓶中，定量测定水分含量。从表7-3可以看出，在乙腈-水、丙酮-水溶液中添加NaCl盐析后，可以通过两相分离除去大部分水相。但是，在含有农药的有机相中仍然含有一定量的水分，乙腈和丙酮中的水分含量分别为8.7%和17.6%，说明NaCl在分离乙腈水溶液中的水分的效果较丙酮好。

实验还比较了加入不同干燥剂（如Na_2SO_4、$MgSO_4$）对有机相中水分的去除效果。在上述分液漏斗中，分别加入10g颗粒状Na_2SO_4或10g粉状Na_2SO_4或10g无水$MgSO_4$，振摇1min，静置分层，取出2mL上层有机相，再次采用核磁共振测定水分含量，结果见表7-3。可以看出，不论是粉状或颗粒状Na_2SO_4均不能有效去除有机相中的水分。但是，在加入$MgSO_4$后，乙腈中的水分减至2.6%，丙酮中的水分减至7.2%，说明$MgSO_4$去除有机相中水分的效果好，去除乙腈中水分的效果比丙酮好，而Na_2SO_4几乎没有效果。

文章指出，无机盐与水形成水合物的过程是其去除水分的主要机理。在液液萃取中常用的三种盐NaCl、Na_2SO_4、$MgSO_4$中，只有Na_2SO_4、$MgSO_4$可以作为干燥剂，这是因为Na_2SO_4和$MgSO_4$可以形成水合物，Na_2SO_4可形成七水合物和十水合物，$MgSO_4$可形成一水合物、二水合物、五水合物和七水合物，这主要是由于Na^+半径大于Mg^{2+}，周围可以容纳更多的水分子，因此结合水分子的数目多。根据实验结果，$MgSO_4$作为干燥剂比Na_2SO_4能更好地去除有机相提取液中的微量水分，这是由于Mg^{2+}电荷大，半径小，与水的结合力更强，从而除水能力更强，而Na^+尽管结合水分子的数目较多，但结合力不强，去除水的效果较差。

实验中还研究了使用几种无机盐去除鸡蛋的乙腈提取液中的水分试验。结果发现，$MgSO_4$从乙腈提取液中去除水分的效果最好，去除率为90%，而Na_2SO_4水分去除率仅35%。可见，在实际样品提取液中与模拟实验得到了类似的结论。

表 7-3　加入过量 NaCl 盐析有机相中水分的效果及加入两种干燥剂的效果比较[a]

有机溶剂	有机相中的水/%			
	加入干燥剂前	加入 10g 粒状 Na_2SO_4 后	加入 10g 粉状 Na_2SO_4 后	加入 10g $MgSO_4$ 后
乙腈	8.7	8.8	8.6	2.6
丙酮	17.6	16.6	16.9	7.2

注：[a] 重复两次测定的结果。

三、净化方法研究

样品净化是农药残留分析中最为重要且难度较大的步骤之一，因为在去除基质共提物的同时，常常伴随着农药的丢失，因此净化步骤也是残留分析成败的关键。净化过程主要采用分离技术，利用混合物中各组分的理化性质，如挥发性、溶解度、电荷、分子大小、形状和极性等的不同，使其在两个物相间转移。但对于多组分样品，需要较复杂的分离技术，通常从互不相溶的两相中进行选择性转移。所有的分离技术都包含一个或几个化学平衡，分离的程度会随着实验条件而变化，需多次实践才能达到理想的净化效果。

为了进行样品净化，QuEChERS 方法采用了 d-SPE，即分散固相萃取（dispersive solid phase extraction，d-SPE）方法。该方法是将固相吸附剂加入提取液中，利用固相分散吸附材料与样品或者样品提取液充分接触，吸附其中的杂质而达到净化的目的。在 d-SPE 过程中，基质干扰物被选择性地吸附保留在固体吸附剂上，而目标分析物则在上清液中进一步分析。分散固相萃取法有两种形式：一种是将固体吸附剂直接加入样品中，加入提取溶剂，经过振荡、涡旋等处理，使固体吸附剂和样品充分接触，吸附其中的杂质，然后离心、过滤，分析提取溶剂中的分析物。另一种是先将含有分析物的样品用合适的提取溶剂进行提取，分相后在一定量的提取液中加入少量固相吸附材料，进行振荡、涡旋等处理。QuEChERS 方法采用了后者，因为提取后的分相过程可以先去除一部分极性干扰物和水分，使吸附剂用量大幅减少且净化效率更高。分散固相萃取法快速、简便，吸附剂用量很少，不仅应用于蔬菜水果农药残留检测，而且在谷物、动物源类产品、环境样品等农药多残留检测领域也得到了广泛的应用。

四、原创方法步骤

为了对 QuEChERS 方法进行初步评价，Lehotay 等通过对 229 种农药的添加回收实验[14]，分析了两种代表性的果蔬样品（生菜和橘子），使用 GC-MS 和 LC-MS/MS 检测，并与传统的丙酮提取法（Luke 法[4]）进行了比较。在验证实验中，选用生菜和橘子作为代表性的基质，每种农药各设 3 个添加水平（10ng/g 或 25ng/g、50ng/g 和 100ng/g），每个添加水平设 6 个重复。

1. 提取和净化

称取 15g 经粉碎的样品至 50mL 聚四氟乙烯具塞离心管中，每份样品中分别添加各种农药标液 300μL，使得样品中添加浓度为 10ng/g 或 25ng/g、50ng/g 和 100ng/g。向每份样品中加入 15mL 乙腈和 300μL 浓度为 5ng/mL 的灭线磷乙腈溶液（用作内标），用作空白的样品中不要加内标。用力振摇离心管，然后加入 6g $MgSO_4$ 和 1.5g NaCl。再次用力振摇离心管，确保溶剂与所有样品相互作用，使产生的凝聚物在振荡过程中完全消失。然后在 3000r/min 下离心 1min。

取 5mL 上层清液移入盛有 0.3g PSA 和 1.8g 无水 $MgSO_4$ 的聚四氟乙烯管内，涡旋 20s 进行分散固相萃取后，再次在 3000r/min 下离心 1min。取 1mL 上清液转入自动进样小瓶内，再加入 50μL 2ng/μL 的三苯基磷酸酯（简称 TPP，该溶液用含有 2%乙酸的乙腈配制，用作 GC 质控），混匀后进样测定。

2. 仪器条件与测定参数

（1）GC-MS　色谱柱为 CP-Sil 8-ms 毛细管柱，30m×0.25mm(id)×0.25μm；载气 He (1.3mL/min)；进样口为程序升温，初始温度 80℃，30s 后以 200℃/min 的速率升温至 280℃；进样体积 5μL（LVI 大体积进样），分流比 30∶1。柱温程序为初始温度 75℃，保持 3min，25℃/min 的速率升温至 180℃，再以 5℃/min 的速率升温至 300℃，保持 3min。总运行时间为 34.2min。色谱-质谱接口温度 240℃，离子源温度 230℃，离子化方式为电子轰击电离源（EI），灯电流 10μA。

（2）LC-MS/MS　色谱柱 Alltima C_{18} 柱 [15cm×3mm(id)×5μm]，流动相为甲醇-5mmol/L 甲酸水，起始比例为 25∶75，在 15min 内变为 95∶5，保持 15min，总运行时间为 30min，流动相流速 0.3mL/min。离子化方式为正离子模式，电喷雾电离（ESI+），毛细管电压 2.0kV，锥孔电压 35V，离子源温度 100℃，干燥气温度 350℃，雾化气流速 100L/h，干燥气（N_2）流速 500L/h，进样量 5μL。各种农药的色谱保留时间和质谱测定参数略。

五、添加回收实验结果

添加回收实验结果表明，在生菜和橘子基质中测定 229 种农药，在每个添加水平下进行 LC-MS/MS 或 GC-MS 检测，70%～80%的被测物回收率在 90%～110%之间，即使在 10ng/g 添加水平下也可以获得很好的回收率。其余大多数农药的回收率也在 70%～120%之间，符合要求，只有很少一部分低于此标准。在方法的精密度考察方面，大多数农药在每个添加水平、6 次实验的 RSD 小于 10%，而 RSD 大于 15%的农药多数是在 10ng/g 添加水平下。

六、存在问题的农药

研究发现，在以上方法中，有 12 种农药的回收率在 70%以下，分别是磺草灵、克菌丹、抑菌灵、百菌清、丁酰肼、溴氰菊酯、三氯杀螨醇、灭菌丹、甲硫威砜、哒草特、福美双和甲苯氟磺胺。其中，克菌丹、灭菌丹、三氯杀螨醇、溴氰菊酯和百菌清的 LVI-GC-MS 测定结果非常不稳定，百菌清、三氯杀螨醇、灭菌丹和溴氰菊酯等拟除虫菊酯类农药检测时的灵敏度较低。但在最初开发的方法中，溴氰菊酯和氯菊酯均有很好的回收率，因此推测存在问题的这些拟除虫菊酯类农药回收率低可能是大体积进样引起的，这些农药可能在进样口处填料上发生了不可逆吸附，降低了 MS 对大多数较晚解吸的拟除虫菊酯类农药的敏感度。

实验中，克菌丹、灭菌丹、抑菌灵和甲苯氟磺胺代表了含卤素的甲基硫类杀菌剂。在样品前处理过程中，这类农药容易发生降解，回收率小于 70%。通常，这些农药的降解产物可以用 GC-MS 检测。实验中发现降解产物邻苯二甲酰亚胺和四氢邻苯二甲酰亚胺的回收率超过了 110%，并将灭菌丹和克菌丹覆盖了。结果说明，在基质匹配标准溶液中，生菜基质很可能加快了农药母体的降解，使得最终结果中降解产物的回收率为 100%。

磺草灵、丁酰肼、甲硫威砜、哒草特和福美双是极性非常强的农药，在常规的监测体系中很少被包含在农药多残留分析中，通常只能采用单独的分析方法。磺草灵是含有苯基、硫、酯基和氨基的除草剂，其回收率低是由于其分子结构特点不适合该方法。丁酰肼含有羧基基团，在分散净化步骤中很容易被 PSA 所吸附，无法确定其进入乙腈层的比例。甲硫威砜的降解与基质的酸碱性有关。哒草特不稳定，在两种基质中的回收率均为 30%，表明哒草特没有完全进入乙腈提取液中。福美双在酸性介质中不稳定，橘子中没有检测到，而在生菜中回收率低。

七、问题农药的方法改进

针对应用 QuEChERS 方法进行多残留分析时回收率较低或无法测定的农药，Lehotay 等通过使用缓冲溶液等方法，改善了部分农药的回收率和 RSD 值。

1. 问题农药产生的原因分析

Lehotay 等[15]在对 200 多种农药测定时，发现在酸性介质（橘子）中，相对呈碱性的农药回收率较低；甚至在中性基质中，碱性敏感型农药也发生降解。另外，QuEChERS 方法在萃取步骤之后无蒸发浓缩，但在进行 GC-MS 测定时采用大体积进样（4～10μL），这样的进样方式对于易挥发物质十分不利。用乙腈作为进样时的溶剂虽然在某些方面优于丙酮、环己烷等溶剂，但也有其缺点，例如，乙腈气化时的膨胀体积较大，容易对氮气敏感型检测器产生干扰。

2. 提出的解决办法

提取溶液的 pH 值不仅是碱性敏感型农药（如克菌丹、灭菌丹、苯氟磺胺等）稳定性的重要参数，对于酸性敏感型农药（如吡蚜酮）的稳定性也是非常关键的。吡蚜酮获得较好回收率的相应 pH 值范围是 6～7，而碱性敏感型农药应保持 pH 小于 4。如果在分析过程中加入醋酸和醋酸钠的混合溶液，二者形成的缓冲体系能使提取液 pH 值保持在 4～5 之间，上述大多数问题农药的回收率均能达到 60%以上。

3. 改进后的 QuEChERS 方法步骤

称取 15g 样品至 50mL 聚四氟乙烯离心管中，每份样品中加入 15mL 含 1%醋酸的乙腈溶液和内标物灭线磷乙腈溶液（空白样品除外），加入 6g $MgSO_4$ 和 1.5g 醋酸钠，振摇 1min 避免结块。在 5000r/min 下离心 1min，将 8mL 上层提取液移入装有 PSA 和无水 $MgSO_4$ 的聚四氟乙烯管内（每毫升提取液需要 50mg PSA 和 150mg 无水 $MgSO_4$），拧紧塞子，振摇 20s，再次离心 1min。取上清液直接进 GC-MS 分析或用甲酸水溶液稀释后进 LC-MS/MS 分析。

4. 改进方法的应用

将橘汁作为基质，调整样品的 pH 值为 2～7，分别用原始的 QuEChERS 方法和改良后的 QuEChERS 方法对特定农药进行检测，测定的回收率如图 7-1 所示。可以看出，随着溶液 pH 的升高，碱性敏感型农药如克菌丹、灭菌丹、苯氟磺胺的回收率下降，但是在改良的方法中除克菌丹外，其他农药的回收率均达到要求。同时，吡蚜酮的测定结果也与前面的推断相符，其回收率从 15%升高至 82%。

通过选取不同类别、不同性质的 32 种农药对改良的 QuEChERS 方法进行验证，选用的基质仍然是生菜和橘子。回收实验结果表明，改进方法对几乎所有农药，即使在 10ng/g 的添加水平下回收率、重现性和再现性均较好。由于气相色谱仪进样口和毛细管柱产生的基质抑制效应的影响，使得克菌丹和灭菌丹这两种农药在大多数提取液中无法得以检测，唯有 250ng/g 添加水平的橘子样品中能够获得 90%左右的回收率。另外，百菌清的检测结果不稳

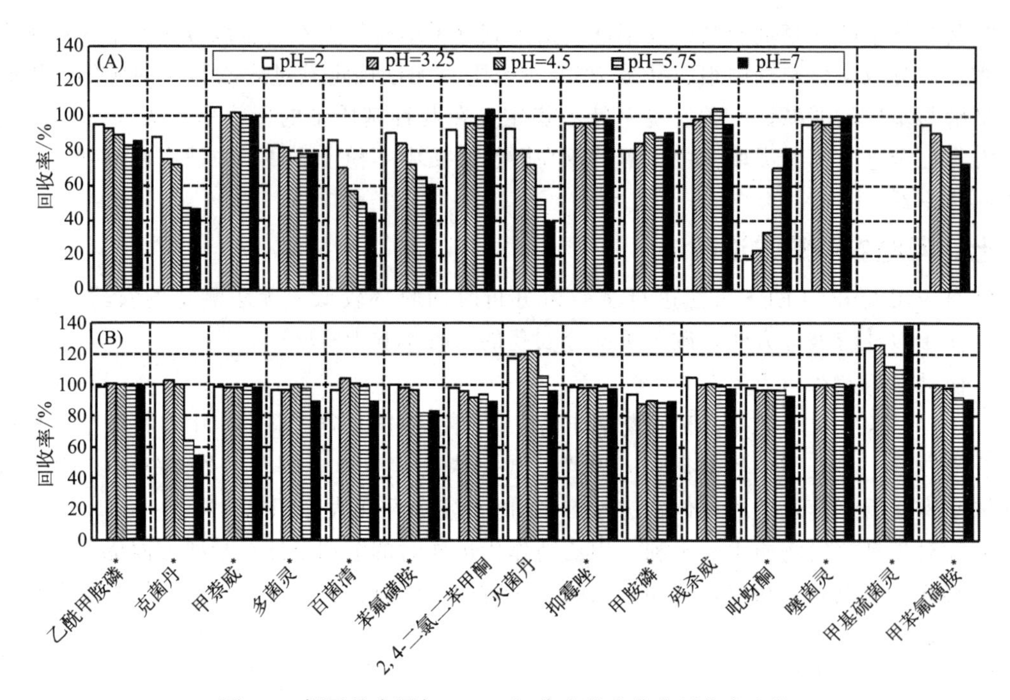

图 7-1 橘子汁中添加 500ng/g 代表性农药的回收率比较

（A）原始 QuEChERS 方法；（B）改良 QuEChERS 方法。* 为 LC-MS/MS 测定；其他为 GC-MS 测定

定，这可能是受到前处理和 GC-MS 检测的共同影响。

至此，大多数蔬菜水果中的农药残留分析都可以用 QuEChRES 方法进行，该方法沿用至今，而且应用范围逐渐扩大，成了农药残留分析中的经典方法。

第三节 果蔬基质中色素的去除研究

大多数蔬菜水果都可以用经典的 QuEChRES 方法进行分析。然而，一些“深色蔬菜”基质，即含有较多叶绿素、叶黄素等色素物质的蔬菜基质，在提取之后会有很多的叶绿素等色素被提取出来，是果蔬中较难分析的基质。目前并没有证据表明这些基质共提物中的叶绿素等色素是造成定量测定中基质效应的主要因素，甚至有一些研究证明，在 HPLC-MS/MS 检测中，含色素较高的提取液的基质效应反而略低。但是，在大批量样品的连续进样中，植物色素会大量沉积在气相色谱的进样口、衬管、玻璃棉及液相色谱质谱的喷雾针出口及离子源部位，形成对待测物分子的非特异性吸附，造成不明原因的检测灵敏度下降、峰形变差、定量精密度下降或基质效应增强等不良影响。同时，也会增加仪器进样口及离子源等系统维护频率。

QuEChRES 经典方法中采用的净化剂 PSA 和 C_{18}，除了对其他极性或非极性共提物具有吸附作用外，对叶绿素等色素杂质也有一定的去除作用。但对于深色蔬菜样品，在净化过程中添加各种碳吸附剂是去除叶绿素等植物色素的有效手段。目前报道常用的碳吸附剂有石墨化炭黑（GCB）、活性炭、氯过滤器（Chlorofilter）、CarbonX 以及多壁碳纳米管（MWCNT）等吸附材料。这些碳吸附剂对植物色素的吸附能力强，对大部分农药化合物的回收率一般没有影响。然而，目前大多数碳吸附剂对于平面或共平面结构的化合物都具有一定的吸附保留作用，导致其回收率急剧下降。因此，吸附剂及其用量的选择实质是在寻找一个平衡点，使得吸附剂能够最大程度吸附色素，同时尽可能不吸附待测化合物。

QuEChRES 经典方法中常用的碳吸附剂为石墨化炭黑（GCB）和活性炭，前文已介绍其对色素的吸附能力，然而，GCB 和活性炭都是非常轻的粉末状固体，很容易飞扬在空气中或黏附在物体表面，使得称量或转移时操作较为困难。此外，它们对平面结构的农药有吸附作用。前文第四章的内容涉及一些较新型的碳吸附剂，如 CarbonX、富氮活性炭、新型石墨化炭黑（ProElut CARB）等吸附材料及其应用性能。本节主要以文献研究为例来介绍两种较为新型的碳吸附剂，多壁碳纳米管（MWCNT）和氯过滤器（Chlorofilter）在色素去除方面的研究。

一、多壁碳纳米管在深色蔬菜残留分析中的应用研究

（一）方法简介

碳纳米管（CNTs）是一种新型碳材料，由 Iijima[16] 首次报道。根据碳纳米管壁碳原子层的原理，将碳纳米管分为多壁碳纳米管（MWCNT）和单壁碳纳米管（SWCNT）[17]。有文献报道，由于 MWCNT 具有独特的结构和巨大的表面积，可作为有效的 d-SPE 吸附剂来吸附果蔬基质中的干扰物质[18,19]。此外，MWCNT 对韭菜、茶叶、洋葱、生姜、大蒜等复杂基质也具有良好的净化作用[20,21]。近年来，多壁碳纳米管作为一种具有较好色素吸附性能的新型纳米吸附材料，在色素去除方面取得了一定的研究进展。

韩永涛等[22]采用改进的 QuEChERS 法，以多壁碳纳米管为分散固相萃取材料，采用 LC-MS/MS 建立了同时测定三种代表性深色蔬菜（韭菜、油麦菜和茼蒿）中 70 种农药残留的分析方法，并对多壁碳纳米管的色素去除效果和残留分析方法进行了优化研究。实验针对含有大量色素的韭菜、油麦菜和茼蒿三种基质，利用多壁碳纳米管作为 d-SPE 净化剂去除色素的干扰，并与 PSA 和 GCB 进行比较。具体实验方法为：称取 10g 均质样品，加入 10mL 乙腈，涡旋振荡 2min。加入 4g 无水 $MgSO_4$ 和 1g NaCl，再次涡旋 1min，然后以 3800r/min 离心 5min。取 1mL 上清液，转移到装有 10mg 多壁碳纳米管吸附剂和 150mg 无水 $MgSO_4$ 的 2mL 离心管中，涡旋 1min，然后以 10000r/min 离心 3min。最后取 1mL 上清液用 0.22μm 尼龙注射式过滤器过滤后，采用 LC-MS/MS 分析，用基质匹配校准曲线进行外标法定量。

（二）方法优化

实验比较了 MWCNT（5mg 和 10mg）、GCB（5mg 和 10mg）和 PSA（25mg 和 50mg）的 d-SPE 净化效果。结果表明，随着各吸附剂用量的增加，色素去除效果逐渐提高，其中多壁碳纳米管的色素去除效果明显优于 GCB 和 PSA，经 10mg 多壁碳纳米管净化后的韭菜样品几乎没有颜色。此外，对基质效应的考察结果表明，当使用 10mg MWCNT 处理韭菜、油麦菜和茼蒿基质时，77.1%、55.7%和 44.3%的农药可认为无基质效应。如图 7-2 所示，MWCNT 在减轻各基质的基质效应方面明显优于 GCB 和 PSA。

（三）方法确证

对所建方法的线性、准确度、精密度、定量限（LOQ）、检测限（LOD）和基质效应等参数进行评估。结果表明，所有农药在 10～1000μg/L 范围内在三种基质中均呈良好的线性关系，决定系数（R^2）均大于 0.9903；定量限和检测限分别为 0.3～7.9μg/kg 和 0.1～2.4μg/kg；平均回收率为 74%～119%，RSD（$n=5$）<14.2%，满足农药残留分析要求。

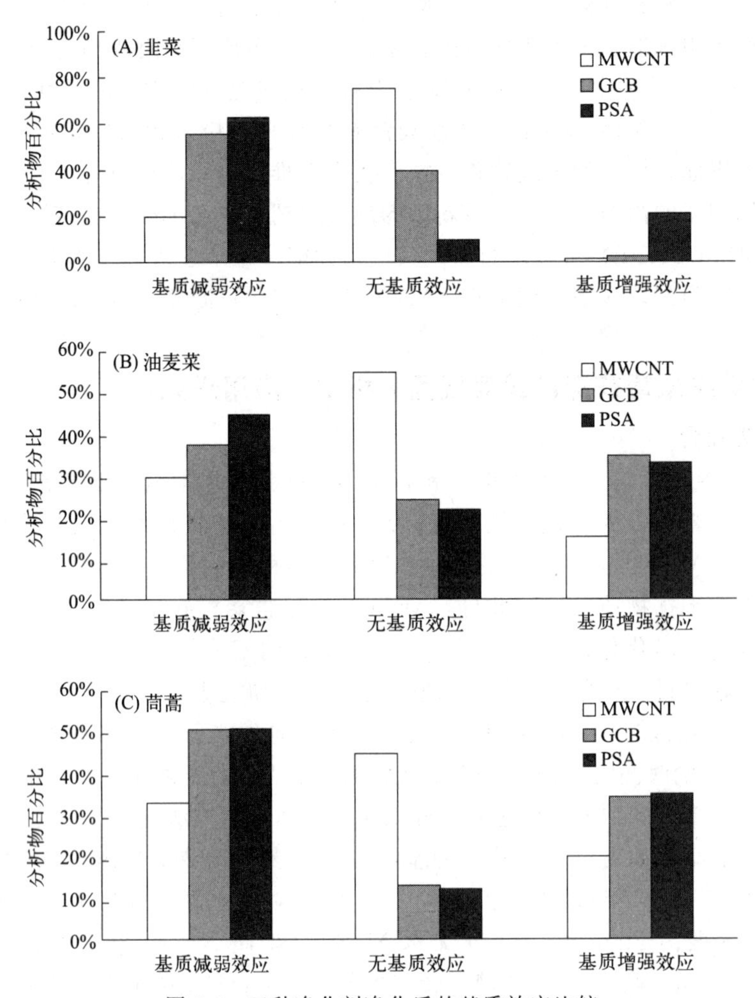

图 7-2　三种净化剂净化后的基质效应比较

二、采用 Chlorofilter 吸附剂对蔬菜基质色素的净化研究

（一）方法简介

Chlorofilter（氯过滤器）是一种针对叶绿素等植物提取物设计合成的新型聚合物吸附剂，对植物色素具有去除能力。文献［23］采用 Chlorofilter 对叶绿素含量最少和最多的两种代表性蔬菜基质（分别为大白菜和菠菜）中 164 种农药残留进行检测分析，并对大白菜和菠菜中的色素去除效果进行了对比分析。方法基于 QuEChERS 技术，在 d-SPE 净化中使用 900mg $MgSO_4$、300mg C_{18} 和 300mg 氯过滤器，并结合气相色谱和串联质谱对样品进行分析，建立了不同叶绿素含量蔬菜中 164 种农药的测定方法。

（二）方法优化

选择了常见的 10 种绿色蔬菜，包括大白菜、韭葱、韭菜、西芹、莴苣、甘蓝、小茴香、西兰花、罗勒、菠菜，按照甲醇提取、用分光光度计在 645nm 和 663nm 处测量吸光度的方法[24]进行了叶绿素含量的测定。然后按叶绿素含量排序（见表 7-4），选择了叶绿素含量最高的菠菜和最低的大白菜进行研究。

表 7-4　10 种蔬菜基质中叶绿素含量测定结果（$n=5$）

基质	基质英文名	叶绿素含量/(mg/g)	CV/%
大白菜	Chinese cabbage	1.6	2.0
韭葱	leek	3.0	2.1
韭菜	chives	4.1	5.6
西芹	parsley	4.5	4.1
莴苣	lettuce	4.6	6.0
甘蓝	kale	5.3	3.2
小茴香	dill	5.5	4.9
西兰花	broccoli	6.6	4.3
罗勒	basil	6.8	2.1
菠菜	spinach	7.7	2.2

选择了 94 种不同化学结构和极性（lg$P$ 为－0.79～6.91）的农药化合物，比较了不同净化剂组合的净化效果。前处理过程参照欧盟的柠檬酸缓冲盐 QuEChERS 方法（CENEN15662：2018）进行操作。称取 10g 均质化的蔬菜样品，加入适当浓度的标准品（根据加标水平）和内标物三苯基磷酸（TPP）。然后加入 10mL 乙腈，并以 450r/min 机械搅拌 1min。加入 4g $MgSO_4$、1g NaCl、1g 柠檬酸三钠二水合物和 0.5g 柠檬酸氢二钠三水合物。剧烈摇动提取管 1min，并在 4500r/min 下离心 5min。将 6mL 乙腈相转移到含有六种不同混合吸附剂（K1～K6）的离心管中，在 450r/min 下机械搅拌 1min，再在 4500r/min 下离心 5min。取 1mL 提取液氮吹至近干，并用相同体积的丙酮重新溶解。最后，样品提取液通过 0.22μm 聚四氟乙烯（PTFE）针筒式过滤器过滤至 2mL GC 进样小瓶，使用 GC-MS/MS 进行分析。

用于 d-SPE 净化的不同吸附剂组合如下：

K1：900mg $MgSO_4$，150mg PSA；

K2：900mg $MgSO_4$，150mg PSA，150mg C_{18}；

K3：900mg $MgSO_4$，300mg PSA，150mg Chlorofilter；

K4：900mg $MgSO_4$，300mg PSA，300mg Chlorofilter；

K5：900mg $MgSO_4$，300mg C_{18}，300mg Chlorofilter；

K6：900mg $MgSO_4$，300mg PSA，300mg C_{18}，300mg Chlorofilter。

如图 7-3 所示，不同吸附剂组合对色素的吸附效果为 K6＞K2～K5＞K1，说明越多种类的净化剂联用对色素的吸附效果越好。然而，如图 7-4 所示，对回收率和基质效应（ME）的考察结果表明 K6 组合可能导致部分农药回收率偏低，而采用 K4 和 K5 吸附剂组合时，有最多数量（87%）的分析物符合回收率标准且 ME 较低，并且 K5 对大白菜和菠菜提取物的净化程度较高，因此确定采用 K5 吸附剂组合（即 900mg $MgSO_4$，300mg C_{18} 和 300mg Chlorofilter）。另外，在所选择的 94 种农药中，无论使用何种 d-SPE 条件，六氯苯、p,p'-DDE、艾氏剂、七氯、吗菌灵、四氧硝基苯和苯胺灵的回收率均较低，基质效应较高。这些化合物虽然属于不同的类别（有机氯类、吗啉类、氯苯类、氨基甲酸酯类），但它们的共同特征是 lg$P$ 较高（均高于 4.0），苯胺灵除外（lg$P$＝2.6）。

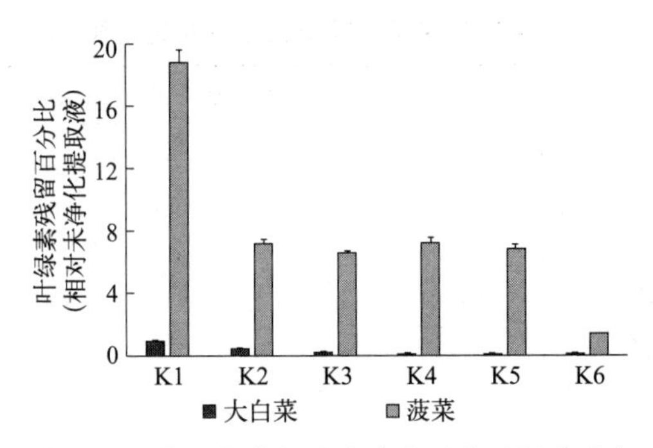

图 7-3 采用不同净化剂组合对大白菜和菠菜提取液净化后的叶绿素残留百分比（$n=5$，$p\leqslant0.05$）

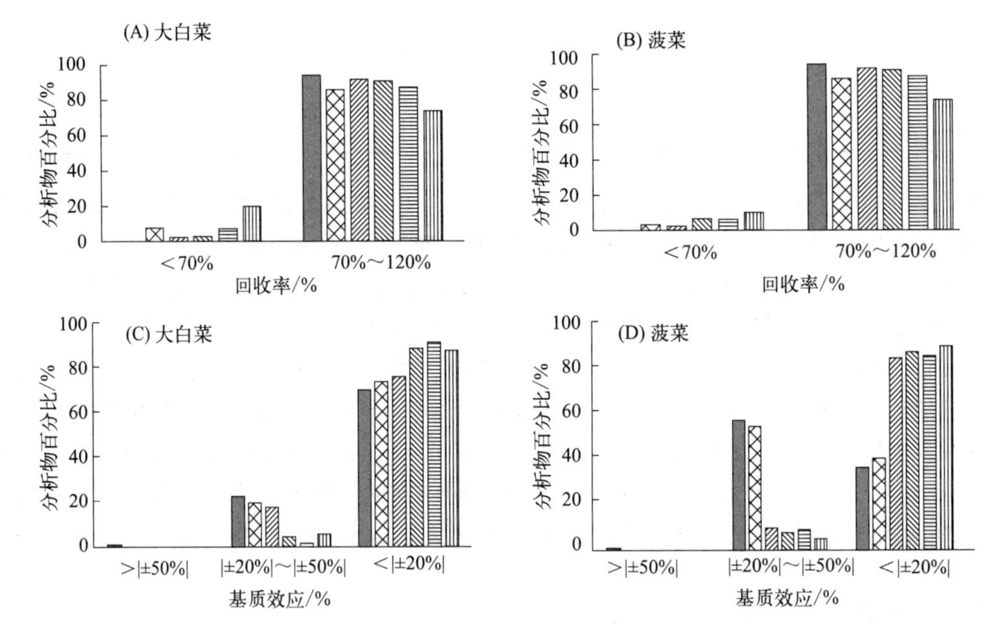

图 7-4 不同 d-SPE 条件下的农药回收率和基质效应

柱状条从左到右依次为采用吸附剂组合 K1 到 K6 的结果

（三）方法确证

在大白菜和菠菜基质中对 164 种农药的确证试验结果表明，基质提取液在 0.005～0.14μg/mL 的浓度范围内呈线性；添加水平为 0.005mg/kg、0.01mg/kg、0.05mg/kg 和 0.1mg/kg 时，大部分农药的回收率在 70%～120%之间，RSD 小于 20%，而回收率低于 70%的农药也可满足 SANTE/12682/2019 的要求，即 RSD＜20%且回收率不低于 30%；大部分农药的 LOQ 为 0.005mg/kg，少数为 0.01mg/kg；基质效应考察结果如图 7-5 所示，大白菜中的基质效应整体低于菠菜基质，在大白菜中存在基质效应（ME 超过±20%）的农药有 9 种，菠菜中有 19 种。方法中采用 Chlorofilter 和 C_{18} 联用，对于色素含量较高和较低的两种蔬菜都能得到较低的基质效应，说明该方法可用于不同色素含量的蔬菜的 d-SPE 净化。

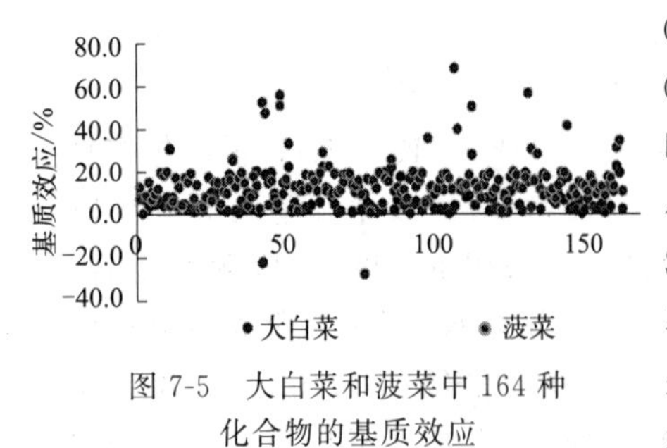

图 7-5 大白菜和菠菜中 164 种化合物的基质效应

第四节　谷物及豆类中的农残 QuEChERS 方法

QuEChERS 方法最初是为水果和蔬菜的农药分析而开发的，采用了与水互溶且极性中等的乙腈作为提取溶剂，因此非常适用于含水量很高的蔬菜水果的农残提取。谷物与水果蔬菜最大的不同在于其含水量很低，一般都低于 12%（见表 7-5），且脂肪酸含量较高。因此，在 QuEChERS 方法成功应用于蔬菜水果之后，Lehotay 等即对其在谷物上的适用性进行了研究，并对其进行了适当的改进和优化，以用于低含水量且脂肪含量略高的谷物的农药残留分析。其后，该方法也被应用于豆类等类似作物的残留分析。

表 7-5　谷物中脂肪和水分的大致含量

谷物	脂肪/%	水分/%	谷物	脂肪/%	水分/%
糙米	2	11	荞麦(去壳,烘干)	2.71	8.41
精米	0.4	12	燕麦	4.7～7	9
米糠	13	10	黑麦	1.7	11
麦粒	2	10	玉米(干)	2.08	10
麦麸	5	9	高粱	3.0	11
大麦	1	11			

一、谷物中 180 种农药的 QuEChERS 方法

（一）方法简介

2010 年，Mastovska 和 Lehotay 等[25]对 QuEChERS 样品前处理方法进行了改进以适应各种谷物基质的农药残留分析。该方法在经典方法的基础上，通过在提取溶剂中添加水，并采用振荡提取的方式，实现了谷物基质溶胀和分析物提取。方法针对约 180 种目标农药，对大多数农药获得了良好的分析结果（回收率在 70%～120%之间，RSD<20%）。

实验选择大米、小麦、玉米、燕麦四种谷物基质，称取粉碎的谷物样品（玉米 2.5g、燕麦 3.5g、大米和小麦均为 5g），采用 20mL 体积比为 1∶1 的水/乙腈混合溶剂（大米为 25mL 体积比为 1.5∶1 的水/乙腈）振荡提取 1h。随后，向提取液中添加 $MgSO_4$ 和 NaCl 盐混合物（4∶1，质量比），以诱导相分离并使农药进入上部乙腈层。接下来，采用分散固相萃取法，使用 150mg PSA、50mg C_{18} 和 150mg $MgSO_4$ 对 1mL 提取液进行净化。最后，采用气相色谱飞行时间质谱（GC-TOFMS）或者超高效液相色谱-三重四极杆串联质谱联用技术（UPLC-MS/MS）对农药进行分析。该方法与基于 Luke 方法的传统方法相比，分析速度提高了约 3 倍，一次性材料和操作成本降低了 40%～50%，溶剂浪费减少了约 99%，并扩大了分析范围。

（二）方法优化

方法优化主要涉及基质溶胀（添加水）、样品与溶剂的比例、提取时间以及 d-SPE 净化中吸附剂的组合和用量的优化。

在优化的 QuEChERS 方法中，通常 5g 谷物样品需加入 10mL 水，但对于大米需要增加至每 5g 样品加入 15mL 水以实现有效膨胀。在后续优化中，发现同时加入乙腈（10mL）和

水有助于促进基质溶胀和提取，这样不仅可以提高分析物的回收率，还可防止马拉硫磷等敏感农药在基质溶胀过程中的酶降解[26]。

在 QuEChERS 方法中建议根据不同的样品类型，使用适当的样品量以获得良好的分析物峰形和可靠的方法性能。对于小麦和大米等样品，5g 的样品量是可接受的，但对于玉米和燕麦样品，需要将样品量分别减少至 2.5g 和 3.5g，以避免脂肪酸等物质的影响。图 7-6 的实线显示了使用 5g 样品、原始 QuEChERS 方法、在 d-SPE 步骤中使用 50mg PSA 和 150mg $MgSO_4$ 净化的玉米提取物的总离子色谱图（TIC），可以看到色谱图中间灰色显示的区域被大量的脂肪酸（主要是亚油酸，但也有油酸和棕榈酸）占据。为了改善这种情况，除了降低样品量外，还需要优化 d-SPE 步骤。为此，在净化剂中添加了 50mg 有助于去除脂肪的 C_{18} 吸附剂[27]，并尝试了 PSA 的不同用量（50～200mg），结果表明当每毫升提取液用 150mg PSA 净化时，分析物的回收率是可接受的。图 7-6 的虚线轨迹显示了采用优化后的方法处理玉米样品的检测结果，即采用 2.5g 样品，在 d-SPE 步骤采用 150mg PSA、50mg C_{18} 和 150mg $MgSO_4$ 净化后，大量的脂肪酸干扰物质被去除了。

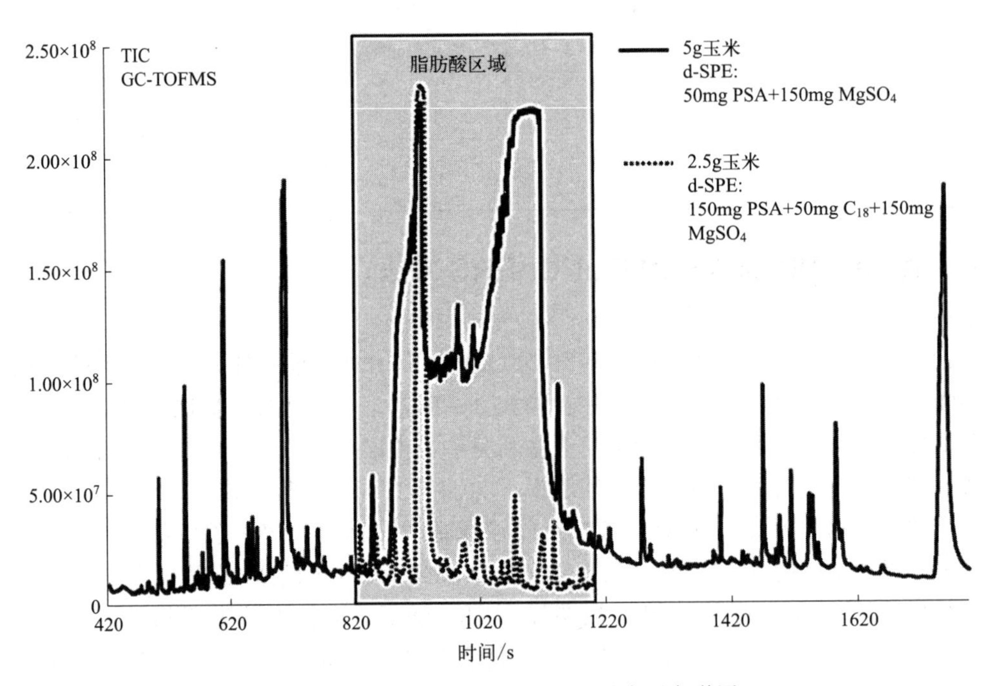

图 7-6 不同净化方法得到的玉米提取液总离子色谱图（TIC）

试验还同时尝试比较了 QuEChERS 原创方法和醋酸缓冲盐（AOAC）方法，图 7-7(A) 显示了使用 2.5g 玉米样品，分别采用两种 QuEChERS 方法得到的加标玉米提取液的 TIC 谱图，在 d-SPE 净化步骤中均采用 150mg PSA 和 50mg C_{18} 净化。图 7-7(B) 和图 7-7(C) 显示了在图 7-7(A) 的灰色区域中所选农药色谱峰的比较，可以看出采用缓冲 QuEChERS 方法获得的玉米提取物中出现了大量的亚油酸。这主要是由于 PSA 在乙酸存在下吸附能力降低，导致最终提取液中残留的脂肪酸含量仍然很高，因此受影响区域的色谱峰显示出明显的保留时间偏移和峰形畸变，并且由于检测器被大量脂肪酸饱和，信号强度也有所降低。因此，不建议对谷物和其他脂肪酸含量较高的样品使用醋酸缓冲液的 QuEChERS 方法。

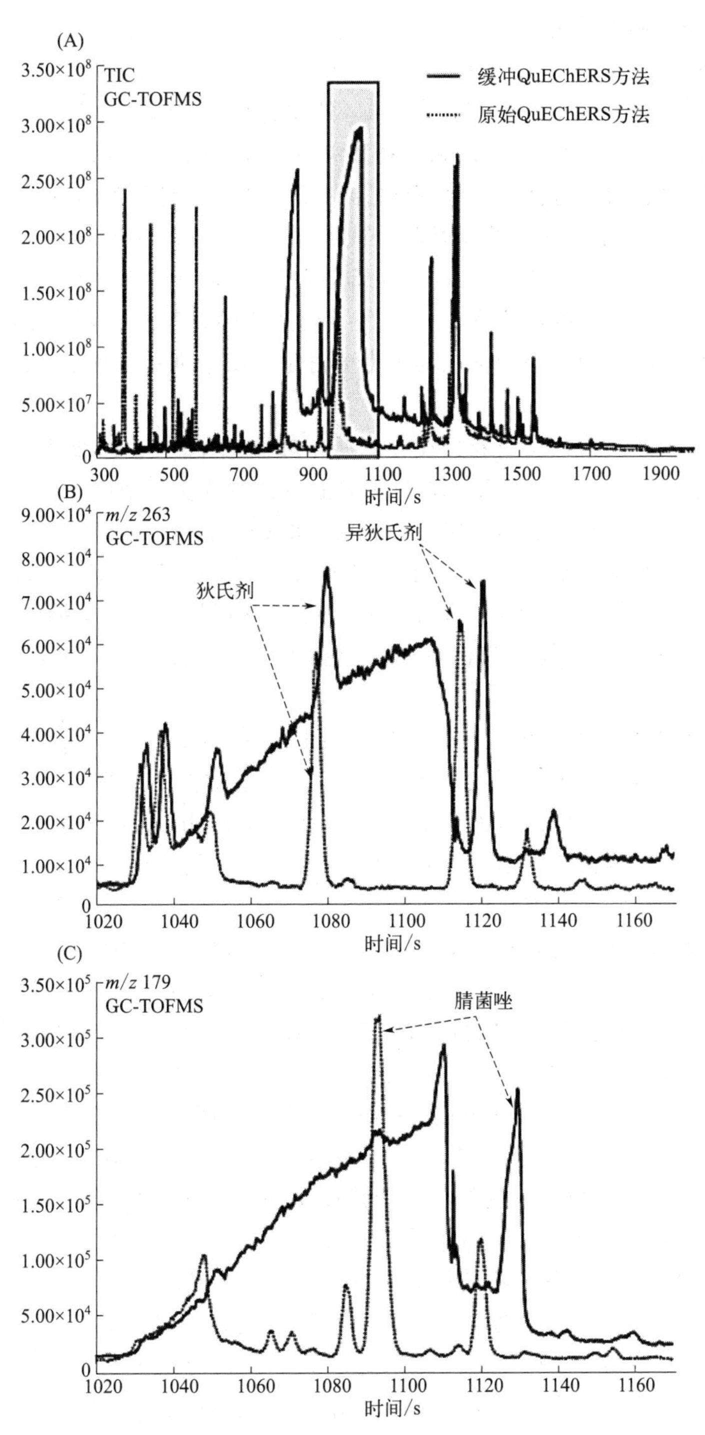

图 7-7　分别采用 QuEChERS 原创和醋酸缓冲盐方法获得的加标玉米提取液色谱图

(A) 为总离子流色谱图；(B) 和 (C) 分别为 A 图灰色区域中选择的化合物的提取离子色谱图

(三) 方法确证

为了验证方法的准确性和可靠性，进行了添加回收试验。在 4 种谷物基质中添加 180 种农药，其中小麦和大米中的添加水平为 25ng/g、100ng/g、250ng/g，玉米中为 50ng/g、

200ng/g、500ng/g，燕麦中为36ng/g、143ng/g、357ng/g，这样设置的目的是使得到的最终提取液的进样浓度均为12.5ng/mL、50ng/mL、125ng/mL。结果表明，93%～97%的分析物获得了70%～120%的回收率，82%～94%的化合物的RSD<20%。其中，有问题的农药分为易降解、高亲脂性、对PSA亲和力高和灵敏度较低四组分别讨论。

第一组为易降解农药，包括在中性/碱性条件下在乙腈中易降解的分析物，如*N*-三卤代甲硫基杀真菌剂（克菌丹、敌菌丹、灭菌丹或甲苯氟磺胺）、百菌清和三氯杀螨醇[28]。另外，双甲脒（回收率为51%～72%）也存在降解问题。采用醋酸缓冲盐QuChERS方法可能可以提高其中一些分析物的回收率[15]。此外，监测这些农药的主要代谢产物的数据结果，可以作为在农作物上潜在的应用指标，其中克菌丹是该组中唯一一种在美国谷物中具有残留限量的农药[29]。

第二组为高亲脂性农药，这类农药在含脂肪量较高的基质的QuEChERS方法中往往会产生较低的回收率[27,30-32]，因为大部分脂肪实际上不会溶解在乙腈中，而是单独形成一个脂肪层。这导致亲脂性化合物在乙腈和脂肪/油层之间进行分配，其程度主要取决于分析物的亲脂性和脂肪的量。在该实验中，由于样品与溶剂的比例降低，亲脂性农药的损失并不太大。目标化合物中，六氯苯（HCB）是亲脂性最强的分析物，其平均回收率在51%～67%之间，回收率小于70%的其他亲脂性农药还包括灭蚁灵（52%～70%）、艾氏剂（64%～81%）和DDE（62%～81%）。

第三组为对PSA高亲和力的农药，例如，将PSA的量增加到150mg（这是有效去除脂肪酸所必需的）对乙酰甲胺磷（回收率在67%～73%范围内）、甲胺磷（64%～69%）和多杀菌素（68%～81%）有一定的负面影响。哌丙灵（piperalin）是一种含羰基的杀真菌剂，是实验中受影响最大的分析物，由于PSA含量较高，其回收率显著下降（32%～46%）。但哌丙灵主要用于观赏植物，在谷物中并不常用。

第四组为灵敏度较低的化合物，就灵敏度而言，大多数分析物可以在等于或低于最低校准水平（LCL，对应于基质中的10ng/g）进行定量。最有问题的分析物是天然除虫菊酯（桉树脑、茉莉素和除虫菊素），它们在GC-TOF/MS中没有良好的响应，桉树脑Ⅰ和除虫菊酯Ⅰ只在较高浓度水平得到了合格的回收率结果。为了监测除虫菊酯的使用情况，实验中同时检测了增效醚（piperonyl butoxide）并得到了合格的回收率，增效醚是一种主要用于除虫菊酯类农药的增效剂，其回收率可以在一定程度上反映除虫菊酯类农药是否使用。在GC-TOF/MS方法中，拟除虫菊酯杀虫剂在较低浓度水平下也没有得到最佳的回收率结果，因此将几种拟除虫菊酯类化合物（溴氰菊酯、τ-氟胺氰菊酯、氯菊酯和溴氰菊酯）包括在了LC-MS/MS方法中，为这类化合物的检测提供了另一条途径。

该实验开发的方法对绝大多数测试分析物得到了良好的结果，建立了大米、小麦、玉米、燕麦4个代表性谷物基质中180个农药化合物的残留分析方法，成功地将QuEChERS方法应用于谷物类基质中，为该方法进一步应用于谷物、蔬菜和其他一些脂肪酸含量较高的基质，如亚麻籽、花生等基质的常规农药多残留分析奠定了基础[33]。

二、大豆中167种农药的QuEChERS多残留分析

（一）方法简介

与谷物相比，豆类产品中含有更高的蛋白质，因此基质更为复杂。但已有文献表明，QuEChERS方法同样适用于豆类产品的农药多残留分析，有的方法对提取液或净化剂进行

了适当改变，而有的方法则在净化过程中结合了 SPE 小柱净化，以得到更好的净化效果。

以陈树兵等[34]的研究为例，实验采用高效液相色谱-串联质谱法，结合 QuEChERS 欧盟方法，对提取溶剂、分相盐、净化剂以及检测条件进行了优化，建立了大豆中 167 种农药的高灵敏度、高通量的多残留分析方法。样品加水混合后用乙腈匀浆提取，再加入无水硫酸镁、氯化钠、柠檬酸三钠二水合物、柠檬酸氢二钠倍半水合物盐析分相。提取液经 C_{18} 和 PSA 固相萃取柱净化，甲酸-甲醇（2：98）洗脱，洗脱液浓缩定容后经 Atlantis C_{18} 色谱柱（100mm×2.1mm，3μm）分离，采用电喷雾电离串联质谱法在正负离子切换多反应监测模式（MRM）下进行测定，基质匹配标准曲线外标法定量。

（二）方法优化

1. 仪器条件的优化

首先根据各农药的结构及化学性质，以正离子或负离子模式对 167 种农药进行质谱全扫描，确定合适的电离模式，再选择合适的碰撞能量及子离子，最终获得待测农药的多反应监测模式的质谱参数。实验还对扫描循环时间进行了优化。该方法需要在一次完整的分析时间内对 167 种农药质量信息进行扫描，为了保证分析结果的重现性，对质谱采集的循环时间进行了优化，最终确定了最佳循环时间为 1.2s，这样可以确保每个化合物能够采集到足够的数据点且响应值足够高，保证每种农药的质谱图至少有 13 个数据点，且 167 种农药重复进样的峰面积 RSD 均小于 5%。

流动相的选择方面，实验对比了乙腈-水、甲醇-水、甲醇-乙酸铵溶液、乙酸铵甲醇溶液-乙酸铵水溶液作为不同流动相的洗脱效果。结果表明，以乙腈-水或甲醇-水作为流动相时部分农药的响应值较低且峰形较差；甲醇-乙酸铵溶液在梯度过程中的缓冲盐浓度变化会导致部分极性较强、保留较差的农药的峰面积 RSD 变大。而采用乙酸铵甲醇溶液-乙酸铵水溶液作为流动相时，167 种农药可在 21min 内得到分离，峰形对称且响应值较高，说明添加乙酸铵可以提高待测农药的离子化效率。因此，实验在甲醇和水中同时添加了 2mmol/L 乙酸铵以保证 167 种农药均得到较好的分析效果。

2. 前处理方法的优化

实验采用乙腈作为提取溶剂，然而，大豆样品易在乙腈中结团，不利于溶剂的渗透提取。在样品提取前加入 9mL 水充分湿润、分散大豆样品，可有效提高分散效果。在分相盐的选择实验中，对比了 GB/T 19649—2016 和 EN 15662 两种方法的盐析效果，前一种方法是加入硅藻土（将样品与硅藻土混合，在加速溶剂萃取仪中用乙腈提取），后者是加入 1g 氯化钠、1g 柠檬酸三钠二水合物、0.5g 柠檬酸氢二钠倍半水合物和 4g 无水硫酸镁。虽然两种方法均可使乙腈层和样品层分离，但前者对甲胺磷的回收率仅为 33%，并且会导致多菌灵、灭多威砜等农药回收率的相对标准偏差较大；而采用 EN15662 方法，甲胺磷的回收率为 74%，且 167 种农药回收率的相对标准偏差均小于 15%。因此采用了 EN15662 方法中的盐析方法。

为了去除大豆中的脂类物质以及其他杂质，实验将 QuEChERS 提取结合 PSA+C_{18} 固相萃取净化手段，并对比了甲醇和含 2%甲酸的甲醇作为洗脱溶剂的效果，结果发现甲醇作为洗脱溶剂时，多菌灵、灭多威砜等的回收率较差，而含 2%甲酸的甲醇作为洗脱溶剂时，167 种农药的回收率均较好。

（三）方法确证

结果表明，该方法在 0～50.0g/L 范围内，167 种农药线性关系良好，决定系数均大于

0.99，定量限为0.01mg/kg。设置0.01mg/kg、0.02mg/kg、0.05mg/kg三个添加水平，每个浓度重复测定5次，得到各农药的平均回收率为67.3%～123.5%，RSD为4.7%～13.9%，能够满足大豆样品中多种农药筛查与定量分析的要求。大豆基质对分析物的离子化具有一定的增强或抑制效应，需采用空白大豆基质提取液配制基质匹配标准溶液进行定量分析。

第五节 茶叶中的农残QuEChERS方法

在农药残留分析中，茶叶属于复杂的植物源产品。茶叶的主要成分有茶多酚、氨基酸、咖啡碱、糖类、蛋白质、果胶、芳香物质、类脂、叶绿素等，其中茶多酚、氨基酸和咖啡碱占据主要位置，而茶叶的品质特征即是这些内含物质的外在表现。茶叶中的物质特征体现在色、香、味三个方面，“色”指色素类物质，约占干茶总量的0.5%～1%；“香”指类脂类物质和芳香类物质，约占干茶总量的5%～8%；“味”主要指茶多酚类物质、蛋白质、氨基酸、糖类、生物碱、有机酸等物质，约占干茶总量的64%～90%。影响茶叶品质最主要的成分为茶多酚，茶多酚又称之为茶鞣质或茶单宁，是茶叶中多酚类物质的总称，包括黄烷醇类、花色苷类、黄酮类、黄酮醇类和酚酸类等，茶多酚是形成茶叶色香味的主要成分之一，也是茶叶中的主要成分之一。除了成分复杂，中国的茶叶种类也很多，按照茶的色泽与加工方法，可分为红茶、绿茶、青茶（乌龙茶）、黄茶、黑茶、白茶六大茶类。

绿茶（green tea）属于未发酵茶类，是中国的主要茶类之一。绿茶采取茶树的新叶或芽，未经发酵，经杀青、整形、烘干等工艺制作而成，成品茶的色泽、冲泡后的茶汤和叶底均以绿色为主调，较多地保存了鲜茶叶的绿色格调，同时也较多地保留了鲜叶内的天然物质，其中茶多酚和咖啡碱保留了鲜叶的85%以上，叶绿素保留50%左右，维生素损失也较少。

红茶（black tea）属于全发酵茶类，因干茶色泽、冲泡后的茶汤和叶底以红色为主调而得名，为我国第二大茶类。红茶以适宜制作的茶树新芽叶为原料，经萎凋、揉捻、发酵、干燥等典型工艺过程精制而成。红茶在加工过程中发生了以茶多酚酶促氧化为中心的化学反应，鲜叶中的化学成分变化较大，茶多酚减少90%以上，产生了茶黄素、茶红素等新成分，香气物质比鲜叶明显增加，所以红茶具有红汤、红叶和香甜味醇等特征。

青茶，也叫乌龙茶（Oolong tea），属于半发酵茶类，品种较多，是中国几大茶类中独具鲜明中国特色的茶叶品类。乌龙茶是经过采摘、萎凋、摇青、炒青、揉捻、烘焙等工序后制出的茶类。

黄茶（yellow tea），属于轻发酵茶类，是中国特产。其按鲜叶、老嫩芽叶大小又分为黄芽茶、黄小茶和黄大茶。

黑茶（dark tea），属于后发酵茶类，因其成品茶的外观呈黑色而得名。传统黑茶采用的黑毛茶原料成熟度较高，是压制紧压茶的主要原料。

白茶（white tea），属于轻微发酵茶类，是指一种采摘后不经杀青或揉捻，只经过晒或文火干燥后加工的茶，因其成品茶多为芽头，满披白毫，如银似雪而得名。具有外形芽毫完整、满身披毫、毫香清鲜、汤色黄绿清澈、滋味清淡回甘的品质特点，是中国茶类中的特殊珍品。

茶叶的生长过程中会受到病虫害的侵扰，施用农药不可避免，因此茶叶中的农药多残留分析一直备受关注。茶叶作为一种富含有机酸、鞣质、色素、生物碱、多酚及嘌呤等复杂化学成分的植物产品，其多组分农药残留分析一直是业界难点，具有前处理费时、耗力、耗材、费用高、基质效应强等问题，成为多农残分析的研究热点。目前报道的方法主要通过 QuEChERS 方法、快速滤过净化管（m-PFC）[35]、传统 Cleanert® TPT（triple phase of tea，一种用于茶叶农残前处理的专用固相萃取小柱）或 GCB/NH_2 小柱法[36]、溶剂萃取法、GPC[37] 等各种前处理技术的使用，或是双内标物法、保护剂双柱串联后反吹等仪器检测技术共同克服基质效应[38]。

目前在茶叶的农药多残留分析中，大多采用气相色谱或液相色谱质谱联用的方法进行检测。色质联用或二级质谱具有很高的灵敏度和选择性，可以大大简化样品前处理步骤，并且可以与 QuEChERS 方法等简便可靠的前处理方法联用。一般根据农药性质选择适宜的检测方法，对于可气化的农药化合物，采用气相色谱-质谱法分析，极性较高或热不稳定的农药化合物则采用液相色谱-质谱联用法进行分析。下面以文献报道的研究为例来分别介绍气相色谱-质谱法和液相色谱-质谱联用法结合 QuEChERS 方法在茶叶中农药多残留分析中的应用。

一、气相色谱-串联质谱法测定茶叶中的农药多残留

（一）QuEChERS 结合 GC-MS/MS 同时检测茶叶中 63 种农药残留

陈喆[39]采用气相色谱-三重四极杆串联质谱（GC-MS/MS）同时检测茶叶中 63 种农药残留的含量，优化了 GC-MS/MS 的定量离子和定性离子，增加定性识别点个数，有效减少定性误判。同时，研究了茶叶基质对农药多残留基质效应的影响。在 5.0～500.0μg/L 的浓度范围内，各目标组分决定系数均大于 0.99，每种目标组分在茶叶基质中添加 0.05～0.50mg/kg（$n=6$），回收率为 66.1%～126.1%，相对标准偏差（RSD）为 1.7%～16.6%。方法准确性和重复性好、操作简便，适用于茶叶类等复杂基质的农药多残留分析测定。

1. 实验方法

（1）样品前处理　称取 2g 茶叶试样（精确至 0.01g）于 50mL 塑料离心管中，加 10mL 水涡旋混匀，静置 30min。加入 15mL 乙腈-1%醋酸溶液、6g 无水硫酸镁、1.5g 醋酸钠及 1 颗陶瓷均质子，剧烈振荡 1min 后以 6000r/min 离心 5min。吸取 8mL 上清液加到内含 1200mg 硫酸镁、400mg PSA、400mg C_{18} 及 200mg GCB 的 15mL 塑料离心管中，涡旋混匀 1min。以 6000r/min 离心 5min，准确吸取 2mL 上清液于 10mL 试管中，40℃水浴中氮气吹至近干。加入 1mL 丙酮-正己烷（1∶1，体积比）复溶，加入 20μL 内标溶液（环氧七氯），过微孔滤膜，用于 GC-MS/MS 测定。

（2）仪器条件　色谱柱采用 Pesticides Ⅱ 石英毛细管柱（30m×0.25mm×0.25μm）；柱温 40℃。升温程序：40℃保持 1.5min，以 25℃/min 升温至 90℃，保持 1.5min，再以 25℃/min 升温至 180℃；再以 5℃/min 升温至 280℃，保持 1.5min；再以 10℃/min 升温至 300℃，保持 5min。载气为氦气，碰撞气为氮气，纯度均≥99.999%，载气流速 1.2mL/min；进样口温度：270℃；进样量：1μL；进样方式：不分流进样。

质谱条件：EI 电离电压：70eV；离子源温度：300℃；传输线温度：280℃；数据采集方式：多反应监测（MRM）；溶剂延迟：5min。63 种农药成分的保留时间及 MRM 参数略。

2. 方法优化

（1）定性能力　按照欧盟方法学标准[40]，质谱方法定性确证必须达到最少 4 个识别点

要求。定性点越多，定性越准确，反之则容易出现假阳性结果。对于低分辨质谱，在MRM监测模式下，至少选择2个离子对进行定性确认，一对离子计为2～2.5个定性点。若是1个母离子加上2个子离子则识别点为4，若是2个母离子，且每个有1个子离子，则识别点为5。该实验中选择1个定量离子对和2个定性离子对，且有34种目标物的母离子都不同，按照计算农药残留目标物的识别点可以达到7.5个，极大地保证了定性的准确性。对茶叶这一类基质效应影响较大、基质干扰物（如氨基酸、色素、鞣质等）比较复杂的样品，可以有效解决前处理也可能无法消除的定性误判问题。

例如，图7-8展示了250μg/L硫丹的纯溶剂和茶叶基质标准溶液的MRM色谱峰，可以看到，在纯溶剂标准溶液中，离子对194.9→125的检测离子125与离子对194.9→159的检测离子159的相对离子强度比为80.41%，而茶叶基质中离子对194.9→159的检测离子159有较大的离子干扰，造成检测离子159的色谱峰展宽拖尾严重，检测离子125与检测离子159的相对离子强度比为0.83%，不符合“检测离子的相对离子强度比>50%、相对离子强度应在±20%”的要求，误判为阴性；而舍去离子对194.9→159的检测离子159，改用离子对194.9→125的检测离子125和240.6→205.9的检测离子205.9，有两个母离子且每个都有1个子离子，定性识别点有5个，仍可满足定性确证必须达到确认需要最少4个识别点要求，可解决假阴性的问题。

与常规方法比较，每个化合物多选择一对定性离子对，当另外一对定性离子对受到通过前处理也无法消除的基质干扰时，仍旧不影响定性判定，在实际工作中灵活性强、便捷性高、应用范围更广，克服基质带来的干扰更加有效。

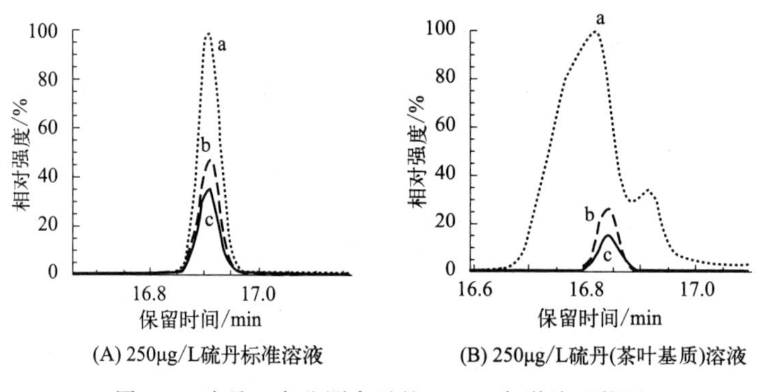

图7-8 硫丹3个监测离子的MRM色谱峰比较图

a. 检测离子159；b. 检测离子125；c. 检测离子205.9

（2）基质效应 色谱分析中，由于样品基质成分的存在，减少了色谱系统活性位点与目标分子作用的机会，会产生基质增强或减弱效应。将绿茶、红茶、乌龙茶、苹果和大米空白基质按样品方法进行处理，配制各基质混合标准溶液，与纯溶剂标准溶液的对应目标物比较，按照ME=（基质标准溶液的峰面积比值/溶剂标准溶液的峰面积比值）×100%计算得到农残目标物的基质效应相对强度。

结果表明，同一目标物在不同基质中的基质效应大小各有不同，其中茶叶与其他植物源基质的基质效应尤为不同。其他植物源基质（如苹果）对于部分农药表现为基质抑制效应（ME小于100%），其中ME小于150%的化合物占到了1/3；而对于茶叶来说，不论绿茶、红茶、乌龙茶都不存在目标分析物基质减弱效应的情况，而且64种农药中，基质效应超过

600%的化合物占了 1/2 以上，而基质效应小于 150%的化合物低于 3%，说明茶叶基质对农药残留分析的影响更为复杂，目标分析物呈现很强的基质增强效应，必须使用基质匹配标准曲线才能最大程度减少由于基质效应带来的测定不准确性。通过 3 种茶叶对相应目标物基质效应的对比可以发现，不同茶叶之间基质效应情况比较一致，定量分析时使用一种茶叶配制基质标准溶液，即可有效克服基质效应，这也有利于日常开展茶叶农药残留的分析。

3. 方法确证

建立了茶叶中 64 种农药残留分析的 QuEChERS 前处理与 GC-MS/MS 检测方法。在 5.0～500.0μg/L 的浓度范围内，各目标组分在茶叶基质中的响应值与内标的比值与目标物含量呈现良好的线性关系，决定系数均大于 0.99。添加水平为 50μg/kg、250μg/kg、500μg/kg 时，目标化合物在绿茶、红茶、乌龙茶三种茶叶样品中的回收率为 66.1%～126.1%，相对标准偏差为 1.7%～16.6%，除少数化合物外，大部分农药的回收率及 RSD 符合农药残留分析的要求。以绿茶作为茶叶基质代表，以 $S/N=3$ 计算检出限（LOD），63 种农药中有 52 种检出限低于 0.01mg/kg，其中检出限低于 0.001mg/kg 的有 14 种，检出限为 0.001～0.005mg/kg 的有 17 种，检出限为 0.005～0.01mg/kg 的有 20 种，检出限为 0.01～0.05mg/kg 的有 10 种，仅有 2 种目标分析物检出限大于 0.05mg/kg。该方法准确性和重复性好、操作简便，适于茶叶类等复杂基质的多种农药残留的同时测定。

（二）QuEChERS/气相色谱串联质谱-内标前置法测定茶叶中 37 种农药残留

由于茶叶成分复杂，基质对目标组分干扰严重，很容易产生分析误差。为降低分析误差，用 QuEChERS 法进行前处理时可采用内标法进行定量。内标法可分为内标前置和内标后置两种方式，内标前置即在样品前处理前加入内标，内标后置即在样品前处理后、仪器进样前加入内标。传统的内标法选择与目标化合物性质相近的化合物作为内标，一般采用内标后置方式（如 GB 23200.113—2018[41]），这种内标能够帮助校正信号变化和仪器不稳定性带来的误差，但无法补偿前处理过程造成的待测物损失。同位素内标法选择经同位素标记的化合物作为内标，一般采用内标前置方式[42]，这种内标能够较好地消除前处理过程和仪器不稳定性带来的误差，但由于同位素内标物价格昂贵且不易获得，其在茶叶农药多残留检测中的应用受到了一定的限制。

黄微等[43]采用 QuEChERS 结合 GC-MS/MS 对茶叶中具有代表性的 37 种农药残留进行检测（包括 14 种有机磷类、10 种有机氯类、8 种拟除虫菊酯类和 5 种有机杂环类），对内标前置法和内标后置法进行了比较优化，建立了操作简单、快速高效、回收率高、成本低的茶叶中农药残留检测方法。

1. 实验方法

（1）前处理方法

① 内标前置法　准确称取 2g 粉碎均匀的茶叶样品置于 50mL 塑料离心管中，加入 200μL 环氧七氯内标溶液和 10mL 水混匀，浸泡 30min。加入 20mL 乙腈，涡旋 1min，超声提取 20min，加入 QuEChERS 萃取盐包（含 6g 硫酸镁、1.5g 乙酸钠），涡旋 1min，5000r/min 离心 5min。吸取 10mL 上清液加至 15mL QuEChERS 萃取净化管中（含有 1200mg 硫酸镁、400mg PSA、400mg C_{18}、400mg GCB），涡旋 1min，5000r/min 离心 5min。吸取 2mL 净化液于 10mL 塑料试管中，40℃氮吹至近干，加入 1mL 乙酸乙酯复溶，过 0.22μm 有机滤膜，待检测。

② 内标后置法　除以下操作外，其余步骤均与内标前置法相同：a. 茶叶样品置于 50mL

塑料离心管后，不加入 200μL 内标溶液；b. 净化液氮气吹至近干后，先加入 20μL 内标溶液，再加入 1mL 乙酸乙酯复溶。

（2）仪器条件

① 气相色谱条件　GC-MS-TQ8040 气相色谱-三重四极杆质谱仪，色谱柱为 SH-RXi-5Sil MS（30m×0.25mm×0.25μm）；进样口温度：250℃；升温程序：50℃保持 1min，以 25℃/min 升至 125℃，再以 10℃/min 升至 300℃，保持 10min；进样方式：不分流进样；柱流量：1.5mL/min；载气：氦气（纯度大于 99.999%）；进样量：1μL。

② 质谱条件　电子轰击离子源（EI）；离子源电压：70eV；离子源温度：200℃；接口温度：250℃；溶剂延迟时间：4min；碰撞气：氩气（纯度大于 99.999%）；扫描方式：多反应离子监测模式（MRM）。

2. 方法优化

（1）GC-MS/MS 条件优化　将 400μg/L 的 37 种农药混合标准工作溶液进行单四极杆质谱全扫描，利用谱库检索间接确定各农药的保留时间，通过优化柱温箱升温程序，37 种农药可在 22.31min 内得到有效分离。再通过 Smart Database MRM 优化工具确定各农药的碎片离子信息和碰撞能量。在优化的质谱条件下，37 种农药在绿茶空白基质匹配标准溶液（400μg/L）中的总离子流色谱图如图 7-9 所示。

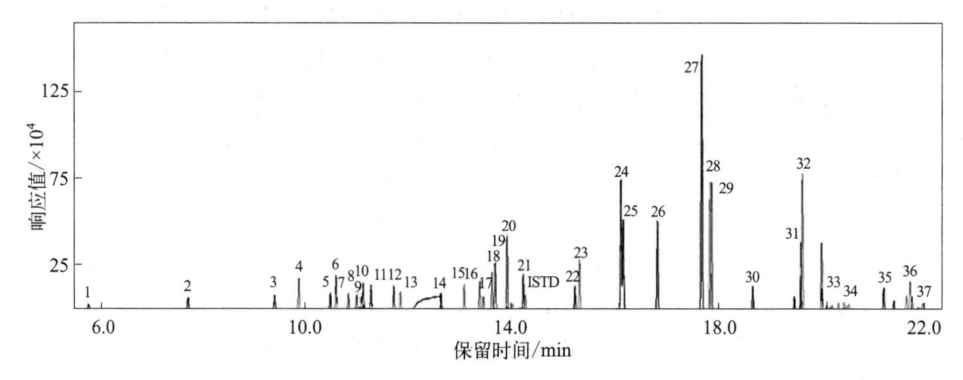

图 7-9　37 种农药在绿茶空白基质匹配标准溶液（400μg/L）中的总离子流色谱图

（2）提取溶剂的选择　实验比较了茶叶农药残留检测常用的几种提取溶剂的提取效果，分别采用乙腈、乙酸乙酯、丙酮、丙酮-正己烷（1∶1，体积比）、正己烷，按照前述内标前置法进行绿茶空白基质加标回收实验。结果表明，不同提取溶剂得到的提取液颜色由深到浅分别为丙酮>丙酮-正己烷（1∶1）>乙腈>乙酸乙酯>正己烷，且用丙酮、丙酮-正己烷（1∶1）两种溶剂提取净化时，氮吹后得到的残渣较多。此外，通过比较不同溶剂提取后的回收率分布情况得知，使用不同提取溶剂时，平均加标回收率在 80%～110%范围内的农药数量由高到低分别为乙腈（33 种）>乙酸乙酯（27 种）>丙酮（21 种）>丙酮-正己烷（1∶1）（20 种）>正己烷（3 种）。因此，实验选择乙腈作为提取溶剂。

（3）加水量的确定　茶叶的含水量较低，前处理过程若加入一定量的水进行浸泡，可以增加茶叶细胞的可渗透性，从而提高农残的提取效率。然而，茶叶用水浸泡后，水溶性杂质也随之溶出并转移到提取液中，增加净化难度。加水量越多，水溶性杂质的含量越高，提取液颜色越深，净化难度越大。通过空白基质加标回收实验（加标水平为 0.1mg/kg），分别比较了添加 0mL（即不添加水）、5mL、10mL、15mL 水时对 37 种农药回收率的影响。结果显示，不加水浸泡，大部分农药无法被有效提取，有 33 种农药的平均回收率在 80%以下；加水浸泡后，这一情况得到显著改善；与添加 5mL、15mL 水相比，添加 10mL 水时，有 32 种农药的平均回收率在 80%～110%范围内，均高于两者。因此，实验选择加水量为 10mL。

（4）内标前置法与内标后置法的比较　内标法是质谱分析中常见的定量方法，通过添加内标可以补偿前处理和仪器检测过程的偏差。分别采用内标前置法和内标后置法对绿茶空白基质进行加标回收实验，以比较二者对回收率的影响，37 种农药的加标水平为 0.1mg/kg，结果见图 7-10。结果表明，采用内标前置法，平均回收率在 80%～110%之间的农药有 34 种，高于内标后置法（30 种）。另外，平均回收率为 80%～110%的大部分农药，采用内标前置法的回收率更接近 100%。如乙酰甲胺磷、乙螨唑和毒死蜱，用内标前置法时三者的平均回收率分别为 91.4%、93.1%和 101%，而用内标后置法的平均回收率分别为 83.7%、83.8%和 89.7%。其原因可能在于，内标后置法是在前处理结束后上机前加入内标，因 QuEChERS 方法中无水硫酸镁与水放热导致离心管的温度升高，可能会使农药降解损失，且前处理过程中提取、转移、氮吹等步骤也可能导致农药损失，这些损失无法用内标后置法进行补偿。而内标前置法的内标物是在前处理前加入样品中，整个前处理和仪器分析过程均伴随待测目标物，可以更好地校正前处理和仪器带来的误差，使农药的回收率相对稳定，提高了方法的准确度。

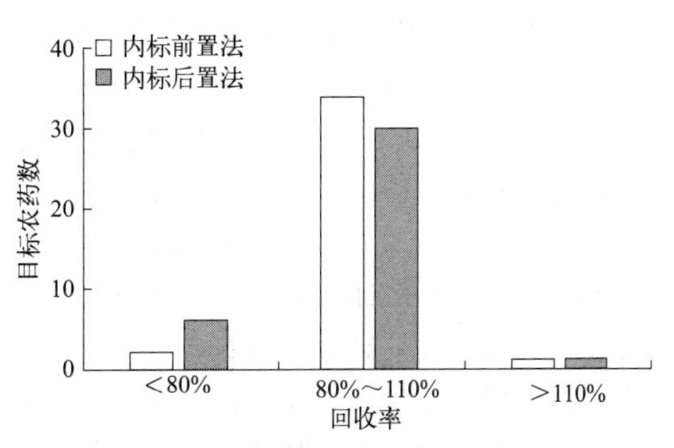

图 7-10　采用内标前置法和内标后置法时 37 种农药的回收率分布（绿茶基质）

（5）基质效应（ME）　该实验分别用绿茶、红茶、白茶、黑茶空白基质和乙酸乙酯配制质量浓度为 200μg/L 的 37 种农药混合标准溶液，上机测试。结果表明，4 种茶叶均以基质增强效应为主，ME 高于 120%的农药数量在 4 种茶叶中占比均最高，且 4 种茶叶中均没有 ME 低于 80%的农药。为消除基质效应的影响，实验需采用基质匹配标准曲线进行定量。此外，基质溶液中目标化合物的色谱峰形较好，无拖尾现象，而纯溶剂中部分目标化合物（如甲胺磷、乙酰甲胺磷、氧乐果等）的色谱峰形较宽，有明显拖尾（图 7-11）。这可能是因为茶叶的基质组分限制了 GC 进样口和色谱柱中产生的活性位点，从而改善了农药在纯溶剂中的峰拖尾情况[38]。

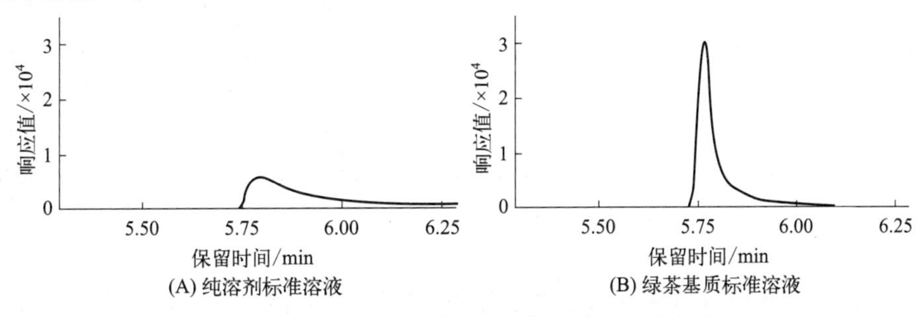

图 7-11　纯溶剂标准溶液和绿茶基质标准溶液中甲胺磷（400μg/L）的色谱图

3. 方法确证

采用QuEChERS前处理方法，结合内标前置法建立了气相色谱串联质谱同时检测茶叶中37种农药残留的方法，包括14种有机磷类、10种有机氯类、8种拟除虫菊酯类和5种有机杂环类。结果表明，内标前置法比内标后置法的回收率高，绿茶、红茶、白茶、黑茶基质均以基质增强效应为主。在优化实验条件下，37种农药在4种茶叶基质中，在0.2～800μg/L的质量浓度范围内呈良好的线性关系；在绿茶基质中的检出限为0.3～15.7μg/kg，定量限为1.0～52.2μg/kg；在红茶基质中的检出限为0.2～15.5μg/kg，定量限为0.7～51.8μg/kg；在白茶基质中的检出限为0.2～14.5μg/kg，定量限为0.8～48.4μg/kg；在黑茶基质中的检出限为0.3～15.3μg/kg，定量限为0.9～51.1μg/kg；在LOQ、2倍LOQ和10倍LOQ 3个加标水平下的回收率为70.2%～120%，相对标准偏差（RSD）为1.1%～11%。该方法操作简单、准确高效、成本较低，适用于茶叶中农药多残留的日常检测。通过优化提取条件和内标加入方式，以及采用基质匹配标准曲线定量，解决了前处理过程因目标物损失导致的回收率不高的问题，降低了基质干扰，提高了结果的准确性和稳定性，为大批量茶叶农药残留检测提供了可行的方法。

二、液相色谱-串联质谱法测定茶叶中的农药多残留

茶叶中使用的农药类型很多，除了可以采用气相色谱质谱法检测的农药化合物以外，很多农药都可以采用液相色谱质谱法或串联质谱法进行检测。HPLC-MS虽然方法灵敏度和特异性较高，但由于难以完全阐明化合物的结构裂解信息，定性准确度方面尚有欠缺，容易产生假阳性结果。而液相色谱-串联质谱法（HPLC-MS/MS）因具有灵敏、准确和快速等优点，适用于分析基质复杂、背景干扰严重的痕量化合物，同时可在碰撞诱导解离模式下，得到其碎片离子的分子质量，从而进一步对化合物的结构和裂解规律加以确证，定性准确性高。

贾玮等[44]采用高效液相色谱-串联质谱联用技术，针对四类茶叶样品（红茶、绿茶、乌龙茶、普洱茶），同时对3个版本的QuEChERS前处理技术（原创方法、AOAC方法、欧盟方法）[12,15,45]进行了比较，并优化了色谱质谱条件，以改进的QuEChERS方法为前处理手段，建立了茶叶中290种农药残留的定性确证和定量测定方法。

（一）实验方法

1. 前处理方法

称取粉碎混匀的样品各10g，置于50mL具塞离心管中，加入20mL水浸泡30min。加入20mL含1%乙酸的乙腈和2.0g氯化钠，涡旋混合30s后加入6.0g无水硫酸镁、1.5g无水醋酸钠，涡旋30s，振荡提取5min，以10000r/min离心5min。取上层溶液10mL于预先加有75mg GCB、400mg PSA及1.2g无水硫酸镁的离心管中，高速涡旋30s，加入0.7mL甲苯，高速涡旋30s，以10000r/min离心5min，上层溶液经0.20μm有机系微孔膜过滤，取200μL滤液至进样瓶中，加入300μL乙腈及500μL8mmol/L甲酸铵溶液。待高效液相色谱-串联四极杆质谱（HPLC-MS/MS）测定。

2. 色谱质谱条件

采用TSQ Quantum Ultra高效液相色谱-串联四极杆质谱仪，色谱柱为Accucore aQ柱（100mm × 2.1mm，2.6μm）和Accucore C_{18}预柱（10mm × 2.1mm，2.6μm）。柱温：35℃；流动相A为0.1%甲酸-4mmol/L甲酸铵水溶液，流动相B为0.1%甲酸-4mmol/L

甲酸铵甲醇溶液。梯度洗脱程序：0～1min，100% A；1～35min，100%～0% A；35～40min，0%A；40～40.1min，0%～100%A；40.1～45min，100%A；流速为 300μL/min；碰撞气：高纯氩气（纯度≥99.999%），碰撞气压力：0.2Pa；进样量：10μL。

质谱为电喷雾离子化，正负离子模式自动切换，鞘气压力：275kPa，辅助气流速 3L/min；毛细管电压：正离子模式 3000V，负离子模式 2500V；Tube lens 补偿电压：152V；Skimmer 电压：20V。毛细管温度 350℃，雾化温度（辅助气）：295℃。扫描速度：0.2s，扫描方式：动态多反应监测（EZ MRM）。具体质谱分析参数略。

（二）方法优化

1. 农药品种的筛选

根据世界各国和我国茶叶中农药的最大残留限量标准，对 400 种农药残留的检测条件进行了优化，在实验中发现：没有找到母离子（如双甲脒、DMSA）、子离子（如百草枯、四氟菊酯）和仪器响应过低（如噁唑脒、炔苯酰草胺）的农药有 90 多种，加标回收率小于 70%或大于 130%的农药（如噁唑隆、精喹禾灵）有 10 种。最终确定对 290 种农药残留进行测定。

2. 质谱条件的确定

用仪器自带的针式蠕动泵以流动注射方式将样品通过三通与流动相混合后，分别在电喷雾离子源（ESI）正离子模式和负离子模式下对 290 种农药的单一标准溶液进行全扫描，选择母离子响应较高的模式，再对其进行子离子扫描，每个化合物选择 2 对响应值较高的特征离子对作为定量及定性离子对进行 MRM 参数优化。其中百治磷与敌敌畏，二丙烯草胺与咯喹酮，氯苯胺灵、敌草净、西草净及辛噻酮等分子量相同，保留时间一致，相互间易产生干扰，所以这些化合物需再加入 1 对定性离子对予以区别。

3. 色谱条件的优化

研究考察了 Accucore 系列中 RP-MS、C_{18} 和 aQ 共 3 种不同选择性的 HPLC 色谱柱（100mm × 2.1mm，2.6μm）对上述 290 种农药的分离效果。结果表明采用 Accucore aQ 色谱柱可获得最理想的分离效果。

由于电喷雾质谱的电离是在溶液状态，因此流动相组成和添加剂除了影响分析物的保留时间和峰形外，还会影响分析物的离子化效率，从而影响到目标化合物的检测灵敏度。实验分别以甲醇-水、乙腈-水作为流动相考察了 290 种农药的分离度、峰形及响应值，以对硫磷、杀螟硫磷、乐果、八甲磷、二氧威和苯噻草胺为例，发现以甲醇-水为流动相的离子化效率明显好于乙腈-水流动相。实验还发现，加入甲酸和甲酸铵可提高目标化合物的响应值，而加入乙酸铵会使响应值降低，因此确定以 0.1%甲酸-4mmol/L 甲酸铵水溶液和 0.1%甲酸-4mmol/L 甲酸铵甲醇溶液为流动相。

由于测定的化合物较多，实验对化合物保留时间的稳定性进行了考察，分别对质量浓度为 20μg/L 的混合标准溶液连续测定 7 次，同样方法配制的标准溶液的化合物出峰时间稳定，漂移时间均小于 1.2s，而基质匹配的标准溶液较纯标准溶液出峰晚 1～9s，其原因为基质进入色谱后影响了色谱柱的柱效。

4. 提取过程中无水硫酸镁及无水硫酸钠的比较

茶叶为干性样品，加入乙腈提取前用水浸泡 30min，可以增加溶剂的提取效率。加入氯化钠使得水与乙腈分层，涡旋后再加入无水硫酸镁，其中氯化钠需先于无水硫酸镁加入溶液，避免同时加入后无水硫酸镁遇水直接结块，从而将目标化合物包裹，影响农药的提取效率。无水硫酸镁用于吸取盐析分配后有机相中多余的水分。

为了研究无水硫酸镁及无水硫酸钠的使用对于农药提取效率的影响，按照前述前处理方法，以乌龙茶为代表性基质，分别加入 6.0g 无水硫酸镁或 6.0g 无水硫酸钠，农药添加水平为 10μg/L（n=7），以苯噻草胺、灭线磷、咪唑菌酮、苄草隆、异丙净和嘧菌酯 6 种农药的回收率为考察对象。其中苯噻草胺是除草剂中的噻唑多环化合物，灭线磷是有机磷类杀虫剂，咪唑菌酮为含苯氨基的杀菌剂，苄草隆为含苄基的除草剂，异丙净为三嗪类芽前除草剂，嘧菌酯为甲氧基丙烯酸酯类杀菌剂，这些化合物能代表大多数化合物的结构特点。结果发现使用无水硫酸镁的回收率优于无水硫酸钠（见图 7-12），这与 QuEChERS 方法的优化结果是相同的[46]。其原因是无水硫酸镁的吸水能力更佳，可使乙腈相中分配更少的水分，提高提取效率。

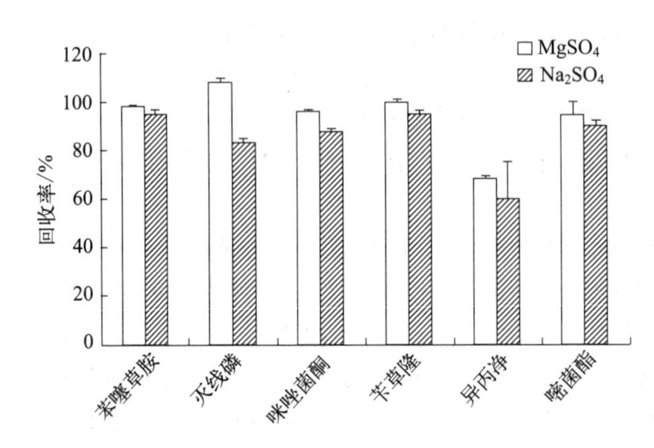

图 7-12 无水硫酸镁及无水硫酸钠对加标乌龙茶样品回收率的对比

5. QuEChERS 三种版本不同缓冲盐的比较

由于茶叶中涉及的农药种类较多，为了保证酸碱不稳定的农药不分解，需要加入缓冲盐体系来保持基质环境的 pH 值。因此，实验考察了 QuEChERS 三种版本中不同缓冲盐的使用对于农药提取效果的影响，根据 QuEChERS 原创方法、AOAC 2007.01 与欧盟标准方法 CEN 15662 进行实验：

第一组加入 1.5g 乙酸钠和在乙腈中加入 1%乙酸（AOAC 2007.01 版本）；

第二组加入 0.5g 倍半水合柠檬酸二钠和 1.0g 二水合柠檬酸钠（CEN 15662 版本）；

第三组不加缓冲盐（QuEChERS 原创版本）。

以乌龙茶为代表性基质，农药添加水平为 10μg/L（n=7），以对硫磷、杀螟硫磷、乐果、八甲磷、二氧威和多菌灵 6 种农药的回收率为考察对象。结果发现，加入缓冲体系后，除多菌灵的回收率变化不大，对硫磷、杀螟硫磷、乐果、八甲磷和二氧威的回收率均有所提高（见图 7-13）。其原因为采用缓冲体系可保证样品基质环境的 pH 值为弱酸性（第一组为 5.0～5.5，第二组为 4.8），这既可以保证碱不稳定的农药（如对硫磷、杀螟硫磷、乐果）的回收率，也可以保证酸不稳定的农药（如乐果和八甲磷）的回收率，而多菌灵在酸碱溶液中均具有良好的稳定性，所以其回收率变化不大。在两种缓冲体系中，6 种农药的回收率十分接近，从缓冲能力与成本考虑，最终选择乙酸与乙酸钠缓冲盐体系。

6. 净化条件的比较

QuEChERS 原创方法、美国官方方法 AOAC 2007.01 与欧盟标准化委员会的标准方法 CEN 15662 的另一个不同点在于前两者在净化过程中均未提及添加 C_{18} 与石墨化炭黑

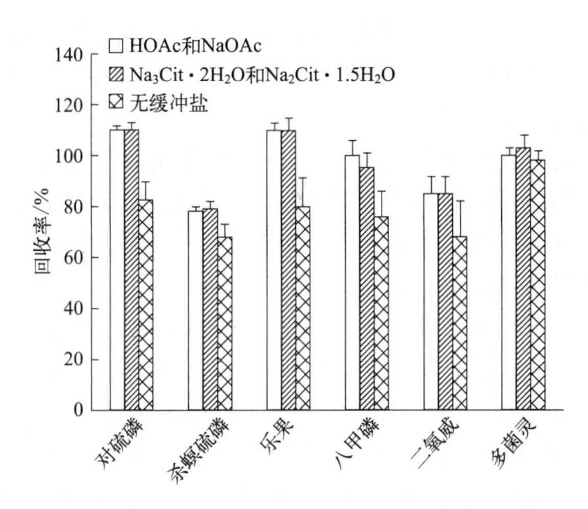

图 7-13 QuEChERS 三种版本的前处理方法对加标乌龙茶样品的回收率比较

(GCB)，而后者针对色素较多的基质进行了添加。

(1) C_{18} 的添加 C_{18} 属于反相吸附剂，可有效去除基质中的脂肪和脂类等非极性有机物，为研究 C_{18} 的使用对于农药净化效率的影响，分别进行了添加 500mg C_{18} 和不添加 C_{18} 的对比实验，仍以乌龙茶为代表性基质，农药添加水平为 10μg/L，以苯噻草胺、灭线磷、咪唑菌酮、苄草隆、异丙净和嘧菌酯 6 种农药的回收率为考察对象。结果发现，两组农药的回收率相近（见图 7-14）。其原因可能为茶叶中的脂类等非极性有机物含量较低，而且在提取溶剂中溶解较少，所以针对茶叶样品，选择不加入 C_{18}。

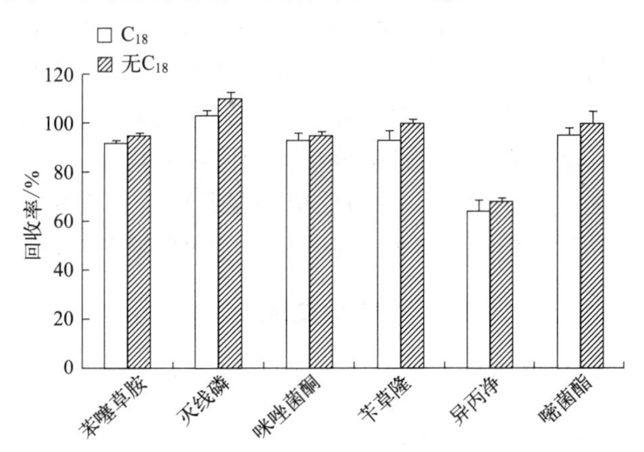

图 7-14 添加 C_{18} 与否对加标乌龙茶样品的回收率比较（$n=7$）

(2) GCB 的添加 欧盟标准方法 CEN 15662 规定，在深色样品中可加入少量 GCB 去除色素。茶叶样品经溶剂提取后，由于其提取液中存在叶绿素、胡萝卜素、叶黄素、花青素等色素，且 PSA 只能去除少量色素，提取液呈墨绿色（绿茶）、棕红色（乌龙茶、红茶）、棕黑色（普洱茶）。为了确定 GCB 的用量，分别在 10mL 各种茶叶提取液中添加 40mg、45mg、50mg、55mg、60mg、65mg、70mg、75mg、80mg、85mg GCB，高速涡旋 30s，离心后观察提取液颜色。实验发现，当加入 75mg GCB 时，提取液为黄色透明（乌龙茶、红茶、普洱茶）或无色透明（绿茶）。但由于 GCB 外层为 6 个碳原子构成的平面六角形，对于平面结构的化合物有强烈的吸附作用。实验表明，随着 GCB 的加入量增加，一些平面结构的化合物，如灭线磷、氧环唑、腈苯唑、吡螨胺、克百威、嘧霉胺等化合物的回收率降低。有研究表明通过在提取液中加入甲苯可以洗脱被GCB吸附的农药，提高该类农药的回收率。因此对甲苯用量进行了考察。

（3）甲苯的用量 为了确定甲苯的加入量，在上述实验中加入75mg GCB后加入不同量的甲苯，仍以上述6种农药的回收率为考察对象，发现加入0.7mL甲苯可将被GCB吸附的农药洗脱；但会对原来未加入甲苯时回收率好的农药，例如敌敌畏、非草隆造成影响，原因可能是甲苯的加入使得溶液中的基质杂质有所增加。

参考QuEChERS 2003原创方法、美国官方方法AOAC 2007.01与欧盟标准方法CEN 15662中各种提取剂与净化剂的用量，该实验在整个过程中对PSA、无水硫酸镁、氯化钠与缓冲盐的用量进行了优化，过程与上述方法相似，形成了适合于茶叶样品的QuEChERS前处理方法，净化条件确定为取上层溶液10mL，置于预先加有75mg GCB、400mg PSA及1.2g无水硫酸镁的离心管中，高速涡旋30s，再加入0.7mL甲苯，涡旋后过膜，滤液加入适量甲酸铵溶液以与流动相组成相匹配。

（三）方法确证

采用改进的QuEChERS方法对样品进行前处理，结合高效液相色谱-串联质谱联用技术（HPLC-MS/MS），经过对QuEChERS三个不同版本（原创方法、AOAC方法和欧盟方法）的提取溶剂、分相盐及净化剂等参数的比较和优化，建立了4种茶叶（绿茶、红茶、乌龙茶、普洱茶）中290种农药残留量的测定方法。290种农药在质量浓度为1.0～200μg/L的范围内具有较好的线性关系；以信噪比（S/N）≥10确定290种农药的定量限均可达到0.01mg/kg；290种农药普遍存在基质效应，其中19.2%的农药属于中等强度的基质效应，2.5%属于强基质效应，79.3%为较弱基质效应，为最大限度消除基质效应干扰，实验采用基质匹配法进行定量分析。根据欧盟最大残留限量（没有MRL规定的按照日本《食品中残留农业化学品肯定列表制度》中的“一律标准”与欧盟规定的0.01mg/kg标准）的1倍、2倍、4倍进行加标回收实验，结果表明目标分析物的回收率均在61%～119%范围内，重复实验7次，相对标准偏差小于12.4%。该方法能满足我国、日本和欧盟等国家与组织对于多农残分析的要求，为茶叶中的农药多残留分析和日常风险监测提供了方法参考。

参考文献

[1] Mills P A, Onley J H, Gaither R A. Rapid method for chlorinated pesticide residues in nonfatty foods. Journal of Association of Official Agricultural Chemists, 1963, 46 (2): 186-191.

[2] Watts R R, Storherr R W, Pardue J R, et al. Charcoal column cleanup method for many organophosphorus pesticide residues in crop extracts. Journal of Association of Official Analytical Chemists, 1969, 52 (3): 522-526.

[3] Storherr R W, Ott P, Watts R R. A general method for organophosphorus pesticide residues in nonfatty foods. Journal of Association of Official Analytical Chemists, 1971, 54 (3): 513-516.

[4] Luke M A, Froberg J E, Masumoto H T. Extraction and cleanup of organochlorine, organophosphate, organonitrogen, and hydrocarbon pesticides in produce for determination by gas-liquid chromatography. Journal of Association of Official Analytical Chemists, 1975, 58 (5): 1020-1026.

[5] Specht W, Tillkes M. Gas-chromatographische bestimmung von rückständen an pflanzenbehandlungsmitteln nach clean-up über gel-chromatographie und mini-kieselgel-säulen-chromatographie. Fresenius' Zeitschrift für analytische Chemie, 1981, 307 (4): 257-264.

[6] Koinecke A, Kreuzig R, Bahadir M, et al. Investigations on the substitution of dichloromethane in pesticide residue analysis of plant materials. Fresenius' Journal of Analytical Chemistry, 1994, 349 (4): 301-305.

[7] Specht W, Pelz S, Gilsbach W. Gas-chromatographic determination of pesticide residues after clean-up by gel-permeation chromatography and mini-silica gel-column chromatography. Fresenius' Journal of Analytical Chemistry, 1995, 353 (2): 183-190.

[8] Liao W, Joe T, Cusick W G. Multiresidue screening method for fresh fruits and vegetables with gas chromatographic/mass spectrometric detection. Journal of Association of Official Analytical Chemists, 1991, 74 (3): 554-565.

[9] Bennett D A, Chung A C, Lee S M. Multiresidue method for analysis of pesticides in liquid whole milk. Journal of AOAC International, 1997, 80 (5): 1065-1077.

[10] Fillion J, Hemdle R, Lacrolx M, et al. Multiresidue determination of pesticides in fruit and vegetables by gas chromatography-mass-selective detection and liquid chromatography with fluorescence detection. Journal of AOAC International, 1995, 78 (5): 1252-1266.

[11] Cook J, Beckett M P, Reliford B, et al. Multiresidue analysis of pesticides in fresh fruits and vegetables using procedures developed by the florida department of agriculture and consumer services. Journal of AOAC International, 1999, 82 (6): 1419-1435.

[12] Anastassiades M, Lehotay S J, Stajnbaher D, et al. Fast and easy multiresidue method employing acetonitrile extraction/partitioning and " dispersive solid-phase extraction " for the determination of pesticide residues in produce. Journal of AOAC International, 2003, 86 (2): 412-431.

[13] Schenck F, Callery P, Daft R, et al. Comparison of magnesium sulfate and sodium sulfate for removal of water from pesticide extracts of foods. Journal of AOAC International, 2002, 85: 1177-1180.

[14] Lehotay S J, de Kok A, Hiemstra M, et al. Validation of a fast and easy method for the determination of residues from 229 pesticides in fruits and vegetables using gas and liquid chromatography and mass spectrometric detection. Journal of AOAC International, 2005, 88 (2): 595-614.

[15] Lehotay S J, Mastovská K, Lightfield A R. Use of buffering and other means to improve results of problematic pesticides in a fast and easy method for residue analysis of fruits and vegetables. Journal of AOAC International, 2005, 88 (2): 615-629.

[16] Iijima S. Helical microtubules of graphitic carbon. Nature, 1991, 354 (6348): 56-58.

[17] Wang S, Zhao P, Min G, et al. Multi-residue determination of pesticides in water using multi-walled carbon nanotubes solid-phase extraction and gas chromatography-mass spectrometry. Journal of Chromatography A, 2007, 1165 (1): 166-171.

[18] Fan S, Zhao P, Yu C, et al. Simultaneous determination of 36 pesticide residues in spinach and cauliflower by LC-MS/MS using multi-walled carbon nanotubes-based dispersive solid-phase clean-up. Food Additives & Contaminants: Part A, 2014, 31 (1): 73-82.

[19] Zhao P, Wang L, Zhou L, et al. Multi-walled carbon nanotubes as alternative reversed-dispersive solid phase extraction materials in pesticide multi-residue analysis with QuEChERS method. Journal of Chromatography A, 2012, 1225: 17-25.

[20] Zhao P, Wang L, Jiang Y, et al. Dispersive cleanup of acetonitrile extracts of tea samples by mixed multiwalled carbon nanotubes, primary secondary amine, and graphitized carbon black sorbents. Journal of Agricultural and Food Chemistry, 2012, 60 (16): 4026-4033.

[21] Zhao P, Wang L, Luo J, et al. Determination of pesticide residues in complex matrices using multi-walled carbon nanotubes as reversed-dispersive solid-phase extraction sorbent. Journal of Separation Science, 2012, 35 (1): 153-158.

[22] Han Y, Zou N, Song L, et al. Simultaneous determination of 70 pesticide residues in leek, leaf lettuce and garland chrysanthemum using modified QuEChERS method with multi-walled carbon nanotubes as reversed-dispersive solid-phase extraction materials. Journal of Chromatography B, 2015, 1005: 56-64.

[23] Pszczolińska K, Shakeel N, Barchanska H. A simple approach for pesticide residues determination in green vegetables based on QuEChERS and gas chromatography tandem mass spectrometry. Journal of Food Composition and Analysis, 2022, 114: 104783.

[24] Su S, Zhou Y, Qin J G, et al. Optimization of the method for chlorophyll extraction in aquatic plants. Journal of

Freshwater Ecology，2010，25 (4)：531-538.

[25] Mastovska K，Dorweiler K J，Lehotay S J，et al. Pesticide multiresidue analysis in cereal grains using modified QuEChERS method combined with automated direct sample introduction GC-TOFMS and UPLC-MS/MS techniques. Journal of Agricultural and Food Chemistry，2010，58 (10)：5959-5972.

[26] Yoshii K，Tsumura Y，Ishimitsu S，et al. Degradation of malathion and phenthoate by glutathione reductase in wheat germ. Journal of Agricultural and Food Chemistry，2000，48 (6)：2502-2505.

[27] Lehotay S J，Maštovská K，Yun S J. Evaluation of two fast and easy methods for pesticide residue analysis in fatty food matrixes. Journal of AOAC International，2005，88 (2)：630-638.

[28] Maštovská K，Lehotay S J. Evaluation of common organic solvents for gas chromatographic analysis and stability of multiclass pesticide residues. Journal of Chromatography A，2004，1040 (2)：259-272.

[29] U. S. Code of Federal Regulations. Title 40-protection of environment，part 180-tolerances and exemptions for pesticide residues in food. § 180. 103 captan；tolerances for residues.

[30] Cunha S C，Lehotay S J，Mastovska K，et al. Evaluation of the QuEChERS sample preparation approach for the analysis of pesticide residues in olives. Journal of Separation Science，2007，30 (4)：620-632.

[31] Li L，Xu Y，Pan C，et al. Simplified pesticide multiresidue analysis of soybean oil by low-temperature cleanup and dispersive solid-phase extraction coupled with gas chromatography/mass spectrometry. Journal of AOAC International，2007，90 (5)：1387-1394.

[32] Li L，Zhang H，Pan C，et al. Multiresidue analytical method of pesticides in peanut oil using low-temperature cleanup and dispersive solid phase extraction by GC-MS. Journal of Separation Science，2007，30 (13)：2097-2104.

[33] Koesukwiwat U，Lehotay S J，Mastovska K，et al. Extension of the QuEChERS method for pesticide residues in cereals to flaxseeds，peanuts，and doughs. Journal of Agricultural and Food Chemistry，2010，58 (10)：5950-5958.

[34] 陈树兵，钟莺莺，贺小雨，等. 高效液相色谱-电喷雾电离串联质谱法同时测定大豆中 167 种农药残留. 分析测试学报，2014，33 (5)：499-505.

[35] 黄云霞，孟志娟，赵丽敏，等. 快速滤过型净化结合气相色谱-串联质谱法同时检测茶叶中 10 种拟除虫菊酯农药残留. 色谱，2020，38 (07)：798-804.

[36] 李福敏，邵林. QuEChERS-气相色谱-三重四级杆串联质谱法测定茶叶中的 12 种有机氯农药残留. 食品安全质量检测学报，2018，9 (06)：1377-1382.

[37] 刘晓亮，李雪生，刘绍文，等. 中草药中 13 种代表性农药多残留的分散固相净化与气相色谱-质谱法测定. 分析化学，2013，41 (04)：553-558.

[38] 高艺羡，陈萍虹，聂丹丹. 气相色谱-串联质谱双内标法测定茶叶中 53 种农药残留. 色谱，2018，36 (06)：531-540.

[39] 陈喆. 气相色谱-三重四极杆串联质谱法测定茶叶中 63 种农药的多残留. 现代食品，2021 (16)：176-183+187.

[40] European Commission. 2002/657/EC：commission decision of 12 august 2002 implementing council directive 96/23/EC concerning the performance of analytical methods and the interpretation of results. https：//op. Europa. Eu/en/publication-detail/-/publication/ed928116-a955-4a84-b10a-cf7a82bad858/language-en.

[41] GB 23200. 113—2018. 食品安全国家标准 植物源性食品中 208 种农药及其代谢物残留量的测定 气相色谱-质谱联用法. 北京：中国标准出版社，2018.

[42] Yarita T，Aoyagi Y，Otake T. Evaluation of the impact of matrix effect on quantification of pesticides in foods by gas chromatography-mass spectrometry using isotope-labeled internal standards. Journal of Chromatography A，2015，1396：109-116.

[43] 黄微，马玉凤，孟怡璠，等. QuEChERS/气相色谱-串联质谱-内标前置法测定茶叶中 37 种农药残留. 分析测试学报，2022，41 (08)：1221-1228.

[44] 贾玮，黄峻榕，凌云，等. 高效液相色谱-串联质谱法同时测定茶叶中 290 种农药残留组分. 分析测试学报，2013，32 (01)：9-22.

[45] Pren M A 15662. Determination of pesticide residues using GC-MS and/or LC-MS (/MS) following acetonitrile extraction/partitioning and cleanup by dispersive SPE-QuEChERS method. European commitee for standardization.

[46] Lehotay S J. Determination of pesticide residues in foods by acetonitrile extraction and partitioning with magnesium sulfate：Collaborative study. Journal of AOAC International，2007，90 (2)：485-520.

第八章

动物源食品中农药多残留 QuEChERS 方法

动物源产品与其他基质的主要区别在于其脂肪和蛋白质含量较高，因此样品前处理的关键在于去除脂肪、蛋白等干扰物质。传统的去除脂肪类干扰物的方法有正己烷液液萃取法、冷冻法、凝胶渗透色谱法（GPC）、固相萃取法（SPE）等方法。

QuEChERS 方法在开发之初就已尝试比较了基质中不同脂肪含量对残留农药回收率的影响，之后也对新型脂肪去除吸附剂 EMR-lipid、Z-Sep、Z-Sep＋等净化材料进行了研究和报道。2020 年开发的扩展方法，即 QuEChERSER-Mega 方法，更是主要针对动物源性产品（肉类及鱼类），并将待测化合物的分析范围从农药多残留扩展到农药、兽药和环境污染物等多类型目标化合物的多残留同时分析。欧盟也专门针对植物源基质和动物源基质，分别开发和建立了单独的 QuPPe 方法。QuEChERSER-Mega 方法和 QuPPe 方法在前面第五章和第六章中已有详细介绍，因此本章主要针对 QuEChERS 方法在常见动物源产品中（肉、蛋、奶、鱼、虾等）农药残留分析方法的开发和应用进行介绍。此外，少数植物源性食品中也含有较高的脂肪，例如鳄梨（又名牛油果），因此本章内容也会涉及个别脂肪含量较高的植物源产品。

第一节　脂肪含量对 QuEChERS 方法的影响评价

美国食品药品管理局（FDA）将脂肪类食品定义为脂肪含量大于 2%的食品，而脂肪含量小于 2%的食品定义为非脂肪食品[1]。然而，脂肪含量为 3%的牛奶与脂肪含量很高的样品（如猪油）的残留分析方法和结果有很大差异。考虑到这一点，美国农业部的 Steven Lehotay 博士建议，在残留分析中将不同脂肪含量的食品分为非脂肪食品（脂肪含量＜2%）、低脂肪食品（2%～20%）和高脂肪食品（＞20%），脂肪含量按湿重计算[2]。

大多数脂肪类食品中的农药残留分析方法主要针对有机氯农药，因为这一类化合物脂溶性较高，容易在脂肪类食品中残留和累积。这一类方法通常采用己烷、丙酮、乙酸乙酯和二氯甲烷等溶剂进行提取，以溶解脂质成分[1,3]。然而，在仪器分析步骤之前，通常需要采用复杂耗时的净化过程从提取液中去除共提取的脂肪，如凝胶渗透色谱法（GPC）、液液萃取等。

对于脂肪含量大于 20%的高脂肪基质，如植物油、动物脂肪、黄油等，除了使用非极性溶剂溶解脂肪以提取农药残留外，别无选择。在这类高脂肪样品中，也只有亲脂性污染物可能存在残留风险[4]，因此实际上对于高脂肪基质中极性农药的分析似乎没有实际意义。

在低脂肪基质中，亲脂性和亲水性农药都存在残留风险[5]，因此这些样品中的农药残留分析方法应具有尽可能宽的极性范围。在实际生活中，许多食物的脂肪含量都在 2%～20%范围内，包括牛奶、坚果、小麦、玉米、大豆、其他谷物、鱼类、贝类、海鲜、肝脏、肾脏、禽肉、猪肉、牛肉、鸡蛋和鳄梨等[1,6]。鳄梨虽然是植物源性食品，但其脂肪含量高达

15%，因此也经常在较高脂肪食品的研究范围之列。

乙腈（MeCN）是一种很好的低脂肪基质提取溶剂，因为它既能对极性范围广泛的农药进行提取，同时又不会显著溶解食品中常见的非极性脂肪或高极性蛋白质、盐和糖。因此很多低脂肪食品中的农药残留提取方法都使用乙腈进行提取[7-9]。

为了初步了解脂肪含量对分析结果的影响，评价 QuEChERS 方法对低脂肪含量食品的方法适用性，Lehotay 等[2]对三种低脂肪食品（牛奶、鸡蛋和鳄梨）中 32 种农药的两种残留分析方法进行了比较评估，第一种方法为醋酸缓冲盐 QuEChERS 方法（即 AOAC 方法），采用 15mL 含有 1%乙酸的乙腈提取 15g 样品，然后加入 6g 无水硫酸镁和 1.5g 乙酸钠。离心后，取 1mL 提取液用 50mg C_{18}、50mg PSA 和 150mg 无水硫酸镁进行分散固相萃取净化；第二种方法采用基质固相分散（MSPD），将 0.5g 样品与 2g C_{18} 和 2g 无水硫酸钠在研钵中反复研磨混合，通过抽真空装置装填于 2g 弗罗里硅土（Florisil）柱的上方。然后使用 5×2mL 乙腈将样品中的农药分析物洗脱到收集管中，并通过旋转蒸发将提取液浓缩至 0.5mL。之后，对这两种方法的提取液同时采用气相色谱质谱法和液相色谱串联质谱法进行检测，比较其回收率结果。

在这两种方法中，中等极性和极性农药的回收率通常都为 100%（除了一些碱性农药如噻菌灵和抑霉唑在 MSPD 法中回收率较低以外），但非极性农药的回收率随着脂肪含量的增加而降低。这种趋势在 QuEChERS 方法中更为明显，亲脂性农药如六氯苯在鳄梨（脂肪含量 15%）中的回收率仅为 27%±1%（$n=6$），LOQ <10ng/g。

为了进一步研究样品中脂肪含量对不同极性农药回收率的影响，选择了 4 种不同脂肪含量的样品基质，包括莴苣和橘子（$n=36$，脂肪含量为 0.3%）[10]、全脂牛奶（$n=6$，脂肪含量为 3.25%）、均质鸡蛋（$n=6$，脂肪含量为 9.9%）、鳄梨（$n=6$，脂肪含量为 14.7%），选择了戊菌唑、甲基毒死蜱、林丹、环氧七氯、氯菊酯、氯丹、DDE 和六氯苯共 8 种不同极性的化合物，利用上述 QuEChERS 法进行了回收率的比较，结果见图 8-1。

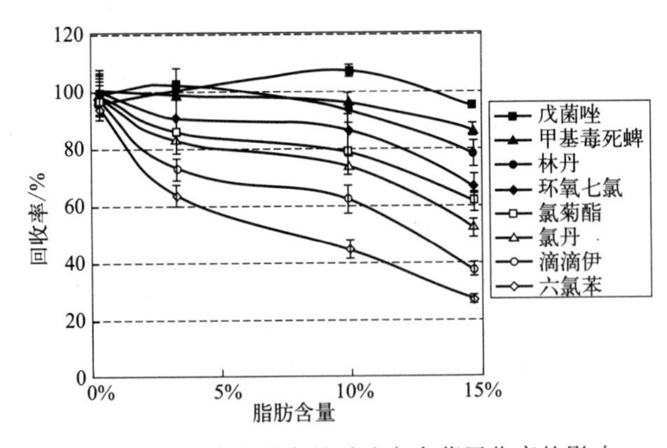

图 8-1　样品中脂肪含量对选定农药回收率的影响

从图 8-1 可以明显观察到不同脂肪含量对农药化合物回收率影响的趋势，即非极性农药的回收率随着脂肪含量的增加而明显降低。这种影响应该是由于一部分非极性化合物仍然存在于漂浮在初始提取液上方很薄的脂肪层中，而没有进入乙腈相。其影响程度取决于分析物在脂质组织和乙腈相之间的分配系数，这种分配可以通过农药的辛醇-水分配系数（K_{ow}）或农药的水溶性来简单评估。然而在该实验中，农药回收率与 K_{ow} 之间的关系图并没有给出一个清晰的对应关系。与 K_{ow} 相比，农药在水中的溶解度更容易测量且更准确，在评估农药极性范围（分析范围）方面是一个很好的指标。图 8-2 表示脂肪含量分别为最低和最高的两种基质中农药回收率与其水溶性之间的关系[11]，两种基质中的脂肪含量为：莴苣/橘子含 0.3%脂肪（$n=36$），鳄梨含 14.7%脂肪（$n=6$）。可以看出化合物的水溶性越低，在较高脂肪含量的鳄梨中的回收率就越低，而在几乎不含脂肪的莴苣和橘子基质中则完全不受影响。图中也出现了一个有趣的例外情况，就是最左边水溶性最低的农药氯菊酯，它的回收率并不是最低，这可能是由于虽然它水溶性低，但它不是亲油性最高的分析物。与大多数拟除虫菊酯一样，氯菊酯比其他非极性农药具有相对较高的水溶解度，同时对乙腈也有较高的亲和力，这在一定程度上抵消了其亲脂性[12]。

从图 8-2 也可以具体看出，水中溶解度>0.5mg/L 的分析物在含 15%脂肪的鳄梨基质中回收率均大于 70%；而所有非菊酯类农药中，水溶解度≥0.3mg/L 时，其在鸡蛋（10%脂肪）中的回收率才高于 70%；在全脂牛奶（3%脂肪）中，要达到 70%的回收率，水中溶解度需大于 0.1mg/L。而在非脂肪基质中，就水溶性而言，从拟除虫菊酯（水中溶解度为 0.001mg/L）到乙酰甲胺磷（溶解度高达 790g/L），QuEChERS 方法可对整个极性范围内的化合物得到满意的回收率。

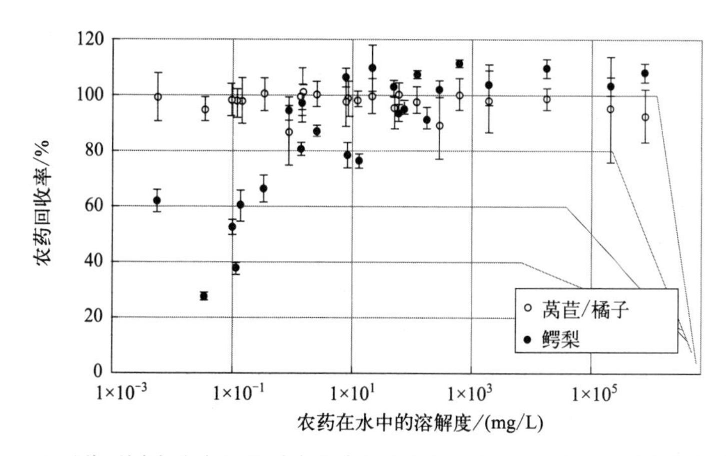

图 8-2　两种不同脂肪含量基质中化合物水溶性（极性）对农药回收率的影响

结果表明，基质中的脂肪含量对非极性化合物的回收率有很大影响。一方面是提取效率不高造成的，可以采用加入同位素内标的方法对回收率进行补偿；另一方面，则需要开发各种高效的脂质净化剂，提高净化效率。下一节详细介绍文献报道的几种脂质净化剂在 QuEChERS 方法中的开发与应用。

第二节　脂质净化剂的开发与应用

对于脂肪含量较高的基质，采用乙腈或者极性更低的有机溶剂提取时可以获得较高的提取效率，但同时基质提取液中的脂肪或蛋白质等基质提取物会对后续的气相或液相色谱及质谱检测造成影响，引起进样口、色谱柱及质谱离子源的污染物累积，导致较高的基质效应，并进一步影响进样的重复性和定量结果的稳定性和准确度。因此，在 QuEChERS 方法的 d-SPE 净化过程中，针对脂肪类共提取物的净化剂方面的开发与应用很有研究意义。目前已有一些报道是关于用于 QuEChERS 方法中 d-SPE 净化的脂质净化剂的，本节首先介绍关于脂质净化剂净化效果的评价方法，然后主要介绍代表性的 3 种脂质净化剂，即 EMR-Lipid、Z-Sep 及其类似物 Z-Sep＋。

一、脂质净化剂的净化效果评价方法

对于一种净化方法或净化剂的净化效果，需要在目标化合物回收率和重复性满足要求的前提下，对其净化效果进行具体评价。评价方法主要有以下 4 种：

（1）共提物重量法，即将净化前及净化后的空白提取液通过氮吹法去除溶剂，称量得到固体共提物的重量，净化前与净化后固体共提物的相对差值即为去除率，去除率高说明净化效果好。

（2）GC-MS 全扫描积分法，由于大部分脂质化合物和胆固醇会在 GC-MS 上出峰，因此将净化前及净化后的空白基质提取液进行 GC-MS 全扫描，对总离子流图（TIC）中全部或部分保留时间范围内的色谱峰进行积分或积分加和，比较净化前后的峰的数量、高低及峰面积的变化，对净化效果进行评价。对于采用 HPLC-MS 进行分析的方法，一些研究者也采用 HPLC-MS 全扫描积分法对净化效率进行评价。

（3）HPLC-MS/MS 柱后注入法（post-column infusion），可用于评价 HPLC-MS/MS 体系中基质对目标化合物的影响，具体方法是从整个保留时间范围内选择几种代表性农药，将净化前和净化后的空白基质提取液分别按照正常程序从 HPLC 进样口进样，同时在柱后 MS 入口前通过蠕动泵注射器将所选择的农药单标溶液分别以适当的速度注入柱后系统中，使之与色谱流出物混合，并在整个色谱流出过程中以 MS/MS 监测所注入农药的离子信号，然后比较有无基质或不同净化体系的基质提取液的信号差异，来评价基质对待测化合物响应值的影响。该方法的应用详见本章第三节。

（4）基质效应评价法，即比较各待测化合物净化前后或采用不同净化剂净化后的基质效应的变化。基质效应一般采用基质匹配校准曲线与纯溶剂校准曲线的斜率的比值或相对差值百分数来表示，但有时也可简化为直接比较某一个浓度下的基质匹配校准溶液与纯溶剂标准溶液响应值的比值或相对差值百分数，可简称为基质效应的单点评价方法。

当基质中同时含有较高的脂肪及色素（例如鳄梨），还需要对叶绿素等基质色素的净化效果进行评价时，可在上述几种评价方法的基础上，增加对色素的净化效率评价，评价方法有：

（1）图片目测颜色对比法，即将净化前后的提取液照片进行对比，通过提取液颜色深浅，来目测判断色素的去除效果。

（2）紫外吸光度法，即通过在叶绿素及叶黄素等色素物质的紫外可见最大吸收波长位置的吸光度值，对净化前后的提取液进行紫外可见吸光度测定，计算净化前后吸光度的相对变化，来评价色素的去除效果。此外，也可直接进行紫外-可见光谱图的对比，来判断对紫外可见区杂质的去除效果。

这些评价方法在本书的相关章节中都有具体的应用可供参考。

二、EMR-Lipid 净化剂的效果评价

QuEChERS 方法中使用乙腈可以减少脂质成分的提取，从而可以不使用 GPC、SPE 等较为复杂的净化方法，而是采用不同吸附剂组合的 d-SPE 净化，常用的净化剂有 *N*-丙基乙二胺（PSA）、十八烷基硅烷（C_{18}）、石墨化炭黑（GCB）和氧化锆基吸附剂（Z-Sep、Z-

Sep＋等)[13-15]。

近年来一种名为 EMR-Lipid（基质增强脂质去除）[16]的吸附剂产品在脂肪类食品的基质净化中有所报道。EMR-Lipid 是一种具有专利保护的新型脂质净化剂，其外观是一种无定形白色粉末。报道称其作用机制主要基于体积排斥和疏水作用，与脂质相关的长链碳氢化合物会被 EMR 结合或捕获，形成的 EMR 脂质复合物能够在最终盐析过程中从溶液中沉淀出来或留在水相中被去除[16]。有研究表明，EMR 可选择性地从高脂肪食品（如鳄梨和动物组织）的 QuEChERS 提取液中去除脂质，而不会损失常见的农药、兽药或多环芳烃等分析物[17-21]。

为了验证这种新型脂质去除剂——EMR Lipid 对不同食品基质的净化效果，Han 等[22]考察了其在 4 种不同脂肪含量的基质（羽衣甘蓝、猪肉、三文鱼和鳄梨）中 117 种目标化合物（包括 65 种农药和 52 种持久性环境污染物）的残留分析中的应用，方法采用快速低压气相色谱-串联质谱（LPGC-MS/MS）检测。选择的农药选自美国环境保护署（EPA）的优先监测污染物及一些典型的问题农药，环境污染物包括 15 种 EPA 优先的多环芳烃（PAH）、14 种多氯联苯（PCB）同系物、7 种常见的多溴二苯醚（PBDE）同系物和 16 种新型阻燃剂（FR），其中的 7 种 PBDE 同系物包括（＃28，47，99，100，153，154 和 183），14 种 PCB 同系物包括（＃77，81，105，114，118，123，126，156，157，167，169，170，180 和 189）。所选择的 4 种基质的组成成分参见表 8-1[23]。以下进行具体介绍。

表 8-1 四种不同脂肪含量基质的组成成分表

组成成分	羽衣甘蓝	鳄梨	猪肉	三文鱼
水含量/%	84	73	73	65
脂质(脂肪)含量/%	0.9	15	4	13
饱和脂肪酸含量/%	0.09	2.1	1.4	3.0
单元不饱和脂肪酸含量/%	0.05	9.8	1.7	3.8
多元不饱和脂肪酸含量/%	0.34	1.8	0.7	3.9
反式脂肪酸含量/%	0	0	0.02	未报告
胆固醇含量/%	0	0	0.063	0.055

（一）实验方法

1. 试剂及材料

EMR-Lipid 产品来自安捷伦科技公司，最初的 EMR-Lipid 产品由两个 15mL 聚丙烯离心管组成，第一个离心管中装有 1g EMR 脂质去除材料，第二个离心管中装有 2g 由无水 $MgSO_4$ 和 NaCl（4/1，质量比）组成的混合物，该实验是最早研究该产品的报道，用的是最初的产品（后来的产品由两步法改为了一步法，并可用于 d-SPE 吸附剂或 SPE 小柱）。

选择的 65 种农药和 52 种持久性环境污染物按照常规方法配制标准溶液。用于内标物（IS）的化合物有 15 种，其中莠去津-D_5（乙基-D_5）、倍硫磷-D_6（*o*,*o*-二甲基-D_6）和$^{13}C_{12}$-*p*,*p*′-DDE 用作农药化合物的内标，$^{13}C_{12}$-PCB153 和 5′-氟-3,3′,4,4′,5-五溴二苯醚（FBDE 126）分别用作 PCB 和 PBDE 的内标，多环芳烃内标混合物（包括苊-D_8、苯并［*a*］芘-D_{12}、苯并［*g*,*h*,*i*］苝-D_{12}、氟烷-D_{10}、萘-D_8、菲-D_{10} 和芘-D_{10}）用于多环芳烃的内标，TCEP-D_{12} 用于阻燃剂的内标。对三联苯-D_{14} 用于 GC 分析的 QC 化合物。

分析物保护剂（AP）溶液含有10mg/mL乙基甘油、1mg/mL古洛糖酸内酯、1mg/mL D-山梨醇以及0.5mg/mL莽草酸，配制于含有0.5%甲酸的乙腈/水（4∶1，体积比）中。用于GC分析的QC化合物对三联苯-D_{14}也配制于该溶液中。

羽衣甘蓝、三文鱼、鳄梨和猪肉样品在加入干冰的条件下用粉碎机粉碎成均匀的细粉末状，冷冻保存。

2.快速低压GC-MS/MS分析

使用安捷伦7890A/7000B气相色谱仪/三重四极质谱仪（GC-MS/MS）对117种目标分析物和15种内标物以及QC化合物进行分析。

低压（LP）GC-MS/MS的特点是分析速度快、柱容量高，其色谱柱由两根色谱柱连接而成，其中分析柱内径较粗，为安捷伦DB-5ms色谱柱（长度15m×0.53mm内径×1μm膜厚），该分析柱前端连接有一根内径较细的无涂层限流毛细管柱（Restek 5m×0.18mm）。在软件系统中输入的虚拟柱为5.5m（长）×0.18mm（内径）。氦气用作载气，流速为2mL/min。

GC柱温箱升温程序如下：70℃保持1.5min，80℃/min至180℃，40℃/min至250℃，70℃/min至320℃，最后保持4min，色谱运行总时间为10.025min。质谱传输线温度250℃，离子源320℃，四极杆150℃，氮气碰撞气体流速为1.5mL/min，急冷气体（quench gas）为氦气，流速为2.25mL/min。进样量为2.5μL，溶剂延迟2min[24]。

3.样品前处理

称取均质的羽衣甘蓝、三文鱼、鳄梨和猪肉样品，置于50mL聚丙烯离心管中，每10g样品对应的乙腈用量为10mL，振荡10min。然后以每克样品加0.5g的比例加入甲酸铵，再次振荡10min。然后，在室温下以4150r/min离心3min。

EMR-Lipid净化第一步：移取5mL初始提取液，置于装有1g EMR材料的15mL离心管中，加入5mL去离子水，涡旋3min，离心。

EMR-Lipid净化第二步：移取2mL上清液（约含50%水），加入含有2g无水$MgSO_4$/NaCl（重量比4∶1）的15mL离心管中，涡旋1min并离心。

将175μL上清液转移到置于自动进样小瓶中的300μL微型玻璃内插管中，加入40μL分析保护剂（AP）溶液和25μL乙腈（该溶液对应于制备标准曲线溶液时加入标准溶液的体积）。将小瓶充分摇匀，进样分析。

注：后来的EMR-Lipid产品进行了改进，由两步法改为了一步法。

4.净化剂用量的优化

为了评估EMR-Lipid对4种不同基质的脂质去除性能，并找出其最佳用量，将工作标准溶液和内标溶液以100ng/mL（对于多氯联苯为10ng/mL）的添加浓度加入QuEChERS提取液中。移取2.5mL提取液，采用3种不同用量（250mg、500mg和750mg）的EMR材料进行净化，该用量分别对应于生产商建议用量的0.5倍、1倍和1.5倍。按前述净化步骤净化后进样分析，比较117种目标分析物的回收率。

同时采用共提物重量法考察不同EMR用量的净化效率，即将净化前后每种基质的提取液（4mL）转移到干燥预热且预先称重的玻璃试管中（每个处理3次重复），在60℃氮气流下蒸发至干燥。然后将试管在120℃的烘箱中加热45min，再次称重。同一试管的初始重量和最终重量之差即为固体共提物的重量。

5. 方法确证

在 4 种空白基质（羽衣甘蓝、三文鱼、鳄梨和猪肉）中分别添加待测标准溶液，添加浓度设为 10ng/g、25ng/g 和 100ng/g（每种水平和基质重复 3 次），分别采用外标法和内标法计算方法的回收率和相对标准偏差（RSD）。采用基质匹配校准曲线（浓度分别为 5ng/g、10ng/g、25ng/g、100ng/g 和 200ng/g）进行定量。基质效应（ME）采用基质匹配校准溶液与纯溶剂校准溶液斜率的差值百分比来表示。

（二）结果与讨论

1. 盐析过程中甲酸胺的使用

QuEChERS 方法通常使用 $MgSO_4$ 与 NaCl 或缓冲盐（如柠檬酸盐或乙酸盐）相结合促使乙腈提取液中的有机相和水相实现相分离[25,26]。然而，微量 $MgSO_4$ 和其他非挥发性盐可能残留在最终提取液中，导致其沉淀在 GC 衬管和离子源表面[27]。使用甲酸铵进行相分离的优点是，它是一种挥发性较大的盐，不会在 GC 进样口和 MS 离子源表面累积。Gonzalez-Curbelo 等[28]最先比较了 QuEChERS 提取步骤中的不同分相盐，发现甲酸铵可以用作各种水果、蔬菜和谷物中许多 GC 和 LC 易降解农药残留分析中的分相盐。后来，Han 等[14,24]和 Sapozhnikova 等[29]修改并扩展了 QuEChERS 的甲酸盐版本，将其应用于海鲜和肉类中超过 200 种农药和环境污染物的多残留分析。

采用重量分析法对使用甲酸铵与使用无水硫酸镁和 NaCl 的 QuEChERS 方法[25]进行了对比，结果表明，使用甲酸铵时，鳄梨中的固体共提物约为后者的 1/3，分别为 0.4%和 1.3%，但两种方法对三文鱼和猪肉的固体共提物结果相差不大，分别为 0.6%和 0.1%。然而，在使用 EMR 材料进行净化后，所有最终提取液所含的共提取物都在 0.02%～0.04%，结果并无差别，说明无论采用哪种提取方式或分相盐，都能通过 EMR 材料得到很好的净化。因此，该方法选择在提取步骤中使用甲酸铵作为分相盐。

2. 不同 EMR 用量对分析物绝对回收率的影响

为了评估 EMR 材料用量与净化效率之间的关系，按照上述实验方法，在离心管中移取 2.5mL 初始提取液，加标，使用 3 种不同用量（250mg、500mg 和 750mg）的 EMR 材料进行净化，测定分析物的绝对回收率，即采用外标标准曲线法计算回收率（不使用内标）。结果表明，使用不同用量的 EMR 材料，所有分析物的总体平均回收率结果相似。图 8-3 中，图 8-3(A) 显示了每种基质和分析物类型的平均回收率，图 8-3(B) 显示了 117 种分析物中回收率在 70%～120%之间且 RSD≤20%的化合物数量。在羽衣甘蓝和鳄梨中，当使用不同用量的 EMR 时，不同类型分析物的回收率没有表现出显著差异。然而，在三文鱼和猪肉中，不同 EMR 用量和不同分析物得到的回收率差异较大。总体看来，在 4 种基质中，对于 2.5mL 初始提取液，采用 500mg EMR 材料进行净化的总体效果最好。

3. 分析物绝对回收率与 $\lg K_{ow}$ 的相关性分析

上述实验结果得到的另一个结论是，不同化合物在脂肪含量较高的基质中得到的回收率差异较大。在 EMR 脂质净化过程中，大多数极性较高或中等极性化合物（如农药和多环芳烃）具有满意的回收率和 RSD，但非极性化合物（多溴二苯醚、多氯联苯和一些阻燃剂）的回收率较低。图 8-4 是 2.5mL 提取液采用 500mg EMR 净化实验的平均绝对回收率与分析物 $\lg K_{ow}$（来自 ChemSpider 数据库[30]）的关系图。

总的来说，$\lg K_{ow}$ 为 1～6 的分析物绝对回收率大部分位于 70%～120%之间，而 $\lg K_{ow}$

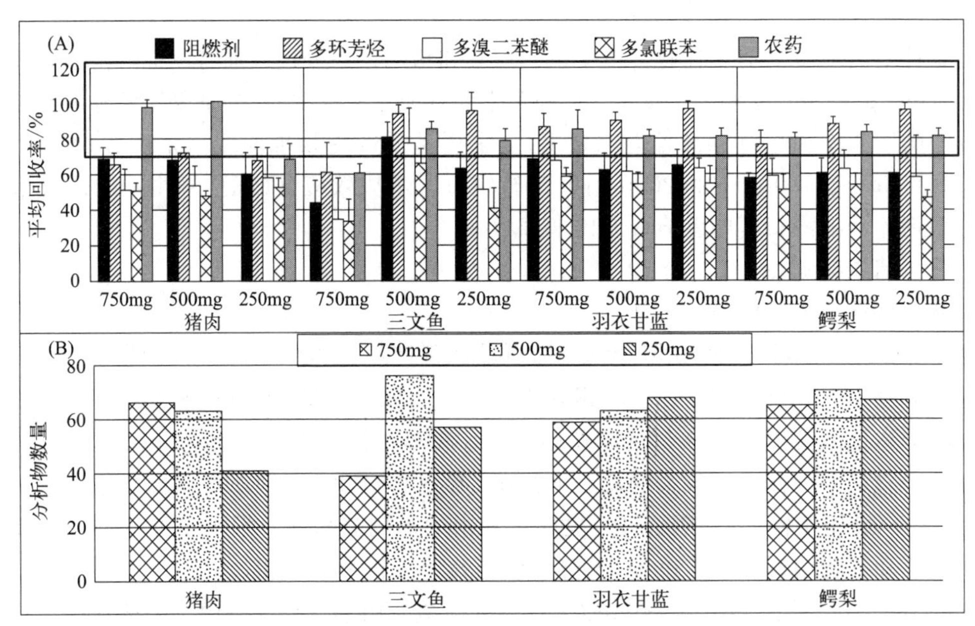

图 8-3 每种基质和分析物类型的平均回收率及 117 种分析物中回收率在 70%～120%之间且 RSD≤20%的化合物数量

(A) 为每种基质和分析物类型的平均回收率；(B) 为 117 种分析物中回收率在 70%～120%之间且 RSD≤20%的化合物数量

在该范围之外的分析物具有较低的回收率。图 8-4 左侧的化合物 $\lg K_{ow}<1$，意味着这些化合物具有很高的水溶性，它们在盐析步骤中没有完全分配到乙腈相，而是部分留在了水相，因此这类分析物的回收率低于 70%，这在其他文献中有类似结论[31-33]。对于 $\lg K_{ow}$ 位于 6.5～7.5 区域的化合物，其回收率变化较大。此外，当 $\lg K_{ow}$ 为 6～8.5 之间时，随着化合物极性的下降（$\lg K_{ow}$ 升高），多氯联苯和多溴二苯醚的回收率明显降低，且可以观察到明显的线性关系。这种非极性化合物的回收率降低，可能是由于非极性分析物与 EMR 材料的相互作用或由于它们在水溶液中沉淀或吸附到材料表面，导致回收率较低。由于农药化合物的 $\lg K_{ow}$ 大多在 1～7 之间，因此总的回收率合格率很高。

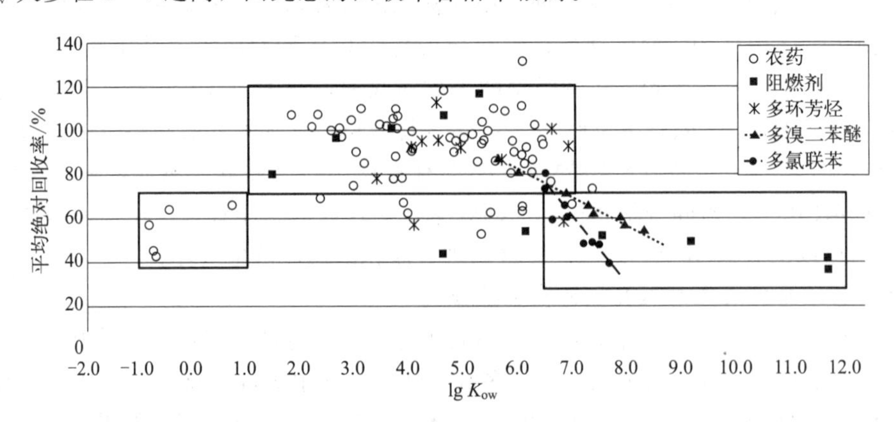

图 8-4 将 2.5mL 提取液采用 500mg EMR 净化后的平均绝对回收率与分析物 $\lg K_{ow}$ 的关系图

4. EMR 净化效率的评价

(1) GC-MS 全扫描法评价 EMR 净化效率 对 4 种不同基质净化前后及不同 EMR 用量

的样品溶液进行 GC-MS 全扫描，色谱图见图 8-5。色谱图显示，4 种基质提取液中基质共提取成分最显著的保留时间区域分别为羽衣甘蓝 4.1～5.7min、鳄梨 4.7～6.1min、猪肉 4.3～6.7min 和三文鱼 3.8～7.0min。显然在 GC-MS 中，三文鱼的基质共提物成分比猪肉多，其次是鳄梨，而羽衣甘蓝的洗脱成分最少。使用 NIST 质谱数据库对基质峰进行 MS 检索表明，最明显的那些色谱峰主要是一些脂肪酸，此外保留时间 6.8min 的色谱峰为胆固醇。

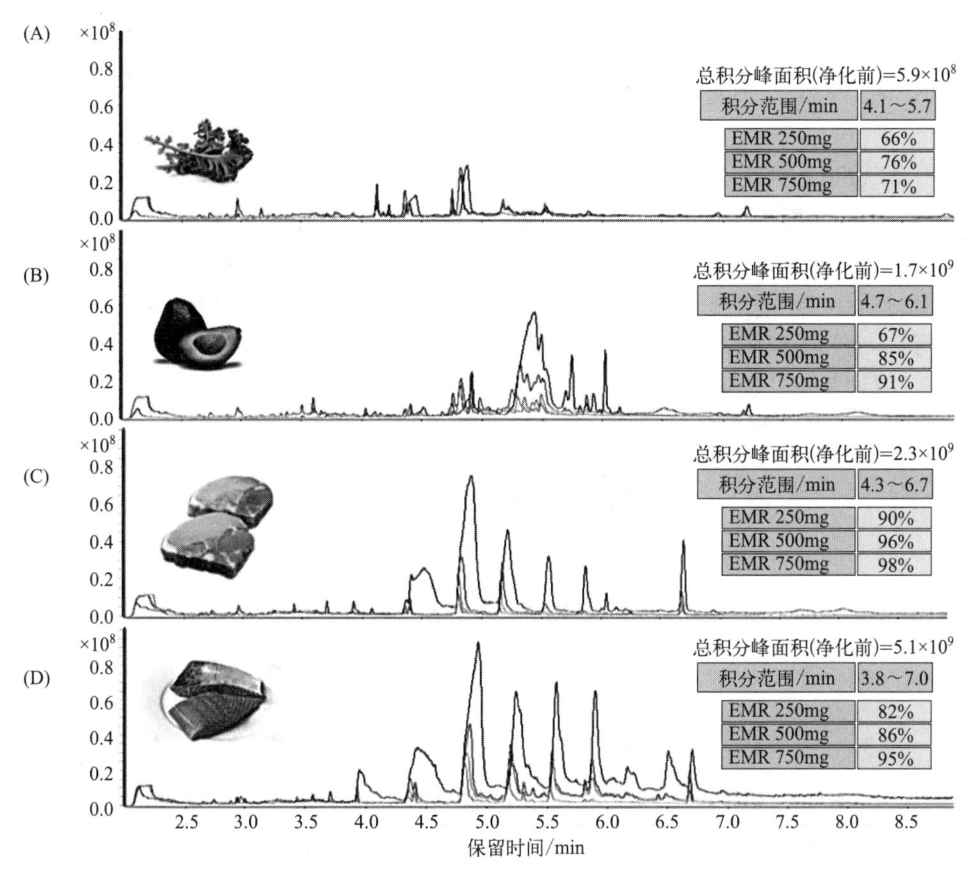

图 8-5　四种不同基质采用不同用量 EMR 净化前后样品溶液的 GC-MS 全扫描图

（A）羽衣甘蓝；（B）鳄梨；（C）猪肉；（D）三文鱼

在全扫描色谱图中对有色谱峰的保留时间区域进行手动积分，计算净化后与净化前相比峰面积减少的百分比，即为去除率。图 8-5 中右侧表格中为不同用量 EMR 净化后的色谱积分范围及按峰面积减少计算得到的去除率，结果说明，除羽衣甘蓝脂肪含量本身很少外，其他基质都是 EMR 材料用量越多，净化效果就越好，采用 500mg EMR 对鳄梨和三文鱼的基质成分去除率分别为 85%和 86%，对猪肉去除率为 96%，对羽衣甘蓝去除率为 76%。结果证明了 EMR 净化材料可减少 GC-MS 分析中的许多潜在干扰，尤其是对脂肪基质的干扰。

（2）共提物重量法评价 EMR 净化效率　为了评估净化前后的共提物重量，使用 4 种基质空白样品（鳄梨、羽衣甘蓝、猪肉、三文鱼）各 10g 和试剂空白（7mL 水）进行前述提取和净化过程，取净化前后的提取液氮气吹干并烘干后称量共提物重量，得到共提物的重量去除率。如表 8-2 所示，净化前，三文鱼的初始共提物含量最高，为 0.52%（每 4mL 含 28.9mg，即每克样品含 5.2mg），鳄梨和猪肉中分别为 0.32%和 0.22%，而羽衣甘蓝含量最低，为0.14%。经过EMR净化后（见图8-6），干燥共提物的量显著减少至0.04%～0.10%。意外的是，在不加基质的试剂空白中，其最终提取液中也测出了0.048%的干燥物质。进一步的实验表明，这是来自EMR的第二步盐析步骤，其导致最终提取液中含有约675ng/L的NaCl。在扣除试剂空白后，鳄梨、羽衣甘蓝、猪肉、三文鱼中的共提物去除率分别达到了97%、79%、98%和83%（图8-6），进入GC的2.5μL提取液中所含的基质共提物的量也减少到了0.1～3.0μg。重量测定的结果也表明，EMR脂质产品对中等脂肪含量的鳄梨和猪肉取得了非常好的净化效果（97%～98%），对于脂肪含量较高的三文鱼基质，去除率也达到了83%，而对本身不含脂肪的羽衣甘蓝，去除率也达到了79%。

针对试剂空白中测出少量干燥物质的问题，在该论文发表之后，EMR产品开发商对盐析步骤进行了改进，改用$MgSO_4$而不是$MgSO_4$/NaCl（质量比4∶1）来解决NaCl溶解于最终提取液中的问题。事实上，QuEChERS的初始研究[25]表明，与NaCl或其他盐相比，$MgSO_4$能够诱导相对极性更大的农药分配进入有机相，并使最终提取液中的含水量减少，但它同时也导致一些极性基质共提物分配到有机相，这也是原始QuEChERS方法向分相盐中添加一些NaCl的原因[25]。而该实验中使用EMR材料之前，在净化前已进行了一次盐析分配步骤，极性基质共提物已被去除，因此，在净化步骤中仅使用$MgSO_4$即可，从而避免少量NaCl进入最终提取液的问题。

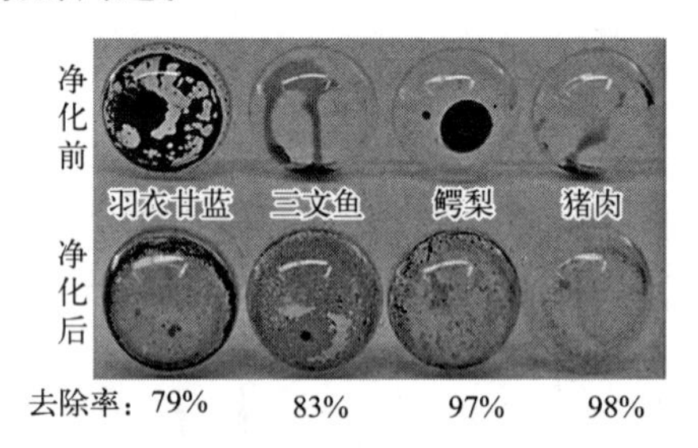

图8-6 四种基质经EMR-Lipid净化前后的提取液去掉溶剂后的试管底部残渣对比图

表8-2 四种基质提取液经EMR-Lipid净化前后的共提物重量测定数据

项目	试剂空白	鳄梨	羽衣甘蓝	猪肉	三文鱼
初始共提物含量/%	0	0.32	0.14	0.22	0.52
净化后干燥物质的含量/%	0.048	0.044	0.051	0.040	0.099
净化后共提物的含量/%	0	0.007	0.02	0.003	0.06
去除率/%	—	97	79	98	83
进入GC的2.5μL中所含的固体物质的量/μg	1.7	2.0	2.8	1.8	4.7
进入GC的2.5μL中所含的基质共提物的量/μg	0	0.3	1.1	0.1	3.0

注：试剂空白是7mL水加上EMR中的$MgSO_4$和NaCl残留物的量。在4mL最终提取液中含有2.7mg分配到水相中的NaCl。净化后共提物的含量为净化后4mL提取液中的干燥物质的量扣除试剂空白之后得到的量。

（3）EMR对色素的净化效果——比色分析法 除了固体共提物显著减少外，EMR净化过程也去除了一些色素。如图8-7所示，羽衣甘蓝、鳄梨和三文鱼的最终提取物在净化后颜色均变浅，猪肉提取物基本上无色。使用96孔微孔板读取器在叶绿素的最大吸收波长680nm处测量了吸光强度，计算了四种基质在EMR净化前后叶绿素的去除率。结果表明，在羽衣甘蓝和鳄梨的净化过程中，EMR净化剂分别去除了76%和28%的叶绿素；三文鱼和猪肉提取物几乎无色，在净化前后吸光度基本没有变化。

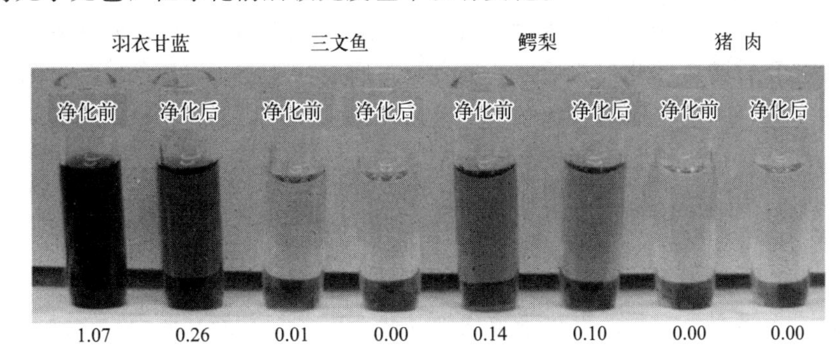

图 8-7　采用 EMR-Lipid 净化前后提取液的颜色及在叶绿素最大吸收波长（680nm）下的吸光度值

(4) EMR 对共平面结构化合物的保留评价　上述结果表明，EMR 净化剂对叶绿素有一定的去除效果，其对（共）平面结构分析物的保留情况如何？会不会像 GCB 一样对这些化合物有吸附保留作用而导致回收率下降呢？

表 8-3 给出了该实验中部分化合物回收率结果以及与 Han 等[14]使用 CarbonX（一种类似 GCB 的碳吸附剂）进行基质净化的结果比较。Han 等发现碳吸附剂 CarbonX 使得一些具有平面分子结构的分析物回收率降低（见表 8-3 第四列），但很显然，在该实验中使用 EMR 净化剂的回收率结果（第五列）并不取决于分析物的平面结构性质，而是与 $\lg K_{ow}$ 具有更好的相关性。正如前文所述，EMR 净化时只有 $\lg K_{ow}>6$ 的化合物回收率降低，表 8-3 中也只有 $\lg K_{ow}$ 为 3.93 的六氯苯（HCB）不符合此规律。这可能是由于 HCB 较小的分子量和几何尺寸正好位于 EMR 的聚合物结构间质空间内，通过空间和疏水作用使其与 EMR 产生了结合作用。根据之后的回收率数据判断，六溴代苯（HBB）、TBNPA、萘和芘可能也属于这种情况。分子的几何尺寸可根据键长[34]计算，例如，对于刚性平面结构的 HCB，分子尺寸约为 6.0×6.4Å，HBB 约为 6.2×6.6Å，萘约为 5.0×6.7Å，芘约为 6.1×6.7Å。相比之下，百菌清（2,4,5,6-四氯间苯二甲腈）的分子尺寸约为 6.4×7.3Å，其苯环上的间位有 2 个氰基。与六氯代苯和六溴代苯不同，百菌清的回收率很高，这可能是因为其分子结构缺乏对称性和刚性，即 $1<\lg K_{ow}<6$。

表 8-3　使用 EMR-脂质净化和使用 CarbonX 吸附剂的 d-SPE 净化的回收率结果对比

化合物名称	英文名称	$\lg K_{ow}$	回收率/%（RSD/%）	
			CarbonX 净化剂	EMR 净化剂
百菌清	chlorothalonil	2.94	14(96)	75(13)
六氯苯	hexachlorobenzene	3.93	ND	58(15)
菲	phenanthrene	4.46	23(19)	110(9)
蒽	anthracene	4.5	15(20)	92(5)
磷酸三苯酯	triphenyl phosphate	4.59	66(6)	100(9)
芘	pyrene	4.88	4(28)	89(6)
六溴苯	hexabromobenzene	6.07	10(22)	37(34)
PCB 126	PCB 126	6.84	18(11)	55(16)
PCB 169	PCB 169	7.41	10(18)	42(21)

（5）基质效应　气相色谱（或气质联用）中常常出现增强效应的主要原因是分析物在基质成分存在的情况下转移效率有所提高或降低[35]。基质成分往往比分析物浓度更高，进样口衬管、色谱柱和质谱离子源中的活性位点会被基质成分填充，而纯溶剂标准溶液中由于没有基质成分，一部分易感分析物（含有相对极性基团的分析物）就会被活性位点吸附，导致基质效应的出现。通常采用基质匹配标准曲线来补偿基质效应，提高定量的准确性[36]。在气相色谱或气质联用中，也可以采用加入分析保护剂的方法来减少基质效应，同时降低色谱进样口的维护频率[37]。

图 8-8 展示了 4 种基质中所有 117 种分析物以其保留时间为横坐标的基质效应，所有基质中的基质效应大多在±20%的可接受范围内。然而，在复杂的基质中，例如三文鱼和鳄梨中，一些化合物的基质效应较强，ME 范围分别为－50%＜ME＜120%和－80%＜ME＜75%。因此，建议方法中使用带有分析保护剂的基质匹配标准曲线，以提高定量的准确性。

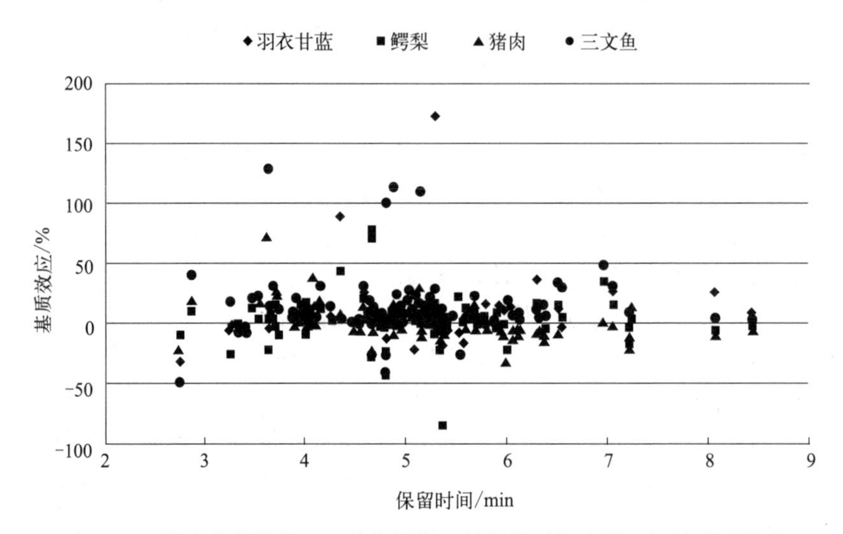

图 8-8　4 种基质中所有 117 种分析物以其保留时间为横坐标的基质效应

5. *方法确证*

（1）线性与灵敏度　在羽衣甘蓝、猪肉、鳄梨和三文鱼 4 种基质中设置 5 个浓度点，分别为 5ng/g、10ng/g、25ng/g、100ng/g 和 200ng/g，PCB 的浓度相应低约 90%，所得到的基质匹配校准曲线的线性关系 $R^2 \geqslant 0.99$。大多数分析物的最低校准水平（lowest calibration level，LCL）为 5ng/g（PCB 同系物为 0.5ng/g），达到了很高的灵敏度。

（2）回收率与精密度　在 4 种基质中分别设置 3 个添加水平（10ng/g、25ng/g 和 100ng/g），每个水平三次重复。将同位素标记的内标物在提取前添加到样品中，以内标法计算回收率，其中几种分析物由于缺乏适当的内标物而采用外标法进行了定量，如三丁基醚、苊、萘、多溴二苯醚（PBDE28 和 PBDE47）以及滴滴涕（p,p'-DDE 除外）。

图 8-9 显示了 5 种不同类型分析物的平均回收率。总体而言，回收率在 70%～120%之间及 RSD≤20%的化合物数目在羽衣甘蓝中为 85 个（占总数的 73%）、猪肉中为 81 个（70%）、鳄梨中为 76 个（65%）、三文鱼中为 53 个（46%）。三文鱼是 4 种基质中最复杂的基质，许多分析物（尤其是那些 $\lg K_{ow}$ 较高的分析物）的回收率较低（＜70%），变异性较高。此外，在三文鱼中有几种分析物的 LCL 较高，其中两种（HBB 和 PBDE183）由于其在

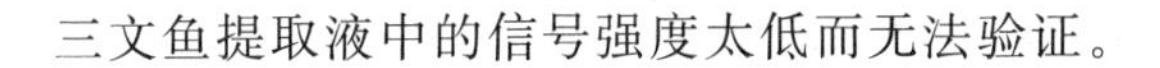
三文鱼提取液中的信号强度太低而无法验证。

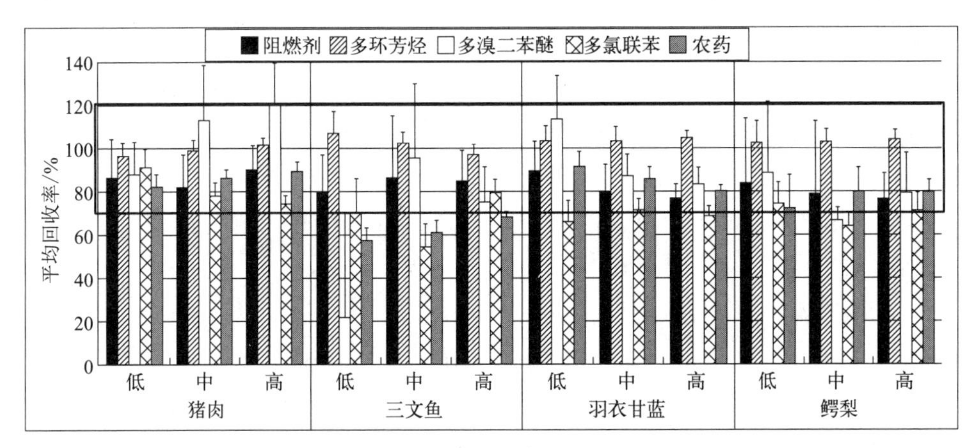

图 8-9　5 种不同类型分析物在低中高三个添加浓度下的平均回收率

在 16 个阻燃剂化合物中，TBNPA 的回收率始终较低（43%～50%）且与基质无关。与其他基质（66%～91%）相比，TBCO 和 TBECH 在三文鱼中的回收率较低（45%～46%）。同样，多溴二苯醚类 PBDE28 和 PBDE47 在三文鱼中的回收率（19%～31%）低于其在羽衣甘蓝、猪肉和鳄梨（55%～86%）中的回收率。也有一些相反的例子，如灭蚁灵（dechlorane，顺反异构体之和）在鳄梨中的回收率均较低（35%～42%）；多溴二苯醚 PBDE183 在羽衣甘蓝中回收率仅 42%，而在鳄梨和猪肉中回收率为 97%～129%。

对于多环芳烃类化合物，在所有 4 种基质中，只有萘的回收率始终较低（24%～54%）。虽然该实验中在 EMR 净化步骤之前向初始提取液中加了一定量的水，而文献中没有加水，但是其他 13 种多环芳烃的回收率和 RSD 均很高，与文献结果一致。

对于多氯联苯，PCB189 在所有基质中的回收率都很低（45%～66%）。其他多氯联苯同系物（PCB#105、114、123+118 和 126）在三文鱼和鳄梨样品中的回收率较低（44%～68%），但在脂肪含量较小的猪肉和羽衣甘蓝基质中回收率较高（68%～102%）。

在 65 种目标农药中，极性农药（如乙酰甲胺磷、甲胺磷和氧乐果）在所有基质中的回收率均较低（22%～59%），这与之前使用甲酸铵作为 QuEChERS 中的分配盐时发现的情况相同[28]。但有文献表明，当使用原始 QuEChERS 提取步骤（无水 $MgSO_4$＋NaCl）和 LC-MS/MS 分析[19]时，这三种农药在鳄梨中的回收率较高，为 56%～110%。非极性亲脂性农药，如艾氏剂（回收率 26%～66%）、六氯苯（19%～51%）和灭蚁灵（11%～48%），在所有测试基质中的回收率始终较低，这与文献中艾氏剂在鳄梨中的低回收率一致[21]。与猪肉、羽衣甘蓝和鳄梨相比，三文鱼中有 40%的农药的回收率明显较低。

（3）内标物的回收率　表 8-4 列出了方法所采用的内标物和质控物质的实际（绝对）回收率。在 14 个内标物中，6 个回收率较低（≤70%），包括 $^{13}C_{12}$-PCB153、FBDE126 和 4 种多环芳烃［苊-D_8、苯并［a］芘-D_{12}、苯并［g,h,i］苝-D_{12} 和萘-D_8］。此外，与其他基质相比，三文鱼中内标物的回收率要低得多，这是由于三文鱼中含有更多的脂肪成分。

表 8-4 方法所采用的 14 种内标物及其在 4 种基质中的实际（绝对）回收率（$n=9$）

内标物英文名称	内标物中文名称	羽衣甘蓝	三文鱼	鳄梨	猪肉
$^{13}C_{12}$-PCB153	$^{13}C_{12}$-PCB153	57(8)	13(12)	31(14)	39(10)
$^{13}C_{12}$-TPP	$^{13}C_{12}$-TPP	124(4)	107(8)	122(4)	114(5)
$^{13}C_{12}$-p,p'-DDE	$^{13}C_{12}$-p,p'-DDE	87(5)	29(12)	61(5)	70(6)
acenaphthylene-D_8	苊-D_8	70(11)	40(12)	56(11)	49(5)
atrazine-D_5	莠去津-D_5	124(3)	103(3)	122(7)	112(5)
benzo(a)pyrene D_{12}	苯并[a]芘-D_{12}	64(8)	28(8)	55(6)	54(7)
benzo(g,h,i)perylene-D_{12}	苯并[g,h,i]苝-D_{12}	46(8)	17(12)	32(4)	41(7)
FBDE 126	FBDE 126	45(9)	11(34)	31(22)	29(16)
fenthion-D_6	倍硫磷-D_6	120(2)	98(2)	113(4)	120(2)
fluoranthene-D_{10}	荧蒽-D_{10}	99(3)	47(6)	83(2)	86(3)
naphthalene-D_8	萘-D_8	61(19)	40(24)	40(18)	34(20)
phenanthrene-D_{10}	菲-D_{10}	105(4)	60(5)	102(6)	106(3)
pyrene-D_{10}	芘-D_{10}	99(3)	47(6)	83(2)	86(3)
TCEP-D_{12}	TCEP-D_{12}	129(5)	120(2)	125(6)	122(4)

（三）结论

针对一种脂质净化剂 EMR-Lipid，评估了其对羽衣甘蓝、猪肉、三文鱼和鳄梨 4 种基质提取液的净化效果，用于 65 种农药和 52 种环境污染物（多环芳烃、多氯联苯、多溴二苯醚和阻燃剂）的多类别、多残留分析。EMR-Lipid 净化材料有效去除了 79%～98%的共提取基质成分，在 GC-MS/MS 分析中得到了较为干净的色谱图。此外，高达 76%的共提取叶绿素被去除，而不会同时损失共平面分析物。在 4 种基质中对 117 种污染物在 10ng/g、25ng/g 和 100ng/g 三个添加水平下进行了方法验证，甘蓝中 85 种、猪肉中 81 种、鳄梨中 76 种和三文鱼中 53 种分析物得到了令人满意的方法确证参数。在使用分析保护剂的 LPGC-MS/MS 分析中，基质效应大多在±20%范围内。结果表明，EMR-Lipid 净化与 QuEChERS 方法结合良好，为高脂肪食品中农药和环境污染物的多残留分析提供了一种新的有效的脂肪基质去除方法。

三、净化剂 Z-Sep 及 Z-Sep+ 的效果评价

（一）Z-Sep 对虾肉的净化效率

对脂肪组织有较好去除能力的另一种新型吸附剂是 Z-Sep 及其类似产品 Z-Sep+。据报道[38]，Z-Sep 是一种对动植物提取液中的磷脂或脂质组织具有一定去除能力的吸附剂，其作用机制是基于路易斯酸/碱的相互作用。Han 等[39]将 Z-Sep 用于虾肉的多残留分析中，并对这种净化剂的净化效果进行了全面评价。

1. 实验方法概述

该实验[39]将虾肉的 QuEChERS 提取液采用简便的过滤瓶法（Filter-vial）进行净化。过滤瓶法是将分散固相萃取（d-SPE）与滤膜过滤直接在一种特制的自动进样小瓶中一步完成，从而免去了离心和液体转移的步骤，能够快速方便地完成对提取液的净化（前文第三章

已有介绍)。采用该方法分析了虾肉中的 42 种农药和 17 种持久性环境污染物(包括多环芳烃、多氯联苯和几种阻燃剂)。最终提取液采用低压气相色谱-三重四极串联质谱(LPGC-MS/MS)和高效液相色谱-三重四极串联质谱(HPLC-MS/MS)进行分析。在方法优化过程中,对几种不同的 d-SPE 吸附剂(PSA、C_{18}、Z-Sep、CarbonX)进行了对比,并就分析物回收率进行了比较。

2. 样品前处理方法

从当地食品店购买约 2kg 冷冻虾,剥去虾壳,将虾肉组织加适量干冰粉碎成均匀的细粉末状,分装于塑料密封袋中,每袋约 50g,-20℃储存。

称取 10g 均质虾肉样品(测得水分含量为 86%),置于 50mL 聚丙烯离心管中,另外取 10mL 水作为试剂空白进行平行操作。此时,除了用于基质匹配标准溶液的样品外,向所有添加样品中添加内标溶液(莠去津-D_5 和倍硫磷-D_6,用含 0.05%甲酸的乙腈配制成 10ng/μL 的混合溶液),使内标物的添加水平为 100ng/g。加标并涡旋混合后,至少静置 15min。

提取时,向每个样品管中加入 10mL 乙腈,振荡 5min。然后,向每个管中加入 5g 甲酸铵,再振荡 1min,以促使溶液相分离。然后在室温下以 4150r/min 离心 2min。取 0.5mL 上清液进行过滤瓶法 d-SPE 净化。将离心后的上清液移取 0.5mL,置于装有吸附剂的过滤瓶外管中,将内管压入,完成净化(过滤瓶 d-SPE 净化方法参第三章第一节),净化后直接上机检测。在实验中比较了 7 种不同的吸附剂组合,最后确定吸附剂组合 B(75mg 无水硫酸镁+25mg PSA+25mg C_{18}+25mg Z-Sep)为最佳组合。

3. 几种 d-SPE 净化剂的比较结果

对几种不同的 d-SPE 吸附剂(PSA、C_{18}、Z-Sep、CarbonX)进行了对比,添加浓度为 100ng/g(n=3)。同时研究了 CarbonX 对平面结构化合物的影响,研究结果在第三章第一节已有介绍,此处仅就 Z-Sep 净化剂对分析物回收率的影响进行说明。

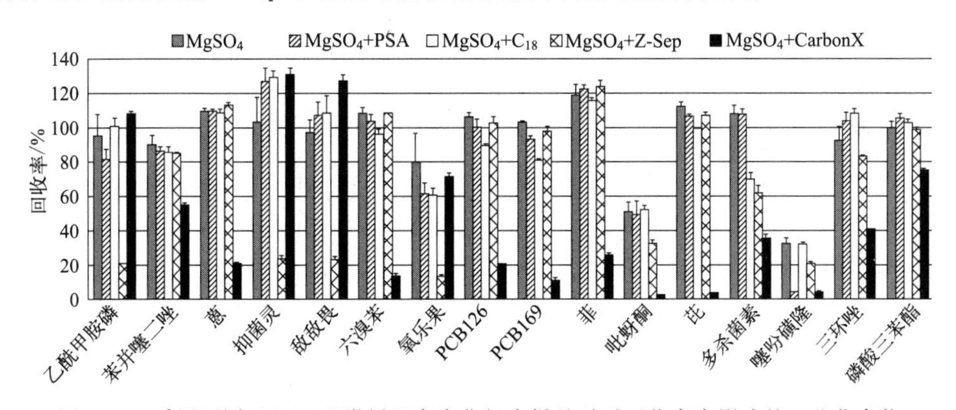

图 8-10　采用不同 d-SPE 吸附剂组合净化虾肉样品时对回收率有影响的一些化合物

实验对比了 75mg 无水 $MgSO_4$ 分别与 25mg PSA、C_{18}、Z-Sep、CarbonX 一起作为净化剂的效果,结果表明,在 59 种目标化合物中,有 17 种化合物(其中包括多杀菌素 A 和多杀菌素 D 两种)不同程度地受到了影响(见图 8-10),其中仅有 7 种化合物在 Z-Sep 净化时回收率不合格,包括乙酰甲胺磷、抑菌灵、敌敌畏、氧乐果、吡蚜酮、多杀菌素 A 和多杀菌素 D 以及噻吩磺隆。所有这些分析物都是采用 LC-MS/MS 检测的化合物,并且倾向于弱酸或弱碱性。该结果与 Rajski 等[38]报道的 13 种相同农药的结果一致,但乙酰甲胺磷和多杀菌素的回收率较低。此外,吡蚜酮和噻吩磺隆在采用其他几种净化剂时回收率也不合格,可能是提取效率的原因。

4. 结论

方法选择了75mg无水硫酸镁+25mg PSA+25mg C_{18}+25mg Z-Sep对虾肉样品进行净化，在10ng/g、50ng/g和100ng/g的加标水平下进行了方法确证（多氯联苯的添加水平降低了约90%）。在59种目标分析物中，42种化合物的回收率为70%～115%，相对标准偏差为17%。在17种不合格农药中，其中有13种在仅采用PSA和C_{18}净化时回收率是合格的。该实验验证了Z-Sep在含脂肪较多的动物源食品中的净化效果，但需关注其具体的应用范围。

（二）Z-Sep和Z-Sep+对鲶鱼的净化效率

1. 实验方法概述

Sapozhnikova等[40]针对鲶鱼中61种化合物（18种代表性农药、16种多环芳烃、14种多氯联苯、13种新型阻燃剂）的多类别、多残留方法进行了优化和评价，使用LPGC/MS-MS进行检测。该方法基于QuEChERS前处理方法和分散固相萃取（d-SPE）净化，对Z-Sep和Z-Sep+对鱼肉的净化效率进行对比，并在4个加标水平上对所开发的方法进行了评估。结果表明，使用同位素标记的内标物，除一种分析物外，所有分析物的回收率均在70%～120%之间，相对标准偏差小于20%（$n=5$）。

2. 样品前处理方法

样品前处理是基于无缓冲盐的QuEChERS方法。称取10g均质化的鲶鱼肉（平均脂肪含量为5.9%，测得的水分含量为80%），置于50mL聚丙烯离心管中，并加入内标物和分析物的混合标准溶液。对于试剂空白样品，使用5mL去离子水代替。15min后，加入10mL乙腈，涡旋30s。将整个提取液混合物倒入另一个含有4g无水$MgSO_4$和1g NaCl的50mL离心管中，涡旋1min，然后在3250RCF下离心2min。

移取1mL提取液置于2mL离心管中进行d-SPE净化，对三组不同的吸附剂进行对比，每组净化剂由150mg无水硫酸镁和50mg不同吸附剂组成（C_{18}+PSA、Z-Sep和Z-Sep+）。最终提取液采用LPGC-MS/MS进行分析。

3. 吸附剂净化效果的比较

（1）基质共提物重量法　采用基质共提物重量法，在净化前后将空白基质提取液氮气吹干后对比其干燥残余物的重量。鲶鱼总脂质或脂肪量为5.94g/100g（约6%）。在d-SPE净化前，测得共提取物总量为8mg/g（约0.8%）。使用无水硫酸镁与C_{18}+PSA、Z-Sep和Z-Sep+分别净化后，C_{18}+PSA处理显示出最佳的重量去除率（80%），其次是Z-Sep（66%）和Z-Sep+（56%）。

（2）GC-MS全扫描积分法　图8-11显示了用C_{18}+PSA、Z-Sep和Z-Sep+三种净化剂进行d-SPE净化后溶液的总离子色谱图（TIC），其中使用NIST2011谱库识别出了十个较高的色谱峰。大多数确定的化合物是脂质和脂肪酸类化学物质，色谱峰10为羟基胆固醇。比较意外的是，虽然基质共提物重量法中C_{18}+PSA组合的去除率最高，但全扫描色谱图显示采用Z-Sep净化的色谱背景水平最低，Z-Sep+表现的效果较差。

（3）三种吸附剂的回收率对比　回收率实验采用内标法进行定量，18种农药的添加浓度为100ng/g，多氯联苯为5ng/g，多溴二苯醚、多环芳烃和阻燃剂的添加水平为50ng/g，均为5个平行。回收率结果表明，虽然所有三种吸附剂组合都在该加标水平得到了合格的回收率，但Z-Sep显示了最佳回收率（70%～120%），标准偏差（SD）均小于13%，表明该

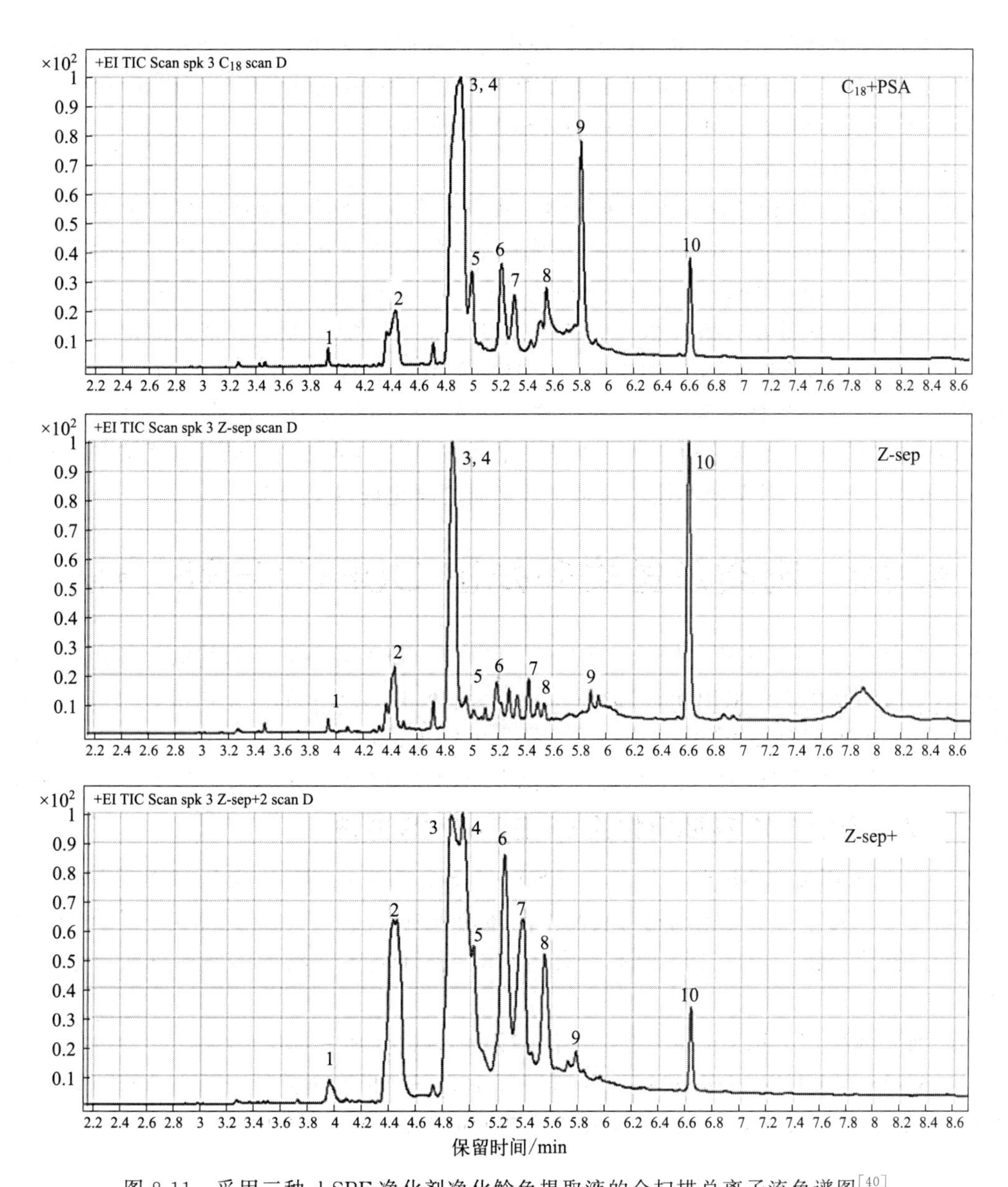

图 8-11 采用三种 d-SPE 净化剂净化鲶鱼提取液的全扫描总离子流色谱图[40]

图中序号表示 NIST 谱库识别的化合物。1—脱氧精胍菌素(deoxyspergualin);2—油酸(oleic acid);3—十八碳脱甲酰基氯化物(octadecadeinoyl chloride);4—硬脂酸(octadecynoic acid);5—廿碳三烯酸(eicosatrienoic acid);6—吡咯烷酮-5-醇乙醚(pyrrolizidine-one-5-ol-ethyl ether);7—17-十八炔酸(17-octadecynoic acid);8—顺式-5,8,11,14,17-二十碳五烯酸(*cis*-5,8,11,14,17-eicosapentacnoic acid);9—7,10,13-廿碳三烯酸甲酯(7,10,13-eicosatrienoic acid-methyl ester);10—25-羟基胆固醇(25-hydroxycholesterol)

方法具有良好的重复性。相对比而言，在采用 C_{18} +PSA 的 d-SPE 净化后，PBDE 28、二苯并（*a*,*h*)-蒽和 TDCPP 的回收率均超过了 120%。对于 Z-Sep+，只有 PBDE 28 的回收率大于 120%（122%）。对于 C_{18} +PSA 和 Z-Sep+，艾氏剂的回收率均不高，分别为 58%和 60%。此外，在 d-SPE 中使用 Z-Sep+时，TBECH 的回收率较低，为 65%。在 RSD 方面，用 C_{18} +PSA 和 Z-Sep+处理重复样品的回收率显示出更高的变异性，这也与它们在 GC 色谱图上较高的背景噪声相互印证。

综合基质共提物重量法、GC-MS全扫描积分法和回收率的结果，Z-Sep在GC全扫描色谱图和回收率方面均表现最佳，因此方法最终选择了150mg无水$MgSO_4$和50mg Z-Sep作为鲶鱼中18种农药和43种环境污染物的d-SPE净化剂。

4. 方法确证和基质效应

采用无水$MgSO_4$和Z-Sep作为净化剂，几乎所有59种目标化合物在四个添加水平下（1ng/g、5ng/g、50ng/g、100ng/g）都得到了合格的回收率和RSD。最终方法中分析物的基质效应范围从p,p'-DDE的0%到TBECH的54%，负值则直至PCB157的−62%，其中57%的分析物显示基质效应超过20%，表明了使用基质匹配标准溶液来提高定量精度的重要性。采用Z-Sep净化后1mL（相当于1g）样品提取物中的共提取物量约为2.64mg，最终提取体积为0.5mL，进样量为5μL，每个样品注入GC的共萃取物仅约为13.2μg，大大减少了脂质组分进入色谱系统的量。该实验再一次验证了Z-Sep在去除脂肪基质成分方面的优势，其类似物Z-Sep+则表现不佳，为脂肪类基质的净化提供了参考。

第三节 肉类及鱼类多残留QuEChERS方法

基于以上对EMR-Lipid、Z-Sep、Z-Sep+和C_{18}+PSA等不同吸附剂的比较研究，说明在脂肪类基质的净化中，采用无水$MgSO_4$和C_{18}+PSA+Z-Sep的净化剂组合可以达到同时去除复杂基质中不同种类共提干扰物的目的。以下以畜禽肉（猪肉、牛肉、鸡肉）和鱼肉（10种鱼类）中的多类型多残留分析方法为例介绍动物源食品中的农残分析方法开发策略。

一、畜禽肉中243种残留物的QuEChERS方法

Han等[41]采用无水$MgSO_4$和C_{18}+PSA+Z-Sep的净化剂组合对三种肉类基质，开发了一种简便可靠的适用于常用动物源食品的高通量分析方法。实验中对牛肉、猪肉和鸡肉中的243种目标化合物，包括192种不同农药和51种环境污染物的多残留分析方法进行了验证。

样品前处理采用QuEChERS方法，使用简便的过滤瓶d-SPE净化法，通过快速低压LPGC-MS/MS和UHPLC-MS/MS（分别运行10min）的快速并行分析，10min即可完成243种目标混合物的测定，并且有55种化合物同时在两种仪器上检测，得到的结果可互相验证。

在LPGC-MS/MS中，使用分析物保护剂来提高灵敏度并减少基质效应，在UHPLC-MS/MS中则仅对提取液进行了进样前的过滤操作，省去了净化步骤。该方法在三个添加水平（10ng/g、25ng/g和100ng/g）下进行确证，添加水平均等于或低于相应美国制定的MRL。所有待测化合物中，有200种分析物的回收率（70%～120%）和RSD（≤20%）符合要求。所建立的方法已成功应用于实际肉类样品的分析，进一步证明了该方法在监管和商业实验室中的实用性。

（一）试剂与材料

1. 标准溶液的配制

以乙腈为溶剂，配制浓度为2.5ng/mL的混合工作标准溶液，其中含有192种农药以及51种环境污染物（多氯联苯、多溴二苯醚、多环芳烃和阻燃剂），其中多氯联苯的浓度低90%，为0.25ng/mL。对于以甲苯为溶剂的标准储备液，配制时需加入适当丙酮使之与乙

腈互溶。该混合工作标准溶液用于加标试验和系列标准溶液的配制。

2. 内标溶液

以乙腈为溶剂，配制内标混合溶液，其中含有 5ng/μL 的莠去津-D_5 和倍硫磷-D_6、2.5ng/μL 的 FBDE、1ng/μL 的多环芳烃同位素内标混合物以及 0.1ng/μL 的 $^{13}C_{12}$-PCB153。莠去津-D_5 用作所有农药的内标物，倍硫磷-D_6 用作备用内标物。

3. 分析保护剂及质控内标

用含有 0.5%甲酸的乙腈/水（4∶1，体积比）作为溶剂，配制含有 10mg/mL 乙基甘油、1mg/mL 古洛糖酸内酯、1mg/mL D-山梨醇以及 0.5mg/mL 莽草酸的分析保护剂（AP）混合溶液。此外，该溶液中还配入 0.438ng/μL 的对三联苯-D_{14}（*p*-terphenyl-D_{14}）作为 GC 质控内标。另外在乙腈中单独制备 4μg/mL 的 ^{13}C-非那西丁（^{13}C-phenacetin）溶液，用作 LC 中的质控内标。

4. 过滤瓶 d-SPE 净化组件

实验中使用了两种不同类型的过滤瓶净化组件（均带有 0.45mm 聚偏氟乙烯滤膜），分别用于 GC 和 LC 分析之前的净化：①用于 d-SPE 净化和过滤二合一的过滤瓶，其内管较短，在内管和外管之间留有放置吸附剂的空间；②仅用于过滤（不装净化剂）的过滤瓶，内管为标准长度，内外管之间没有多余空间。该实验中，第一种类型的过滤瓶用于 GC 检测前的 d-SPE 净化，第二种类型的过滤瓶用于 LC 检测前的过滤步骤。实验室配备了一个用于同时过滤 48 个过滤瓶的压滤盘，可提高工作效率（参第三章第一节）。

5. 畜禽肉样品制备

从当地超市购买了带有“有机食品”标志的牛肉、猪肉和鸡肉样品各 10 份，每份样品不少于 500g。样品来自动物不同部位，例如，10 份禽肉样品分别选择鸡翅、鸡胸脯、鸡大腿、鸡腿和整鸡样本；10 份猪肉样品分别选择前腿、后腿、前臀尖、后臀尖、五花肉、里脊等部位；10 份牛肉同样来自不同部位。将所有样品去皮去骨，切成小丁，在冷冻状态下加干冰用粉碎机粉碎，直到形成均匀的细粉末状，储存在−18℃的玻璃罐中待分析。

（二）样品前处理方法

在优化实验的基础上，最终样品前处理方法如下：①称取 5g 样品置于 50mL 聚丙烯离心管中，另外量取 3.5mL 水用作试剂空白进行平行操作；②加入 100mL 内标溶液（或包括内标在内的添加溶液），涡旋 1min，静置 15min 使之扩散到样品中；③添加 5mL 乙腈，涡旋振荡提取 10min；④加入 2.5g 甲酸铵，振荡 1min 以诱导相分离；⑤在室温下以 4150r/min 离心 3min。

对于采用 UHPLC-MS/MS 检测的溶液，不进行净化，直接采用过滤瓶过滤后进样。操作过程如下：移取 0.5mL 提取液置于过滤瓶的外管中，加入 25μL 质控标准溶液（^{13}C-非那西丁），再加入 71.4μL 乙腈（用于补偿基质标准溶液的配制过程中加入的标准溶液的体积），将过滤瓶的内管压入外管，使提取液通过内管下端的 0.45μm 的 PVDF 滤膜进入内管。将过滤瓶盖好盖子，置于 UHPLC-MS/MS 自动进样器上进样分析。

对于采用 LPGC-MS/MS 检测的溶液，采用过滤瓶 d-SPE 净化，过程如下：①将 0.6mL 提取液转移到装有 180mg 混合吸附剂（包括 90mg 无水 $MgSO_4$＋30mg PSA＋30mg C_{18}＋30mg Z-Sep）的过滤瓶内管中；②将内管压入外管一半的位置，用力摇动托盘 30s；③使用压力机将内管完全压入外管，使提取液通过内管下端的 PVDF 滤膜进入内管；④将 175μL 净化并过滤后的提取液转移到内置有 300μL 玻璃内插管的琥珀色玻璃自动进样小瓶中，加入 40μL 含有内标物（对三联苯基-D_{14}）的分析保护剂溶液和 25μL 乙腈，以使样品体积与基质匹配标准溶液的体积一致；⑤上下摇动小瓶 10s，使溶液摇匀。然后置于 LPGC-MS/MS 自动进样盘上进样分析。

（三）快速低压气相色谱-串联质谱（LPGC-MS/MS）分析

采用 LPGC-MS/MS 在 10min 内即可完成 211 种化合物的分离分析（包括 199 种目标化合物、11 种内标和 1 种质控内标）。仪器为安捷伦 7890A/7000B 气相色谱仪/三重四极串联质谱仪。气相色谱分析柱为 15m×0.53mm×1μm 厚的 DB-5ms 色谱柱，其前端连接有 5m×0.18mm 的无涂层限流保护柱。用于计算流速的虚拟柱设置为 5.5m 柱长和 0.18mm 内径（选择真空出口），载气（氦气）恒定流速为 2mL/min。GC 柱箱温度程序为：初始温度 70℃，保持 1.5min，然后以 80℃/min 升至 180℃，40℃/min 升至 250℃，70℃/min 升至 320℃，最后保持 3.4min，运行时间共 10min。进样口模式为多模式进样口（MMI），进样量为 2.5μL，进样口也采用程序升温，初始温度 80℃保持 0.31min（此时排气口关闭），然后以 420℃/min 的速度上升到 320℃，并保持在 320℃，直到运行结束。由于最终提取液中加入的分析保护剂含有糖类物质，为了防止进样针堵塞，进样前后均采用两种洗针溶剂依次洗针，溶剂 1# 为水/乙腈/丙酮/甲醇（1∶1∶1∶1∶1，体积比），溶剂 2# 为纯乙腈。

质谱离子源为 70eV 的电子电离（EI）源，传输线温度为 250℃，离子源温度为 320℃，溶剂延迟 2min，四极杆温度为 150℃，碰撞气体（氮气）为 1.5mL/min，淬灭气体（氦气）为 2.25mL/min。为每个分析物选择两对多反应监测（MRM）离子对，MRM 方法分为 29 个时间段，每个时间段包含 62 个 MRM 离子对，驻留时间为 2.5ms，所有离子对均选择“宽”分辨率。在方法开发过程中，个别分析物因响应值最高的离子对受基质干扰，改用了不受基质干扰的其他离子对进行定量。

（四）超高效液相色谱串联质谱（UHPLC-MS/MS）分析

采用 UHPLC-MS/MS 在 10min 左右即可完成 100 种化合物（包含 98 种农药、1 种内标物 IS 和 1 种质控化合物）的分析检测，其中 55 种农药在 LPGC-MS/MS 上同时检测，分析结果可互相印证。液质质仪器为 Waters Acquity UPLC-TQD，色谱柱为 100mm×2.1mm，粒径为 1.7mm 的 Waters BEH C_{18} 柱，前端连接有 5mm×2.1mm，粒径为 1.7mm 的 Waters Van Guard 预柱，柱温 40℃。流动相由（A）H_2O/MeOH/MeCN（95∶2.5∶2.2，体积比）和（B）MeOH/MeCN（1∶1，体积比）组成，两种溶液均含有 20mmol/L 的甲酸铵和 0.1%甲酸。梯度为 95%A，保持 0.25min，然后从 0.25min 上升至 99.8%B，持续 7.75min，然后保持 1.00min，之后重新平衡 1.45min，总运行时间为 10.25min。流动相流速为 0.45mL/min，进样体积为 2μL（18℃下的自动进样器托盘）。

质谱部分为 QTrap 串联质谱，电离源为电喷雾正电离模式（ESI+），除少数分析物外，所有分析物均具有 3 个 MRM 离子对。固定参数包括 2kV 毛细管电压、3V 萃取器电压、离子源温度 120℃、450℃脱溶剂温度、1000L/h 脱溶剂气流和 50L/h 锥孔气流。

（五）结果与讨论

1. 过滤瓶 d-SPE 净化剂的比较

在过滤瓶 d-SPE 净化中，比较了五种净化剂组合的净化效果：（A）75mg 无水 $MgSO_4$；（B）75mg 无水 $MgSO_4$+25mg C_{18}；（C）75mg 无水 $MgSO_4$+ 25mg PSA；（D）75mg 无水 $MgSO_4$+ 25mg Z-Sep；（E）75mg 无水 $MgSO_4$+25mg C_{18}+25mg PSA+25mg Z-Sep。实验中化合物的添加浓度为 100ng/g（n=3）。

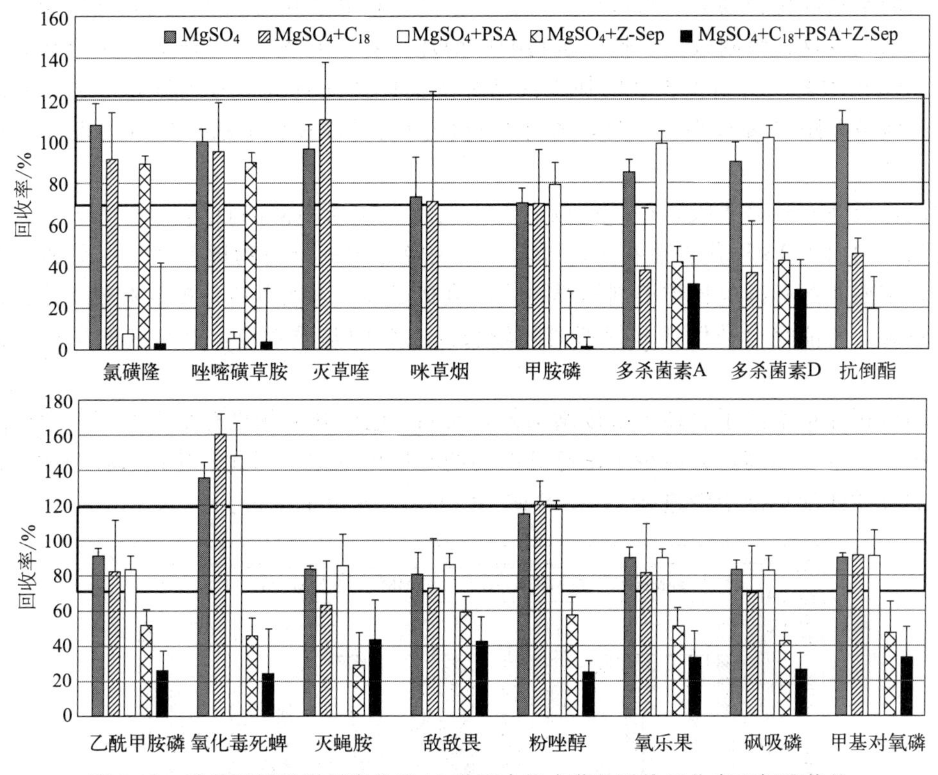

图 8-12　采用不同吸附剂净化后 16 种不合格农药的平均回收率和标准偏差

结果表明，大多数化合物在不同吸附剂组合的情况下回收率均高于 70%，然而，有 16 种农药被净化剂吸附，导致回收率下降，如图 8-12 所示。具体而言，C_{18} 吸附了抗倒酯（回收率为 46%）和多杀菌素 A 和多杀菌素 D（分别为 38%和 37%），PSA 吸附了抗倒酯、唑嘧磺草胺和氯磺隆（回收率分别为 20%、6%和 8%）。此外，灭草喹和咪草烟被除 C_{18} 以外的所有其他吸附剂组合完全吸附。Z-Sep 吸附了除唑嘧磺草胺和氯磺隆以外的其余所有 14 种分析物。该实验使用 Z-Sep 得到的乙酰甲胺磷、氧乐果、甲胺磷和敌敌畏的回收率与 Morris 和 Schriner[15] 报道的一项实验结果几乎相同，后者是使用 Z-Sep 和自动 SPE（c-SPE）装置净化鳄梨提取液。

2. LPGC-MS/MS 中的分析保护剂对基质效应的影响

肉类样品是非常复杂的基质，含有蛋白质、脂类、饱和脂肪酸和单不饱和脂肪酸（美国农业部国家营养数据库），即使经过复杂的净化，最终提取液中也仍然会有基质共提取物。为了估计肉类基质成分引起的基质效应，称取等量牛肉、鸡肉和猪肉（按重量计）样品，混合均匀，制成混合空白样品提取液，配制系列浓度（0ng/g、5ng/g、10ng/g、50ng/g、100ng/g 和 200ng/g）的纯溶剂（乙腈）和基质匹配标准溶液。

以加有分析保护剂的纯溶剂（乙腈）标准曲线的斜率为 100%，基质匹配（MM）标准曲线及有无分析保护剂的结果见图 8-13(A)。可以看出，所有 51 种环境污染物（多溴二苯醚、多氯联苯、多环芳烃和阻燃剂）和其中的 69 种农药的纯溶剂（乙腈）和基质匹配校准曲线均显示出非常小的差异，表明这些分析物的 ME 较低（≤20%），其中大多数农药表现了基质增强效应。在 GC 上出现基质增强效应是较为常见的现象，这主要是由于含有相对极性官能团的亲水性化合物易于与进样口衬管、色谱柱和离子源的活性位点相互作用，而基质的存在可以减少这种吸附效应，使分析物响应增加。对于右侧的60种不加保护剂时基质效应大于20%的农药，分析保护剂的加入使其纯溶剂标样的响应信号也显著增加，使之与基质标样的响应差距显著减小，可见，添加分析保护剂后，减少了活性位点上极性分析物的损失。

然而，极性农药易于吸附在活性位点上，表现出相当不同的行为。图8-13(B)按保留时间的顺序列出了15种代表性农药，可以看到较晚流出的分析物即使在加了分析保护剂的情况下，基质匹配标样也比纯溶剂标样的响应值高很多。表明分析保护剂对较晚流出的分析物作用不大，不能完全补偿那些保留时间较长的农药的基质效应，这与其他文献中的结果一致[37]。

使用分析保护剂除了会使灵敏度增加外，对GC色谱峰形状也有很大改善，会使色谱峰形更尖锐、更窄、更高，并减少了敏感分析物的峰拖尾现象。因此，建议选择使用添加分析保护剂的基质匹配标准溶液进行GC-MS或GC-MS/MS定量分析。

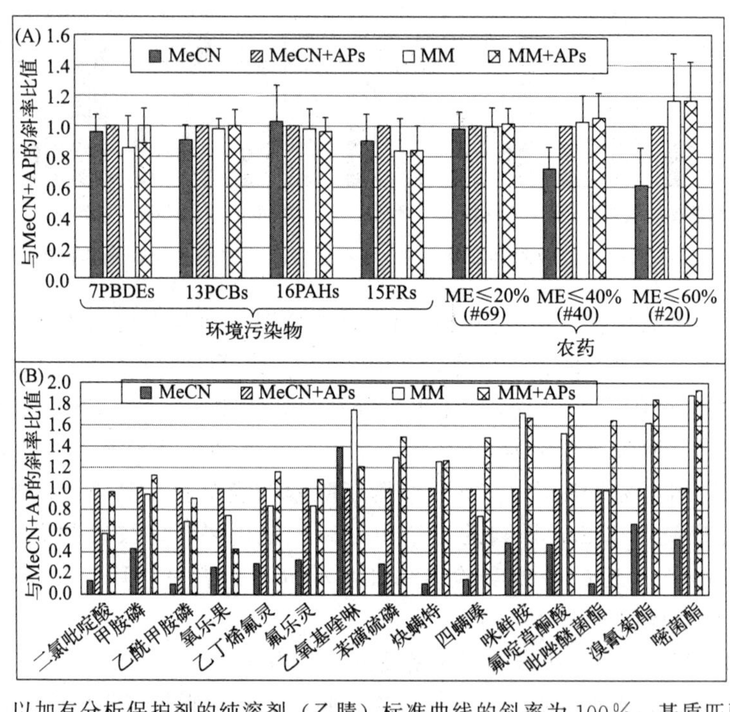

图8-13 以加有分析保护剂的纯溶剂（乙腈）标准曲线的斜率为100%，基质匹配（MM）标准曲线及有无分析保护剂的结果

（A）51种环境污染物和129种农药化合物在四种不同溶液中的标准曲线的斜率相对于MeCN＋APs中斜率的比值；（B）以保留时间排序的15种极性农药在4种不同溶液中的标准曲线斜率相对于MeCN＋APs中斜率的比值。两图中的柱状条从左到右依次为MeCN、MeCN＋APs、MM及MM＋APs，其中MeCN表示乙腈纯溶剂标准溶液，MeCN＋APs表示加有分析保护剂的乙腈纯溶剂标准溶液，MM表示基质匹配标准溶液，MM＋APs表示加有分析保护剂的基质匹配标准溶液

3. 柱后注入法评价UHPLC-MS/MS的基质效应

为了评估UHPLC-MS/MS分析中的d-SPE净化效率和基质效应，从整个保留时间范围内选择几种代表性农药，采用柱后注入法[42]（post-column infusion）对基质效应进行评估。该方法是将净化前和净化后的空白基质提取液分别按照正常程序从HPLC进样口进样，进样的同时在柱后MS入口前通过蠕动泵注射器将选择的农药标准溶液（25ng/μL）以20μL/min

的速度注入柱后系统中，使之与色谱流出物混合，并在整个色谱流出过程中以 MS/MS 监测所注入农药的离子信号（流程图见图 8-14）。然后在操作软件上对采集的色谱峰进行平滑处理，平滑系数为 2，窗口大小设为±5 次扫描，并在 MassLynx 软件的平滑工具中应用“平均平滑方法”（mean smoothing method）处理，每个样本基质的每个 MRM 色谱图大约生成 508 个平滑数据点。然后比较净化前及净化后的色谱图。

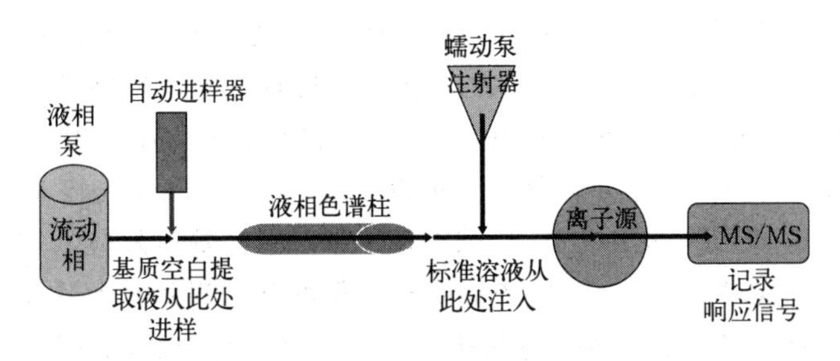

图 8-14　LC-MS/MS 柱后注入法示意图

根据 Stahnke 等[42]的研究，液质质电喷雾离子源（ESI）中农药的基质效应依赖于基质（而非分析物），即所有分析物表现出与其性质无关的类似行为。Geis 等针对兽药也得到了类似的结论[43]。因此，该实验从整个保留时间范围内（0.5～8min）分散选取了五种具有不同保留时间的农药（灭蝇胺、啶虫脒、乙基对氧磷、肟菌酯和喹螨醚）作为代表性化合物（它们的保留时间分别为 0.898min、3.153min、4.91min、6.86min 和 7.57min），对净化前和净化后的试剂空白（RO）和鸡肉、猪肉、牛肉三种基质提取液分别进行了柱后注入试验。从得到的 ME 轮廓图[41]可以看出，这些农药在净化后样品中的离子响应值与未经 d-SPE 净化的样品仅有约 10%的差异；类似地，试剂空白、猪肉、鸡肉和牛肉基质（无论净化与否）之间的信号差异对于 4 种农药也仅约为 10%，对于乙基对氧磷约为 20%。这些发现与 Stahnke 等的结果相似，他们的研究发现，129 种农药在 80%的简单基质（如梨）中的 ME 差异小于 10%，而在较为复杂的基质（如橘子）中的 ME 差别最高为 26%[42]。基于这些结果，实验人员决定对采用 LC-MS/MS 分析的提取液不进行 d-SPE 净化，一方面可以使前处理操作更加简便，另一方面也可以使那些容易被 d-SPE 净化剂吸附的极性农药在 LC-MS/MS 中得到合格的回收率。

4. 方法确证

为期三天的方法确证实验包括了牛肉（第 1 天）、鸡肉（第 2 天）和猪肉（第 3 天）样品的分析检测。每天的添加回收实验中，将粉碎的 10 种牛肉、10 种鸡肉或 10 种猪肉样品，每个样品均称取 4 份，每个基质 40 份，每份 5g，置于 50mL 离心管中。四份样品中，一份为基质空白，另外三份分别以 10ng/g、25ng/g 和 100ng/g 的添加水平添加标准溶液，这样每种基质类型在每个添加水平有共计 10 个重复。

另外将每种肉类的 10 种不同样品等量混合在一起，制成“平均”的混合空白基质，其提取液用于配制浓度为 0ng/g、5ng/g、10ng/g、25ng/g、100ng/g 和 200ng/g（多氯联苯含量低 90%）的基质匹配标准溶液，同时用乙腈作为溶剂配制对应浓度的纯溶剂标准溶液。此外，在方法确证期间，每天都同时检测试剂空白和基质空白。

图 8-15 显示了 LPGC-MS/MS 和 UHPLC-MS/MS 分析中基质效应（ME）之间的差异。可以看出，在 UHPLC-MS/MS 分析中，样品虽然未进行净化，但只有少数分析物的 ME 超

出了±20%范围，大部分ME都在±20%范围内，结果相当均匀，且几乎与基质无关。这表明肉类样品中的共提取成分对电喷雾离子化（ESI）的基质效应没有贡献，这可能是由于大多数LC测定的农药都是极性的，具有较低的$\lg K_{ow}$值，因此脂质共提取物不会影响其响应信号。一个有趣的例子是氧乐果，其在LPGC-MS/MS和UHPLC-MS/MS中的基质效应差别很大，在前者中其在猪肉中ME高达−50%，而在后者中则仅为−10%。

与UHPLC-MS/MS相反，大多数LPGC-MS/MS的分析物显示出相当高的基质效应（有的高达100%），不同肉类之间的基质效应也存在明显差异。猪肉基质中的基质效应最低（大多数分析物为±20%），鸡肉和牛肉中大多数分析物的基质效应为20%～60%。猪肉是最瘦的基质，与鸡肉和牛肉相比，其脂肪含量低50%～67%，这应该是其基质效应最低的主要原因。这也说明，脂肪含量在LPGC-MS/MS分析中是基质效应的重要影响因素。这一发现突出了基质匹配标准溶液在分析复杂基质时获得准确结果的重要作用。

在LPGC-MS/MS和LC-MS/MS分析中，所有243个化合物的线性R^2均≥0.99。除了约20个化合物外，绝大部分化合物的最低校准水平（lowest calibration level，LCL）为5ng/g（除PCBs为0.5ng/g外）。在全部243种化合物中，有200种（占试验化合物总数的82%）目标分析物的回收率（70%～120%）和精密度（RSD≤20%）合格，90%分析物的LCL为5ng/g，说明方法有很高的分析准确度和灵敏度。

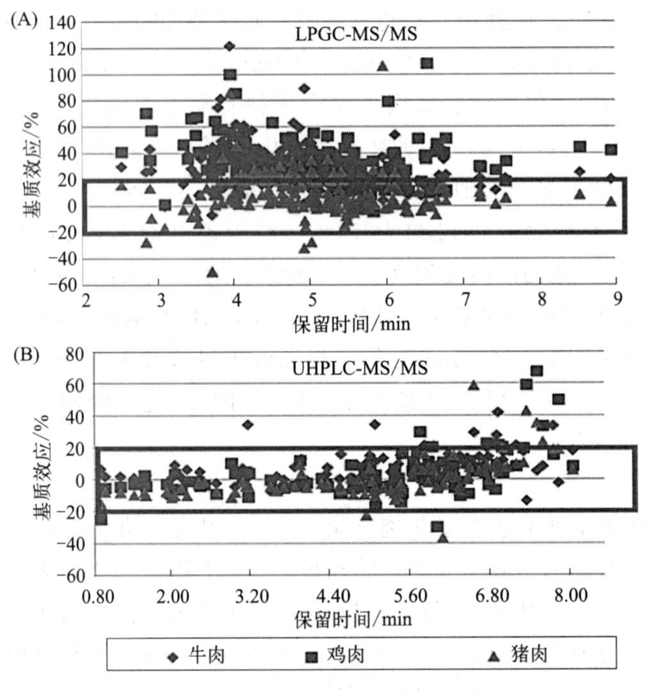

图8-15 LPGC-MS/MS和UHPLC-MS/MS中基质效应的差异

5.结论

在对各个参数进行优化的基础上，开发了一种用于分析243种农药和环境污染物（多氯联苯、多环芳烃、多溴二苯醚和阻燃剂）的多类型多残留分析方法，并在猪肉、牛肉和鸡肉中进行了验证。该方法基于QuEChERS方法，一部分样品提取液用过滤瓶d-SPE净化后采用LPGC-MS/MS进样分析199种化合物，另一部分提取液没有净化，在过滤膜后直接采用

UHPLC-MS/MS 进样分析 100 种化合物，两种仪器上每个样品的分析时间均只需 10min。采用分析保护剂用于 LPGC-MS/MS 分析，可以改善峰形、提高灵敏度和减少基质效应。另有 55 种农药同时采用 UHPLC-MS/MS 和 LPGC-MS/MS 两种仪器测定，使得定性定量分析结果可得到进一步确证。所建立的方法简单、快速、灵敏、可靠，为常见的肉类产品中的多类型多残留分析方法提供参考。

二、鱼肉中 302 种化合物的 QuEChERS 方法

基于前文的研究，QuEChERS 方法已用于几种常见肉类产品中上百种化合物的多残留分析。在此基础上，Han 等[44]进一步将 QuEChERS 方法应用于鱼类水产品中 302 种化合物（261 种农药和 41 种环境污染物）的多残留测定，并尝试进行了自动化前处理的研究。实验将 ITSP 自动化净化技术（参见第四章第二节）结合到 QuEChERS 方法中，比较了两种 ITSP μ-SPE 微型小柱对 10 种鱼肉基质的净化效果，并建立了鱼肉中 302 种化合物的多残留分析方法。

（一）试剂与材料

1. 标准溶液

标准溶液配制浓度由两方面因素确定：一方面考虑化合物在鲶鱼或其他鱼肉中的 MRL 水平（X，ng/g），另一方面考虑对残留分析灵敏度的一般要求。由于涉及的化合物有 302 种之多，因此对化合物进行分组，制备了三组标准储备溶液，以覆盖所有分析物及其浓度差异。1 号储备溶液，在乙腈中制备了浓度为 5μg/mL 的 250 种农药，另外还有 11 种农药，根据其不同的 MRL 配制了不同的浓度（6.25～93.75μg/mL）。2 号储备溶液，包括 7 种多溴二苯醚和 14 种多氯联苯同系物，浓度分别为 5μg/mL 和 2.5μg/mL。3 号储备溶液，包括 16 种多环芳烃和 4 种阻燃剂，配制浓度为 5μg/mL。在制备 2 号和 3 号储备液时，根据所涉及分析物母液所使用的溶剂（例如甲苯）及其在乙腈中的溶解度，在乙腈溶剂中加入了 10%～20%丙酮和/或甲苯，以使最终溶液为均相体系。最后，通过混合 3 种储备溶液制备了所有 302 种目标分析物的 2 个浓度的标准混合溶液，浓度分别为 1.6μg/mL 和 0.4μg/mL（其中多氯联苯浓度为 0.8μg/mL 和 0.2μg/mL），用于添加回收实验中的加标和标准曲线的制备。

2. 内标溶液

选择了 13 种同位素标记物用作内标物（IS），其中莠去津-D_5、倍硫磷-D_6、$^{13}C_{12}$-*p*,*p*′-DDE 和哒螨灵-D_{13} 用于 261 种农药的内标；$^{13}C_{12}$-PCB153 用于 PCB 同系物的内标；5′-氟-2,3′,4,4′,5-五溴二苯醚（FBDE 126）和 TPP-D_{15} 分别用于多溴二苯醚和阻燃剂的内标；6 种多环芳烃同位素标记物［包括萘-D_8、苯并［*a*］芘-D_{12}、苯并［*g*,*h*,*i*］苝-D_{11}、荧蒽-D_{10}、萘-D_9 和芘-D_{10}］用于多环芳烃的内标。除$^{13}C_{12}$-PCB153 为 2.5μg/mL 外，所有内标物均在乙腈中配制成浓度为 5μg/mL 的内标混合溶液。

3. 分析保护剂和质控标准溶液

由于在 GC 分析中，分析保护剂（AP）和质控（QC）溶液都是在进样前加入最终提取液中，因此将二者配在一起，配制成一个 AP-QC 混合溶液。分析保护剂含有 25mg/mL 3-乙氧基-1,2-丙二醇、2.5mg/mL 古洛糖酸内酯、2.5mg/mL D-山梨醇和 1.25mg/mL 莽草酸，所用溶剂为含有 0.88%甲酸的乙腈/水（体积比，2/1），另外配入 0.88mg/mL 的 GC-MS/MS 质控化合物对三联苯-D_{14}（*p*-terphenyl-D_{14}）。对于 UHPLC-MS/MS 分析，配制

4μg/mL 的^{13}C-非那西丁(^{13}C-phenacetin) 的乙腈溶液，用作质控化合物。

4. 鱼类样品制备

从当地超市购买了用作基质空白的 10 条鲶鱼（大部分是养殖的）。将样品切成去皮和无骨的鱼片，并使用搅拌机在冷冻状态加干冰粉碎，制备成均匀的粉末状。将均质样品转移到玻璃罐中，在−20℃保存。为了测试分析方法对市场其他鱼类的适用性，从当地市场购买了鲶鱼、大比目鱼、鲷鱼、鲭鱼、安康鱼、三文鱼、龙利鱼、罗非鱼、石斑鱼和金枪鱼等共 10 个种类的鱼，进行了 GC 全扫描基质去除效果的比较。

（二）前处理方法

称取 4.0g 均质鲶鱼肉样品，置于 50mL 聚丙烯离心管中，除用于制备基质匹配标准曲线的基质空白样品外，其他样品均加入 40μL 内标溶液及相应的加标溶液，用于添加回收实验。另外量取 3.5mL 去离子水置于离心管中，用作试剂空白进行平行操作。加标后的离心管旋涡 15s，打开盖子静置 15min，以使溶剂挥发。

在各离心管中加入 4.0mL 乙腈，然后加入 2.0g 无水 $MgSO_4$ 和 NaCl（4/1，质量比）。涡旋振荡 10min，并在室温下以 4150r/min 离心 3min。

对于用于 UHPLC-MS/MS 测定的溶液，不净化，直接采用过滤瓶过滤，操作如下：移取 0.5mL 提取液，放入带有 0.2μm PVDF 滤膜的过滤瓶外管中，加入 25μL 质控标准溶液（^{13}C-非那西丁）和 60μL 乙腈（以补偿配制基质匹配标准溶液时加入的体积），然后将带有滤膜的内管压入外管中，使提取液通过滤膜进入内管。将过滤瓶盖上盖子，直接放到 UHPLC-MS/MS 自动进样盘上进样测定。

对于用于 LPGC-MS/MS 测定的溶液，采用“仪器顶部样品制备”（ITSP）自动化装置进行自动净化，操作如下：移取 0.6mL 净化前的提取液，放到 ITSP 自动化装置的进样瓶中，编辑程序进行自动净化，微型小柱上样量 300μL，流速 2μL/s，具体过程可参第四章第二节。接收到的净化液自动进行 LPGC-MS/MS 进样分析。

ITSP 自动化处理每个样品大概需要 11.5min，LPGC-MS/MS 和 UHPLC-MS/MS 的每个样品运行时间大约是 13min（包括系统再平衡时间）。因此，这三台仪器同步运行，平均每个样品仅需 13min 即可完成整个提取后的净化步骤和 302 个目标化合物的进样分析，工作效率基本达到了极致。

经过对两种净化小柱的对比［见（四）两种 ITSP 微型小柱的比较和选择］，实验最后决定采用含有 45mg 无水 $MgSO_4$、PSA、C_{18} 和 CarbonX（20/12/12/1，质量比）的微型小柱进行 ITSP 净化。

（三）气质质和液质质分析检测

采用安捷伦 7010 MS/MS 低压气相色谱串联质谱（LPGC-MS/MS）约需 11min 即可分析 178 种农药和 41 种环境污染物；采用 Sciex 6500 QTRAP 超高效液相色谱串联质谱（UHPLC-MS/MS）约需 13min 即可分析 128 种农药。所研究的 302 种化合物的具体分析参数与本节一、畜禽肉中 243 种残留物的 QuEChERS 方法中的分析方法相似，此处不再赘述。

（四）两种 ITSP 微型小柱的比较和选择

在自动 ITSP 净化中，评估了两种含有不同吸附剂组合的微型小柱［小柱 A 含有 45mg 无水 $MgSO_4$、PSA、C_{18} 和 CarbonX（质量比为 20/12/12/1）；小柱 B 含有 45mg 无水 $MgSO_4$、PSA、C_{18}、Z-Sep 和 CarbonX（质量比为 20/8/8/8/1）］对鱼类基质的净化效果。

1. 流出体积的比较

通过对接收瓶中液体的精确称重并按密度换算为体积，当上样量都是 300μL 时，A 小柱收集的流出液平均体积为（224±1）μL（n=50），B 小柱收集的平均体积为（226±7）μL（n=25）。表明两种微型 SPE 柱的性能稳定，流出体积没有显著差异。

2. 全扫描色谱图的比较

分别将两种小柱净化前后的鲶鱼提取液在 m/z 50～450 下进行 GC-MS/MS 全扫描，得到的总离子色谱图（TIC）见图 8-16。TIC 上的七个最大峰由 NIST MS 谱库鉴定为动物脂肪酸和胆固醇，在保留时间 2～7min 范围内对图中的所有色谱峰进行手动积分后，按下式计算净化剂对基质成分的去除率：

去除率(%)=[(净化前积分面积－净化后积分面积)/净化前积分面积]×100%

结果得到，小柱 A 和小柱 B 的基质去除效率分别为 72%和 87%。这一结果与已报道的结果[45,46]相似，均表明吸附剂 Z-Sep 在去除脂质化合物方面的有效性。

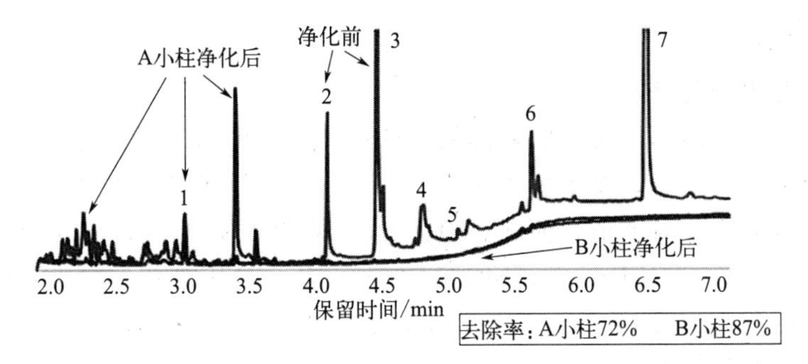

图 8-16 两种小柱净化前后鲶鱼提取液的全扫描总离子流色谱图

1—烟酸胺；2—十六烷酸；3—13-十八烷酸；4—二十碳五烯酸；5—己二酸二(2-乙基己)酯；6—芥酸酰胺；7—胆固醇

3. 对 10 种不同鱼类基质的净化效果考察

为了考察 ITSP 自动净化方法对其他类型鱼类的净化效率，对 10 种不同鱼类的 QuEChERS 提取液进行了类似的 GC-MS/MS 全扫描分析，并对两种小柱净化前后的全扫描色谱图进行了对比。结果发现 10 种鱼类都得到了与图 8-16 类似的全扫描色谱图，基于手动积分计算的共提物去除率如图 8-17 所示，小柱 A 和小柱 B 对 10 种不同鱼类的基质去除率分别为 59%～90%和 72%～96%。总的来说，除了二者对安康鱼和石斑鱼的去除率相近外，含有 Z-Sep 的 B 小柱对其他 8 种鱼类共提取物的去除率都提高了 7%～23%。10 种鱼中，金枪鱼的去除率最低，很可能是因为金枪鱼含有最少的脂质，因而去除率不显著。该结果进一步证明了 Z-Sep 对脂肪共提物的去除效果。

4. ITSP 净化对回收率的影响

在确定净化条件后，以添加了 100ng/g（n=3）混合标准溶液的鲶鱼肉样品进行实验，比较了两种小柱对 219 种目标化合物的回收率的影响。结果表明，A 小柱和 B 小柱的结果相似，大多数目标分析物的回收率为 70%～120%。然而，B 小柱中由于含有 Z-Sep，有 7 种分析物的回收率降低为 4%～50%，包括 6 种农药乙酰甲胺磷、十氯酮、敌敌畏、粉唑醇、甲胺磷、氧乐果和一种多溴联苯化合物 PBB-Arc，而这些化合物在 A 小柱中回收率是基本合格的。这些研究结果与之前报道的 Z-Sep 吸附剂保留某些农药的结果是一致的[15,24]，这是采用 Z-Sep 进行净化时需要注意的问题。由于被 Z-Sep 吸附的 7 种分析物在鲶鱼中都有 MRL，对于鲶鱼的监测需求非常重要，因此最终决定选择 A 小柱用于净化。

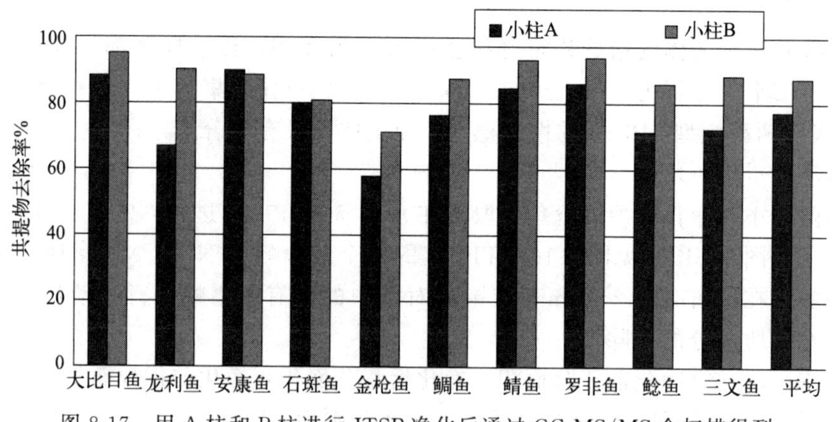

图 8-17 用 A 柱和 B 柱进行 ITSP 净化后通过 GC-MS/MS 全扫描得到 10 种鱼类提取液中共提物的去除率

（五）方法确证

1. 定性分析与方法灵敏度

定性确证的评判标准基于美国农业部的 FSIS 标准，即要求保留时间在±0.1min 内，同时定性子离子个数为 2 个时，要求离子比率为±10%，定性子离子个数为≥3 个时，要求离子比率为±20%（此为绝对差值，而非相对差值）。在此基础上，方法的检测限（LOD）采用最低校准水平（lowest calibrated level，LCL）来表示，其定义为基质匹配标准曲线的最低浓度，且该浓度的色谱峰有 $S/N>3$ 的视觉观察响应以及合格的保留时间和离子比率。在该实验中，90%分析物的 LOD≤5ng/g，47%的分析物 LOD 为 1ng/g，表明该方法非常适用于残留分析。尤其是在 UHPLC-MS/MS 中分析的 128 种农药，大多数化合物在 1ng/g 时峰面积都相当高，这表明在未来的研究中还可以考虑将提取液稀释进样，以进一步减少基质的影响。此外，在 LPGC-MS/MS 和 UHPLC-MS/MS 上都能检测的一些农药在两种仪器上具有不同的 LCL，可选择使用。方法的定量限（LOQ）为各化合物合格的最低加标水平，可接受的回收率范围为 70%～120%，RSD≤20%。

2. 基质效应（ME）

图 8-18 为鲶鱼样品在 LPGC-MS/MS 和 UHPLC-MS/MS 两种仪器中所有化合物的基质效应，图中对比了采用内标法和外标法的结果。在 LPGC-MS/MS［图 8-18(A)］中，当采用内标法时，除一种分析物外，所有分析物的基质效应均在±20%以内，且 89%分析物的基质效应在±10%以内；当不采用内标法时，几乎所有分析物的基质效应在 0%～30%，均表现为基质增强效应。基质效应超过 20%的唯一分析物是乙氧基喹啉（ME＝－27%），在不用内标的情况下，其基质增强效应高达 30%。对于 UHPLC-MS/MS 分析物［图 8-18(B)］，97%的分析物基质效应在±20%以内，其中 88%的分析物基质效应在±10%以内；而且对于大多数分析物，内标法和外标法得到的 ME 结果非常接近。可见，具有较高脂肪组织的基质对 LC-MS/MS 中的基质效应贡献相对很小，甚至不需要净化过程，但对于 GC-MS/MS 中的基质效应贡献相对较大。

3. 回收率与重复性

将 10 个不同的鲶鱼样品用作基质空白，分别称取 5 份，一份作为空白以考察方法的选择性，另外 4 份用于 4 个加标水平（5ng/g、10ng/g、20ng/g 和 40ng/g）的添加回收试验，

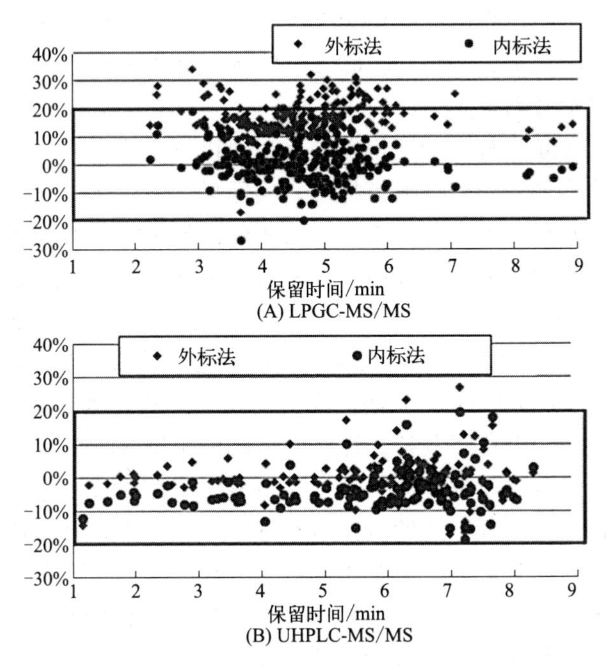

图 8-18 鲶鱼样品中待测化合物在 LPGC-MS/MS 和 UHPLC-MS/MS 分析中的基质效应比较

每个水平的 10 个重复的 RSD（%）用于评估方法的精密度。

各加标水平下所有目标分析物的回收率和 RSD 如图 8-19 所示，92%～95%的 LC 和 GC 分析物在 4 个加标水平均具有满意的回收率，而 1%～4%和 4%～6%的分析物分别具有>120%和<70%的回收率。在精密度方面，80%～95%的 LC 分析物和 70%～93%的 GC 分析物的 RSD≤20%；在最低加标水平，两台仪器上分别有 14%和 30%分析物的 RSD 大于 20%，反映了在较低的添加水平下具有更大的变异性。

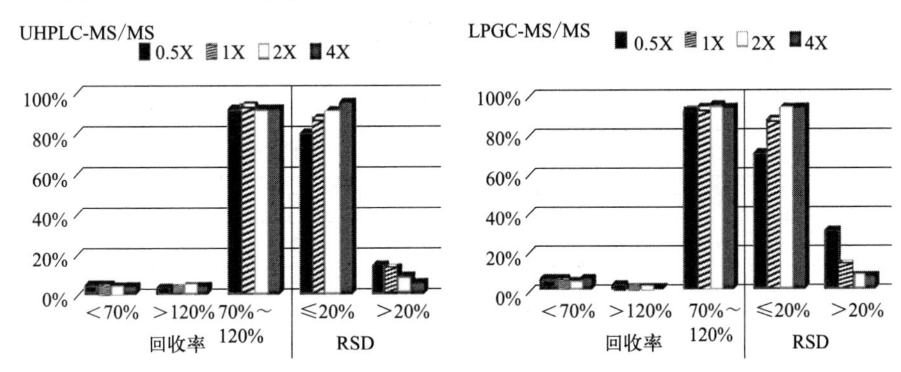

图 8-19 302 种目标分析物在不同加标水平下的回收率和 RSD 分布

X 表示以 MRL 为加标水平，大部分化合物的四个加标水平为 5ng/g、10ng/g、20ng/g 和 40ng/g，$n=10$

4. 利用 NIST 标准参考物质（SRM）进行方法验证

为了进一步评估方法的准确性，使用所建立的方法分析了两个 NIST 标准参考物质（standard reference material，SRM）中的农药残留，二者的代号分别为 SRM 1946（苏必利尔湖鱼类组织）和 SRM 1947（密歇根湖鱼类组织）。表 8-5 所示的农药、多溴二苯醚和多氯联苯的实测浓度与认证浓度基本一致，表明该方法即使对不同于鲶鱼的鱼类也具有令人满意的准确度。对于 SRM 1946，测量准确度为 79%～139%，但 PCB 180 和氧化氯丹（42%）除外。对于 SRM 1947，除 o,p'-滴滴滴（148%）外，测量准确度为 64%～133%。

5. 对实际鱼类样品的分析

为了评估方法对实际鱼类样本的适用性，从当地市场采集了 13 个不同鱼类样本，同时从另一实验室得到 9 个有农药残留的鲶鱼样本，实际样本总数为 22 个。市场购买的样本包括鲶鱼、比目鱼、大比目鱼和鲭鱼、安康鱼、三文鱼、龙利鱼、罗非鱼和金枪鱼。每个样品分析两份，仅使用试剂空白配制的标准曲线（未采用基质标样）进行定量。

在 22 个鱼肉样本中共检测出 7 种污染物，包括 6 种农药和代谢物以及一种多环芳烃。在 3 个鲶鱼样品中检出了浓度为 5～45ng/g（湿重）的滴滴滴（DDD）和滴滴伊（DDE），虽然其残留量很低，但 DDD 和 DDE 是滴滴涕（DDT）的代谢物，DDT 在 20 世纪 70 年代就在很多国家被禁止使用，并由于其持久性、生物累积性和毒性被列入《斯德哥尔摩公约》，结果说明其代谢物仍微量存在于环境和食品中。在另一个鲶鱼样品中检出了除草剂敌百隆，其残留量也低于残留限量值。同一个鲶鱼样本中还检出了一种拟除虫菊酯杀虫剂三氟氯氰菊酯和一种增效剂增效醚。此外，在一个罗非鱼和一个养殖三文鱼样品中均检出了乙氧喹，浓度均为 5ng/g。乙氧喹是一种抗氧化剂，在美国被批准作为食品和饲料添加剂，它还用作饲料稳定剂，用于渔业，包括用于生产养殖三文鱼的鱼食[47]。环境污染物检出很少，只有一个鲶鱼样品中检出了 5ng/g 芴。

将 QuEChERS 方法与自动化 ITSP 净化方法以及快速灵敏的 LPGC-MS/MS 及 UHPLC-MS/MS 检测相结合，在提取步骤之后，每个样品的净化和 302 种化合物的检测步骤仅需约 13min 即可全部完成，进一步证明了方法的简单、快速、灵敏、可靠等优势，为常见鱼类水产品中的多类型多残留分析方法提供参考。

表 8-5 方法对两个 NIST 标准参考物质的验证结果

分类	分析物代号或名称	SRM1946			SRM1947		
		浓度/(ng/g)		测量精度	浓度/(ng/g)		测量精度
		认证浓度	实测浓度		认证浓度	实测浓度	
多溴二苯醚(PBDE)	28	0.742	0.6	81%	2.26	3	133%
	47	29.9	31.9	107%	73.3	82.5	113%
	99	18.5	15	81%	19,2	24.5	128%
	100	8.57	8.1	95%	17.1	22.4	131%
多氯联苯(PCB)	77	0.327	0.3	92%			
	105	19.9	21	106%	50.3	41	82%
	118 (118 + 123)	52.1	59	113%	112	103	92%
	126	0.38	<LCL				
	156 (156 + 157)	9.52	7.8	82%	17.38	15.7	90%
	169	0.106	<LCL				
	170	25.2	25.5	101%	29.2	31.4	108%
	180	74.4	31	42%	80.8	69.8	86%

续表

分类	分析物代号或名称	SRM1946			SRM1947		
		浓度/(ng/g)		测量精度	浓度/(ng/g)		测量精度
		认证浓度	实测浓度		认证浓度	实测浓度	
农药(pesticide)	六氯苯	7.25	8.1	112%	7.48	7.4	99%
	α-六氯环己烷	7.25	6.7	92%	106	0.9	85%
	γ-六氯环己烷	1.14	1	88%	0.355	< I. CL	
	环氧七氯	5.5	4.7	85%	13.4	11.2	84%
	氧化氯丹	18.9	7.9	42%	23.6	15.2	64%
	顺式氯丹	32.5	23.6	73%	49	47.9	98%
	反式氯丹	8.36	7	84%	12.8	13.5	105%
	狄氏剂	32.5	34.5	106%	80.8	53	66%
	灭蚁灵	6.47	5.1	79%	5.09	5	98%
	o,p'-滴滴滴	2.2	2.2	100%	3.31	4.9	148%
	o,p'-滴滴伊	1.04	1	96%	3.39	3.7	109%
	o,p'-滴滴涕 + p,p'-滴滴滴	40	55.6	139%	61.6	53	86%
	p,p'-滴滴伊	373	330	88%	720	757	105%
	p,p'-滴滴涕	37.2	37.7	101%	59.5	67.1	113%
	顺式九氯	59.1	60.7	103%	54.1	45	83%
	反式九氯	99.6	89.9	90%	127	139	109%

三、QuEChERS 方法在油脂类食品中的应用

除上述研究外，QuEChERS 方法还被应用于油脂类食品的农药多残留分析。Li 等[48-50]建立了大豆油、花生油中多种类型农药的冷冻提取-分散固相萃取净化的测定方法。该方法经冷冻提取后取上清液 1mL，使用 50mg PSA 和 50mg C_{18} 净化后进行 GC-MS 测定。针对大豆油进行研究的 28 种农药中，在 0.02～1.25mg/L 范围内线性良好，四个添加水平的回收率大于 50%，多数农药的相对标准偏差小于 20%，定量限为 20～250μg/kg；针对花生油测定的 33 种农药中，在 0.02～1.00mg/L 范围内线性良好，四个添加水平下大部分的回收率在 70%～110%，相对标准偏差小于 20%，检出限为 0.5～8μg/kg。

李晓贝等[51]建立了气相色谱-串联质谱（GC-MS/MS）同时测定大豆油中 34 种有机氯农药（OCP）、12 种多氯联苯（PCB）及 6 种多环芳烃（PAH）残留量的检测方法。采用乙腈与二甲苯的混合溶剂（体积比 9∶1）为提取剂，添加大豆油∶水∶Tween60＝1∶3∶0.01（质量比）的方案制备相对稳定的油/水乳状液，以 QuEChERS 前处理方法对其提取 2 次后净化，随后进行 GC-MS/MS 检测。表面活性剂的添加可显著提高大豆油中 OCP、PCB 及 PAH 等弱极性化合物的提取率。该方法在 1/2.5/5/10～400μg/L 浓度范围内的线性关系良好，决定系数 R^2 为 0.9938～0.9997。在 5～100μg/kg 添加浓度水平内，相对标准偏差为 1.6%～20.5%，34 种有机氯农药在大豆油中的添加回收率为 64.4%～120.6%，12 种 PCB 的添加回收率为 49.6%～97.8%，6 种 PAH 的添加回收率为 74.0%～101.5%。该方法操

作简单、油脂去除效果良好，对大多数化合物有合格的回收率和RSD。

周玮婧等[52]优化了气相色谱-串联质谱测定花生油中农药残留的提取方法，基于QuEChERS步骤，评估了C_{18}、乙二胺-*N*-丙基硅烷（PSA）、C_{18}与氧化锆共同键合物（Z-Sep＋）、增强型脂质去除产品（EMR-Lipid）4种分散吸附剂的净化效果。结果表明，5种净化方法对大部分化合物的回收率为70％～120％。在净化方法的选择上，PSA、Z-Sep＋与EMR-Lipid均能一定程度上降低基质对检测的干扰，但每种吸附剂都有其特点，需根据被检测化合物的实际情况进行选择。C_{18}＋PSA对亲脂性农药回收较好，但对脂肪组织的净化效果不如Z-Sep＋和EMR-Lipid；Z-Sep＋对亲水性较强化合物可以获得较高的回收率，但是会导致苯线磷与丙溴磷等化合物回收率过低，可能是因为氧化锆与这些化合物发生不可逆吸附作用，故在检测这2种化合物时不宜采用Z-Sep＋净化；EMR-Lipid净化效果最佳，可以最大程度地消除共流出化合物对定量的干扰并降低基质效应的影响，但是其操作过程比较复杂，且加入无水硫酸镁盐析时会大量放热，使用时需要注意，可以在盐析前将样品充分冷冻，以获得较高的回收率和重复性。

总之，QuEChERS方法的适用范围可以概括为：高脂类食品中极性或中等极性农药的提取，低脂类食品中多种类型农药的提取，非脂类食品中较宽范围各种农药的完全提取。事实上，动物源类食品中的兽药、毒素、环境污染物等的残留分析也已包括在了QuEChERS的扩展方法QuEChERSER中。未来各种新颖的脂质净化剂的出现，也将为其在动物源类食品的多残留分析中不断拓宽应用范围提供依据。

随着人民生活水平的提高，动物源性食品在饮食中的比重日益增大，在动物养殖、肉类生产加工等环节可能会有用于驱虫保鲜的农药或兽药；此外，施用在农作物上的农药也可能通过食物链的方式富集在动物组织中，使得肌肉、内脏组织中农药残留的风险增大，给人们的身体健康带来一定的危害。目前欧盟、国际食品法典委员会（CAC）、日本等主要发达国家及组织分别规定了畜禽肉及其内脏中500种、287种、159种农药的最大残留限量（MRL），限量要求分别为0.005～10mg/kg、0.004～10mg/kg、0.001～10mg/kg。我国自2005年发布《食品安全国家标准 食品中农药最大残留限量》（目前已更新至GB2763—2021），截至2021年，对畜禽肉及其内脏中农药残留限量的规定由3种增加到133种，MRL要求为0.005～3mg/kg，说明我国也越来越重视动物源性食品中的农药残留问题。但在规定的133种农药中有86种未指定检验方法，缺少配套的检验标准，需要开发相关的检测技术。QuEChERS方法及其扩展QuEChERSER Mega方法必将在未来食品中的农兽药等污染物残留检测中继续发挥重要的作用。

参考文献

[1] U. S. Food and Drug Administration (1994) pesticide analytical manual Vol. I, Multiresidue Methods, 3rd Ed., U. S. Department of Health and Human Services, Washington, DC.

[2] Lehotay S J, Mastovska K, Yun S J. Evaluation of two fast and easy methods for pesticide residue analysis in fatty food matrixes. J. AOAC Int. 2005 (88): 630-638.

[3] Di Muccio, A. "Organochlorine, pyrethrin and pyrethroid insecticides; single class, multiresidue analysis of " // Meyers R A encyclopedia of analytical chemistry applications theory and instrumentation. John Wiley & Sons, New York, NY, 2000 (7): pp 6384-6420.

[4] Food Safety Inspection Service. National residue program data. U. S. Department of Agriculture, Washington, DC, 2003.

[5] Agricultural Marketing Service. Pesticide data program annual summary calendar year 2001. U. S. Department of Agriculture, Manassas, VA, 2003.
[6] Agricultural Research Service. USDA nutrient database for standard reference, release 16-1. U. S. Department of Agriculture, Beltsville, MD , 2004.
[7] Bennett D A, Chung A C, Lee S M. Multiresidue method for analysis of pesticides in liquid whole milk. J. AOAC Int. , 1997 (80): 1065-1077.
[8] Sheridan R S, Meola J R. Analysis of pesticide residues in fruits, vegetables, and milk by Gas Chromatography/Tandem Mass Spectrometry. J. AOAC Int. , 1999 (82): 982-990.
[9] Lehotay S J, Lightfield A R, Harman-Fetcho J A, et al. Analysis of pesticide residues in eggs by direct sample introduction/Gas Chromatography/Tandem Mass Spectrometry. J. Agric. Food Chem. , 2001 (49): 4589-4596.
[10] Lehotay S J, Maštovská K, Lightfield A R. Use of buffering and other means to improve results of problematic pesticides in a fast and easy method for residue analysis of fruits and vegetables. J. AOAC Int. , 2005 (88): 615-629.
[11] The Pesticide Manual, 12th ed. C. D. S. Tomlin (ed.), The British Crop Protection Council, Surrey, UK, 2000.
[12] Argauer R J, Lehotay S J, Brown R T. Determining lipophilic pyrethroids and chlorinated hydrocarbons in fortified ground beef using ion-trap mass spectrometry. Journal of Agricultural and Food Chemistry, 1997, 45 (10): 3936-3939.
[13] Sapozhnikova Y, Lehotay S J. Multi-class, multi-residue analysis of pesticides, polychlorinated biphenyls, polycyclic aromatic hydrocarbons, polybrominated diphenyl ethers and novel flame retardants in fish using fast, low-pressure gas chromatography-tandem mass spectrometry. Analytica chimica acta, 2013, 758: 80-92.
[14] Han L, Sapozhnikova Y, Lehotay S J. Streamlined sample cleanup using combined dispersive solid-phase extraction and in-vial filtration for analysis of pesticides and environmental pollutants in shrimp. Anal. Chim. Acta, 2014 (827): 40-46.
[15] Morris B D, Schriner R B. Development of an automated column solid-phase extraction cleanup of QuEChERS extracts using a zirconia-based sorbent, for pesticide residue analyses by LC-MS/MS. J. Agric. Food. Chem. , 2015 (63): 5107-5119.
[16] DeAtley A, Zhao L, Lucas D. Innovative sample prep removes lipids without losing analytes. Am. Lab. , 2015, 47: 32-34.
[17] Recommended protocols for enhanced matrix removal-lipid. Agilent Technologies Application Note, 2015: 5991-6057.
[18] Lucas D, Zhao L. PAH analysis in salmon with enhanced matrix removal. Agilent Technologies Application Note, 2015: 5991-6088.
[19] Zhao L, Lucas D. Multiresidue analysis of pesticides in avocado with Agilent Bond Elut EMR-Lipid by LC/MS/MS. Agilent Technologies Application Note, 2015: 5991-6098.
[20] Zhao L, Lucas D. Multiresidue analysis of veterinary drugs in bovine liver by LC/MS/MS. Agilent Technologies Application Note, 2015: 5991-6096.
[21] Zhao L, Lucas D. Multiresidue analysis of pesticides in avocado with Agilent Bond Elut EMR-Lipid by GC/MS/MS. Agilent Technologies Application Note, 2015: 5991-6097.
[22] Han L, Matarrita J, Sapozhnikova Y, et al. Evaluation of a recent product to remove lipids and other matrix co-extractives in the analysis of pesticide residues and environmental contaminants in foods. J. Chromatogr. A. , 2016 (1449): 17-29.
[23] Agricultural Research Service USDA. Nutrient database for standard reference, Release 28. U. S. Department of Agriculture, Beltsville, MD, 2015.
[24] Han L, Sapozhnikova Y, Lehotay S. Method validation for 243 pesticides and environmental contaminants in meats and poultry by tandem mass spectrometry coupled to low-pressure gas chromatography and ultrahigh-performance liquid chromatography. Food Control, 2016 (66): 270-282.
[25] Anastassiades M, Lehotay S J, Stajnbaher D, et al. Fast and easy multiresidue method employing acetonitrile extraction/partitioning and dispersive solid-phase extraction for the determination of pesticide residues in produce. J. AOAC Int, 2003 (86): 412-431.

[26] Lehotay S J, Son K A, Kwon H, et al. Comparison of QuEChERS sample preparation methods for the analysis of pesticide residues in fruits and vegetables. J. Chromatogr. A, 2010 (1217): 2548-2560.

[27] Nanita S C, Padivitage N L T. Ammonium chloride salting out extraction/cleanup for trace-level quantitative analysis in food and biological matrices by flow injection tandem mass spectrometry. Anal. Chim. Acta, 2013 (768): 1-11.

[28] Gonzalez-Curbelo M A, Lehotay S J, Hernandez-Borges J, et al. Use of ammonium formate in QuEChERS for high-throughput analysis of pesticides in food by fast, low-pressure gas chromatography and liquid chromatography tandem mass spectrometry. J. Chromatogr. A., 2014 (1358): 75-84.

[29] Sapozhnikova Y, Lehotay S J. Evaluation of different parameters in the extraction of incurred pesticides and environmental contaminants in fish. J. Agric. Food. Chem., 2015 (63): 5163-5168.

[30] Chemspider database. http: //www. chemspider. com/.

[31] Cunha S C, Lehotay S J, Mastovska K, et al. Evaluation of the QuEChERS sample preparation approach for the analysis of pesticide residues in olives. J. Sep. Sci., 2007 (30): 620-632.

[32] Koesukwiwat U, Lehotay S J, Mastovska K, et al. Extension of the QuEChERS method for pesticide residues in cereals to flaxseeds, peanuts, and doughs. J. Agric. Food Chem., 2010 (58): 5950-5958.

[33] Lehotay S J, Mastovska K, Yun S J. Evaluation of two fast and easy methods for pesticide residue analysis in fatty food matrixes. J. AOAC Int., 2005 (88): 630-638.

[34] Common bond energies and bond lengths. http: //www. wiredchemist. com/chemistry/data/bond energies lengths. html.

[35] Erney D R, Gillespie A M, Gilvydis D M, et al. Explanation of the matrix-induced chromatographic response enhancement of organophosphorus pesticides during open-tubular column gas-chromatography with splitless or hot on-column injection and flame photometric detection. J. Chromatogr., 1993 (638): 57-63.

[36] Erney D R, Pawlowski T M, Poole C F. Matrix-induced peak enhancement of pesticides in gas chromatography: is there a solution? J. High Resolut. Chromatogr, 1997 (20): 375-378.

[37] Mastovska K, Lehotay S J, Anastassiades M. Combination of analyte protectants to overcome matrix effects in routine GC analysis of pesticide residues in food matrixes. Anal. Chem., 2005 (77): 8129-8137.

[38] Rajski L, Lozano A, Ucles A, et al. Determination of pesticide residues in high oil vegetal commodities by using various multi-residue methods and clean-ups followed by liquid chromatography tandem mass spectrometry. Journal of Chromatography A, 2013 (1304): 109-120.

[39] Han L, Sapozhnikova Y, Lehotay S J. Streamlined sample cleanup using combined dispersive solid-phase extraction and in-vial filtration for analysis of pesticides and environmental pollutants in shrimp. Anal. Chim. Acta, 2014 (827): 40-46.

[40] Sapozhnikova Y, Lehotay S J. Multi-class, multi-residue analysis of pesticides, polychlorinated biphenyls, polycyclic aromatic hydrocarbons, polybrominated diphenyl ethers and novel flame retardants in fish using fast, low-pressure gas chromatography-tandem mass spectrometry. Analytica Chimica Acta, 2013 (758): 80-92.

[41] Han L, Sapozhnikova Y, Lehotay S J. Method validation for 243 pesticides and environmental contaminants in meats and poultry by tandem mass spectrometry coupled to low-pressure gas chromatography and ultrahigh-performance liquid chromatography. J. Food Control, 2016 (66): 270-282.

[42] Stahnke H, Reemtsma T, Alder L. Compensation of matrix effects by postcolumn infusion of a monitor substance in multiresidue analysis with LC-MS/MS. Analytical Chemistry, 2009, 81 (6): 2185-2192.

[43] Geis-Asteggiante L, Lehotay S J, Lightfield A R, et al. Ruggedness testing and validation of a practical analytical method for >100 veterinary drug residues in bovine muscle by ultrahigh performance liquidchromatography-tandem mass spectrometry. Journal of Chromatography A, 2012 (1258): 43-54.

[44] Han L, Sapozhnikova Y. Semi-automated high-throughput method for residual analysis of 302 pesticides and environmental contaminants in catfish by fast low-pressure GC-MS/MS and UHPLC-MS/MS. Food Chem., 2020 (319): 126592.

[45] Han L, Sapozhnikova Y, Lehotay S J. Streamlined sample cleanup using combined dispersive solid-phase extraction and in-vial filtration for analysis of pesticides and environmental pollutants in shrimp. Analytica Chimica Acta, 2014

(827)：40-46.

[46] Rejczak T，Tuzimski T. QuEChERS-based extraction with dispersive solid phase extraction clean-up using PSA and ZrO_2-based sorbents for determination of pesticides in bovine milk samples by HPLC-DAD. Food Chemistry，2017 (217)：225-233.

[47] Merel S，Regueiro J，Berntssen M H G，et al. Identification of ethoxyquin and its transformation products in salmon after controlled dietary exposure via fish feed. Food Chemistry，2019 (289)：259-268.

[48] Li L，Zhang H Y，Pan C P，et al. Multiresidue analytical method of pesticides in peanut oil using low-temperature cleanup and dispersive solid phase extraction by GC-MS. Journal of Separation Science，2007 (30)：2097-2104.

[49] Li L，Xu Y J，Pan C P，et al. Simplified pesticide multiresidue analysis of soybean oil by low-temperature cleanup and dispersive solid-phase extraction coupled with GC-MS. Journal of AOAC International，2007，90 (5)：1387-1394.

[50] Li L，Zhou Z Q，Pan C P，et al. Determination of organophosphorus pesticides in soybean oil，peanut oil and sesame oil by low-temperature extraction and GC-FPD. Chromatographia，2007，66 (7-8)：625-629.

[51] 李晓贝，刘福光，周昌艳，等. 表面活性剂结合 QuEChERS-气相色谱-串联质谱法同时测定大豆油中有机氯农药、多氯联苯及多环芳烃. 质谱学报，2019，40 (1)：60-73.

[52] 周玮婧，侯靖，徐玮，等. 气相色谱-串联质谱测定花生油中农药残留前处理方法评估. 湖北农业科学，2022，61 (23)：160-164＋183.

第九章

QuEChERS 与高分辨质谱

第一节　高分辨质谱技术简介

高分辨质谱具备更高的分辨率和质量精度，具有更高和更准确的定性能力，在复杂食品基质中痕量化合物的定性确证和定量检测方面拥有很大应用潜力。目前各国标准方法中基于三重四极杆质谱多反应监测模式的检验方法多为符合性检验，得到的是农药残留靶向检测结果，未列入检测范围的农药或代谢物残留无法被检出[1]。近年来随着高分辨质谱（HRMS）理论和技术的飞速发展，质谱分析技术的分辨率、扫描速度和质量精度得到大幅提升，在复杂食品基质中痕量化合物的定性确证和定量检测及非靶向筛查方面得到了广泛的应用[2-5]。在高分辨质谱检测中，QuEChERS 及其各种扩展和改进方法以其快速、简便、高效、经济、安全等优点，成为广泛使用的前处理方法。

一、高分辨质谱技术的原理与术语

顾名思义，高分辨质谱具有很高的分辨率，分辨率是指质谱仪对相近质量数的离子的分辨能力，以 $m/\Delta m$ 表示，其中 m 为质谱峰的 m/z 值、Δm 为该质谱峰的半峰宽。质谱分辨率越高，其对精确质量数相近的离子的分辨（或区分）能力就越强，结合同位素丰度等信息，对化合物离子的定性鉴别能力就越强。例如，图 9-1 所示，乙烯、氮气和一氧化碳离子的质量数同为 28，但三者的精确质量数有细微差别，当质谱分辨率为 2300FWHM 时，可以区分出乙烯离子，但质量数很接近的氮气和一氧化碳离子仍然不能区分；而当采用更高的分辨率 5000 时，即可区分三者。

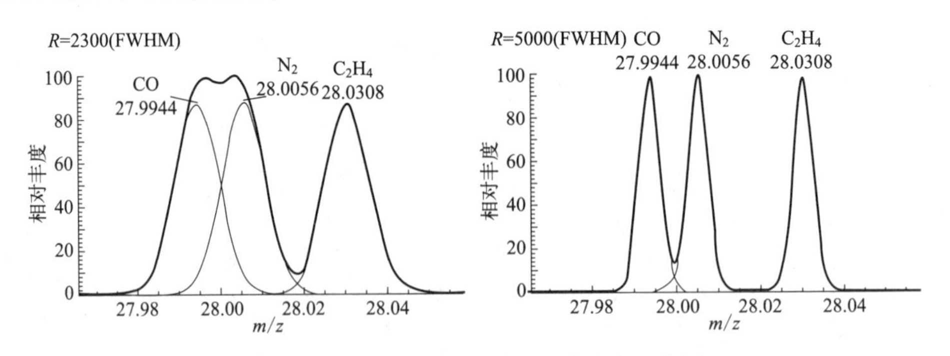

图 9-1　不同分辨率的质谱的分辨能力示意图

由于高分辨质谱是以离子的精确质量数来实现定性分析的，所以获得精确质量数非常重要。一般可采用“质量准确度”来表示质量数的准确程度，其定义为质量分析器测定得到的离子质量与其质量真实值（准确质量）的接近程度。通常质量准确度用 ppm（parts per million）表示，离子 m/z 需至少测定至第 4 位小数。

例如：真实质量＝400.0000；测定质量＝400.0020；误差＝0.0020
则质量准确度为 error(ppm)＝0.0020/400＝5ppm。

二、高分辨质谱技术的种类及特点

质谱领域的研究人员通常会对种类繁多的不同电离方式、质量分析器和检测方法感到困惑。虽然电离方法决定了质谱仪可测量的物质类别，但质量分析器与检测器的组合最终决定了质谱分析的质量和可靠性。因此，质谱仪一般根据质量分析器的物理原理进行分类，常见的有四极杆、扇形磁质谱、离子阱、飞行时间或傅里叶变换（FT）通用类型等，不同类型的质量分析器具有不同的离子分辨率。最早出现的高分辨质谱主要有飞行时间质谱（time of flight，TOF）和傅里叶变换离子回旋共振（fourier transform ion cyclotron resonance，FT-ICR）质谱，后来又出现了静电场轨道阱质谱（Orbitrap）。

（一）飞行时间质量分析器

TOF 质量分析器的原理如图 9-2 所示，样品离子以相同的能量加速并通过长度相同的真空飞行管，经过静电场反射镜（reflectron）反射后向检测器移动，离子通常有 10^3～10^4eV 的动能，每次飞行时间 10～100μs 不等；由于离子具有相同的能量，但质荷比不同，质荷比较小的离子会以更快的速度通过 TOF 区域，更快到达检测器。检测器会高速测量每个离子从起始加速区到检测器的飞行时间，然后将其转换为质谱图。TOF 的主要优点是具有高灵敏度和几乎能同时检测所有质量的离子，同时其高质量分辨率和高质量精度保证了离子定性定量的高准确性[6]。

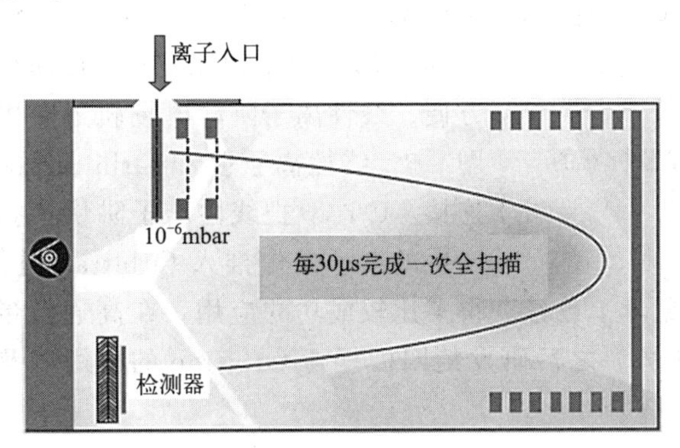

图 9-2 飞行时间质量分析器的工作原理示意图

（二）傅里叶变换离子回旋共振质量分析器

FT-ICR 质量分析器的工作原理是将离子源产生的离子束引入 ICR 磁场中，随后施加一个涵盖所有离子回旋共振的宽频域射频信号。在此信号的激发下，所有离子都开始回旋运动，回旋运动在 ICR 的接受板上感应出一个镜像电流（image current）。在离子团的运动半径增大到一定程度后停止激发，所有离子都同时从共振状态回落，在检测板上形成一个自由感应衰减信号，这个电信号包含了所有具有不同共振频率的离子的信息，这种镜像电流被检测并使用傅里叶变换转换为完整的频率域谱，而离子

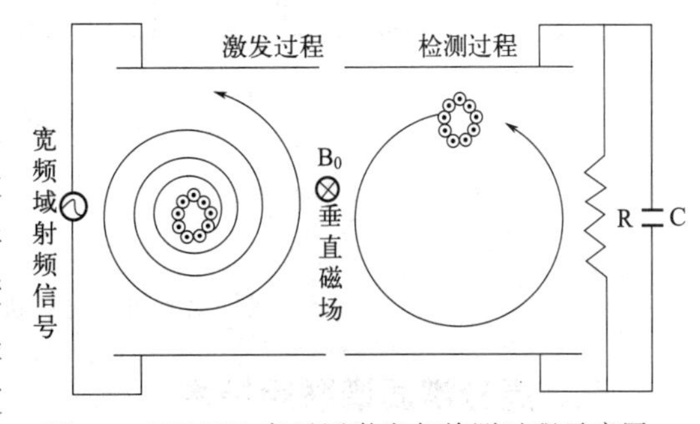

图 9-3 FT-ICR 离子团激发与检测过程示意图

的质荷比与其共振频率具有一一对应关系，因此可以转换为以质荷比为横坐标的质谱图。图 9-3 描述了离子团被激发和检测的过程。超导磁体固有的稳定性和场均匀性与频率测量的极高精确度和动态范围相结合，使该技术成为质量分辨能力和质量精确度的佼佼者[7]。但是傅里叶变换离子回旋共振质谱（FT-ICR）是昂贵的质谱，体积庞大和巨额的运行维护费用使其只能为少数科学家和大型实验所应用。

（三）静电场轨道阱质量分析器

2000 年赛默飞（Thermo）公司推出了一种全新的质谱技术——静电场轨道阱质谱（Orbitrap），成为近 20 年来质谱技术上最重要的发明之一。Orbitrap 的概念最早是由欧洲科学家 Alexander Makarov 在 TOF、离子阱和 FT-ICR 的基础上研发的一种新型质谱技术，该技术几乎可以达到与 FT-ICR 一样的高分辨率和质量准确度，却同时拥有了和离子阱一样小的体积[8,9]。Orbitrap 质量分析器形状如同纺锤，纺锤内有一个内心电极，两个半纺锤体构成外套电极，如图 9-4 所示，Orbitrap 质量分析器工作时，两个电极之间形成静电场。当高速运动带电离子进入 Orbitrap 内，在静电作用下围绕中心电极做圆周轨道运动，不同的离子在 z 方向形成的不同频率 ω_z 与离子质荷比的平方根成正比。检测器检测离子运动形成的电势，经过信号放大和快速傅里叶变换后形成频谱，经过处理最后形成质谱。2005 年，赛默飞公司推出全球第一款商品化的线性离子阱静电场轨道阱质谱（LTQ-Orbitrap），价格相比 FT-ICR 质谱便宜很多，使用维护方便。线性离子阱静电场轨道阱串联质谱的工作原理见图 9-5，线性离子阱和 Orbitrap 由双曲面四极杆 C-trap 连接，C-trap 把线性离子阱快速扫描的离子或二级质谱产生的离子聚焦推入 Orbitrap 进行高分辨的质量分析。LTQ-Orbitrap 在蛋白组学上已经获得了比较成功的应用，在高通量蛋白样品鉴定和磷酸化蛋白组学上有一定的优势。之后研发的四极杆与 Orbitrap 的联用以及与 GC 及 HPLC 的联用技术，将在下文中具体介绍。

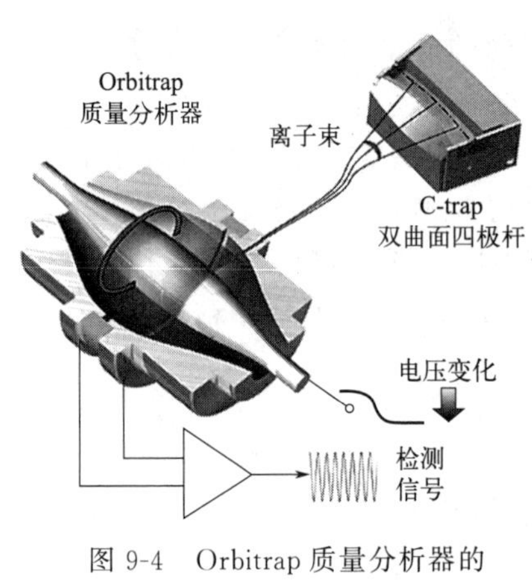

图 9-4 Orbitrap 质量分析器的原理示意图

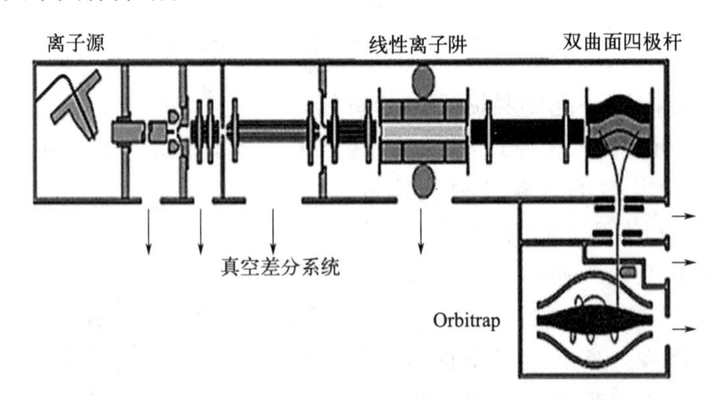

图 9-5 线性离子阱静电场轨道阱串联质谱的工作原理示意图

三、高分辨质谱联用技术

与其他低分辨质谱类似，飞行时间质谱（TOF）和静电场轨道阱质谱（Orbitrap MS）

技术也常常与GC或HPLC联用，这两种质量分析器能够提供比常规四极杆和离子阱质谱更高的质量检测分辨率，从而在未知化合物的结构鉴定和定性分析方面展现出很大的优越性。但是，在复杂基质的残留检测中，单质谱检测会受到较多的基质干扰，降低检测的定性能力，而且，不同的高分辨质谱和不同扫描模式均会影响农药残留的测定结果。例如，Saito-Shida等[10]对比了全扫描模式下LC-Orbirap MS和LC-TOF MS对茶叶中146种农药的测定结果，发现两种分析结果基本吻合，回收率和日内、日间精密度均在大多数农药的可接受范围内。由于具有更高的分辨率，LC-Orbitrap MS在灵敏度和选择性方面略优于LC-TOF MS，然而即使使用$\pm 3\times 10^{-6}$窄质量窗口的高分辨率LC-Orbitrap MS，也会出现共洗脱基质成分的干扰。Meng等[11]以乙腈作为提取溶剂，利用多壁碳纳米管、PSA和无水硫酸镁复合固相萃取柱净化、GC-Orbitrap HRMS非靶向筛查的方式检测了橙汁、芹菜汁等8种果蔬汁中350种农药的残留情况。该方法样品前处理耗时短、定性定量准确，但由于方法采用的是单级Orbitrap高分辨质谱，基于Tracefinder软件的数据处理方式要求实验人员具有较高的色谱-质谱分析能力，仅依靠Tracefinder软件显示的flag标记结果，易造成假阴性，需要结合原始数据文件，在数据浏览器中进行农药的定性分析。这两个例子表明，即使在高分辨率的情况下，对于复杂基质来说，单质谱的全扫描数据仍然不足以进行明确的鉴定，需要采用二级或多级质谱技术，结合碎片离子等附加信息进行判别。

近年来，四极杆-静电场轨道阱质谱（Q/Orbitrap MS）、四极杆-飞行时间质谱（Q/TOF MS）等高分辨串联质谱与GC或HPLC或UHPLC联用技术的出现，不仅实现了对未知化合物超强的定性能力，同时其分析灵敏度已经基本可以媲美三重四极杆质谱。QuEChERS前处理方法以其广泛的适应性，与这些高分辨质谱方法结合使用，使其在复杂基质的靶向或非靶向定性定量检测方法中得到了广泛的应用。目前，在食品中农残筛查方面应用最多的是Q/TOF MS和Q/Orbitrap MS系统。

（一）Q/TOF MS仪器简介

四极杆-飞行时间质谱（Q/TOF MS）是最早商品化、应用范围最广的高分辨质谱，该技术根据带电粒子在电场中飞行时间的差异对不同质荷比的离子进行分离检测。Q/TOF MS是目前扫描速度最快的质谱仪器，分辨率达到10000～50000 FWHM，可得到低丰度化合物的二级质谱图，实现复杂基质中痕量化合物的确证。在发展之初，由于Q/TOF MS的质荷比监测范围窄，当化合物浓度过高或过低时，响应信号会超出检测器监测范围，导致测得的质量数精确度下降。近年来数字化模拟技术在检测器中的应用，拓展了Q/TOF MS的质荷比范围，使之可同时测定高浓度和低浓度化合物。但Q/TOF MS离子真空飞行管的长度较大，导致设备整体偏高，增加了仪器日常维护难度[1]。

无论是GC还是HPLC联用的四极杆-飞行时间质谱（Q/TOF MS），其实质都是色谱部分与二级质谱相联用的技术手段，其采用了两个质量分析器联用，第一个质量分析器是四极杆（简称为Q），第二个是飞行时间质量分析器（TOF），二者之间由一个碰撞池和一些离子传输元件构成，见图9-6。在Q/TOF MS系统中，四极杆起到了质量过滤器的作用，将感兴趣的离子筛选出来送入碰撞池，然后经过TOF检出。一般情况下，Q/TOF MS的工作模式有全扫描模式、靶向MS/MS模式及自动MS/MS非靶向模式，后者又可分为数据依赖采集（DDA）或数据不依赖采集（DIA）模式，分别用来满足不同的分析目的。

（二）Q/Orbitrap MS仪器简介

Q/Orbitrap质谱系统的理论分辨率更高，质量精度偏差阈值更小。常规配置水平的Q/

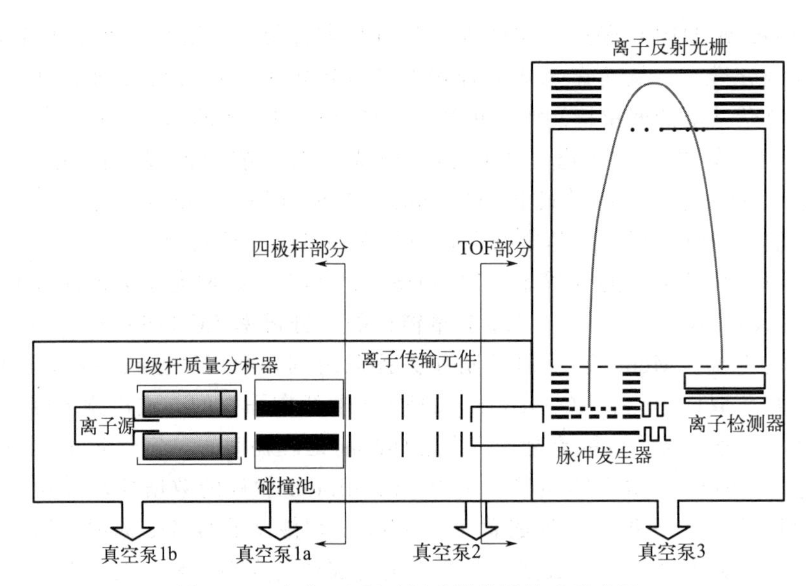

图 9-6 四极杆-飞行时间质谱仪器构造示意图

Orbitrap MS 的分辨率可达 140000 FWHM，在实际应用中一级质谱多采用 70000FWHM 的分辨率，精确质量数偏差阈值可设置为 5×10^{-6}；二级质谱多采用 35000FWHM，精确质量数偏差阈值可设置为 10×10^{-6}。有研究基于自建农药高分辨质谱信息库，实现了对数百种农药的筛查分析，同时基于二级质谱碎片离子的比对，实现了农药非靶向确证[12,13]。

目前最有代表性的 Q/Orbitrap MS 当属赛默飞公司在 ASMS2011 国际会议上推出的高性能台式四极杆-轨道阱 LC-MS/MS 系统，即 Q-Exactive 系统（简称 Q-E），该系统重新定义了定性/定量的工作流程，其技术特点包括：①灵敏度达到高端 QQQ 的水平；②高达 140000FWHM 的分辨率；③m/z 质量范围为 50～4000；④1ppm 的质量精度；⑤最低 0.4AMU 的母离子选择性；⑥4～5 个数量级动态范围；⑦兼容 UHPLC；⑧每个色谱峰保证至少 11～15 个数据点；⑨台式，体积小巧。Q-Exactive 质谱系统的内部结构见图 9-7，在四极杆离子选择部分不采用 RF only 模式，可在一个较宽的质量范围内实现离子选择；在 C-Trap 中可实现离子聚焦和发射，并能够保存一部分离子，离子通过累加后再进入到 Orbitrap 质量分析器中；还有一个独立的 HCD 碰撞池，从而获得和三重四极杆类似的碎裂谱图[9]。

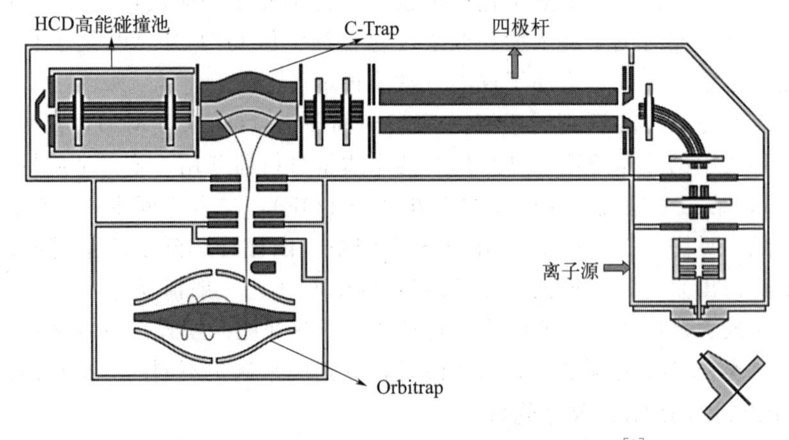

图 9-7 Q-Exactive 质谱系统的内部结构示意图[9]

（三）高分辨质谱联用筛查方法

高分辨质谱联用系统（例如Q/TOF或Q/Orbitrap）的筛查方法可分为三种，即已知目标化合物分析（已知-已知，Known Known）、已知范围的未知物分析（已知-未知，Known Unknown）、完全未知物分析（未知-未知，Unknown Unknown）。已知目标化合物的分析主要采用高分辨全扫描定量分析结合精确质量数加二级全谱确证。已知范围的未知物分析是非靶向筛查（non-target screening）的一种，和目标物筛查的区别是：分析者虽然知道要测的化合物是哪一类（比如农药残留、法医用的毒物毒品等），但不知道具体要监测哪些物质，比如农药有几千种，具体监测哪些不清楚。这时，可以把怀疑的任何一种化合物的分子式输入列表，借助已包含几百或几千种化合物的精确质量数等信息的质谱数据库进行筛查，如果需要推断代谢物的结构，可借助软件来推断碎裂的机理。完全未知物分析主要用于食品安全中的非法添加剂的筛查，一般适用于含量较高的情况，其方法主要是将样品的高分辨全扫描谱图采用专门的软件，利用统计学分析方法对样品和对照样品进行显著性差异分析，来找到非法添加物，其思路与代谢组学的研究方法相似。采用这些方法，高分辨质谱联用系统能够为食品安全分析领域提供多种选择模式，既可以作为原来三重四极杆上实现的目标物定量和筛查方法，也可以满足实验室未来面临的非目标物筛查的需求。

虽然质谱技术对化合物的分析具有特异性，但也应注意到不同类型和型号的质谱检测器可提供的选择性不同，这与化合物确认的可信度有关，因此无法设置质谱的通用标准。武杨柳等[14]综述了国际食品法典委员会和欧盟法规文件提供的化合物质谱鉴定指导标准，对比了不同类型质谱的扫描方式和检测分析参数的要求。我国农业农村部第312号公告[15]给出了LC-HRMS联用技术在目标化合物筛查与确认、非目标化合物筛选与确证方面的判定条件，可作为高分辨质谱在食品安全检测领域应用的参考条件。

四、高分辨质谱在农药检测领域的文献分析

以“高分辨质谱”为检索词，在中国知网食品药品资源总库中进行检索[1]，检索到2017～2022年，期刊文献数量为109～139篇/年，每年研究论文的发表数量基本保持稳定。其中采用高分辨质谱研究农药残留的文献每年的发文量为10篇左右，UPLC-Q/Orbitrap MS应用的文献占比较大。按照研究对象进行分类，有关动物源性食品中农药检测的文献6篇（11.1%），中药材相关的文献2篇（4.4%），植物源性食品相关的文献28篇（55.6%），综述类文章8篇（17.8%），其他研究对象8篇（11.1%）。在英文文献方面，以“mass spectrometry”为检索词，对2017～2022年Web of Science数据库收录的文献进行检索，得到“food science technology”研究方向相关的文献数量约6000篇/年，2021年有所增加，达到8092篇。高分辨质谱在该方向的文献数量增长很快，从2017年的377篇增加至2021年的689篇，但该值仅为质谱相关文献数量的10%。进一步查阅发现，Web of Science数据库中“food science technology”领域每年发表的高分辨质谱检测农药残留的相关文献数量在2017～2022年的数量分别为54、82、75、66、73、43篇，说明高分辨质谱在“food science technology”方向还有很大的应用空间。

五、高分辨质谱在食品农残检测中的应用

食品中的农药残留处于痕量水平，故对目标农药的检测分析需采用更高效的样品前处理方法和更灵敏的仪器设备。现有的农药残留研究和国家标准方法采用的样品前处理方法主要是固相萃取法和QuEChERS法，且多采用乙腈（或酸化乙腈，必要时可用乙腈-水混合溶

剂）作为农药提取溶剂。固相萃取法针对某一类农药，可根据农药分子的空间结构、分子极性等性质选择不同类型的固相萃取小柱，涉及的农药数量有限；而 QuEChERS 法可用于数百种农药残留的快速高通量检测，QuEChERS 净化包可根据样品性质的不同，选择不同量的 PSA（*N*-丙基乙二胺）、C_{18}、石墨化炭黑等净化材料进行组合，以提取和净化不同理化性质的农药。我国标准体系改革后，质谱法分析食品中农药残留的国家标准方法主要是 GB23200 系列食品安全国家标准，涉及果蔬、茶叶、粮谷等多种类食品[16-18]，目前我国还未有高分辨质谱相关的食品安全国家标准，与动物源食品安全相关的仅有农业农村部公告第 197 号（2019）《畜禽血液和尿液中 150 种兽药及其他化合物鉴别和确认液相色谱-高分辨串联质谱法》[19]，但其测定对象为畜禽血液和尿液。

高分辨质谱在食品农药检测中的应用主要是 GC 和 HPLC 或 UPLC 与 Q/TOF HRMS 或者 Q/Orbitrap HRMS 联用，且以 UPLC-Q/Orbitrap HRMS 联用居多。根据文献报道的农药精确质量数或经标准品进样采集精确质量数的方式建立农药高分辨质谱数据库，结合通用型 QuEChERS 法样品前处理技术，可开展数百种农药残留的非靶向筛查研究。对于高分辨质谱技术本身而言，基于全扫描模式和更快的扫描速度，高分辨质谱理论上可同步分析的农药数量没有上限，但受制于食品基质的复杂性，现有色谱-高分辨质谱联用仪器的灵敏度和定量准确性仍是短板。这也是除了仪器设备价格因素外，导致高分辨质谱检测方法标准化进度缓慢的另一个原因。

QuEChERS 结合高分辨质谱在食品农药检测方面的应用多见于期刊研究类文献，表 9-1 为部分应用实例。植物源食品中残留的农药来源于田间直接施药、种植区周边环境农药污染等环节，残留农药可分为杀虫剂、杀菌剂、除草剂和植物生长调节剂。目前高分辨质谱测定农药残留涉及的植物源食品主要有水果[20-22]、蔬菜[23-25]、茶叶[26]、橄榄油[27-29]等。在动物源食品中，农药残留主要来自动物养殖过程中的驱虫、抗菌用药和经饲料及饮水摄入的农药，高分辨质谱在动物源食品中的农兽药残留分析中也有应用，例如在水产品[30,31]、乳及乳制品[32-34]、蜂蜜[35,36]、畜禽肉[37-39]和蛋类[40-42]等动物源食品中均有农药残留的研究报道。随着质谱技术理论和仪器硬件制造能力的提升，以及高分辨质谱配套智能软件分析能力的不断完善，可以预见除了农兽药残留、环境污染物等小分子化合物的分析，高分辨质谱在代谢组学、中药有效成分、特殊食品功能成分分析等方面也将有广阔的应用前景。本章以下内容主要介绍不同高分辨质谱技术在食品农药残留检测中的一些代表性应用实例。

表 9-1 高分辨质谱技术在食品农药残留检测中的应用[1]

序号	仪器	前处理方法	基质	目标化合物	文献
1	GC-TOF MS	QuEChERS 法	鲜橙、鲜柑、葡萄、苹果	283 种农药	[20]
2	UPLC-Q/Orbitrap HRMS	PRiME HLB 通过型固相萃取	杨梅	29 种农药	[21]
3	HPLC-Q/TOF MS	QuEChERS 法	苹果	多菌灵等 10 种农药	[22]
4	UPLC-Q/Orbitrap HRMS	改进 QuEChERS 法	58 批次豇豆	108 种农药	[23]
5	UPLC-Q/Orbitrap HRMS	QuEChERS-冷冻诱导液液萃取	16 批次果蔬样品	77 种农药	[24]

续表

序号	仪器	前处理方法	基质	目标化合物	文献
6	GC-Orbitrap HRMS	EU SANTE 指导文件	黄瓜、柠檬、西兰花	167 种农药	[25]
7	LC-Q/Orbitrap HRMS	改进 QuEChERS 法	茶叶共 126 批次	氟虫腈和 9 种新烟碱类农药	[26]
8	Nano-LC-Q/Orbitrap HRMS	改进的 QuPPe 法	初榨橄榄油	嘧菌酯、乙嘧酚磺酸酯、异丙隆	[27]
9	LC-Q/TOF MS	改进 QuEChERS 法	苹果、生菜	248 种农药	[43]
10	LC-Q/Orbitrap HRMS	在线净化	梨、苹果、黄瓜、白菜	212 种农药	[44]
11	UPLC-Q/Orbitrap HRMS	改进 QuEChERS 法	苹果	13 种苯脲类除草剂和 9 种苯甲酰脲类杀虫剂	[45]
12	LC-Q/TOF MS	改进 QuEChERS 法	芒果、香蕉、释迦、莲雾	33 种新烟碱类杀虫剂和杀菌剂	[46]
13	GC-Orbitrap HRMS	m-PFC 法	果蔬汁	350 种农药	[11]
14	UPLC-Q/Orbitrap HRMS	Sin-QuEChERS 法	绿茶	38 种农药	[47]
15	UPLC-Q/Orbitrap HRMS	PCX DSPE	北京等 6 地共 123 批次茶叶	68 种碱性农药	[48]
16	LC-Orbirap MS，LC-TOF MS	改进 QuEChERS 法	茶叶	146 种农药	[10]
17	HPLC-Q/TOF MS	Oasis PRiME HLB 净化柱	虾	38 种农药	[30]
18	UPLC-Q/Orbitrap HRMS	EMR-Lipid 净化柱	鲈鱼、罗非鱼、干罗氏虾、干制鲈鱼、干制草鱼、干制鲍鱼	116 种农药	[31]
19	IC-Q/Orbitrap HRMS	HLB	葡萄、小麦、蜂蜜	草甘膦等 11 种农药	[35]
20	Nano LC Orbitrap HRMS	多壁碳纳米管柱	牛奶、蜂蜜	绿麦隆等 6 种农药	[36]
21	GC-Q/TOF MS	多壁碳纳米管改进的 QuEChERS 法	鮰鱼、克氏螯虾、大闸蟹	145 种农药	[49]
22	HPLC-Q/TOF MS	QuEChERS 法	荔枝花、蜂巢、蜂蜜	45 种农药	[50]
23	UPLC-Q/Orbitrap HRMS	改进 QuEChERS 法	猪肉、鸡肉	157 种农药	[51]
24	UPLC-Q/Orbitrap HRMS	冷冻诱导液液萃取和分散固相萃取	牛奶	7 种新烟碱类农药	[52]
25	UPLC-Q/Orbitrap HRMS	Captiva EMR-Lipid 净化柱	牛奶	59 种农药	[53]

第二节 四极杆-飞行时间质谱用于农残分析

四极杆-飞行时间质谱仪（Q/TOF MS）具有高分辨率、高扫描速率等特点，它可以获取丰富的离子精确质量[54,55]，从而提高化合物的鉴定和筛查水平[56-58]。因此，Q/TOF MS

被认为是在对复杂基质中农药残留的非靶向分析中使用最广泛的检测技术[59-61]。Q/TOF MS可以与GC或HPLC或UPLC联用，取决于仪器的特性及目标化合物的化学性质。本节分别介绍GC-Q/TOF和LC-Q/TOF结合QuEChERS前处理方法在农药残留分析中的应用实例。

一、GC-Q/TOF在农残分析中的应用

早在2004年，Hernández等[62]利用Q/TOF MS对地表水中的多种农药残留进行定量分析，结果表明，Q/TOF MS在分析痕量农药方面具有很好的应用潜力。2010年，Portolés等[63]验证了配置有大气压化学电离源的GC-Q/TOF MS在农药残留分析领域中的应用可行性。Zhang等[64]在2012年开发了一种通过GC-Q/TOF MS测定蔬菜中187种农药的筛查和确证方法，结果表明，GC-Q/TOF MS可以对农药的确证提供可靠依据。之后GC-Q/TOF MS筛查方法用于筛查水果蔬菜[57,65]、饲料及鱼肉[66]中农药残留及化学污染物的方法陆续发表。不同于植物源食品，动物源食品脂肪含量高，要注意提取液中脂肪对测定结果和仪器设备的干扰。多壁碳纳米管作为新型吸附材料，对色素、疏水性物质有很好的吸附效果。赵暮雨等[49]基于多壁碳纳米管的QuEChERS法净化淡水产品提取液中的脂肪，并用GC-Q/TOF MS测定了48批次鲴鱼、克氏螯虾、大闸蟹中的145种农药残留，定量限为1.1～40μg/kg。GC-Q/TOF MS还可应用于环境污染物方面，2022年，郝琳瑶等[67]建立了基于GC-Q/TOF MS测定积雪中28种多氯联苯的方法，研究通过优化仪器条件，在较少样品量（1～2L）的情况下，实现了积雪中多氯联苯（PCB）的定量分析，并为较少样品中PCB的分析提供了参考。

以下分别以水果[68]及小麦粉中[69]农残分析的两个案例对GC-Q/TOF MS在农残分析中的研究方法进行具体介绍。

（一）QuEChERS-快速滤过型净化法结合气相色谱-四极杆飞行时间质谱法同时筛查果蔬中234种农药残留[68]

1.方法简介

样品采用QuEChERS方法提取和分相，提取液用快速滤过型净化法（m-PFC）净化，经气相色谱-四极杆-飞行时间质谱仪测定。通过保留时间和全扫描离子精确质量数定性，基质匹配标准曲线定量，有效降低基质干扰对检测结果的影响。实验对12种典型果蔬样品（白菜、芹菜、番茄、黄瓜、菠菜、韭菜、油菜、橘子、梨、苹果、葡萄、橙子）进行了实际样品验证。该方法有效地提高了高分辨质谱在进行果蔬农药高通量筛查时的检测效率，具有较强的实际应用价值。

2.前处理方法

（1）提取和净化　称取已均质好的果蔬样品15.0g（精确到0.001g）于50mL塑料离心管中，加入15mL酸化乙腈，充分混匀，超声10min，加入乙酸缓冲盐体系盐包（包括6g $MgSO_4$ 和1.5g乙酸钠），涡旋1min，放入冰水浴中2min，在9500r/min离心3min。取上清液2mL，移入m-PFC小柱上端，缓慢推动注射杆完成净化过程（m-PFC方法的使用细节可参考本书第三章），过0.22μm有机滤膜后，用气相小瓶承接流出液，待GC-Q/TOF-MS进样分析。

（2）基质匹配标准溶液的配制　用基质空白提取液稀释234种农药的混合标准储备液，配制质量浓度分别为0.005μg/mL、0.02μg/mL、0.05μg/mL、0.1μg/mL、0.5μg/mL的

系列标准溶液。基质混合标准溶液应现配现用。

(3) 加标回收实验 采用前述样品提取和净化方法，对234种农药在12种果蔬基质(白菜、芹菜、番茄、黄瓜、菠菜、韭菜、油菜、柑橘、梨、苹果、葡萄、橙子)中进行添加回收率实验，添加水平分别为10μg/kg、50μg/kg、100μg/kg，每个水平重复6次。

3. 仪器条件

(1) 色谱条件 采用7200 GC-QTOF MS质谱仪，HP-5MS色谱柱(30m × 0.25mm，0.25μm)；进样口温度：280℃；升温程序：初始温度60℃，保持1min，以40℃/min升温至120℃，再以5℃/min升温至310℃；载气：氦气(纯度≥99.999%)；流速：0.935mL/min；进样方式：不分流进样；进样体积：2μL。

(2) 质谱条件 离子化模式：电子电离源；电子能量：7eV；离子源温度：280℃；传输线温度：300℃；采集模式：TOF-Scan全扫描；一级质量数扫描范围：m/z 50～550，采集速率2spectrum/s；溶剂延迟：4min；使用安捷伦MassHunter工作软件。

(3) 数据库的建立 在优化色谱条件下进样，对234种化合物进行一级质谱全扫描，在定性软件中设置谱库检索及标注分子式参数，通过积分并查找化合物找到目标化合物，将检索结果并标注分子式的结果发送至PCDL库。通过在PCDL数据库软件中输入每种农药的名称、保留时间、分子式、三个碎片离子的精确分子量、CAS号等信息，建立234种化合物的一级精确质量数PCDL库，具体数据可参考文献[68]。

4. 结果与讨论

(1) 提取条件的选择 该实验参照QuEChERS方法，采用乙腈为提取溶剂，乙腈的溶解性好、渗透力强，适合提取的农药极性范围广，对大多数农药的提取效率高。然后考察了加入氯化钠和乙酸缓冲盐包对234种化合物提取效率的影响，以在苹果基质中添加量为50μg/kg的回收率作为考察指标。结果显示，加入氯化钠，一些稳定性差的农药回收率低，农药回收率在70%～120%之间的有183种，其结果与基质的pH值有关；加入乙酸缓冲盐后，百菌清回收率从75%提高到86%，敌敌畏回收率由55%提高到75%，甲胺磷回收率从73%提高到89%，所有农药的回收率均在70%～120%之间，满足检测要求。样品中加入乙酸缓冲盐形成的缓冲体系使基质pH值在整个实验过程中保持在5.0～6.0之间，该体系能有效防止对酸碱敏感农药的降解，适合于多种果蔬基质。由于实验涉及的农药种类较多，因此选择酸化乙腈作为提取溶剂，加乙酸缓冲盐包调节pH值。乙酸缓冲盐体系盐包中含有无水$MgSO_4$，在提取过程中吸水会大量放热，有些有机磷(如甲胺磷、对硫磷和杀螟硫磷等)农药化学性质不稳定，高温易分解，回收率小于70%，而放入冰水浴中，这些化合物回收率大于75%，满足要求。因而在加入乙酸缓冲盐体系盐包后，需把提取样品的离心管迅速放入冰水浴中2min，降低热稳定性差农药的降解可能性。

(2) 净化条件的选择 果蔬基质中含有脂类、色素、糖类和有机酸等，提取后需进一步净化。该实验以韭菜样品为例，添加水平设为50μg/kg，比较了QuEChERS净化包和m-PFC柱对234种农药净化后回收率的影响。QuEChERS净化包起主要作用的是PSA、C_{18}、石墨化炭黑(GCB)；而m-PFC小柱又分为两种，一种用于简单基质，包含150mg $MgSO_4$、15mg PSA和15mg MWCNT，另一种用于复杂基质，包含150mg $MgSO_4$、15mg PSA和25mg MWCNT。对于色素严重的蔬菜，如韭菜、菠菜、油菜等，使用复杂基质小柱，其他颜色较浅的基质则采用m-PFC简单基质小柱。通过比较发现，采用m-PFC柱净化回收率在70%～120%之间的农药略多于QuEChERS净化包净化的。采用m-PFC柱净化，所有农药回收率在 73.2%～122.4%之间，相对标准偏差（RSD）低于 10.8%；采用 QuEChERS 净化包净化，所有农药回收率在 63.2%～123.5%之间，RSD 低于 12.4%。考虑到 m-PFC 方法较为简便，实验选择了 m-PFC 柱净化。

（3）定性筛查及确证　应用建立的谱库进行检索时，化合物的精确质量数偏差、保留时间偏差、同位素分布和同位素丰度比是影响定性判定的主要因素。根据欧盟 SANTE/11945/2015[70]，使用高分辨质谱确证时，至少需 1 个精确质量数的离子和 1 个碎片离子。定性软件中调用创建的 PCDL 精确质量数据库进行目标化合物的检索，检索参数如下：质量提取窗口 25×10^{-6}，质量偏差 5×10^{-6}；保留时间提取窗口 0.40min，保留时间偏差 0.15min；信噪比 3；匹配要求：离子信息 3 个；共流出比较：0.15min。根据检索的参数进行打分，检出离子的得分平均值即为该化合物的综合得分，规定化合物的得分大于 60 且至少 3 个离子检出，判别该化合物为阳性。应用建立的谱库，234 种目标化合物均能被准确确证。

（4）线性范围、检出限和回收率　以 12 种典型基质（白菜、芹菜、番茄、黄瓜、菠菜、韭菜、油菜、柑橘、梨、苹果、葡萄、橙子）的空白提取液配制基质匹配标准溶液，浓度为 0.005μg/mL、0.02μg/mL、0.05μg/mL、0.1μg/mL、0.5μg/mL，进样绘制标准曲线。各目标化合物在 5～500μg/mL 范围的线性关系良好，决定系数（R^2）均大于 0.990。采用空白样品添加的方式考察方法中 234 种农药的检出限均在 5～20.0μg/kg 之间，符合多数农药残留的分析要求。为考察方法的准确性，分别在空白样品基质中添加 234 种化合物的混合标准溶液，添加量分别为 10μg/kg、50μg/kg、100μg/kg，在优化的条件下进行测定，每个添加水平 6 个平行。结果显示，234 种化合物在 3 个添加水平下 12 种典型果蔬样品的平均回收率分别为 73.2%～124.8%、75.5%～122.6%和 74.8%～121.7%，平均 RSD 分别为 2.4%～13.2%、2.8%～11.4%和 2.2%～10.5%，表明方法基本满足农药残留筛查方法要求。

（5）基质效应　实验考察了 12 种典型果蔬样品（白菜、芹菜、番茄、黄瓜、菠菜、韭菜、油菜、柑橘、梨、苹果、葡萄、橙子）的基质效应（ME），ME 评价方法为：$ME/\%=B/A\times100\%$。式中，A 为在纯溶剂中农药目标物的峰面积；B 为在样品基质提取液中添加相同含量的目标物的峰面积；ME 在 70%以下认为存在基质抑制效应，在 80%～120%之间则认为 ME 不明显，在 120%以上认为存在强基质增强效应。结果表明，联苯菊酯、氰戊菊酯和嘧菌酯在柑橘、橙子、韭菜和菠菜上的 ME 大于 120%，表现为基质增强效应；在其余的 8 种基质中为 80%～120%之间，ME 不明显。氟氰戊菊酯、溴螨酯、腈菌唑和虫螨腈在芹菜和黄瓜上的 ME 大于 120%，表现为基质增强效应；在其余的 10 种基质上 ME 在 80%～120%之间，ME 不明显。其他化合物在 12 种基质中 ME 在 80%～120%之间，ME 不明显。234 种目标物在 12 种基质中无基质抑制效应。因此实验采用基质匹配标准溶液进行定量，抵消 ME 的影响，使得定量更准确。

（6）回溯性分析　GC-Q/TOF-MS 检测中常通过全扫描采集全谱，这是为了能够更全面地采集数据，数据采集与 PCDL 库中的化合物数目无关，因此采集完成可对数据进行回顾与重新分析，扩大目标范围。该实验中，分析样品时把新的化合物戊菌唑的保留时间、分子式、精确分子量和 CAS 号等信息加入 234 种 PCDL 库中并采用实际样品进行验证，该化合物在各基质中线性大于 0.990，在 3 个添加水平（10μg/kg、50μg/kg、100μg/kg）下的平均加标回收率为 80.2%～120.4%，平均 RSD 为 2.8%～10.1%，均满足检测相关要求。

实际样品中3例葡萄样品检出戊菌唑，检出残留量范围为0.052～0.15mg/kg，未超过食品中农药最大残留限量。该方法可对目标化合物进行扩充和分析而不用重新采集实时数据，具有灵活性，便于农药残留高通量筛查和定量分析，是未来农产品风险监测技术的发展方向。

（二）QuEChERS-气相色谱-四极杆飞行时间质谱法定性筛查小麦面粉中400种农药残留[69]

1.方法简介

小麦面粉样品采用QuEChERS柠檬酸盐版本的提取方法，然后加入硫酸镁和氯化钠进行盐析分相。上清液经过PSA和C_{18}净化，硫酸镁去除水分后进行氮吹浓缩，采用气相色谱-四极杆飞行时间质谱（GC-Q/TOF）进行分析，以全扫描模式进行数据采集。最后通过高分辨质谱数据库比对和质谱工作站的自动积分完成筛查工作。GC-Q/TOF提供了全面准确的离子扫描结果，当截止值为20%，400种农药都能在4μg/kg的水平下得到正确的筛查结果，其中假阴性和假阳性率均低于5%。该方法实现了高通量的农药残留筛查，结果准确度高，适用于小麦面粉样品中的挥发性、半挥发性农药残留的多组分筛查。

2.实验方法

（1）提取　称取小麦面粉样品5.0g（精确到0.001g）于3个50mL离心管中，分别加入混合标准工作溶液，使得3个离心管中的加标浓度分别为0μg/kg、4μg/kg、8μg/kg，记为0STC、1STC和2STC，加入10mL水和均质子，在1000r/min下用均质机振荡1.5min，随后加入10mL乙腈，摇匀。加入QuEChERS提取盐包（4g硫酸镁＋1g氯化钠＋1g柠檬酸钠＋0.5g柠檬酸二钠），在1000r/min下振荡3min，在8000*g*下4℃离心5min，取上清液净化。

（2）净化与浓缩　在上清液中加入净化盐包（150mg PSA＋150mg C_{18}＋900mg硫酸镁）和均质子。在1000r/min下使用均质机振荡1.5min。在8000*g*下4℃离心5min，取上清液。将所有上清液转移到8mL玻璃小瓶中，在40℃的氮气流下将玻璃小瓶中的液体浓缩至1mL。所得溶液经过0.22μm针式过滤器过滤后用于GG-Q/TOF-MS进样。

（3）色谱及质谱条件

① 色谱柱　HP-5 MS UI（30m×0.25mm，0.25μm）；柱温：60℃保持1min，以40℃/min程序升温至120℃，再以50℃/min升温至310℃，保持5min；载气：氦气；流速：1mL/min；进样口温度：280℃；进样量：1μL，不分流进样。

② 离子化模式　电子轰击源；离子源电压：70eV；离子源温度：280℃；四极杆温度：150℃；溶剂延迟：10min；离子监测模式：全扫模式，扫描范围50～1200Da，扫描速率1Hz。

（4）筛查参数　根据欧盟指南文件SANTE 11312/2021[71]的要求和建议，筛查参数确立如下：对于目标离子，$S/N \geq 3$；样品中分析物的保留时间应与数据库的保留时间相对应，误差为±0.1min；至少2个离子的质量精度误差≤5ppm；共流出得分设为15，选择提取特征离子数为6。使用Agilent MassHunter 10.0软件处理原始数据，编辑筛查条件，结合数据库进行定性和定量分析。

3.结果与讨论

（1）质谱数据库的建立　在定性分析中，对化合物的鉴定需要依赖于完善的质谱数据库，在质谱软件工作站中要实现大量化合物数据的自动化处理也依赖于数据库的支持。该实验中用于GC-Q/TOF的安捷伦MassHunter个人化合物数据库与谱库涵盖了1020种化合物的精确质量优化数据，此外，实验人员在国家标准GB 2763—2021和GB 23200系列方法涵盖的农药列表以及一些第三方检测实验室提供的检测能力列表的基础上对数据库进行了进一步扩充。

对于需要增加进入数据库的农药，首先需要添加化学式、精确分子量，以及至少6个选择性/特异性碎片离子的分子式和精确质量数。随后进样1μg/mL的化合物标准溶液，收集保留时间，并选择总离子色谱图中至少6个最具选择性/特异性的碎片离子，以建立数据库。数据库中还应包括同位素簇，同位素是具有相同原子序数，但质量数不同的一类原子，它们具有相同数量的质子和电子，但具有不同数量的中子，因此具有不同的质量。例如，氯以一对同位素^{35}Cl和^{37}Cl的形式存在，其丰度比例接近3∶1，^{37}Cl比含量最丰富的同位素^{35}Cl原子量高1.997050 Da。通常丰度最高的离子会被选择用以优化方法的灵敏度，同位素簇也常常被包括在数据库中以提供强度最高的峰值，而且比例关系也可用于定性分析。例如敌敌畏（英文通用名dichlorvos，化学式：$C_4H_7Cl_2O_4P$，精确分子量：219.945904），它的一个特异性离子就是同位素离子［化学式：$C_4H_7Cl(^{37}Cl)O_4P$，精确分子量：221.942954］。

（2）响应信号校正　质谱检测的过程中，由于离子源、锥孔等部件受到不完全离子化化合物的污染，在进行大批量的样品分析后，离子化效率的稳定性会受到极大影响，质谱的响应值因此会出现明显的降低和波动。通过质谱的定期维护，响应值又可提高至较高水平。在一个包含了仪器维护行为的长周期检测过程中可以看到这样的波动（图9-8）。从图中可看出，质谱长期使用后，对4μg/kg甲基毒死蜱的标准溶液连续分析14次，仪器响应的波动已经很明显，相对标准偏差（RSD）=27.7%（$n=14$），因此对质谱仪器进行了一次维护。在仪器维护之后的7次分析中，仪器的响应波动恢复正常（RSD=7.7%，$n=7$），但是也伴随着一个明显的信号升高过程，响应均值从10952升高到了31494，升高了约187.6%。这种仪器响应的波动会极大地影响筛查结果的判断，无法通过一个固定的响应值区分出阴性和阳性样品。因此在后续的方法验证过程中，峰面积的比值将会被使用以校正响应差异。此外，根据Delatour等[72]在高分辨质谱筛查方面的研究，使用相对比值的方法，还能够对每个化合物的结果进行自我质量控制及降低基质效应对被测物响应值的影响。

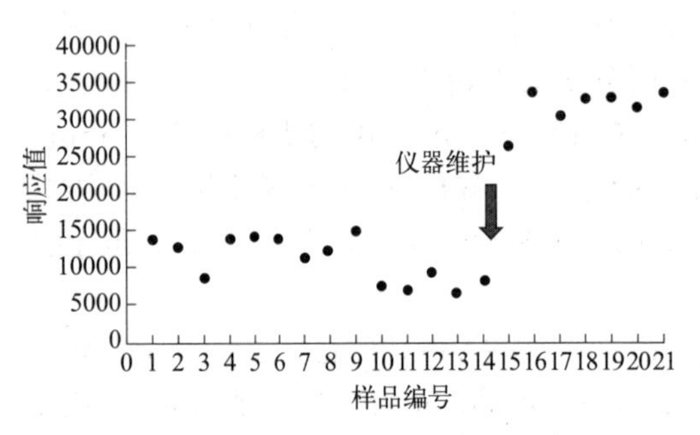

图9-8　长周期检测过程中甲基毒死蜱响应的变化趋势

（3）方法确证　筛查方法的验证根据指南CRLs 2010/01/20[73]进行。考虑到仪器灵敏度和可操作性，实验中所有农药的目标筛查浓度（screening target concentration，STC）设定为4μg/kg，该水平低于大多数目标农药的最高残留限量的一半。加标实验中，每个样品需要分为3份，分别为不加标（阴性样品）、加标1倍STC和加标2倍STC。响应值定义为样品在各加标实验间峰面积的比值（%），以此消除仪器响应差异的影响。以R_B、R_{1STC}、R_{2STC}分别表示化合物在空白、加标1倍STC和加标2倍STC的加标实验中的色谱峰面积，则空白样品中的响应值由R_B/R_{1STC}计算得到，加标样品中的响应值由R_{1STC}/R_{2STC}计算得到。研究选取了20个样品，由3名实验人员在15d内完成加标、前处理、进样和数据处理操作。

在研究中，根据获得的响应值，设置截止值（$V_{cut\text{-}off}$）为20%以确保空白和加标样品中的响应值之间没有重叠，如图9-9。以甲基毒死蜱为例，当截止值设置为20%时，20个样品的空白和加标处理的响应值没有重叠，由此可以在阴性（空白）和阳性（加标）样品间做出显著的区分。截止值必须保证小于5%的假阳性率和小于5%的假阴性率。假阳性是通过测量空白样品中的响应值来获得的，当发现空白样品的响应值大于20%时，计为1个假阳性；假阴性是通过测量加标样品中的响应值来获得的，当发现加标样品的响应值低于20%时，计为1个假阴性。

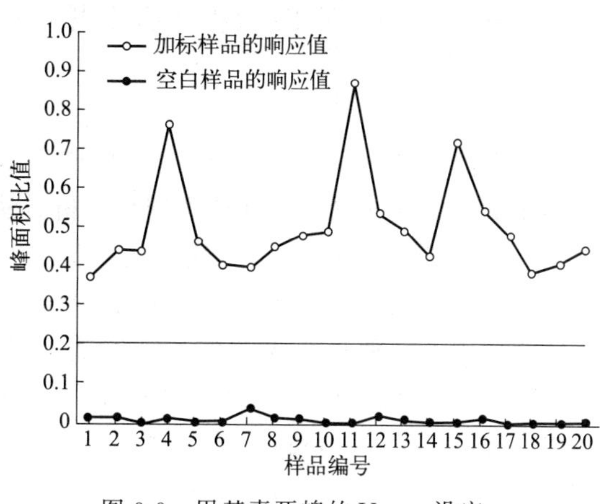

图9-9 甲基毒死蜱的 $V_{cut\text{-}off}$ 设定

小麦面粉中400种农药的筛查结果表明，所有化合物的假阳性率和假阴性率均低于5%，满足CRLs 2010/01/20[73]对筛查结果的要求。

4. 结论

实验建立了一种针对小麦面粉中400种农药残留的多组分筛查方法。方法选择了QuEChERS作为样品前处理方法，然后借助于高分辨质谱数据库对数据进行自动匹配，对比了特征离子的匹配数量、保留时间、精确质量数、共流出参数和提取特征离子的数量，最终完成化合物的定性工作。方法在筛查工作流中使用了截止值法，以20%作为截止值，保证了400种农药在目标筛查浓度为4μg/kg、假阴性和假阳性率都低于5%的情况下被成功筛查。方法中使用了峰面积的比值作为阴性和阳性样品中化合物的响应值，很好地降低了仪器波动对长周期筛查工作的影响。此方法覆盖的农药种类多、数量大，得益于GC-Q/TOF MS扫描速度快、高通量的优势，方法可以在一个运行周期内完成小麦面粉中400种化合物的筛查工作，在目前对小麦面粉中农药残留的分析研究领域处于领先位置。

二、LC-Q/TOF在农残分析中的应用

采用LC-Q/TOF MS检测水果蔬菜中的农药残留较早的报道在2007年，Félix Hernández等[74]以不同水果中两种农药的测定为例，对LC-Q/TOF MS技术对食品中农药筛查及确证能力进行了研究。Wang和Leung[75]应用LC-Q/TOF MS以全扫描模式对农药进行筛查，建立了基于水果蔬菜的婴幼儿辅食中138种农药的分析方法。张建莹等[43]利用改进的QuEChERS法净化，基于LC-Q/TOF MS开展了苹果和生菜中248种农药的筛查和测定，采用SWATH分窗口式数据非依赖性质谱采集技术，获得了复杂基质中痕量农药的高灵敏度二级质谱图，248种农药的定量限均达到0.01mg/kg。门雪等[46]采用改进的QuEChERS法结合LC-Q/TOF MS检测了4种热带水果（芒果、香蕉、释迦、莲雾）中33种新烟碱类杀虫剂和杀菌剂农药。除了直接食用的水果蔬菜之外，果蔬汁、脱水蔬菜包、茶叶、蜂蜜等制品中的农药残留检测也有相关报道。

以下分别以果蔬[43]及茶叶中[76]的两个农残分析实例以及农业农村部农产品质量安全监督检测中心（南宁）于2021年采用LC-Q/TOF MS在农残例行监测中的方法进行具体介绍。

（一）QuEChERS-液相色谱-四极杆-飞行时间质谱法快速筛查苹果与生菜中248种农药残留[43]

1.方法简介

基于液相色谱-四极杆-飞行时间质谱（LC-Q/TOF MS）建立了苹果和生菜中248种农药残留的同时快速筛查、确证和定量分析方法。样品经10mL乙腈和5mL 0.1%乙酸水溶液提取，改进QuEChERS法净化，电喷雾电离，正离子扫描，SWATH-MS扫描模式检测，基质匹配外标法定量；建立了一级精确质量数据库、色谱保留时间和二级质谱库，实现了苹果、生菜中248种目标农药的快速筛查和确证。在0.010～0.200mg/L质量浓度范围内，248种目标化合物的线性关系良好（R^2>0.99），定量限均为0.010mg/kg。苹果、生菜中0.010mg/kg、0.050mg/kg和0.100mg/kg 3个加标水平下的平均回收率分别为25.2%～128%、32.4%～132%和28.9%～133%，相对标准偏差（RSD）为0.98%～21.2%。该方法操作简便、耗时短、灵敏度高、稳定性好，适用于苹果和生菜中农药残留的筛查检测及定量分析，可显著降低检测成本，具有实际应用价值。

2.实验方法

（1）样品前处理　准确称取10g（精确至0.01g）新鲜苹果、生菜样品于50mL塑料离心管中，加入10mL乙腈和5mL 0.1%乙酸水溶液，涡旋振荡1min，9500r/min离心10min。吸取上清液至另一个50mL离心管中，加入2g NaCl，涡旋振荡1min，9500r/min离心10min。

移取3mL上清液置于装有净化剂粉末的离心管中（500mg $MgSO_4$，90mg PSA，90mg C_{18}），振荡混匀3min，9500r/min离心10min，过有机滤膜后，HPLC-QTOF/MS检测。

（2）色谱及质谱条件　液相色谱-四极杆飞行时间质谱仪（SCIEX X500R Q TOF，美国AB SCIEX公司）；色谱柱：Accucore aQ，2.6μm，150mm×2.1mm（id）（美国ThermoFisher公司）。流动相：A为0.005mol/L甲酸铵水溶液；B为0.005mol/L甲酸铵甲醇溶液。梯度洗脱程序：0～1.0min，5%B；1.0～3.0min，5%～40%B；3.0～20.0min，40%～80%B；20.0～24.0min，80%～95%B；24.0～28.0min，95%B；28.0～28.1min，95%～5%B；28.1～33.0min，5%B。流速：0.4mL/min。进样量：10μL。

离子源和气体参数：采用HESI离子化方式；喷雾电压5500V；毛细管温度325℃；加热器温度550℃；Gas1 55psi；Gas2 60psi；气帘气35unit；CAD Gas 7unit；扫描模式：SWATH/TOF-MS/TOF-MS/MS；正离子采集模式。TOF-MS参数：采集范围80～900 m/z；DP电压：75V；碰撞能量5eV；累积时间：0.16s。TOF-MS/MS参数：采集范围80～900 m/z；累积时间：0.06s；电荷数1；质谱扫描参数见表9-2。

表9-2　TOF-MS/MS质谱扫描参数

序号	母离子起始质量数/Da	母离子终止质量数/Da	去簇电压/V	碰撞能(CE)/eV	CE范围/eV
1	80.0000	200.0000	75	35	±15
2	195.0000	220.0000	75	35	±15
3	219.0000	250.0000	75	35	±15
4	249.0000	280.0000	75	35	±15
5	279.0000	310.0000	75	35	±15
6	309.0000	340.0000	75	35	±15

续表

序号	母离子起始质量数/Da	母离子终止质量数/Da	去簇电压/V	碰撞能(CE)/eV	CE范围/eV
7	339.0000	370.0000	75	35	±15
8	369.0000	400.0000	75	35	±15
9	399.0000	440.0000	75	35	±15
10	439.0000	500.0000	75	35	±15
11	499.0000	900.0000	75	35	±15

3.样品前处理方法的优化

(1) 提取溶剂的优化　由于待测的248种农药的极性差异较大，因此在选择提取溶剂时要考虑溶剂性质、农药性质和基质特点。乙腈的溶解性好，渗透力强，适合提取的农药极性范围相对广泛。乙腈通过适当酸化，能促进农药从组织中溶出，改善提取效率。该实验分别考察了乙腈和乙腈-0.1%乙酸水溶液对248种化合物的提取效率，以苹果基质中加标水平为0.100mg/kg的目标物的回收率为考察指标。结果表明，乙腈酸化后，辛硫磷的回收率可从80%提高到88%，乐果的回收率从68%提高到79%，敌瘟磷的回收率从72%提高到80%，灭线磷的回收率从60%提高到82%，吡唑醚菌酯的回收率从76%提高到87%，保棉磷的回收率从63%提高到75%，多菌灵的回收率从75%提高到88%。因此实验选择10mL乙腈+5mL 0.1%乙酸水作为提取溶剂。

(2) 净化条件的选择　由于苹果样品中含有较多的有机酸、糖类物质、维生素等，这些物质在提取过程中会与被测农药一起被提取出来。QuEChERS法的常用吸附剂有PSA、C_{18}及石墨化炭黑(GCB)等，可实现对基质中的色素、有机酸、脂肪酸和强阴离子等多种组分的净化。实验以苹果为样品基质，考察了待净化液中无水$MgSO_4$、PSA和C_{18}的加入量对目标化合物回收率的影响。选用了32种代表性农药作为优化净化条件的研究对象，其中包括有机磷类农药(如保棉磷、乐果、氧乐果等)、氨基甲酸酯类农药(如克百威、灭害威等)、烟碱类农药(如吡虫啉等)等，涵盖各个保留时间段。

参考欧盟EN 15662—2008方法，确定无水$MgSO_4$的添加量为500mg。针对PSA吸附剂的加入量，分别比较了PSA添加量为50mg、60mg、70mg、80mg、90mg、100mg时的回收率，综合净化效果和回收率实验结果，选择PSA添加量为90mg，248种农药中绝大部分农药的回收率较好，平均回收率为48.6%～107%。针对C_{18}吸附剂的加入量，比较了C_{18}添加量分别为50mg、60mg、70mg、80mg、90mg、100mg时的回收率，结果表明，C_{18}添加量为90mg时，248种农药的平均回收率为85.5%～114%。综上，实验最终确定无水$MgSO_4$、PSA、C_{18}的用量分别为500mg、90mg、90mg。

4.色谱条件的优化

由于实验中选择的248种目标农药的性质和极性差异较大，因此选取了反相键合相、使用极性基团封端的Accucore aQ色谱柱，既可保留弱极性化合物，又可以保留和分离极性化合物。为了选择合适的流动相，对248种物质分别在乙腈-水与甲醇-水流动相体系(水相和有机相中均分别添加0.1%甲酸、5mmol/L乙酸铵或5mmol/L甲酸铵)的色谱分离效果进行对比研究。

结果显示，不同流动相条件下目标化合物的分离度存在差异，并且质谱响应强弱不同。甲醇流动相体系下，所有目标物在2.63～22.97min之间出峰，较多化合物在甲醇流动相体系中响应值较强。灭蝇胺在乙腈-水流动相条件下无保留，而在甲醇-水流动相条件下保留情况良好，可能是由于乙腈和甲醇的洗脱能力以及黏度差异导致。较多化合物在甲醇（含5mmol/L 甲酸铵)-水（含 5mmol/L 甲酸铵）流动相体系下的色谱保留较好且质谱响应值高。因此，实验采用 5mmol/L 甲酸铵水溶液-甲醇（含 5mmol/L 甲酸铵）作为最优流动相。

5. 质谱条件的优化

（1）分辨率的选择　质谱在合适的分辨率下可以实现目标化合物与基质中同质异素干扰物的基线分离，从而获得更为准确的定性能力。一级质谱在分辨率＞20000，且质谱精确度＜5ppm 时，可实现目标物与干扰物质完全基线分离，有效地去除基质干扰，提取离子色谱图清晰完整，可进行准确定性和定量。该实验中，一级质谱和二级质谱均采用≥35000 的分辨率，得到的谱图既有母离子的精确质量数，又有二级质谱全扫描信息，完全满足定性和定量要求。图 9-10 为采用 SWATH 扫描方式得到的多菌灵全扫描色谱图、TOF-MS 质谱图和 TOF-MS/MS 质谱图。

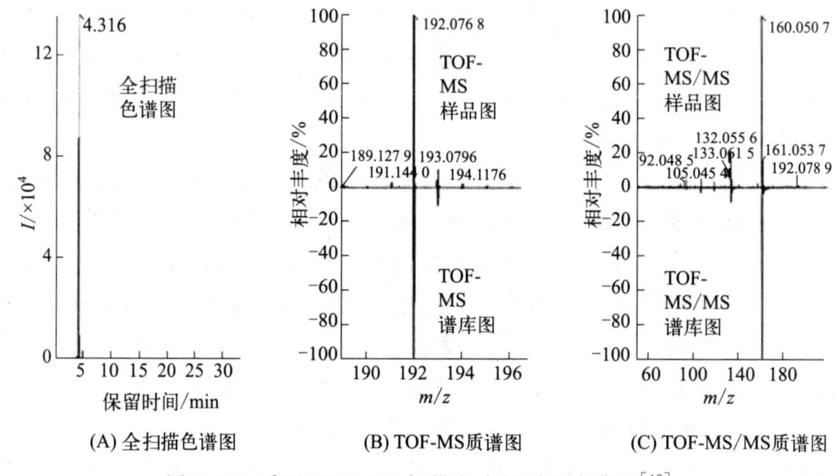

图 9-10　采用 SWATH 扫描方式得到的多菌灵[43]

（2）母离子加合形式的选择　离子源为电喷雾电离源，数据在正模式下采集，有 243 种化合物母离子加合形式为 $[M+H]^+$，5 种化合物加合形式为 $[M+NH_4]^+$。

（3）一级精确质量数据库　在优化的色谱-质谱条件下进样，对 248 种化合物先进行一级质谱全扫描，获得目标物的保留时间、母离子质荷比、质量偏差以及离子化形式等信息。在软件中输入化合物的名称、分子式、保留时间、理论分子量、实验分子量、质量精度、定量限等信息，建立 248 种化合物的一级精确质量数据库（具体数据见原文［43］）。

（4）二级质谱库　根据欧盟最新版《食品饲料中农残分析的质量控制和方法确认的指导文件》(SANTE/11945/2015)[70]的决议，使用高分辨质谱确证时，至少需 1 个高分辨母离子及 1 个特征碎片离子，且质量偏差≤5ppm。该实验通过 1 个高分辨母离子及二级谱图的匹配度进行确证，同时母离子和碎片离子的质量偏差均≤5ppm。目标物在保留时间窗口的响应值超过阈值，则自动触发在不同碰撞能量下（20eV、35eV、50eV）采集并叠加二级碎片谱图，由此建立该化合物的二级信息谱库。以多菌灵为例，其全扫描色谱图、TOF-MS 和 TOF-MS/MS 质谱图见图 9-10，在扣除背景干扰后，母离子、二级谱图匹配度≥80%，则显示确证通过。如果母离子、二级谱图匹配度＜80%，但是≥60%，则需再通过保留时间、同位素匹配度等因素进一步确证。

6. 方法学验证

（1）定性方法的准确度及精密度　在空白样品中添加248种化合物的标准溶液（0.05mg/L）作为样品进行测定。结果表明，248种化合物的精确质量数的偏差在$0.06\times10^{-6}\sim1.76\times10^{-6}$之间，二级全扫描质谱图的匹配度在87%以上。

（2）方法的线性方程和定量限　该方法在快速筛查的基础上通过提取一级质谱的精确分子量进行定量，从而实现同步定量分析，每个化合物采集点数均可在20个以上，保证定量结果的准确性。以各种空白基质标准溶液绘制标准曲线，质量浓度分别为0.010mg/L、0.025mg/L、0.050mg/L、0.100mg/L、0.200mg/L。以峰面积为纵坐标，质量浓度为横坐标，各目标化合物在0.010～0.200mg/L范围内线性关系良好，决定系数（R^2）≥0.99。

方法的定量限是基于回收率和RSD满足欧盟SANTE/11945/2015[70]要求的最低试验添加水平且加标样品的定量离子对色谱信号≥10倍信噪比（$S/N\geqslant10$）的要求得到的。加标试验结果显示，248种农药的定量限均为0.010mg/kg。

（3）加标回收率与精密度　分别采用空白的苹果和生菜样品作为验证基质，各农药加标水平分别为0.010mg/kg、0.050mg/kg、0.100mg/kg，每个水平6次平行。按方法中测定步骤操作，外标法定量，计算每种基质的回收率范围和精密度。248种农药在苹果中3个加标水平下的平均回收率分别为28.2%～128%、37.2%～132%和30.5%～133%，相对标准偏差（RSD）为1.6%～19.8%（$n=6$）；在生菜中3个加标水平下的平均回收率分别为25.2%～121%、32.4%～112%和28.9%～103%，RSD为0.98%～21.2%（$n=6$）。

（4）基质效应　基质效应是残留质谱检测中普遍存在的现象。基质效应的消除方法，一是在前处理时尽量将样品处理干净，二是在仪器分析时采用基质匹配标准溶液作校准曲线，三是采用内标法进行校正。因实验涉及的农药品种较多，每种均采用本身同位素作为内标不太现实，而采用性质相近的物质作为内标会存在一定的偏差；因此方法采用基质匹配标准曲线来消除基质效应。

7. 结论

利用高效液相色谱-四极杆-飞行时间质谱对苹果和生菜中248种农药残留进行测定，35min内可完成248种农药的高通量筛选和确认。高分辨率质谱在样品分析中消除了基质干扰，结合改进的QuEChERS前处理方法，极大提高了方法定性的准确性和定量限水平。以精确分子量、二级质谱图和相对保留时间为基础，构建了248种农药筛查数据库，建立了248种农药的快速筛查和确证方法。该方法作为一种农残快速筛选和确证检测技术，可在蔬菜水果中的农药残留筛查和确认中广泛应用。

（二）QuEChERS-液相色谱/四极杆-飞行时间质谱分析茶叶中的农药残留[76]

1. 方法简介

建立了液相色谱-四极杆飞行时间串联质谱技术检测茶叶中18种农药（久效磷、敌百虫、磷胺、对氧磷、杀扑磷、嘧菌酯、腈菌唑、三唑磷、丙线磷、苯线磷、杀虫畏、稻丰散、毒虫畏、丙环唑、异丙胺磷、吡唑硫磷、伏杀磷、烯丙菊酯）的残留筛查方法，大部分农药化合物在28min内实现基线分离，结合精确质量数和保留时间信息，能够实现各组分的准确定性；在最优的色谱-质谱条件下，待测物在2～1000ng/mL范围内线性关系良好，检测限介于0.50～8.00ng/mL之间。采用快速样品前处理技术（QuEChERS）快速提取茶粉，各种样品的加标回收率均大于 84.2%。方法具有灵敏度高、回收率好、检测简便等优点，能够满足茶叶中多种类农残快速分析的要求。

2. 实验方法

（1）标准溶液配制和工作曲线绘制　用甲醇溶液分别将 18 种农药的标准溶液稀释成 25mg/mL 的单标储备液，再用甲醇配制成质量浓度为 1μg/mL 的混合标准溶液，4℃避光保存。将 1μg/mL 的混标溶液用甲醇准确稀释成一系列质量浓度，在最优条件下测定，根据峰面积与相应质量浓度的关系绘制工作曲线。

（2）样品前处理　称取 5.00g 茶粉样品置于 50mL 塑料离心管中，分别加入 10mL 去离子水和 10mL 含 0.1%乙酸的乙腈，混合均匀，加入 QuEChERS 试剂盒中的 Agilent Bond Elut 提取试剂盒，快速振荡 2min，于 8000r/min 离心 3min，取上清液 2mL，加入 Agilent Bond Elut 净化试剂盒，于 8000r/min 离心 3min，取上清液 1mL，过滤膜待测。

（3）色谱-质谱条件　采用 1260 系列液相色谱和 G6520 型四极杆-飞行时间质谱仪（美国 Agilent 公司），Hypersil GOLD aQ C_{18} 色谱柱［250mm × 3mm，5μm（id）；Thermo Scientific 公司］；柱温 25℃；进样体积 10μL；流动相 A 为去离子水，流动相 B 为甲醇；流速 0.5mL/min。梯度洗脱程序：0～3min，60%B；3～8min，60%～70%B；8～16min，70%～65%B；16～20min，65%～70%B；20～21min，70%B；21～23min，70%～80%B；23.01min，60%B，保持 7min。正离子扫描（ESI+）；多反应监测（MRM）；干燥气温度 325℃；干燥气流量 8L/min；雾化气压力 241.325kPa；碎裂电压 135V。18 种农药的质谱采集参数见表 9-3。

表 9-3　18 种农药的质谱采集参数

序号	化合物	保留时间/min	分子量	质谱信息	
				m/z（实测值）	离子形式
1	久效磷	3.09	223.0610	246.0502	$[M+Na]^+$
2	敌百虫	3.61	256.9299	278.9118	$[M+Na]^+$
3	磷胺	4.07	299.0689	322.0582	$[M+Na]^+$
4	对氧磷	6.98	275.0559	298.0451	$[M+Na]^+$
5	杀扑磷	8.78	301.9619	324.9511	$[M+Na]^+$
6	嘧菌酯	9.61	403.1168	404.1241	$[M+H]^+$
7	腈菌唑	11.77	288.1142	289.1215	$[M+H]^+$
8	三唑磷	12.37	313.0650	314.0723	$[M+H]^+$
9	丙线磷	12.67	242.0564	265.0456	$[M+Na]^+$
10	苯线磷	14.83	303.1058	326.0950	$[M+Na]^+$
11	杀虫畏	15.77	363.8993	386.8885	$[M+Na]^+$
12	稻丰散	16.35	320.0306	343.0198	$[M+Na]^+$
13	毒虫畏	18.78	357.9695	380.9587	$[M+Na]^+$
14	丙环唑	19.56/20.47	341.0698	342.0771	$[M+H]^+$

续表

序号	化合物	保留时间/min	分子量	质谱信息	
				m/z(实测值)	离子形式
15	异丙胺磷	21.33	345.1164	368.1056	$[M+Na]^+$
16	吡唑硫磷	22.88	360.0464	383.0356	$[M+Na]^+$
17	伏杀磷	23.41	366.9869	389.9761	$[M+Na]^+$
18	烯丙菊酯	26.87	302.1882	325.1774	$[M+Na]^+$

3. 结果与讨论

(1) 色谱条件的优化　为保证18种物质能达到较好的分离效果，采用单因素实验法分别考察流动相组成、流速、柱温和梯度洗脱程序等因素对色谱分离的影响，重点对流动相方案进行优化，试验了甲醇-水、乙腈-水作为流动相对目标物分离效果的影响。结果表明，当有机相为甲醇时，大部分组分的峰形更为尖锐对称；进一步考察水相添加剂（甲酸或甲酸铵）对分离效果的影响，如图9-11所示，水相中加入甲酸或甲酸铵，腈菌唑和三唑磷（8号和9号峰）分离度较差。因此，确定甲醇-水溶液作为流动相，并采用梯度洗脱程序以获得更好的分离效率。

增大流速能有效提高分离效率，但过高的流速会导致质谱离子化效果变差。实验固定其他条件不变，考察流速0.3～0.6mL/min对化合物分离效果的影响。综合考虑色谱分离度和质谱响应，最终确定0.5mL/min为最佳流速。然后考察了25～40℃范围内柱温对分离效果的影响，实验发现，柱温对上述化合物的总体分离效果影响很小，故选择25℃作为分离体系的柱温。

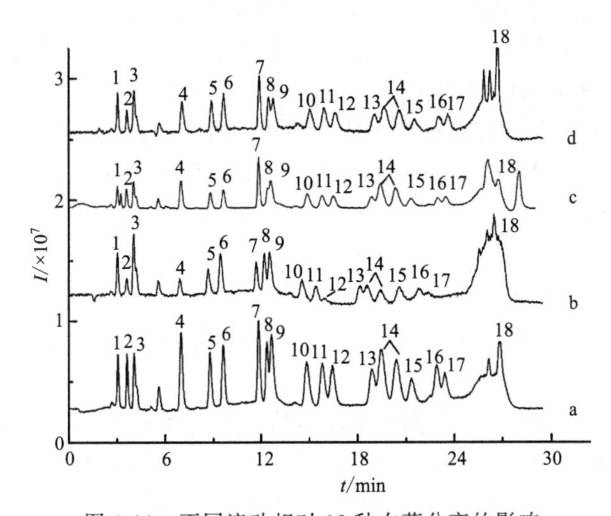

图9-11　不同流动相对18种农药分离的影响

a为甲醇-水；b为乙腈-水；c为甲醇-0.5%甲酸；d为甲醇-5mmol/L甲酸铵。
1～18号色谱峰分别为久效磷、敌百虫、磷胺、对氧磷、杀扑磷、嘧菌酯、腈菌唑、三唑磷、丙线磷、苯线磷、杀虫畏、稻丰散、毒虫畏、丙环唑、异丙胺磷、吡唑硫磷、伏杀磷、烯丙菊酯

(2) 质谱响应情况　实验对比了目标物在ESI正负检测模式下的响应情况。鉴于18种农药结构中大多含有N、P等杂原子，易形成$[M+H]^+$、$[M+Na]^+$等加合离子，适合用ESI（+）检测，其中，嘧菌酯、腈菌唑、三唑磷、丙环唑等4种物质选择$[M+H]^+$形式

定性定量，其他14种物质选择响应更强的［M＋Na］$^+$形式。丙环唑可能存在同分异构体，在19.56min、20.47min都有较强信号。在优化的条件下，18种组分的提取离子色谱图（EIC）见图9-12。

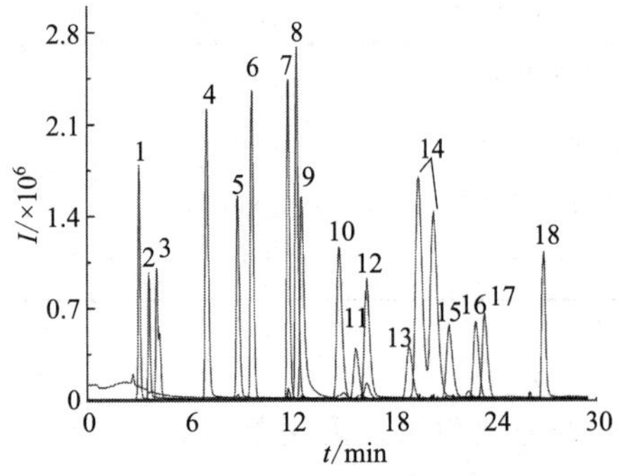

图9-12　18种农药的最优EIC谱图
出峰序号同图9-11

（3）方法确证　方法线性关系良好（$R^2 \geqslant 0.9971$），检测限介于0.50～8.00ng/mL之间。选取10ng/mL进行精密度实验，日内和日间的RSD均小于8%（$n=5$），表明方法具有良好的稳定性和重现性。选择固定批次的红茶和绿茶各一份样品，分别加入低、中、高（10ng/mL、80ng/mL、800ng/mL）3种质量浓度的混标样品，计算加标样品的回收率和RSD值。结果表明，红茶样品的加标回收率在84.2%～122.3%之间，RSD值为0.3%～6.2%；绿茶样品的加标回收率在95.1%～121.0%之间，RSD值为0.6%～6.1%。

（4）实际样品分析　分别取3批次的红茶和绿茶样品进行测定分析，茶叶样品经提取净化后，仍存在一定的基质干扰，基质中的杂峰与1号峰久效磷、18号峰烯丙菊酯的保留时间非常接近，但通过提取精确信息显示，实际样品均未测得18种农药化合物。

4. 结论

采用QuChERS方法结合高效液相色谱-四极杆飞行时间质谱技术，建立了不同批次茶叶中多种农药残留的定性和定量分析方法，方法定性能力强、准确度高，能够满足茶叶中18种常用农药残留的筛查要求。

（三）QuEChERS-液相色谱/四极杆-飞行时间质谱在例行监测中的应用

2021年以来，农业农村部农产品质量安全检测中心（南宁）同时采用液相色谱/四极杆-飞行时间质谱仪和三重四极杆液相色谱质谱联用仪，针对农产品中的农药残留例行监测项目，开发建立了一种切实可行的农药多残留筛查和准确定量的分析方法，并对建立的方法进行了实际应用和验证，累计检测三千多批次样品，检测项目采用国家标准方法，并利用自带数据库进行检索匹配。

1. 方法简介

采用中华人民共和国国家标准GB 23200.121—2021《食品安全国家标准 植物源性食品中331种农药及其代谢物残留量的测定 液相色谱-质谱联用法》“7.1蔬菜、水果、食用菌和糖料”的分析方法。

称取10g（精确至0.01g）试样于50mL塑料离心管中，加入10mL乙腈及1颗陶瓷均质子，剧烈振荡1min，加入4g无水硫酸镁、1g柠檬酸钠二水化合物、0.5g柠檬酸二钠盐倍半水合物，剧烈振荡1min后4200r/min离心5min。定量吸取6mL上清液置于含除水剂和净化剂的塑料离心管中（900mg无水硫酸镁，150mg PSA）。涡旋混匀1min，4200r/min离心5min，取上清液过0.22μm微孔滤膜，待进样分析。

蔬菜重点抽检瓜果类（黄瓜、苦瓜、番茄、辣椒、茄子、丝瓜）、叶菜类［芥菜、菜心、蕹菜、芹菜、苦麦菜、生菜、白菜类（即包括大白菜及小白菜、上海青、快菜等普通白菜）］、根茎类（茎用莴苣、萝卜、莲藕、姜）、豆类（豇豆即豆角、四季豆）以及其他类（韭菜、葱、芫荽）。水果重点抽检柑橘类（包括皇帝柑、蜜橘、砂糖橘、橙子、沃柑、金橘）、浆果类（包括葡萄、草莓、火龙果、西番莲）以及核果类（包括龙眼、荔枝、芒果）。

蔬菜监测农药项目为甲胺磷、乙酰甲胺磷、甲拌磷、氧乐果、毒死蜱、特丁硫磷、三唑磷、水胺硫磷、治螟磷、乐果、甲基异柳磷、联苯菊酯、氯氟氰菊酯、氟氯氰菊酯、氯氰菊酯、甲氰菊酯、溴氰菊酯、三唑酮、百菌清、腐霉利、丙溴磷、多菌灵、氟虫腈、啶虫脒、苯醚甲环唑、阿维菌素、甲氨基阿维菌素苯甲酸盐、氟啶脲、灭幼脲、灭蝇胺、克百威、噻虫嗪、甲霜灵、霜霉威、吡唑醚菌酯、氯吡脲、嘧霉胺、吡虫啉、呋虫胺、虱螨脲、倍硫磷和抑霉唑共42种农药。

水果样品监测农药项目为甲胺磷、乙酰甲胺磷、甲拌磷、氧乐果、毒死蜱、敌敌畏、三唑磷、水胺硫磷、丙溴磷、乐果、甲基异柳磷、甲基毒死蜱、氯氰菊酯、氰戊菊酯、甲氰菊酯、氯氟氰菊酯、溴氰菊酯、联苯菊酯、异菌脲、腐霉利、克百威、涕灭威、阿维菌素、甲氨基阿维菌素苯甲酸盐、啶虫脒、烯酰吗啉、吡唑醚菌酯、炔螨特（克螨特）、乙螨唑、嘧菌酯、噻虫胺、噻虫嗪、丙环唑、螺虫乙酯、氟虫腈、哒螨灵、苯醚甲环唑、四螨嗪、虫螨腈、倍硫磷、抑霉唑和咪鲜胺共42种农药。

2. 仪器条件

（1）超高效液相色谱四极杆飞行时间高分辨质谱仪器条件　采用UHPLC-Q/TOF MS/MS X500R超高效液相色谱四极杆飞行时间高分辨质谱仪（美国SCIEX公司），色谱柱为Waters ACQUITY UPLC BEH C_{18}（2.1mm × 100mm，1.7μm）。液相色谱条件：柱温40℃；进样量2μL；流速0.4mL/min；流动相A为含0.1%甲酸水，流动相B为含0.1%甲酸的乙腈。洗脱梯度为：0～1.0min，5%B；1.0～2.0min，5%～20%B；2.0～4.0min，20%B；4.0～8.0min，20%～50%B；8.0～12.0min，50%～80%B；12.0～17.0min，80%B；17.0～19.0min，80%～95%B；19.0～22.0min，95%B；22.0～22.5min，95%～5%B；22.5～25.0min，5%B。

质谱条件：ESI正离子模式，离子源温度为550℃，雾化气为氮气，雾化气压力为45psi，干燥气压力为50psi，气帘气压力为35psi，离子源电压为5500V；扫描模式：IDA；一级离子扫描范围：80～1000Da，碰撞能为10V，去簇电压为80V；二级离子扫描范围：50～1000Da，最大候选离子数为10，碰撞能35V。

（2）超高效液相色谱三重四极杆液质联用仪器条件　采用LCMS-8050超高效液相三重四极杆液质联用仪（日本岛津公司），色谱柱为Waters BEH C_{18}（2.0mm × 50mm，1.7μm）。柱温：40℃；流动相A为含2mmol甲酸铵和0.01%甲酸的超纯水，流动相B为含2mmol甲酸铵和0.01%甲酸的乙腈；流量：0.40mL/min；进样量：2μL；洗脱梯度：0～0.01min，90%A；0.01～2.0min，50%A；2.0～4.0min，25%A；4.0～5.0min，5%A；5.0～7.0min，5%A；7.0～7.1min，90%A；7.1～10.0min，90%A。

质谱条件：离子化模式为ESI+和ESI−，扫描方式为MRM，接口温度为300℃，接口电压为3.0kV，脱溶剂温度为526℃，雾化气流量为3.0L/min，干燥气流量为10L/min，加热气流量为10L/min，脱溶剂管（DL）温度为150℃，加热块温度为400℃，诱导碰撞气（CID）压力为270kPa。

3. 定性和定量方法

使用液相色谱三重四极杆质谱联用仪对例行监测专项参数进行定性和定量检测，再使用液相色谱四极杆飞行时间质谱联用仪对样品进行进一步定性筛查，将筛查结果与三重四极杆的定性结果进行比对，进一步排除假阳性。

LCMS-8050超高效液相三重四极杆液质联用仪通过与标准品对比保留时间和离子丰度比进行定性。MRM方法采用岛津方法库（包含615种农药）自带离子对参数，通过优化每个化合物采集时间，确保每个化合物的峰均有足够的采集点数。对超标样品进行复测，结果差异在标准规定范围内即确认为阳性样品。

UHPLC-QTOF MS/MS X500R超高效液相色谱四极杆飞行时间高分辨质谱仪定性采用IDA模式采集数据，设置最大候选离子数为10，扣除动态背景，采集的数据通用性较好，灵敏度高，干扰较小；进样过程中每5针样品进行一次质量轴校正。使用MQ4数据处理方式对化合物进行积分，加载SCIEX数据库（包含814种农药）进行比对，使用智能匹配模式，通过对比母离子质量偏差程度、一级同位素和二级质谱图匹配程度对检出农药进行定性，三者均符合可判定为检出。

通过对3000多批次例行监测项目的检测，两台质谱联合的方法筛查出未纳入监测参数的阳性农药包括多效唑、戊唑醇、肟菌酯、抑霉唑、倍硫磷等。对于这些阳性农药使用超高效液相三重四极杆液质联用仪进行定量，每10个样品添加一个质控样，每批次做一个空白。标准物质配制通常为5个浓度，浓度跨度范围为3个数量级，线性范围至少为0.995。通过比对样品与标准品的保留时间和离子丰度比进行定性，通过对比峰面积进行定量。

4. 结论

利用飞行时间高分辨质谱仪和三重四极杆液质联用仪联合进行筛查，不仅提高了对目标化合物的定性定量能力，减少假阳性和假阴性的发生，而且还发现了例行监测项目中未涉及的农药项目，包括多效唑、戊唑醇、肟菌酯、抑霉唑、倍硫磷等，将未纳入定量检测但检出较多的农药进行汇总分析，可以为下一年度的食品安全监测参数提出建设性意见。该方法充分体现了四极杆-飞行时间质谱仪器筛查未知化合物的优点，既能确保未知化合物被正确检出和鉴定，同时又能保持极低浓度组分的质量准确性。该方法提供了一种最终结果具有较高可信度的非目标化合物的筛查和研究解决方案，有利于及时发现风险隐患，支撑监管部门采取决策决断，守卫舌尖上的安全。

三、GC/LC-Q-TOF联合使用案例

LC-Q-TOF MS适合分析不易挥发和中等极性或强极性的化合物，而GC-Q-TOF MS适合分析挥发性或半挥发性和非极性或弱极性的化合物，两种技术具有各自适合的范围。因此，将LC-Q-TOF MS和GC-Q-TOF MS两种技术联用，是高通量、非靶向的农药多残留筛查的发展趋势。GC/LC-Q-TOF MS相结合的筛查技术具有筛查范围广、对目标化合物定量准确、对基质适用范围广以及灵敏度高的筛查优势。

Pang等[54]将液相色谱-四极杆串联飞行时间质谱（LC-Q-TOF MS）和气相色谱-四极杆串联飞行时间质谱（GC-Q-TOF MS）技术相结合用于测定水果和蔬菜中733种农药及环境污染物的残留，前处理方法采用QuEChERS提取，结合SPE小柱净化，结果表明，该组合技术具有高通量、高分辨率和非靶向筛选的优点，单独使用LC-Q-TOF MS技术还能够建立525种农药的准确质量数据库。下面以该实验为例，介绍GC/LC-Q-TOF联合使用在农药分析中的开发应用及其特点。

（一）方法简介

采用QuEChERS提取，结合SPE小柱净化，通过创建LC-Q-TOF MS（525种农药）和GC-Q-TOF MS（485种农药和209种多氯联苯）两大精确质量数据库，开发了一次样品

制备、两种高分辨质谱联用同时检测733种农药及化学污染物残留的检测方法。通过8种代表性水果蔬菜对联用技术的筛查农药范围、灵敏度、回收率和重现性等方法效能的评价，显示出这项联用技术有三方面优势：①两种技术联用与单种技术相比，其筛查能力分别提高了51.1%（GC-Q-TOF MS，485种）和39.6%（LC-Q-TOF MS，525种）；②采用联用技术，78%的农药筛查限（SDL）低于10μg/kg，满足国际“一律标准”的筛查要求，部分农药可根据技术优选最佳SDL，进一步提高方法的灵敏度；③采用联用技术，8种基质中符合回收率60%～120%且RSD<20%的农药数量远高于单一技术，方法的筛查准确性明显提高。

利用所建立的联用技术，研究人员在2012～2017年对我国14个果蔬产区1384个采样点、18类134种果蔬共38138例样品进行了疑似农药的筛查，两种技术联用合计检出农药533种，检出频次115891频次，初步查清了中国市售果蔬农药残留的规律性特征。两种技术在联用方面不仅发挥了LC-Q-TOF MS和GC-Q-TOF MS各自独特的优势，而且可以通过共检农药和建立的“内部质量控制标准”互相验证，确保筛查结果的可靠性。

（二）实验方法

1.样品前处理

称取10g样品（精确至0.01g）于80mL具塞离心管中，加入40mL 1%乙酸-乙腈，用高速匀浆机均质处理，转速为12000r/min，匀浆提取1min；再向其中加入1g NaCl、4g无水$MgSO_4$，振荡器振荡10min；在4200r/min下离心5min，取上清液20mL至鸡心瓶中，在40℃水浴中旋转蒸发浓缩至约2mL，待净化。

将提取液采用固相萃取小柱净化。在Carbon/NH_2柱中加入约2cm高无水Na_2SO_4，用4mL乙腈+甲苯（3∶1，体积比）淋洗SPE柱，并弃去流出液，处理完成后，将样品浓缩液转移至净化柱上，下接鸡心瓶。每次用2mL乙腈+甲苯（3∶1，体积比）洗涤样液瓶三次，并将洗涤液移入SPE柱中。在柱上连接25mL贮液器，用25mL乙腈+甲苯（3∶1，体积比）进行洗脱。洗脱完成后，在40℃水浴中旋转浓缩至约0.5mL。将浓缩液置于氮气下吹干，加入2mL的乙腈+甲苯（3∶1，体积比），超声复溶并混匀，平均分成两份，各1mL，均在氮气下吹干。分别用1mL 1%甲酸乙腈+水（2∶8，体积比）和1mL正己烷定容，经0.22μm滤膜过滤后，分别供LC-Q-TOF MS和GC-Q-TOF MS筛查[77,78]。

2.数据库构建与数字化筛查技术的建立

（1）LC-Q-TOF MS数据库的构建　向LC-Q-TOF MS仪器注入10μL浓度为1mg/L的单标溶液，在MS模式下进行测定，用定性软件“Find by Formula”功能对实验数据进行处理，当目标化合物得分超过90，精确质量偏差低于5ppm时，认为化合物被识别。记录下该峰在色谱分离条件下的保留时间、离子化形式（$[M+H]^+$、$[M+NH_4]^+$和$[M+Na]^+$）。将每种农药的名称、化学分子式、精确分子量和保留时间录入databases数据文件，建成525种LC-Q-TOF MS的一级精确质量数据库。

然后通过Agilent MassHuter PCDL Manager（B.07.00）建立二级质谱库。在Targeted MS/MS采集界面输入每种农药的母离子、保留时间和8种不同的碰撞能量（CID：5～40），对其进行数据采集。采用“Find by targeted MS/MS”对数据进行处理，得到不同碰撞能下的碎片离子全扫描质谱图，生成CEF格式文件。将CEF格式文件导入PCDL软件中，选择4张最佳碰撞能下的质谱图并与对应的农药信息相对应并保存，建成525种农药的LC-Q-TOFMS二级谱图库。525种农药名称等信息见原文［54］中的Table S1。

（2）GC-Q-TOF MS数据库的构建　首先通过Agilent MassHunter PCDL Manager

(B.07.00) 建立一级质谱库，向 GC-Q-TOF MS 仪器注入 1μL 浓度为 1mg/L 的单标溶液，在 MS 模式下进行测定，在定性软件中打开一级模式全谱数据，记录下该峰在色谱分离条件下的保留时间。在“Search library”功能下使用 NIST 库识别当前的化合物以得到全面的化合物信息，包括名称、分子式、精确分子量以及离子碎片组成信息等。对质谱图上的离子精确质量数信息加以核对、确认。将编辑完成的质谱图和化合物信息发送至 PCDL Manager 软件，并与对应的农药信息相关联，建成 485 种农药化学污染物一级碎片离子谱图库。485 种农药名称等信息见文献 [54] 中的表 S2。

(3) 数字化筛查技术的研发 该研究小组为世界各国常用的 733 种农药及环境污染物的每一种都研究建立了自身独有的电子身份证，从而建立了电子标准替代传统物质标准作参比的方法基础。电子身份证要素：保留时间、一级加合离子精确质量、同位素分布、同位素丰度、二级碎片精确质量数及谱图。将样品采集数据结果与农药质谱数据库自动匹配，实现了方法的高速度 (0.5h)、高通量 (525/485 种农药)、高精度 (0.0001m/z)、高可靠性 (10 个确证点以上)、高度信息化、自动化以及电子化，大大提高了方法效能。

3. 筛查策略

基于数据库和前期该团队已报道的数据库检索条件，采用 MassHunter 软件对水果蔬菜中农药残留进行筛查。对于 LC-Q/TOF MS[77]，首先采用一级精确质量数据库检索，设置相应的检索参数：保留时间限定范围为±0.5min，精确质量偏差为±10ppm，离子化形式选择 $[M+H]^+$、$[M+NH_4]^+$ 和 $[M+Na]^+$ 模式，对数据进行检索。软件会根据化合物精确质量数、保留时间、同位素分布和比例的测定结果，计算其与理论值的偏差，给出检索匹配得分值，对于检索结果得分值≥70，该化合物初步确定为疑似农药。然后对于疑似农药通过二级谱图库检索进行确认，在 Targeted MS/MS 采集模式下，输入疑似农药的母离子、保留时间和最佳的碰撞能量，由仪器测定，将测定结果在 Targeted MS/MS 模式下进行处理，调用处理后的结果在碎片离子谱库中检索，检索参数设置：匹配模式为反相匹配，并在镜像比较下观察匹配结果。其值≥70 即可确认阳性检出。

对于 GC-Q/TOF MS[78]，通过一级谱图库进行检索，采用定性软件 Find Compound By Formula 进行特定保留时间范围的特征离子提取，提取后所有符合检索条件的化合物及其特征离子均可显示出来。此过程中，设定检索条件为：时间提取窗口为 0.25min，质量偏差 10ppm 以内，两个特征离子检出且满足离子丰度比偏差在 30%以内。

4. 定量

采用单点外标法对农药定量。根据农药在水果和蔬菜中的最大残留限量 (MRL)，配制 1.5 倍 MRL 浓度的基质匹配标准溶液，采用单点校正法对目标物定量；如果测定农药的浓度高于 2.25 倍 MRL 值，根据测定结果重新配制相近浓度的基质匹配标准溶液对目标物再次定量。当样品中筛查出农药浓度过高而导致筛查器饱和时，需要将样品基质和基质匹配标准进行同等稀释，然后进行准确定量。

(三) 方法评价方案

为了验证 GC-Q-TOF MS 和 LC-Q-TOF MS 这两种非靶向、高通量农药残留筛查方法的灵敏度、特效性和广泛适用性，选择了 8 种有代表性的水果蔬菜，对上述两种方法进行了效能评价。

1. 基质选择

考虑到市售水果蔬菜的多样性，所以选择了 8 种有代表性的基质，具体包括苹果、葡萄、西瓜、西柚、菠菜、番茄、结球甘蓝和芹菜。这些基质覆盖了仁果类、柑橘类、浆果类、瓜果类水果和叶菜类、茄果类、芸薹属蔬菜。

2.评价方案

对于GC-Q-TOF MS，分别在1μg/kg、5μg/kg、10μg/kg、20μg/kg和50μg/kg共5个浓度水平下进行基质添加实验，考察525种农药的筛查限（screening detection limit，SDL）；同时在5μg/kg、10μg/kg、20μg/kg共3个浓度水平下进行添加回收实验，考察525种农药的回收率和精密度。

对于LC-Q-TOF MS，分别在1μg/kg、5μg/kg、10μg/kg、20μg/kg、50μg/kg和100μg/kg共6个浓度水平下进行基质添加实验，以考察485种农药的筛查限；同时在10μg/kg、50μg/kg和100μg/kg共3个浓度水平下进行添加回收实验，以考察485种农药的回收率和精密度。

3.实际市场样品的测定

所有水果蔬菜样品（$n=38138$）均来自全国各地超市和农贸市场，共计1384个采样点。样品涵盖18类134种水果蔬菜。取水果蔬菜样品的可食部分（去核、去萼），然后将水果蔬菜样品切碎、匀浆后进行样品前处理和测定。

（四）结果与讨论

1.线性范围

选取1～500μg/L浓度区间上的1μg/L、2μg/L、5μg/L、10μg/L、20μg/L、50μg/L、100μg/L、200μg/L、500μg/L 9个浓度点，考察了两种方法的线性相关性（图9-13和图9-14）。

从图9-13可以看出，对于由LC-Q-TOF MS测定的525种农药，在1～500μg/L浓度区间线性相关性都很好（$R^2>0.995$）的农药有305种，占58.1%；在2～500μg/L、5～500μg/L、10～500μg/L、20～500μg/L、50～500μg/L、1～200μg/L、1～100μg/L、2～200μg/L、5～200μg/L、10～200μg/L和20～200μg/L各浓度区间线性相关性很好（$R^2>0.995$）的农药合计189种，占36.0%。从图9-14可以看出，对于由GC-Q-TOF MS测定的485种农药，除了37种灵敏度较低的农药，其余448种农药在各浓度区间线性相关性良好（$R^2>0.995$），占92.4%。

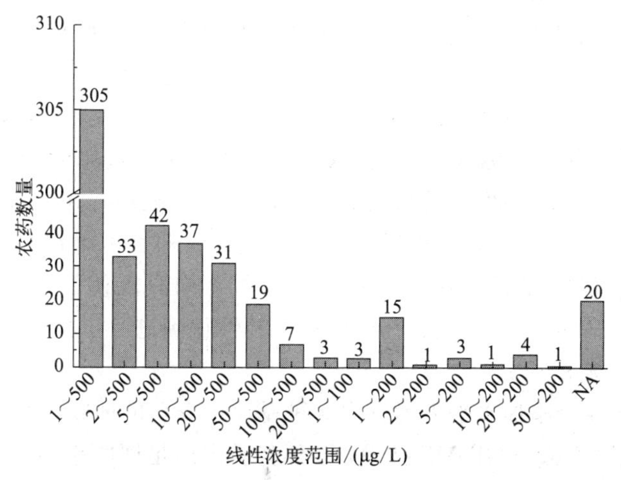

图9-13 由LC-Q-TOF MS测定的525种农药在不同线性浓度范围内的分布情况

NA指无效的[54]

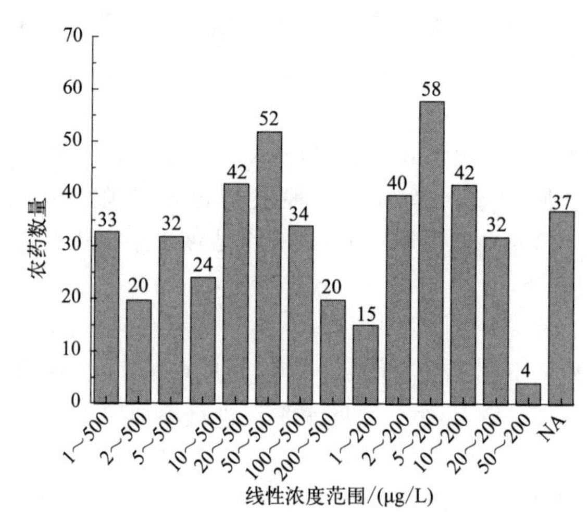

图 9-14 由 GC-Q-TOF MS 测定的 485 种农药在不同线性浓度范围内分布情况[54]
NA 指无效的

2. 筛查限（SDL）

两种技术单用和联用测定了 8 种基质在 1μg/kg、5μg/kg、10μg/kg、20μg/kg、50μg/kg 和 100μg/kg 浓度下 733 种农药的筛查限。具体数据结果可参见文献［54］。从图 9-15 可以看出，就苹果等 8 种基质而论，在 1μg/kg 的筛查限水平，由 LC-Q-TOF MS 筛查出的农药有 256～313 种，而由 GC-Q-TOF MS 筛查出的仅有 71～133 种，表明 LC-Q-TOF MS 在 1μg/kg 的筛查限水平下具有优势。在筛查限为 5μg/kg 时，由 GC-Q-TOF MS 筛查出的农药有 194～253 种，而由 LC-Q-TOF MS 筛查出的农药仅有 66～128 种，这表明 GC-Q-TOF MS 在筛查限为 5μg/kg 时具有优势。当采用国际上的“一律标准”10μg/kg 来作为所有农药的筛查限水平时，可筛查出的农药品种数见图 9-16。图中可以看出，对于 GC-Q-TOF MS 测定的 485 种农药，在 8 种水果蔬菜基质中，葡萄中 SDL≤10μg/kg 的农药数量最多，为 399 种（占农药总数的 82.3%）；芹菜中 SDL≤10μg/kg 的农药数量最少，为 348 种（占农药总数的 71.8%）。对于 LC-Q-TOF MS 测定的 525 种农药，在 8 种水果蔬菜基质中，芹菜中 SDL≤10μg/kg 的农药数量最多，为 430 种（占农药总数的 81.9%）；葡萄中 SDL≤10μg/kg 的农药数量最少，为 384 种（占农药总数的 73.1%）。由此可知，GC-Q-TOF MS 和 LC-Q-TOF MS 两种筛查方法均能确保 70%以上的农药 SDL≤10μg/kg，因此，这两种方法满足国际上最严格的 MRL 标准（10μg/kg）的要求。两种技术联用检测的 733 种化合物中，苹果中 SDL≤10μg/kg 的农药数量为 574 种，西瓜中 SDL≤10μg/kg 的农药数量为 612 种，占比分别为 78.3%和 83.5%。这说明 78%以上的农药都可以在 SDL≤10μg/kg 的水平上被筛查出来，这不仅增加了可筛查的农药品种数，同时也使筛查方法的灵敏度提高了 8%。因此，该筛查方法的高灵敏度、高效性和互补性得到进一步验证。

3. 回收率和相对标准偏差

两种技术单用在 3 个添加水平上筛查出 8 种基质中农药的回收率结果表明，在 10μg/kg 的添加水平上，采用 GC-Q-TOF MS 技术，8 种基质中满足回收率 60%～120%和相对标准偏差（RSD）≤20%的农药数量为 280 种（芹菜）至 352 种（番茄），占比为 57.7%～72.6%；在 5μg/kg 的添加水平上，采用 LC-Q-TOF MS 技术筛查出的农药数量为 292 种

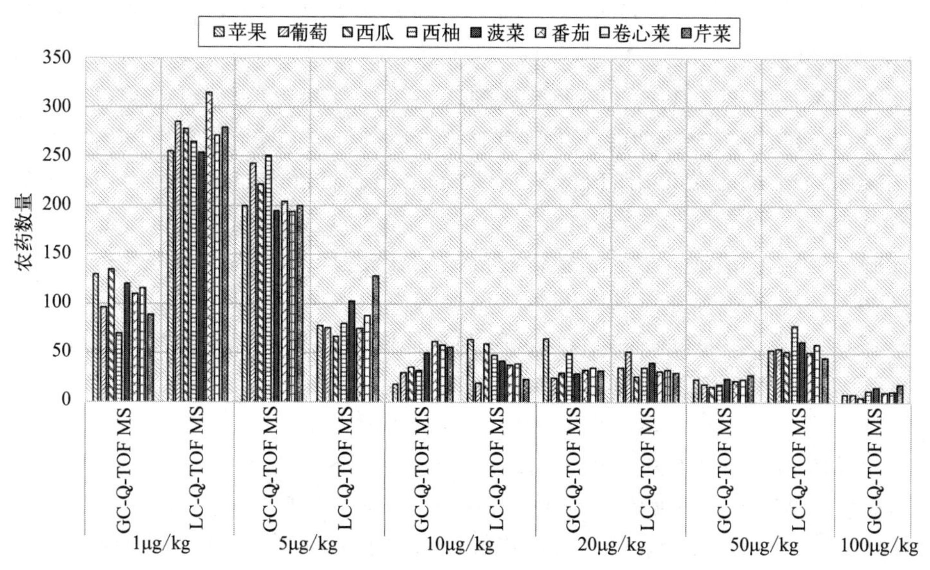

图 9-15 GC-Q-TOF MS和LC-Q-TOF MS两种技术单用检测出的不同浓度水平上8种基质中的农药数量[54]

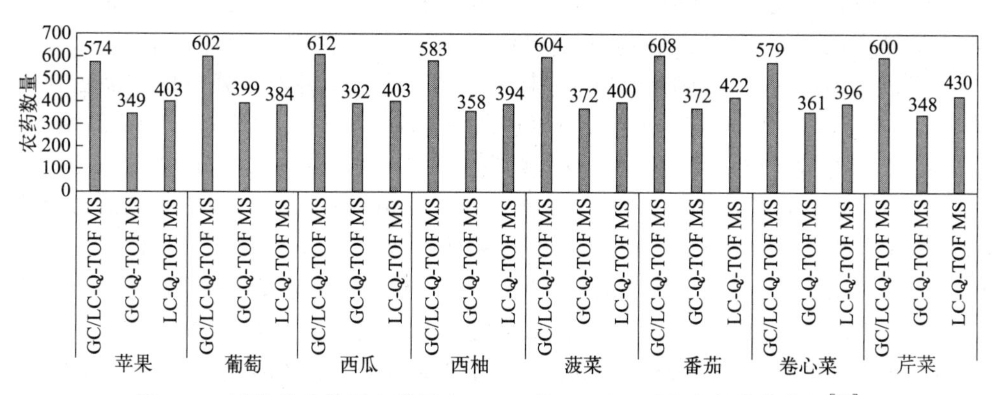

图 9-16 两种技术单用和联用在 SDL ≤ 10μg/kg 时检出的农药数量[54]

（葡萄）至377种（芹菜），占比为55.6%～71.8%。在50μg/kg添加水平上，采用GC-Q-TOF MS技术，筛查出8种基质中满足回收率60%～120%和RSD≤20%的农药数量为317种（西瓜）至403种（番茄），占比为60.4%～77.1%。在100μg/kg的添加水平上，采用GC-Q-TOF MS技术，筛查出8种基质中同时满足回收率60%～120%和RSD≤20%的农药数量为337种（西柚）至416种（番茄），占比为69.5%～85.8%。在20μg/kg的添加水平上，采用LC-Q-TOF MS技术，筛查出的农药数量为366种（西柚）至420种（芹菜），占比为69.7%～80.0%。由此可知，在3个添加水平上，两种技术单用在8种基质中筛查出符合回收率60%～120%和RSD≤20%的农药数量占比55.6%～85.8%，这说明两种技术单用筛查农药的方法具有较高的准确度。对于两种技术联用对733种农药及污染物筛查时，在8种基质中筛查出同时符合回收率60%～120%和RSD≤20%的农药数量为488种（西柚）至566种（番茄），占比为66.6%～77.2%，远远优于单一技术的筛查结果，体现出两种技术联用的互补性。

4. 实际样品检测分析

采用两种技术联用，该团队于2012～2017年对中国31个省（自治区、直辖市）的14

个水果蔬菜主产区、1384个采样点、18类134种水果蔬菜38138批次样品进行筛查。由GC-Q-TOF MS单独检出农药378种，由LC-Q-TOF MS单独检出农药315种，扣除两种技术联用检出的160种农药，共检出农药533种。

将检出的农药品种按农药功能、化学组成和毒性进行分类统计结果见表9-4。可以看出：

(1) 中国市售水果蔬菜施用的农药主要以杀虫剂、除草剂和杀菌剂为主，占农药总数的94.7%；

(2) 根据农药化学组成，农药主要以有机氮、有机磷、有机氯、氨基甲酸酯和拟除虫菊酯类农药为主，占农药总数的83.3%；

(3) 从毒性来看，中国目前使用的农药主要是低毒、中毒和微毒农药，占农药总数的87.2%，高毒和剧毒农药占农药总数量的12.8%；

(4) 禁用农药占比6.2%，应高度重视。

按3种不同的统计方式分析可以看出，LC-Q-TOF MS单独检出农药155种，GC-Q-TOF MS单独检出农药218种，两种技术共同检出农药160种。两种技术单独检出的农药种数，分别加上两种技术共检的160种农药，可以得知，由LC-Q-TOF MS检出的农药为315种，由GC-Q-TOF MS检出的农药为378种，两种技术联用共检出农药533种。按检出农药的个数，LC-Q-TOF MS和GC-Q-TOF MS单一技术筛查能力比两种技术联用提高了41%和29%。

对于实际市场样品的检出农药种数和检出的浓度范围进行统计，结果见图9-17和图9-18。可以看出，在被分析的样品中，未检出和只检出1种农药残留的样品占比分别为56.2%（LC-Q-TOF MS）和52.4%（GC-Q-TOF MS）。同时，大约40%的样品检出有2～5种农药残留。LC-Q-TOF MS的农药检出频次为68040次，GC-Q-TOF MS农药检出频次为54776次，合计农药检出频次为115891次（不包括由两种筛查技术筛查到的重复农药）。农药残留水平低于"一律标准"（10μg/kg）的检出频次占比分别为50%（LC-Q-TOF MS）和44.1%（GC-Q-TOF MS）。筛查结果证明，目前我国蔬菜和水果检出农药以低、中残留水平为主。根据中国MRL标准，两种技术联用的农药残留筛查合格率均达到了96.5%以上。然而，根据欧盟和日本的MRL标准，农药残留筛查合格率仅为58.7%和63.2%。这可能是由于欧盟和日本常使用更为严格的"一律标准"限量导致的，在农产品进出口贸易中需要引起关注。

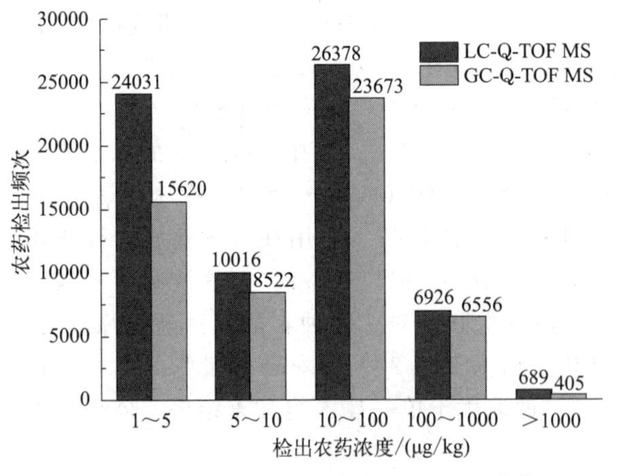

图9-17 不同检出农药种数的样品数量[54]

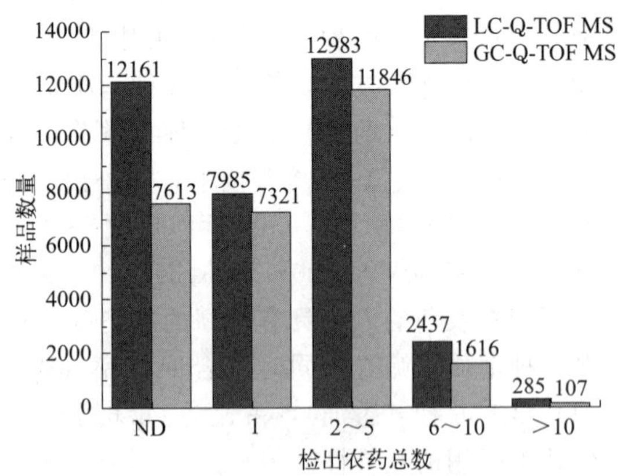

图9-18 不同浓度农药的检出频次[54]

表 9-4　GC/LC-Q-TOF MS 检出的 533 种农药类别和毒性[54]

农药类别		LC-Q/TOF + GC-Q/TOF	LC-Q/TOF	GC-Q/TOF	仅 LC-Q/TOF	仅 GC-Q/TOF	二者均检测的农药
功能	杀虫剂	225	121	159	66	104	55
	除草剂	151	85	114	37	66	48
	杀菌剂	129	89	86	43	40	46
	植物生长调节剂	16	12	9	7	4	5
	其他	12	8	10	2	4	6
组成	有机氮	239	171	159	80	68	91
	有机磷	80	54	54	26	26	28
	有机氯	64	10	62	2	54	8
	氨基甲酸酯	40	27	28	12	13	15
	拟除虫菊酯类	21	4	21	0	17	4
	有机硫	20	12	12	8	8	4
	其他	69	37	42	27	32	10
毒性	微毒	91	55	63	28	36	27
	低毒	207	119	142	65	88	54
	中毒	167	101	126	41	66	60
	高毒	46	30	29	17	16	13
	极高毒	22	10	18	4	12	6
禁用		33	17	27	6	16	11
总数		533	315	378	155	218	160

（五）结论

以 QuEChERS 提取结合 SPE 小柱净化技术作为前处理方法，以建立的 GC-Q-TOF MS（485 种农药）和 LC-Q-TOF MS（525 种农药）精确质量数据库为基础，通过两种技术对样品同时进行农药检测，采集的数据与两种农药精确质量数数据库对比，自动实现农药残留定性鉴定，从而实现了由电子识别标准代替农药实物标准做参比的传统定性方法。方法前处理较为简单，联用技术兼具了两种技术各自的独特优势，同时融合了两种技术的互补优势，从而实现同时检测的农药种数达 733 种，而且相对于单一 GC-Q-TOF MS 和 LC-Q-TOF MS 技术，联用技术检测的农药数量和检测灵敏度都有了显著提高；两种方法联用在 10μg/kg 浓度添加水平上满足回收率 60%～120%且 RSD < 20%的农药数量达 488 种以上。将建立的方法成功应用于中国 38138 批 18 类 134 种市售水果蔬菜样品的农药残留分析，发现了中国水果蔬菜中农药施用规律性特征，证实该项新技术可作为农药残留检测的有效新工具，并在食品安全监管中发挥重要作用。

第三节　四极杆-静电场轨道阱质谱应用于农残分析

静电场轨道阱质谱（Orbitrap MS）是在俄罗斯科学家 Makarov 根据静电场轨道阱装置

研究出来的一种新型质量分析器的基础上研制出来的，其特点是在没有使用磁场或任何射频电压（RF）的条件下来捕获离子；离子在一个中心电极和一个金属圆筒构成的外电极共同组成的静电场作用下，在Orbitrap的内部绕中心电极的轨道做螺旋状运动，离子再沿着中心电极连续做水平和垂直方向的振荡，该振荡被外部电极检测出再放大，然后通过快速傅里叶变换的方式获取不同质量的离子频谱，转换为一个准确的质荷比，从而得到精确分子量质谱图[79,80]。静电场轨道阱质谱是现在普及率更高的质量分析器，其优点是分辨率较高，适合复杂基质样品的检测，已被广泛应用于农药残留领域。

四极杆-静电场轨道阱质谱（Q/Orbitrap MS）是带有四极杆和Orbitrap两个质量分析器的二级串联质谱，在2005年首次实现商品化，其设备整体尺寸小于Q/TOF MS，质量稳定性和分辨率更高。新一代Orbitrap Q/Exactive、Exploris系列质谱与高效液相色谱联用，加快了其在药物代谢物、RNA、蛋白质分离检测等领域的应用。但Q/Orbitrap MS的扫描速度低于Q/TOF MS，且其扫描速度与分辨率相互影响，因此在实际应用中一般不采用最高分辨率，以保证单位时间内能采集到足够多的全扫描质谱图，防止因仪器采集参数设置不当导致化合物质谱响应信号过低[81]。

一、GC-Orbitrap在农残分析中的应用

目前与GC联用的都是单级Orbitrap，即GC-Orbitrap-MS，还没有Q-Orbitrap与GC联用的报道，而且此类文献也很少。大部分文献都将（U）HPLC-Q-Orbitrap用于农药的筛查。因此本文以下分别以果蔬[82]及茶叶中[83]的农残分析两个案例对GC-Orbitrap MS在农残分析中的研究方法进行具体介绍。

（一）基于QuEChERS-气相色谱-静电场轨道阱高分辨质谱法快速筛查和确证农产品中222种农药残留[82]

1. 方法简介

在QuEChERS方法的基础上，采用全自动固相分散萃取样品处理一体机（Sio-dSPE）对样品进行前处理，结合气相色谱-静电场轨道阱高分辨质谱法（GC-Orbitrap MS）对农产品中多农药残留进行筛查和确证。对Sio-dSPE前处理方法中盐析剂和除水剂的种类、净化剂的种类与用量、基质效应等进行考察，同时采用加入分析保护剂的方法，降低了基质效应的影响。在最优检测条件下，采用GC-Orbitrap MS对农产品中222种农药残留进行检测，线性范围为1～200μg/L，在莴苣、大米和茶叶中的定量限分别为0.5～5μg/kg、1～10μg/kg、2.5～25μg/kg。在上述3种基质中分别进行10μg/kg、20μg/kg、50μg/kg浓度水平的加标回收实验，测得回收率分别为70.5%～121%、70.2%～119%、65.2%～125%，相对标准偏差（RSD）分别小于11%、10%、12%。该方法具有样品处理简单、分析时间短、净化效果好等优点，适用于农产品中多农药残留的快速筛查与定量。

2. 实验方法

（1）标准溶液及分析保护剂的配制　将购买的222种农药标准品溶液（100mg/L，1mL/支），用丙酮配制成A和B两组（A组109种农药，B组113种农药）混合标准储备液，质量浓度均为10mg/L，于−18℃储存。使用前，用基质空白提取液稀释222种农药混合标准储备液，配制成相应的基质匹配标准工作溶液，现用现配。

分析保护剂配制方法：

① L-古洛糖酸内酯储备液　称取约500mg L-古洛糖酸内酯于10mL容量瓶中，加入

4mL 水溶解，用乙腈定容至刻度，混匀备用（若需要，可使用超声辅助溶解）。

② D-山梨醇储备液　称取约 500mg D-山梨醇于 10mL 容量瓶中，加入 5mL 水溶解，用乙腈定容至刻度，混匀备用（若有需要，可使用超声辅助溶解）。

③ 分析物保护剂（AP）溶液（含 20mg/mL L-古洛糖酸内酯和 10mg/mL D-山梨醇混合溶液）　将 4mL L-古洛糖酸内酯储备液和 2mL D-山梨醇储备液加入 10mL 容量瓶中，用乙腈定容至刻度，混匀备用。

（2）样品前处理方法　样品前处理方法采用了北京本立科技有限公司基于 QuEChERS 方法开发的全自动固相分散萃取样品处理一体机（Sio-dSPE 6512），该方法及装置示意图已在前文第四章第一节中详细介绍。

提取方法：①果蔬类。称取已均质好的蔬菜和水果试样 10.0g，置于提取管中，加入 4mL 水和 10mL 乙腈，加入柠檬酸缓冲盐体系提取盐包（含 5.5g $MgSO_4$、1.5g NaCl 、1g 柠檬酸钠和 1.5g 柠檬酸二钠盐）和一包锆珠（24 颗）。②谷物类。称取粉碎好的谷物 5.0g，置于提取管中，后续操作步骤同果蔬类样品。③茶叶类。称取制备好的茶叶 2.0g，置于提取管中，后续操作步骤同果蔬类样品。

净化方法：①果蔬类。净化管中预置净化包 A 中的净化剂（含 100mg PSA、10mg GCB 和 600mg 无水 $MgSO_4$）。②谷物类。净化管中预置净化包 B 中的净化剂（含 100mg PSA、100mg C_{18} 和 600mg 无水 $MgSO_4$）。③茶叶类。净化管中预置净化包 C 中的净化剂（含 100mg PSA、100mg C_{18}、100mg GCB 和 600mg 无水 $MgSO_4$）。将整合套管拧紧置于固相分散萃取样品处理一体机（Sio-dSPE）中，按下开始键进行前处理。

Sio-dSPE 程序设置为：

第一步为振荡转速 1000r/min，振荡 10min；

第二步为离心转速 4000r/min，离心 5min；

第三步为振荡转速 1000r/min，振荡 3min；

第四步为离心转速 4000r/min，离心 3min。

处理结束后打开定容塞，从净化管中取上清液过 0.22μm 微孔滤膜，取 500μL 过膜后的液体置于自动进样瓶中，并加入 20μL 保护剂，供 GC-Orbitrap 质谱测定。

（3）仪器条件　气相色谱-静电场轨道阱高分辨质谱仪（GC-Orbitrap MS，美国 Thermo 公司）；气相色谱型号为 Thermo Scientific™ TRACE 1310 GC；高分辨质谱型号为 Thermo Scientific™ Orbitrap 质谱仪；色谱柱为 26RD142F Thermo TR-PESTICIDE Ⅱ 农残专用柱（30m × 0.25mm × 0.25μm，美国 Thermo 公司）。柱温箱温度程序：初始温度 40℃，保持 1.5min；以 25℃/min 升至 90℃，保持 1.5min；以 25℃/min 升至 180℃，保持 0min；5℃/min 升至 280℃，保持 0min；10℃/min 升至 300℃，保持 3min；50℃/min 升至 320℃，保持 3min。进样方式：不分流进样；不分流时间：1min；载气：氦气，1.2mL/min；进样体积：1.0μL。

质谱条件：EI 离子源温度 330℃；传输线 280℃；离子源电子能量 70eV；采集模式为高分辨全扫描（full scan）；质量分辨率：60000 FWHM（m/z 200）；扫描范围：m/z 50～550。

（4）数据库的建立　在优化色谱条件下进样，对 222 种化合物进行一级质谱全扫描，输入每种农药的名称、CAS 号、分子式、保留时间、碎片离子精确质量数（包括 1 个定量离子和 3 个定性离子）等相关信息，建立 222 种农药数据库，详细信息参见文献［82］中的表格。

3.结果与讨论

(1)高分辨质谱条件的优化　参照欧盟质谱方法学标准，质谱方法定性确证必须提供4个定性点[84]。三重四极杆串联质谱的定性点往往只有4～5个，该方法定性时通常只提供两对离子对信息；而高分辨质谱是对化合物的精确质量数进行全扫描，其每个离子被定义为2个定性点，且相对丰度在基峰10%以上的离子均可作定性离子使用。按此规则，Orbitrap所采集数据的定性点均在4个以上，且可实现化合物的全扫描图谱的库检索，其在化合物的定性能力上相比于串联质谱更具优势。高分辨质谱在60000分辨率下，能达到7.0spectrum/s以上的采集速率，在3～10s（化合物色谱峰宽）时间内其扫描的点数远多于8～10个，且每个扫描点数上质量准确度保持在1.0ppm以内，确保了数据的准确性和稳定性。

在实际样品检测中存在复杂的基质干扰，化合物精确质量数测定的准确性受仪器分辨率的影响，分辨率越高越有利于对精确质量数相近的化合物进行鉴别。该实验在3种不同分辨率（15000、30000、60000）下对韭菜样品中20μg/L灭菌磷进行测定，当分辨率≤60000时，目标物碎片离子（m/z 299.03757）与基质干扰离子无法分开；当分辨率≥60000时，目标物可与基质中的干扰物明显区分，从而降低基质干扰，提高筛查准确度，实现灭菌磷的快速定性和准确定量（如图9-19所示）。因此，实验采用的最佳分辨率为60000。

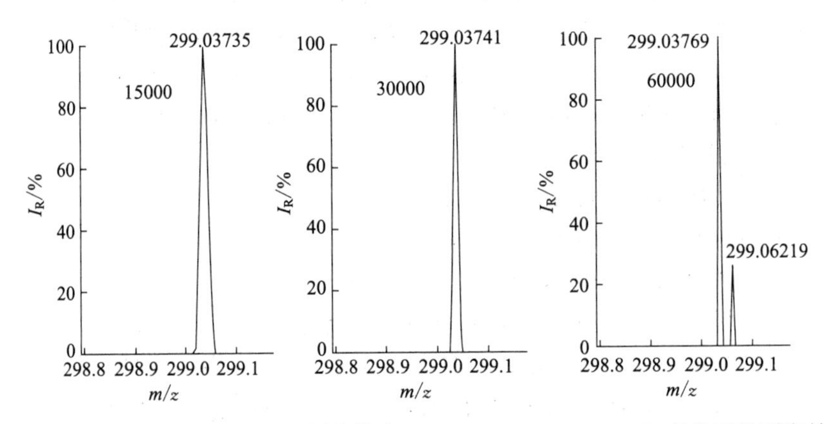

图9-19　韭菜中灭菌磷在3种不同分辨率（15000、30000、60000）条件下的测定结果

(2)样品提取包的选择　参考AOAC 2007.01[85]、EN 15662[86]及文献方法[87]，对盐析剂和吸水剂进行选择。常用的盐析剂为NaCl和NaAc，吸水剂为无水Na_2SO_4和无水$MgSO_4$。实验表明，若提取包中仅加入NaCl和无水$MgSO_4$，部分稳定性差的农药回收率偏低，回收率在70%～120%之间的农药有178种，其结果与基质的pH值相关。故实验进一步考察了pH值对农药回收率的影响，通过加入柠檬酸缓冲盐体系将基质调至pH 5.0～5.5，此时部分遇酸和遇碱不稳定的农药（如敌敌畏、乐果、氧乐果等）的回收率均提高至70%以上，适合于不同基质样品中绝大部分化合物的分析。由于该实验涉及的农药种类较多，最终选择乙腈作为提取溶剂，无水$MgSO_4$、NaCl、柠檬酸钠和柠檬酸二钠缓冲盐组成样品提取包进行后续实验。

(3)样品净化包的选择　选择莴苣（果蔬）、大米（谷物）和茶叶3种样品进行了净化剂的优化实验。对于果蔬样品，由于其含有较多色素及极性基质成分，选择PSA和GCB作为净化剂；对于大米等谷物样品，由于其基质中主要为脂类和淀粉类杂质，色素含量较低，选择 PSA 和 C_{18} 作为净化剂；对于茶叶样品，由于基质中的生物碱、茶多酚和色素类化合物成分相对复杂，易对检测形成干扰，选择 PSA、C_{18} 和 GCB 三种净化剂的组合。

在莴苣、大米和茶叶中分别选择 10 种常用农药（包括氯苯胺灵、乙氧氟草醚、二甲戊灵、腈苯唑、甲氰菊酯、氯菊酯、氟氰戊菊酯、氯氰菊酯、乙螨唑和增效醚）考察不同净化剂用量对回收率的影响。莴苣样品中考察不同 PSA（50mg、100mg、200mg）和 GCB（5mg、10mg、20mg）用量，大米样品中考察不同 PSA（50mg、100mg、200mg）和 C_{18}（50mg、100mg、200mg）用量，茶叶样品中考察不同 PSA（50mg、100mg、200mg）、C_{18}（50mg、100mg、200mg）和 GCB（50mg、100mg、200mg）用量，每一种都同时添加了 600mg 无水硫酸镁，考察对净化效果的影响。结果显示，不同用量的净化剂对 10 种化合物的回收率影响不大，最后统一选择了中间用量，即 3 种基质分别选择了前文所述净化方法中的净化包 A、B 和 C 的用量。

（4）基质效应　采用气相色谱-串联质谱法检测农药残留时，样品检测中存在明显基质效应（ME）。为降低基质效应对定量准确性的影响，大部分研究采用基质匹配标准溶液校准法降低基质效应对检测结果的影响，但实际样品检测中不可能采用所有样品空白基质配制标准溶液来定量。

该实验中采用 4 种空白基质配制标准溶液，外标法定量，并加入分析保护剂[88,89]补偿基质效应对检测结果的影响，以实现批量样品的快速检测。实验选择普通白菜、莴苣、芹菜、苋菜、桃、梨、葡萄、稻谷、大米和茶叶 10 种典型样品基质，以莴苣（代表普通白菜、莴苣、芹菜、苋菜）、梨（代表桃、梨、葡萄）、大米（代表稻谷和大米）和茶叶 4 种空白样品基质溶液配制基质匹配标准溶液，考察 10 种样品中 222 种化合物的 ME。ME 以化合物在基质匹配标准溶液中的响应值与其在纯溶剂标准溶液中的响应值的比值来表示，其中，ME＜70％表现为基质抑制效应，ME 在 70％～120％之间则认为基质效应影响不明显，ME＞120％表现为基质增强效应[90]。

结果表明，在普通白菜、芹菜、桃、葡萄和茶叶中，联苯菊酯、氰戊菊酯、氟胺氰菊酯、溴氰菊酯和马拉硫磷等 18 种化合物的 ME 均大于 120％，表现为基质增强效应。在苋菜、莴苣、梨和稻谷中，氯氰菊酯、苯醚甲环唑、腈苯唑、噁唑啉和伏杀硫磷等 10 种化合物的 ME 大于 120％，表现为基质增强效应。六氯苯、久效磷、敌杀磷、嗪草酮等 13 种化合物在 10 种基质中均表现为基质抑制效应，ME 为 60％～70％。采用 4 种代表性空白基质溶液配制标准曲线并加入分析保护剂对上述 10 种典型样品基质中 222 种化合物进行检测，其中 216 种化合物的回收率在 70％～120％范围内，能满足检测的要求。因此，实验采用代表性空白基质溶液配制标准曲线和加入分析保护剂两种方法相结合抵消 ME 的影响，方法处理步骤简单、定量更准确。

（5）回顾性分析　相比于三重四极杆质谱，Orbitrap 采用全扫描模式能够更全面地采集数据，数据采集信息与数据库中的化合物数目无关，采集完成后可对数据进行回顾性分析、扩大目标范围，而无需再次扫描样品，大大增加了同步筛查化合物的数量。在 m/z 50～550 的扫描范围内采集全扫描数据，同时提供组分的定性和定量分析信息。例如，分析样品信息时在目标库中加入新化合物氟乐灵，将其碎片离子精确质量数（264.02152）、保留时间（10.62min）、分子式（$C_{11}F_2H_4N_3O_3$）和 CAS 号（1582-09-8）等信息加入现有数据库中并用实际样品进行验证，该化合物在基质中的线性决定系数（R^2）大于 0.996，3 个加标水平（10μg/kg、20μg/kg、40μg/kg）下的平均回收率为 78.8％～108％，相对标准偏差（RSD）

为4.5%～12%，均满足检测的相关要求。

（6）方法学验证　上述优化条件下，在莴苣、大米和茶叶样品中分别准确加入222种农药标准溶液，采用相对应的代表性基质配制1μg/L、5μg/L、10μg/L、50μg/L、100μg/L、200μg/L质量浓度的基质匹配混合标准溶液，外标法定量，考察回收率、RSD、定量限（LOQ）等方法学指标。结果表明，222种农药在1～200μg/L范围内呈良好线性，化合物的线性决定系数（R^2）均大于0.990；采用空白样品加标后，经全自动Sio-dSPE一体机前处理后，经GC-Orbitrap进样测定，方法中222种农药在莴苣、大米和茶叶中的LOQ分别为0.5～5μg/kg、1～10μg/kg和2.5～25μg/kg；对222种化合物在莴苣、大米和茶叶3种基质中分别进行10μg/kg、20μg/kg、50μg/kg三个水平的加标回收实验，平行测定6次，测得222种待测农药在上述3种基质中的回收率分别为70.5%～121%、70.2%～119%和65.2%～125%，RSD分别为≤11%、≤10%和≤12%，方法的精密度和准确度符合相关要求。

4.结论

基于全自动Sio-dSPE净化一体机和GC-Orbitrap MS高分辨质谱技术，结合数据库，建立了农产品中222种农药残留的分析方法，分析对象涵盖有机磷、有机氯、拟除虫菊酯、三唑类、酰胺类等多类溶解度和极性差异较大的常用农药。采用Sio-dSPE一体机，实验人员只需称样和加入提取溶剂，之后的提取、净化等过程均由仪器全自动完成，整个操作过程简便快速，对人体安全，对环境友好。采用高分辨质谱检测技术，一次进样可同时获得精确质量数的碎片离子、定量离子与定性离子比例等信息，结合保留时间、同位素离子等信息，通过数据库检索排除假阳性结果。该方法大大提高了检测效率，降低了对农药标准品的依赖性，可准确用于农产品中多农药残留的快速筛查与定量确证。该方法还采用了代表性基质的基质匹配标准溶液结合分析保护剂的方法，为大规模多种基质农残筛查中减少基质效应的影响提供了参考。

（二）QuEChERS-气相色谱-静电场轨道阱高分辨质谱快速筛查农产品中70种农药残留[83]

1.方法简介

建立了气相色谱-静电场轨道阱高分辨质谱同时筛查农产品中70种农药残留的方法。样品经过乙腈提取（干样先加水浸泡），提取液用基于QuEChERS方法改进的SinChERS-Nano柱净化后，经气相色谱-静电场轨道阱高分辨质谱仪测定。在全扫描（full scan）模式下测定化合物的精确质量数，能够有效减少基质干扰。对12种典型基质样品（韭菜、油菜、黄瓜、白菜、柑橘、苹果、葡萄、番茄、香菇、大米、黄豆、花生）进行方法验证。结果表明，70种农药在0.5～200μg/kg范围内线性良好，决定系数大于0.9950。方法的检出限（LOD）范围为0.3～3.0μg/kg；定量限（LOQ）范围为1～10μg/kg。韭菜、香菇、大米和花生在3个添加水平下的平均加标回收率分别为73.2%～123.4%、72.4%～121.3%、73.8%～112.6%和73.5%～122.3%，平均相对标准偏差（RSD）分别为2.2%～11.3%、2.4%～11.1%、3.2%～11.3%和3.3%～11.1%。此方法操作简单，灵敏度高，适用于农产品农药多残留的快速筛查。

2.实验方法

（1）标准溶液的配制　甲胺磷等70种农药单标均为购买的质量浓度为100μg/mL的标准溶液。将70种农药单标以乙腈为溶剂，配制成浓度均为10μg/mL的混合标准储备液，置于−18℃储存。用基质空白提取液稀释70种农药混合标准储备液，配制浓度分别为0.005μg/mL、0.02μg/mL、0.05μg/mL、0.1μg/mL和0.2μg/mL的系列基质匹配标准溶液，该溶液现配现用。

（2）样品提取方法

① 蔬菜、水果类　称取已均质好的蔬菜（韭菜、油菜、黄瓜、白菜、番茄）、水果（柑橘、苹果、葡萄）和食用菌（香菇）试样15.0g（精确到0.001g）于50mL塑料离心管中，加入15mL乙腈，充分混匀，涡旋1min，加入乙酸盐缓冲体系盐包（包括6g无水硫酸镁和1.5g乙酸钠），涡旋1min，放入冰水浴中10min，9000r/min下离心5min。

② 谷物、油料类　称取粉碎好的谷物（大米）、油料试样（黄豆、花生）5.0g（精确到0.001g）于50mL塑料离心管中，加10mL水涡旋混匀，静置30min。加入10mL乙腈溶液，充分混匀，涡旋1min，余下操作同蔬菜水果类。

（3）净化方法　实验对比考察了QuEChERS净化法和SinChERS一步净化法两种净化方法。

① QuEChERS净化包净化　采用的QuEChERS净化包分为两种，一种用于简单基质，包含150mg $MgSO_4$ 和50mg PSA，另一种用于复杂基质，包括150mg $MgSO_4$、50mg PSA、50mg C_{18} 和50mg GCB，都直接配有离心管。净化时，移取2mL提取上清液到装有QuEChERS净化剂的离心管中，振荡混合1min，以9000r/min离心3min，吸取上清液，过0.22μm滤膜，待GC-Orbitrap MS进样分析。

② SinChERS-Nano一步净化法　该方法在第三章有具体介绍，该实验中采用的SinChERS-Nano柱中填充有2g Na_2SO_4、0.6g $MgSO_4$、90mg PSA和15mg MWCNT。净化时，取SinChERS-Nano净化管，插入到盛有提取液的50mL离心管内，缓慢下压，使提取液进入净化管储液池内的液体约为4mL，吸取上清液过0.22μm滤膜，待GC-OrbitrapMS进样分析。

（4）仪器条件　采用Thermo Scientific™ GC-Orbitrap质谱仪和Agilent HP-5MS气相色谱柱（30m × 0.25mm × 0.25μm）进行检测；进样口温度：250℃；升温程序：初始温度80℃，保持1min，以30℃/min升温至150℃，再以3℃/min升温至210℃，最后以10℃/min升温至290℃，保持20min；载气：氦气（纯度≥99.999%），流速：1.0mL/min；进样方式：不分流进样；进样体积：1μL。

质谱离子化模式为EI电离源；电子能量70eV；离子源温度280℃；传输线温度300℃；采集模式为全扫描（full scan）；质量分辨率60000 FWHM（200 m/z）；扫描范围为 m/z 50～550。

（5）数据库的建立　在优化色谱条件下进样，对70种化合物进行一级质谱全扫描，输入每种农药的名称、CAS号、分子式、保留时间、碎片离子精确质量数（包括1个定量离子和2个定性离子）等相关信息，建立70种农药数据库。

3. 实验条件的优化

（1）提取条件的选择　依据国家抽检和农业农村部例检项目中涉及的农药目录，结合我国常用于农产品种植中的农药种类，选择了70种农药作为目标分析化合物，包含了大多数GC可检测的农药品种，如有机磷、有机氯、菊酯类农药，种类多且极性差异较大，因此选择合适的提取条件尤为重要。实验基于QuEChERS方法，采用乙腈为提取溶剂，对采用普通盐包（即6g $MgSO_4$ 和1.5g NaCl）和乙酸盐缓冲盐包（包括6g $MgSO_4$ 和1.5g NaAc）

对回收率的影响进行了比较。结果表明，加入普通盐包会导致一些稳定性差的农药回收率降低，其结果与基质的pH值有关，其中40种农药的回收率在70%～120%之间，18种农药的回收率小于70%，12种农药的回收率大于120%。加入乙酸盐缓冲盐包，将提取液调至pH为5.0～6.0，可提高对酸碱性敏感的农药的回收率，如敌敌畏、甲胺磷、乙酰甲胺磷、百菌清等低回收率的农药，其在酸性基质（柑橘、葡萄等）和碱性基质（油菜、白菜、香菇、黄豆等）中回收率小于55%，在加入缓冲盐酸化后，回收率提高了20%～35%，所有农药的回收率在70%～120%之间，可见，缓冲体系能有效防止对酸碱敏感农药的降解，适合于多种农产品基质。有些有机磷农药（如对硫磷、杀螟硫磷和氧乐果等）的化学性质不稳定，高温易分解，而盐包中含有无水$MgSO_4$，在吸水过程会大量放热，因此，在加入盐包后，将提取样品的离心管放入冰水浴中10min，减小对热稳定性差农药的回收率的影响。

（2）净化条件的选择　选择韭菜样品，将其乙腈提取液分别用A. QuEChERS简单基质净化包、B. SinChERS-Nano净化柱和C. QuEChERS复杂基质净化包分别进行净化，对净化后的溶液颜色及总离子流图进行了比较。目视观察发现，A净化的样品颜色深，B净化的样品颜色较浅，C净化的样品几乎无色。从总离子流图（图9-20）可见，A净化后样品杂峰较多，而B净化后杂峰较少，采用C净化后基质杂峰最少。

同时，从韭菜加标样品的回收率来看，A净化后70种目标化合物回收率为72.7%～118.9%，B净化后回收率为73.2%～110.3%，C净化后回收率为68.4%～120.7%。从统计的角度，3种没有明显差别，考虑到B（SinChERS-Nano净化）只需要一步净化操作，相对更加快速，虽然其成本略高，对于大批量监测，实验仍选择SinChERS-Nano柱净化。

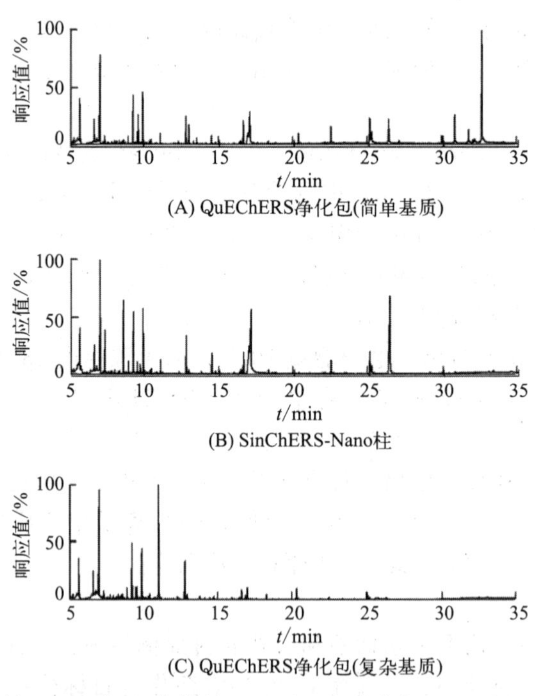

图9-20　加标（10μg/kg）韭菜经QuEChERS净化包、SinChERS-Nano柱和QuEChERS净化包净化后的总离子流图[83]

（3）仪器分辨率的选择　Orbitrap质谱仪作为高分辨质谱，在m/z 50～550范围内进行数据全扫描采集，可以保证数据的可溯源性。通过提取一级质谱的精确质量数进行定性分析，分辨率是高分辨质谱中重要参数，在有基质干扰时，分辨率的高低会影响精确质量的测定，出现假阳性的结果。因此对于该实验中较为复杂的基质样品，采用了最高的质量分辨率（60000 FWHM），提高方法的定性定量能力。

4. 方法学验证

以韭菜、香菇、大米和花生4种基质作为前述12种基质的典型代表，考察方法的线性、灵敏度、正确度和精密度等性能指标。结果表明，70种目标化合物在0.5～200.0μg/kg范围内线性关系良好，决定系数（R^2）均大于0.9950。分别在空白样品基质中添加70种化合物的混合标准溶液，添加水平分别为10μg/kg、50μg/kg和100μg/kg，在优化的条件下进行测定，每个添加水平重复6次。结果表明，70种化合物在这4种基质中3个添加水平下的平均回收率分别为73.2%～123.4%、72.4%～121.3%、73.8%～112.6%和73.5%～122.3%，平均相对标准偏差（RSD）分别为2.2%～11.3%、2.4%～11.1%、3.2%～11.3%和3.3%～11.1%。表明该方法满足国家标准中的农药最大残留限量要求。

5. 结论

根据目标物的性质，采用基于SinChERS-Nano净化和改进的QuEChERS方法，建立了12种典型农产品（韭菜、油菜、黄瓜、白菜、柑橘、苹果、葡萄、番茄、香菇、大米、黄豆、花生）基质中70种农药残留的GC-OrbitrapMS测定方法。方法将GC-OrbitrapMS高分辨定性定量能力与基于SinChERS-Nano净化改进的QuEChERS结合，具有检测速度快、通量高、结果准确、可靠的特点，可用于大量样品中农药多残留快速筛查分析。

二、HPLC-Q-Orbitrap在农残分析中的应用

液相色谱与高分辨质谱联用正成为一种包括组学分析、环境分析和食品安全分析在内的许多领域的重要分析工具。对于特定目标物的分析，三重四极杆质谱仪（triple quadrupole mass spectrometer，QQQ）具有良好的定量性能，是目前常用的质谱仪。然而，QQQ质谱通常仅限于分析已知化合物，难以在复杂的食物基质中检测和识别未知化合物。高分辨质谱具有高分辨率和高质量精确度，已成为一种有效的非靶向筛查仪器，在各种食品基质中的不同有害物非靶向筛选中得到了广泛应用，如蔬菜水果[91]、畜禽水产[92,93]、茶叶[94]、中药材[95]等。农产品中风险因子的识别和确认往往需要采用准确质荷比（m/z）、保留时间（t_R）、特征碎片离子、同位素比等信息，基于包含大量化合物信息的内部数据库以及结合Metlin、Massbank、Human Metabolome Database（HMDB）等在线数据库搜索加以判断[96]。然而受仪器参数、实验条件等影响，不同实验室开发的数据库难以实现通用，商业化数据库应用受到一定限制。

高效液相色谱-四极杆轨道阱质谱（HPLC-Q-Orbitrap MS）拥有百万级的识别分辨率，在一次分析中便能完成样品正负源的高精度一级和二级扫描。在轨道阱前面又串联了一个四极杆，离子在液相色谱分离过来之后，可选择让离子直接进四极杆质量分析器进行筛选，筛选后母离子进入Orbitrap中进行高分辨研究。这款系统的核心价值之一是其非常适合于未知物的扫描和定量；最大的优势在于不需要搜集很多的标准品就可进行方法优化，具有全扫描监测、高质量精度采集、方便快速的多目标物并行分析的能力，不仅可以同时进行数据依赖性碎片离子采集（full MS-dd-MS^2），还可以通过高分辨前体离子和多碎片离子的组合提供精准的定性分析结果，实现一次数据采集即可完成快速筛查和准确定性分析，因此基于

HPLC-HRMS开发适合农产品中农药残留筛查的分析方法可有力支撑不断严格的监控需求。

蔬菜水果中的大范围农药残留非靶向筛查具有重要的应用价值。张海超等[44]利用在线净化HPLC-Q/Orbitrap HRMS建立了快速筛查果蔬中212种农药残留的分析方法和数据库，样品经乙酸乙腈溶液提取、在线净化、C_{18}柱分离、正负离子同时采集的全扫描数据依赖二级质谱模式检测，定量限均达到0.005mg/kg，阳性样品检测结果与HPLC-MS/MS方法一致。除了上述针对多种果蔬中数百种农药的快速筛查与分析外，也有研究聚焦于果蔬中某一类农药的非靶向筛查和检测，这些类型的农药往往具有更新速度快、新化合物数量多、残留半衰期更长、危害性较大等特点。2022年黄科等[97]采用QuEChERS-液质联用法测定柑橘中浸果保鲜剂残留，通过对深圳市场采购的30批次柑橘进行检测，检出了柑橘中咪鲜胺、抑霉唑、噻菌灵、甲基硫菌灵和多菌灵等多种保鲜剂残留。此外，超高液相色谱（UHPLC）也可以与高分辨串联质谱联用，以达到更高的分离能力。岳宁等[45]利用UHPLC-Q/Orbitrap HRMS开展了苹果中22种高毒性苯脲类农药的非靶向筛查方法，并将阳性样品由标准品对照进一步确认，在12批苹果中检出一批次绿麦隆。

茶叶是较难分析的基质，黄合田等[47]以SinChERS法处理绿茶样品，净化包中的多壁碳纳米管可有效去除提取液中的色素、茶多酚、茶碱等干扰物质，采用UHPLC-Q/Orbitrap HRMS分离测定了38种农药，定量限为0.005～0.02mg/kg，除乙硫甲威和蝇毒磷外，其余农药的回收率均在68%～115%之间。为了进一步明确碱性农药在茶叶中的残留情况，Hu等[48]采用一步混合阳离子交换分散固相萃取法（PCX DSPE）提取、UHPLC-Q/Orbitrap HRMS分离测定了123批次茶叶中的68种碱性农药。得益于阳离子交换作用，68种碱性农药的基质效应均在0.77～1.08之间。该法共检出12种农药，多菌灵、噻嗪酮、苯醚甲环唑为检出频次最高的3种农药。

畜禽肉是我国居民动物蛋白摄入的主要来源，关注畜禽产品的农药残留很有必要。张朋杰等[51]采用UHPLC-Q/Orbitrap HRMS非靶向筛查猪肉、鸡肉中157种农药残留，通过对13种组合吸附剂吸附效果的考察，发现多壁碳纳米管的净化效果优于石墨化炭黑，有127种农药的回收率为80%～120%。赵妍等[52]基于冷冻诱导液液萃取和分散固相萃取处理牛奶样品，采用UHPLC-Q/Orbitrap HRMS测定了58份牛奶中的7种新烟碱类农药，其中啶虫脒和脱甲基啶虫脒的检出率最高，分别为69.0%和77.6%，检出值分别为＜LOD～0.012mg/L和＜LOD～0.018mg/L，未超出我国国家标准GB 2763—2021对生乳中啶虫脒的最大残留限量（0.02mg/kg）。张申平等[53]采用UHPLC-Q/Orbitrap HRMS开展了牛乳中59种农药的残留筛查，检出丙溴磷和螺螨酯两种物质，但均未超出GB 2763—2021的限量要求。目前动物源食品中农药残留的研究较少，有必要扩展高分辨质谱在该方面的应用，以提供足够的数据反映动物源食品中农药残留的真实情况。

近年来，农产品中真菌毒素的痕量检测也是农产品安全领域重点关注的问题。吴红涛等[98]建立了四极杆-轨道阱液质联用法同时检测玉米中4种真菌毒素，确定了一种经济、高效的液质联用多种毒素分析方法，可同步检测到玉米中的黄曲霉毒素B1（AFB1）、玉米赤霉烯酮（ZEA）、赭曲霉毒素（OTA）和伏马毒素b1（FB1）的含量，对4种真菌毒素的回收率为90%～105%，定量限为0.42～314.00μg/kg。

目前大部分文献都使用（U）HPLC-Q/Orbitrap用于农药的靶向或非靶向筛查。这里以下分别以果蔬中[23]及水产品中[31]的农残分析两个案例对HPLC-Q-Orbitrap MS在农残分析中的研究方法进行具体介绍。

（一）基于 QuEChERS-超高效液相色谱-高分辨质谱非靶向快速筛查果蔬中农药残留[23]

1. 方法简介

基于超高效液相色谱-Q/Orbitrap 高分辨质谱（UHPLC-HRMS）技术，提出了一种果蔬中农药多残留非靶向快速筛查策略。基于 QuEChERS 建立了样品快速前处理方法，样品经 1%乙酸乙腈溶液提取，分散固相萃取净化后，以 Accucore aQ C_{18} 色谱柱进行分离，通过四极杆-静电场轨道阱质谱 full scan/dd-MS^2 采集模式进行高通量定性筛查和定量检测。方法引入保留时间校准策略用以校正不同 LC-MS 条件下产生的保留时间，在原有商品化高分辨二级碎片谱图库的基础上，结合各国对农产品不同农药限量的实际情况，建立了 651 种农药的高分辨二级碎片谱图数据库，并选择其中的 108 种典型农药作为代表进行了方法的评估验证。结果显示，不同农药在 5～500μg/L 浓度范围内线性关系良好（决定系数 $R^2>0.99$），果蔬基质添加 108 种代表性农药，除了矮壮素和灭蝇胺，其余农药的回收率均为 61.2%～120%，相对标准偏差（RSD，$n=5$）为 0.1%～9.9%。该方法快速、准确、灵敏，适用于农产品中未知农药残留的快速筛查与定量分析。该方法引入保留时间校正策略，拓宽了外部数据库的适用度，提高了定性筛查的准确性。

2. 实验方法

（1）农药标准溶液的配制　准确称取各农药标准品 10mg（精确至 0.001mg）于 10mL 容量瓶中，以甲醇定容，配制成 1000mg/L 的标准储备溶液，进一步用甲醇稀释成 10mg/L 的标准溶液，−20℃贮存。

（2）样品前处理　实验选择豇豆样品为代表性基质，准确称取均质化的豇豆样品 10g（精确至 0.001g），置于 50mL 离心管中，加入 20mL 含 1%乙酸的乙腈，涡旋混匀 2min 后，加入 2g NaCl 和 4g 无水 $MgSO_4$，涡旋 2min，以 5000r/min 离心 5min，取上清液 1mL，加入净化剂（150mg 无水 $MgSO_4$，20mg PSA，20mg C_{18}，2.5mg GCB），涡旋混匀 1min，于 5000r/min 离心 5min；取上清液用 0.22μm 有机滤膜过滤，待 HPLC-Q/Orbitrap 高分辨质谱测定。

（3）分析条件　采用 Q-Exactive 高分辨质谱仪（赛默飞世尔科技公司），Accucore aQ C_{18} 色谱柱（150mm × 2.1mm，2.6μm），色谱流动相：水相为含 0.1%甲酸-5mmol/L 甲酸铵的水溶液，有机相为含 0.1%甲酸-5mmol/L 甲酸铵的甲醇溶液，A 为水相-有机相（体积比 98∶2），B 为有机相-水相（体积比 98∶2）。梯度洗脱：0～1min，20%B；1～5.5min，20%～90%B；5.5～11min，90%～100%B；11～11.5min，100%～0%B；11.5～12min，0%B；总运行时间 12min。进样量：5μL；流速：0.3mL/min；柱温：25℃。

质谱条件：采用 HESI 离子化方式；喷雾电压 3.0kV；毛细管温度 325℃；加热器温度 350℃；扫描模式为 full MS/dd-MS^2，一级质谱扫描范围为 m/z 100～900，正离子采集模式；分辨率采用 full MS 70000 FWHM、dd-MS^2 17500 FWHM；二级碎裂能量（NCE）：20eV、40eV 和 60eV。

3. 实验条件的优化

非靶向筛查的目的是从样品中获取尽可能多的信息，因此前处理是样品分析过程中的关键步骤。快速前处理方法必须平衡大多数目标化合物的回收率并有效地除去额外杂质。实验选择包含杀虫剂、杀菌剂、除草剂及植物生长调节剂等不同类型，极性跨度大的 108 种农药作为典型代表，采用改进 QuEChERS 法对方法的提取溶剂、净化剂及检测条件进行优化。

（1）提取条件的优化　在分散固相萃取方法中，通常采用乙腈或甲醇作为提取剂，为保证不同类型化合物的稳定性，往往需添加酸、碱或缓冲盐等[99]。由于甲醇溶解能力更强，导致提取的杂质增多，因此实验比较了乙腈以及含0.1%、0.5%、1%乙酸的乙腈对豇豆样品中108种代表性农药化合物的提取效率。结果显示，90种农药在中性和酸性乙腈条件下的提取回收率无明显差异，并满足定量实验的要求；而稻瘟灵和五氟磺草胺的提取回收率仅在酸性乙腈中满足要求，霜霉威、氟啶脲和仲丁威的回收率随着乙酸含量的增加而提高。据文献报道，乙腈中加酸可有效地保护一些不稳定的农药[100]。综合考虑，实验选用含1%乙酸的乙腈作为提取剂，以满足大多数农药的回收率要求。

（2）净化条件的优化　QuEChERS方法常用PSA、C_{18}和GCB等吸附剂进行基质净化，因此，该实验对比了不同净化剂配比条件下典型农药在豇豆和柑橘中的加标回收情况。结果表明深色蔬菜类选用20mg PSA＋20mg C_{18}＋2.5mg GCB＋150mg无水$MgSO_4$净化剂组合时效果较好，而浅色多糖水果类选用20mg PSA＋150mg无水$MgSO_4$净化剂时效果较好。

（3）色谱-质谱条件的优化　通过实验比较，表明Thermo Fisher Accucore aQ C_{18}柱更适合多农药残留的分析。选择合适洗脱梯度，12min可完成样品的分析。采用双流动相梯度洗脱模式，考察了不同酸碱度以及缓冲盐条件下各农药的分离及离子化效率，最终采用水（含0.1%甲酸、5mmol/L甲酸铵）与甲醇（含0.1%甲酸、5mmol/L甲酸铵）作为流动相，建立了UHPLC-HRMS快速分析方法。在12min内，分离出108种农药残留，提取的离子色谱（EIC）如图9-21所示。可以看出，分析物的保留时间在整个分析时间内均匀分布，且分析物能与共洗脱基质有效分离。

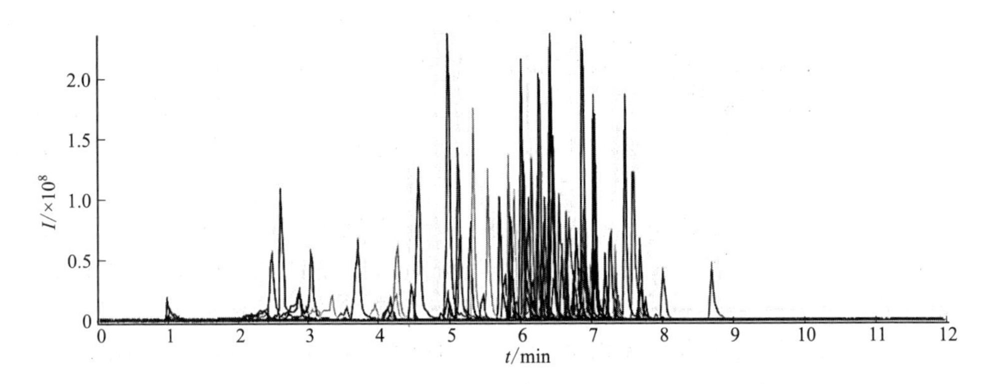

图9-21　108种代表性农药的提取离子色谱图

为选择最佳质谱参数以获得更灵敏、更准确的信息，采用full scan/dd-MS^2（Top N）质谱扫描模式采集数据，一级采用全扫描模式，二级采用数据依赖离子碎裂模式，所有化合物的碰撞能设置为梯度NCE，最终得到的二级质谱图是梯度能量下碰撞得到的质谱叠加图。梯度NCE技术有效地避免了由于不同仪器的单次碰撞能量差异而导致的低重现性，简化了碰撞能和质谱方法优化过程。

4.定性筛查与确证

（1）保留时间的校正　该实验引用保留时间（RT）校正方法来校正不同LC-MS条件下产生的RT，并在原有商品化高分辨数据库基础上，结合各国对农产品不同农药限量的实际情况，建立了包含651种农药的高分辨二级碎片内部数据库。

保留时间校正法可克服不同仪器方法、不同采集序列的RT漂移，使不同实验室间的内部数据库得到广泛应用。该实验选用11种相对稳定，保留时间在整个分析时段相对均匀分布的农药化合物作为保留时间校正剂（RT_{cal}），对不同洗脱梯度的RT数据进行实验评价。RT_{cal}混合物的提取离子流图分布如图9-22(A)所示，其在0～11min时间跨度内均有分布。图9-22(B)展示了保留时间校准方法的原理示意图，该方法利用RT校正剂将整个色谱图划分为12个时间间隔，除了第一个和最后一个，其他10个时间间隔均包含两个RT_{cal}。参照文献中保留时间校正公式[101]如下：

$$\Delta t_1 = t_1 - t_1^0, \Delta t_2 = t_2 - t_2^0$$

$$\Delta t = \Delta t_1 + (\Delta t_2 - \Delta t_1)(t_i - t_1)/(t_2 - t_1)$$

$$t_{i-corrected} = t_i - \Delta t$$

式中，t_1^0和t_2^0为校正剂在数据库中的保留时间；t_1和t_2为校正剂实际进样的保留时间；t_i为检测参数的实际保留时间；$t_{i-corrected}$为检测参数校正后的保留时间。

该实验另外选择了32个典型农药来评价该方法的校正效果。首先采用建立的UHPLC方法获得11个RT_{cal}化合物和32个农药化合物的保留时间，将实验获得的保留时间与数据库保留时间比较，校正结果如图9-22(C)所示，校正后的RT和数据库RT之间线性良好，比校正前更接近数据库值。说明该保留时间校正方法能提高共享数据库利用的准确性，为未知物定性筛查奠定基础。

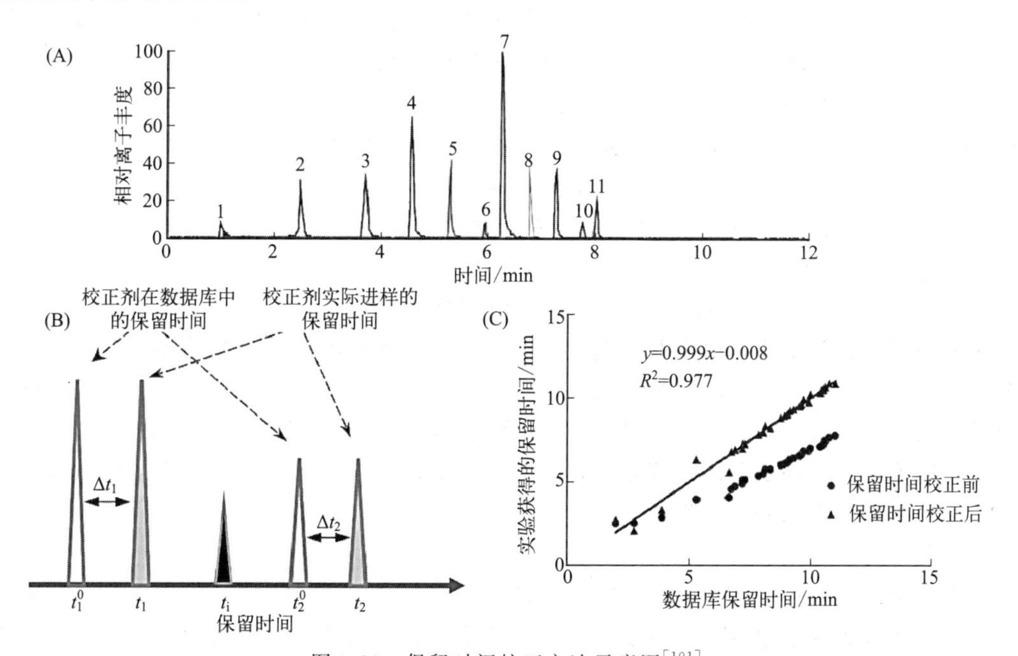

图9-22 保留时间校正方法示意图[101]

（A）选择的11种RT_{cal}化合物的提取离子色谱图；（B）保留时间校准方法的原理示意图；（C）校正结果示意图

（2）农药残留的非靶向筛查 该实验建立的包含651种农药高分辨二级碎片内部数据库中的数据由保留时间校正方法和农药标准品测定获得。其中，一部分参数（包括农药名称、准确分子量以及碎片离子信息）来源于商业化数据库，利用保留时间校正法得到其在所建立的分析条件下对应的保留时间，从而形成一套完整的数据库信息；另一部分参数来源于购买的标样在所建立的分析条件下得到的保留时间、准确分子量以及碎片信息。将这两部分数据导入TraceFinder数据分析软件，从而建立包含651种农药的数据库。在鉴定目标化合物时，未知物的筛查基于保留时间、前级离子的质量准确度以及碎片离子和同位素峰丰度比匹配度等参数。依据欧盟标准2002/657/EC，高分辨定性方法只需母离子和1个子离子匹配即可定性。TraceFinder软件具有内置同位素模式评分系统和数据库搜索功能，并且评分过程绝对自动化和智能化，可满足大量化合物的快速常规筛查和鉴定。

实验设定了以下定性参数：保留时间误差范围为±0.5min，质量准确度误差范围为±5ppm，同位素比匹配分数75分以上，碎片离子匹配个数为1个以上。方法所建立的蔬果中农残非靶向定性筛查技术可满足农药定性筛查的要求。

5.方法学考察

（1）灵敏度与线性范围　在优化条件下，采用所建立的方法对质量浓度分别5μg/L、25μg/L、50μg/L、100μg/L、250μg/L、500μg/L的108种农药的混合标准溶液进行测定，根据全扫描离子色谱峰面积（y）与分析物的质量浓度（x，μg/L）建立标准曲线进行定量。结果显示，所有化合物的决定系数（R^2）均大于0.99，表明质量浓度在5～500μg/L范围内与峰面积具有良好的线性关系。参考欧盟SANTE/12682/2019规定，检出限（LOD）为3倍信噪比（S/N）的浓度，定量限（LOQ）为具有可接受回收率（70.0%～120%）且相对标准偏差（RSD）＜20%的最低添加浓度，测得方法的LOD为0.002～1.5μg/kg，LOQ为5μg/kg。

（2）回收率与相对标准偏差　为评估分析方法的回收率与相对标准偏差，将不同质量浓度的108种农药混合标准溶液添加到空白豇豆和柑橘样品中进行加标回收实验和基质影响的评价，加标水平分别为5μg/kg、25μg/kg、100μg/kg，每个水平重复5个样品，以溶剂空白和样品空白作为对照。结果表明，除了灭蝇胺和矮壮素以外，蔬菜和水果中106种农药的加标回收率分别为61.2%～117%和61.3%～120%，相对标准偏差（RSD）均为0.1%～9.9%。表明该方法的准确性和精密度满足农药残留的分析要求。

6.实际样品的分析

应用所建立的方法对58批次豇豆样品和12批次柑橘样品进行快速筛查和定量分析。豇豆样品筛查出的农药主要为灭蝇胺（检出率48.3%）、苯醚甲环唑（检出率22.4%）、吡唑醚菌酯（检出率22.4%）、啶虫脒（19.0%）等，其中灭蝇胺未在豇豆上登记使用，超范围使用易导致产品不合格。柑橘样品中筛查出杀虫剂吡虫啉，以及杀菌剂咪鲜胺、苯醚甲环唑、戊唑醇等，含量均低于国家规定的最大残留限量，安全风险较低。实验结果表明该方法适用于蔬菜水果中农药残留的筛查分析。

7.结论

采用QuEChERS前处理方法，结合UHPLC-Q/Orbitrap HRMS技术，建立了果蔬中农药残留快速筛查和定量分析的方法，并应用于实际样品的筛查。引入的保留时间校正法可有效地利用不同实验条件下获得的数据库，拓宽液相色谱-高分辨质谱数据库的适用范围，提高定性筛查的准确性。方法简单、可靠，应用于大量样品的快速筛查和定量，表现出良好的性能，满足农产品中非定向农药的快速筛查与定量分析，为保障农产品质量安全提供了有力的技术支撑。

（二）QuEChERS-超高效液相色谱-四极杆/静电场轨道阱高分辨质谱联用快速测定水产品及干制水产品制品中的116种农药和24种生物毒素残留[31]

1.方法简介

采用了一种新型脂肪吸附剂去除样品基质中脂肪和磷脂等杂质的干扰，利用超高效液相色谱-四极杆/静电场轨道阱质谱法（UPLC-Q Exactive Orbitrap MS）的同时定性定量功能，建立了水产品及干制水产品制品中116种农药和24种生物毒素残留量的检测方法。

样品前处理采用QuEChERS方法，经乙腈/水（体积比90∶10）溶液提取，高效基质脂肪吸附剂（EMR-Lipid）净化，平行定量浓缩仪浓缩，C_{18}色谱柱分离，5mmol甲酸水溶液（含0.1%甲酸铵）和5mmol甲酸甲醇溶液（含0.1%甲酸铵）梯度洗脱；质谱数据采集使用Q-Exactive高分辨质谱的full MS/dd-MS^2监测模式，以full MS一级质谱全扫描提取母离子精确质量数所得的色谱峰面积进行定量，以保留时间和dd-MS^2数据依赖子离子扫描所得的二级子离子质谱图进行定性确证。140种目标物的精确质量数偏差不大于3×10^{-6}，浓度与母离子峰面积的线性关系良好，决定系数≥0.991，检出限为0.02～0.4μg/kg。基质加标回收率在70%～109%之间，相对标准偏差（RSD）为1.0%～14.1%，结果满足GB/T 27417—2017《合格评定　化学分析方法确认和验证指南》的技术要求。

2.实验方法

（1）标准溶液的配制　准确称取116种农药和24种生物毒素的高纯度标准品约5.0mg，分别置于称量瓶中，用适量乙腈溶解，转入各化合物相应的5mL容量瓶中，用乙腈少量多次洗涤称量瓶，最后定容至刻度，配制成质量浓度为1mg/mL的标准储备液，置于4℃冰箱中保存。

混合标准工作液：准确吸取适量的单标储备液，用乙腈配成各相应浓度为1μg/mL的混合标准工作液。

（2）样品前处理方法　准确称取匀浆试样5.0g（精确至0.01g）于50mL具塞离心管中，其中水产品制品试样加入10mL乙腈/水（体积比70∶30）溶液，水产品试样加入10mL乙腈/水（体积比90∶10）溶液，涡旋振荡2min，超声波提取10min，4000r/min离心10min，上清液加入300mg EMR-Lipid柱中，自然流速，收集的滤液在15000r/min、5℃条件下离心10min，上清液移至15mL离心管中，置于平衡定量浓缩仪中40℃浓缩至干。加1.0mL甲醇/水（体积比25∶75）溶液涡旋溶解残留物，提取液过0.22μm滤膜，供UHPLC-Q/Orbitrap高分辨质谱仪测定。

（3）色谱条件　采用四极杆/静电场轨道阱高分辨质谱Q-Exactive（Thermo Fisher公司），配有HESI Ⅱ离子源，液相色谱系统为Dione UltiMate 3000高压液相色谱；色谱柱：Waters Atlantis T3 C_{18} 150mm×2.1mm，3.3μm；柱温：40℃；进样量：10μL；流动相：A为5mmol/L甲酸水溶液（含0.1%甲酸铵），B为5mmol/L甲酸甲醇（含0.1%甲酸铵）溶液。梯度洗脱程序0～2.0min，保持25%B；2.0～7.0min，流动相B的比例由25%线性变化至65%；7.0～8.0min，流动相B的比例由65%线性变化至90%；8.0～12.0min，保持90%B；12.1～15min，保持25%B。总运行时间15min。

（4）质谱条件　加热电喷雾离子（HESI）源温度为350℃；离子传输温度为320℃；毛细管电压为3.2kV；离子传输管温度为325℃。full scan/dd-MS^2扫描模式：采集范围为80～1000U，正负切换采集；一级质谱分辨率为70000 FWHM，二级质谱分辨率为17500 FWHM；碰撞池能量（NCE）为20eV、40eV、60eV，具体116种农药和24种生物毒素的质谱参数（离子形式、保留时间、分子式、母离子和子离子的实测精确质量数等）见文献[31]。

3.实验条件的优化

（1）色谱条件优化　选择对多组分分离较好的三款色谱柱（A）Waters Atlantis T3 C_{18}（150mm ×2.1mm，3.3μm）、（B）Thermo Accucore RP-MS C_{18}（100mm×2.1mm，2.6μm）

和（C）ACQUITY UPLC BEH C_{18}（100mm×2.1mm，1.7μm）对140种药物进行分离，结果显示色谱柱B对3-乙酰脱氧瓜蒌镰菌醇和15-乙酰脱氧瓜蒌镰菌醇无法进行有效分离；野燕枯、氟虫腈、氟甲腈、氟虫腈砜、氟虫腈硫化物在色谱柱C上质谱响应值较低；140种目标化合物在色谱柱A中形成的色谱峰峰形尖锐，对称性好，原因可能与色谱柱柱长和膜厚有关，色谱柱越长分离效果越好、越稳定，膜厚越厚，柱容量越大，但膜厚太厚则影响物质交换的速度。

实验中对正负离子模式进行了比较，在140种目标物中，4种目标化合物（氟虫腈、氟甲腈、氟虫腈砜和氟虫腈硫化物）在正离子模式下信号强度较弱，而在负离子模式下有较强的响应信号，因此为负离子模式检测。其他目标化合物均为正离子模式检测。

为了提高正离子模式目标物的响应值，在流动相（包括A和B）中均添加了甲酸，以便提高目标化合物的灵敏度。比较了0.1%甲酸水-0.1%甲酸乙腈、0.1%甲酸水-0.1%甲酸甲醇、5mmol/L甲酸水溶液（含0.1%甲酸铵）-5mmol/L甲酸乙腈溶液（含0.1%甲酸铵）、5mmol/L甲酸水溶液（含0.1%甲酸铵）-5mmol/L甲酸甲醇溶液（含0.1%甲酸铵）4种不同流动相对140种目标化合物的质谱响应和色谱分离的影响，结果发现使用5mmol/L甲酸水溶液（含0.1%甲酸铵）-5mmol/L甲酸甲醇溶液（含0.1%甲酸铵）为流动相，140种目标化合物的质谱响应较好，色谱峰峰形尖锐，对称性好，也能够达到检测要求。

（2）质谱条件优化　实验中以流动注射方式对140种目标物在正负切换离子模式下进行一级全扫描，采用Q-Exactive高分辨质谱的一级母离子全扫描加数据依赖的二级子离子扫描模式（full MS/dd-MS^2），设定涵盖目标物的质量数范围（m/z 150～1000）进行一级全扫描，并以每个化合物的理论质量数建立二级扫描的目标列表。在实际扫描过程中，当一级全扫描发现目标列表里的母离子时，且信号强度超过预设值后，就会触发数据依赖子离子扫描模式，进而获得对应母离子精确质量数的二级离子全扫描质谱信息，以实现定性确证。根据欧盟2002/657/EC对禁用药物残留检测确证方法的要求，确证检测需要4个鉴别点。实验通过上述质谱参数的优化和筛选，每种待测物最终确定1个监测离子对，以满足检测确证的要求。所建立的140种目标化合物的具体质谱参数及混合标准溶液色谱图可参见文献[31]。

（3）样品提取条件的优化　选择阴性干制鲈鱼样品作为干制水产品的代表性实验基质，设置添加浓度为5.0μg/kg，3个平行，外标法定量。对3种提取溶剂乙腈/水（体积比70∶30，含1%甲酸）、甲醇/水（体积比70∶30）和乙腈/水（体积比70∶30）进行比较。结果显示，甲醇/水溶液只能使得一部分目标化合物得到合格的回收率，尤其是炔草酯、炔草酸、霜脲氰、野燕枯、氟硅唑等化合物的回收率几乎为0；乙腈/水（加酸）虽然能使大多数化合物得到较好的回收率，但是HT-2毒素、伏马毒素（B1、B2和B3）、新茄病镰刀菌烯醇和部分农药残留回收率低于30%；而使用乙腈/水（体积比70∶30）溶液作为提取溶剂，140种化合物回收率均高于70%，因此选择乙腈/水（体积比70∶30）溶液作为干制水产品的提取溶剂。

对于鲜活水产品，由于样品基质中有较多水分，比较乙腈/水（体积比90∶10）、乙腈/水（体积比80∶20）和乙腈/水（体积比70∶30），结果显示乙腈/水（体积比90∶10）作为提取溶剂既能保证140种目标化合物回收率大于70%，又能减少滤液中水分对目标化合物的干扰，减少了浓缩时间，提高了检测效率。

（4）高效基质脂肪吸附剂的优化　高效基质脂肪吸附剂（EMR-Lipid）是一种能够选择性去除复杂基质中脂肪含量的独特吸附剂，具有快速、易操作和净化能力强等特点。实验仍选择阴性干制鲈鱼样品为实验材料，设置添加浓度为5.0μg/kg，3个平行，外标法定量，对600mg和300mg两款EMR-Lipid柱进行比较分析，结果显示，600mg EMR-Lipid柱去除脂质效果更好，但是由于EMR-Lipid会对部分目标化合物产生较强的吸附作用，使得部分目标化合物的回收率低于60%，因此最终确定采用300mg EMR-Lipid柱为去除干扰物、保证灵敏度的最佳选择。

（5）离心条件和浓缩条件的优化　虽然EMR-Lipid已经去除了样品中大部分油脂等干扰组分，但是样品提取液中还残留少量的油脂、蛋白质等组分，因此在净化后采用高速冷冻离心对样品提取液进行处理，有效地促进了油脂凝结和蛋白质的沉降，减少其对目标化合物检测的干扰。之后还对样品提取液进行了浓缩，选择平行样品定量浓缩仪减压浓缩样品提取液至近干，并对浓缩条件进行摸索，确定浓缩温度为45℃；冷凝温度为-2℃；真空度采用梯度下降的方式（250kPa维持5min，降至80kPa维持5min，再降至30kPa浓缩至干）。该方法可以同时浓缩处理24份样品提取液，完全浓缩至干仅需1h。该处理方法能够有效地降低检测成本，提高检测质量和效率。

4.方法学验证

（1）标准曲线、线性范围和检出限　在高分辨质谱的分析中，其提取的精确质量数色谱图无基线噪声，因此用传统信噪比方法无法定义方法的检出限。该方法用基质标准曲线的y轴截距除以斜率的标准偏差的3.3倍以上数据确定检出限。准确量取适量混合标准储备工作液，用乙腈/水（体积比10∶90）溶液稀释成一系列浓度梯度的标准品工作液，在优化的检测条件下依次测定。结果显示各种化合物在质量浓度范围内线性良好，决定系数（R^2）均大于0.991，检出限为0.02～0.4μg/kg。

（2）方法正确度和精密度　在阴性水产品样品（包括草鱼、罗氏虾、干制鲈鱼和干制鲍鱼）中进行加标回收试验，并做了精密度试验。在每一种水产品样品添加浓度为2.0μg/kg、4.0μg/kg、20μg/kg三个浓度水平6次平行加标实验中，结果显示，平均回收率在70.1%～109.1%之间，相对标准偏差在1.0%～14.1%之间，说明方法的准确度和精密度满足要求。

（3）实际样品检测　利用所建立的分析方法检测39批实际样品（其中包括5批鲈鱼样品、10批罗非鱼样品、5批干罗氏虾样品、8批干制鲈鱼样品、8批干制草鱼和3批干制鲍鱼样品），其中在1批干制草鱼中检出毒死蜱，检出量为4.32μg/kg。

5.结论

以水产品及干制水产品制品为实验材料，以乙腈水溶液为提取剂，前处理过程中采用一种新型脂肪吸附剂EMR-Lipid柱去除样品基质中脂肪和磷脂等杂质的干扰，随后用平行定量浓缩仪进行浓缩，建立了检测水产品及其制品中116种农药和24种生物毒素残留的超高效液相色谱-四极杆/静电场轨道阱质谱法（UPLC-Q Exactive Orbitrap MS），该方法可同时定性定量，具有灵敏、快速、简单、省时等特点，方法满足GB/T 27417—2017《合格评定　化学分析方法确认和验证指南》的技术要求。

第四节　高分辨质谱在其他方面的应用

高分辨质谱技术除了在定性方面的性能和可操作性有独特优势外，近年来也被广泛应用于代谢组学、食品组学、环境污染物组学等组学研究中，在未知物的筛选、鉴定、非法添加物筛查、产品特征确证、产地溯源等方面也有其独特的优势。例如，秦亚东等[102]通过GC-TOF-MS非靶向代谢组学技术，筛选结香花不同花期差异性代谢产物及其代谢通路，基于多元统计分析和代谢组学技术筛选出12个显著性差异代谢产物，这些代谢产物可作为化学标记物区分花蕾期和盛开期。2021年，贺光云等[103]采用超高效液相色谱-四极杆串联飞行时间质谱（UPLC-QTOF-MS）技术，对不同产区绿茶建立分类模型，探究其茶叶的化学成分是否存在显著性差异，再对模型的预测能力进行评价；结合多元统计分析（VIP分析和 t 检验），初步筛选出50个存在统计学差异的化合物（VIP＞1，P＜0.01），所建立的分类模型为茶叶的产地溯源和质量评价提供理论基础和技术支持。2022年，麦琬婷等[104]基于超高效液相色谱-四极杆飞行时间串联质谱（UHPLC-Q-TOF-MS/MS）鉴定白背叶叶提取物中的化学成分，经过与数据库的比对，结合相关软件，鉴定出63种化学成分，成分的准确质量测量误差均为±5ppm，为白背叶药材化学成分分析提供了理论基础。

随着人们对食品品质关注的日益增加，消费者对食品安全的要求更高。从水、食物和其他复杂基质中提取和分离农药的方法有成千上万种，由于不同农药的极性、热稳定性以及检测限存在差异，因此需要研发更简便快速和自动化的前处理方法，并结合更精确、灵敏和优良的质谱技术去分离和提取食品中的农药残留。目前，高分辨质谱技术已经发展成为农药残留分析领域的一种重要手段，主要体现在样品前处理的高效化、简单化和通用化以及仪器检测的高通量化。在食品安全和环境保护方面，农药残留问题不断引起重视，因此有必要继续开发高通量、高可靠性、高灵敏度的多残留分析方法，并对其进行开发创新。在未来的发展中，高分辨全扫描结合子离子扫描将进一步提高高分辨质谱技术的筛查和定性能力，同时高分辨质谱的二级谱库的建立和标准化也是发展的重要方向，随着科技的不断发展，未来QuEChERS方法结合高分辨质谱技术在农药残留领域的应用前景会更加广阔。

参考文献

[1] 张申平，周静，杜茹芸，等. 高分辨质谱在食品农药残留检测中的研究进展. 分析测试学报，2023，42（4）：502-509.

[2] Rajski Ł，Petromelidou S，Díaz-Galiano F J，et al. Improving the simultaneous target and non-target analysis LC-amenable pesticide residues using high speed Orbitrap mass spectrometry with combined multiple acquisition modes. Talanta，2021，228：122241.

[3] Gavage M，Delahaut P，Gillard N. Suitability of high-resolution mass spectrometry for routine analysis of small molecules in food，feed and water for safety and authenticity purposes：A review. Foods，2021，10（3）：601.

[4] Pang X，Liu X，Peng L，et al. Wide-scope multi-residue analysis of pesticides in beef by ultra-high-performance liquid chromatography coupled with quadrupole time-of-flight mass spectrometry. Food Chemistry，2021，351：129345.

[5] Guo Z，Zhu Z，Huang S，et al. Non-targeted screening of pesticides for food analysis using liquid chromatography high-resolution mass spectrometry-a review. Food Additives & Contaminants：Part A，2020，37（7）：1180-1201.

[6] 磐合科仪. 为什么飞行时间质谱（TOFMS）是相对于四极杆质谱（QMS）更理想的检测器？2021.

[7] 王伟，蔡文生，邵学广. 傅立叶变换离子回旋共振质谱及其研究进展. 化学进展，2005，17（2）：336-342.

[8] 分析测试百科. Orbitrap的过去、现在和未来. https：//www.antpedia.com/news/81/n-346181.html，2013.

[9] Curt Brunnée. The ideal mass analyzer：Fact or fiction. International Journal of Mass Spectrometry and Ion Processes，1987，76（2）：125-237.

[10] Saito-Shida S，Hamasaka T，Nemoto S，et al. Multiresidue determination of pesticides in tea by liquid chromatography-high-resolution mass spectrometry：Comparison between Orbitrap and time-of-flight mass analyzers. Food chemistry，2018，256：140-148.

[11] Meng Z，Li Q，Cong J，et al. Rapid screening of 350 pesticide residues in vegetable and fruit juices by multi-plug filtration cleanup method combined with gas chromatography-electrostatic field orbitrap high resolution mass

spectrometry. Foods，2021，10（7）：1651.

[12] Diallo T，Makni Y，Lerebours A，et al. Development and validation according to the SANTE guidelines of a QuEChERS-UHPLC-QTOF-MS method for the screening of 204 pesticides in bivalves. Food Chemistry，2022，386：132871.

[13] Wong J W，Wang J，Chow W，et al. Perspectives on liquid chromatography-high-resolution mass spectrometry for pesticide screening in foods. Journal of Agricultural and Food Chemistry，2018，66（37）：9573-9581.

[14] 武杨柳，李栋，康露，等. 质谱技术在农药残留分析中的研究进展. 质谱学报，2021，42（5）：691-708.

[15] 中华人民共和国农业农村部公告 312 号. 饲料中风险物质的筛查与确认导则 液相色谱-高分辨质谱法，2020.

[16] GB 23200.8—2016. 食品安全国家标准 水果和蔬菜中 500 种农药及相关化学品残留量的测定 气相色谱-质谱法.

[17] GB 23200.13—2016. 食品安全国家标准 茶叶中 448 种农药及相关化学品残留量的测定 液相色谱-质谱法.

[18] GB 23200.9—2016. 食品安全国家标准 粮谷中 475 种农药及相关化学品残留量的测定 气相色谱-质谱法.

[19] 农业农村部公告第 197 号-9. 畜禽血液和尿液中 150 种兽药及其他化合物鉴别和确认 液相色谱-高分辨串联质谱法，2019.

[20] 吴洁珊，倪清泉，任永霞，等. 气相色谱高分辨飞行时间质谱法快速筛查水果中 283 种农药残留. 食品质量安全检测学报，2020，11（6）：1797-1802.

[21] 潘胜东，郭延波，王立，等. 基于通过型固相萃取-超高效液相色谱-高分辨质谱同时测定杨梅中 29 种农药残留. 色谱，2021，39（6）：614-623.

[22] 孟海涛，艾连峰，张海超，等. 在线净化液相色谱-四极杆/静电场轨道阱高分辨质谱联用快速测定水果中 12 种苯甲酰脲类农药残留. 环境化学，2014，33（8）：1422-1424.

[23] 唐雪妹，陈志廷，黄健祥，等. 超高效液相色谱-高分辨质谱非靶向快速筛查果蔬中农药残留. 分析测试学报，2021，40（12）：1720-1727.

[24] 毕军，任君，赵云峰，等. QuEChERS-冷冻诱导液液萃取/液相色谱-高分辨质谱法测定蔬菜水果中 77 种农药残留. 分析测试学报，2021，40（9）：1318-1327.

[25] Garvey J，Walsh T，Devaney E，et al. Multi-residue analysis of pesticide residues and polychlorinated biphenyls in fruit and vegetables using orbital ion trap high-resolution accurate mass spectrometry. Analytical and Bioanalytical Chemistry，2020，412（26）：7113-7121.

[26] Zhang Y，Zhang Q，Li S，et al. Simultaneous determination of neonicotinoids and fipronils in tea using a modified QuEChERS method and liquid chromatography-high resolution mass spectrometry. Food chemistry，2020，329：127159.

[27] Moreno-González D，Alcántara-Durán J，Addona S M，et al. Multi-residue pesticide analysis in virgin olive oil by nanoflow liquid chromatography high resolution mass spectrometry. Journal of Chromatography A，2018，1562：27-35.

[28] Tahoun I F，Yamani R N，Shehata A B. Preparation of matrix reference material for quality assurance and control of pesticides analysis in olive oil. Accreditation and Quality Assurance，2019，24（4）：297-304.

[29] Sakin A E，Mert C，Tasdemir Y. PAHs，PCBs and OCPs in olive oil during the fruit ripening period of olive fruits. Environmental Geochemistry and Health，2023，45（5）：1739-1755.

[30] 康俊杰，王雪松，董李学，等. 超高效液相色谱-四极杆飞行时间质谱法快速筛查虾中 38 种农药残留. 安徽农业科学，2021，49（16）：193-195+199.

[31] 王勇，张宪臣，华洪波，等. 超高效液相色谱-四级杆/静电场轨道阱高分辨质谱联用快速测定水产品及干制水产品制品中的 116 种农药和 24 种生物毒素残留. 现代食品科技，2022，38（1）：371-389+335.

[32] Wu X，Tong K，Yu C，et al. Development of a high-throughput screening analysis for 195 pesticides in raw milk by modified QuEChERS sample preparation and liquid chromatography quadrupole time-of-flight mass spectrometry. Separations，2022，9（4）：98.

[33] Liu Z，Chen D，Lyu B，et al. Occurrence of phenylpyrazole and diamide insecticides in lactating women and their health risks for infants. Journal of Agricultural and Food Chemistry，2022，70（14）：4467-4474.

[34] Jia Q，Qiu J，Zhang L，et al. Multiclass comparative analysis of veterinary drugs，mycotoxins，and pesticides in bovine milk by ultrahigh-performance liquid chromatography-hybrid quadrupole-linear ion trap mass

spectrometry. Foods，2022，11（3）：331.

[35] Gasparini M，Angelone B，Ferretti E. Glyphosate and other highly polar pesticides in fruit，vegetables and honey using ion chromatography coupled with high resolution mass spectrometry：Method validation and its applicability in an official laboratory. Journal of Mass Spectrometry，2020，55（11）：e4624.

[36] Aydoğan C，El Rassi Z. MWCNT based monolith for the analysis of antibiotics and pesticides in milk and honey by integrated nano-liquid chromatography-high resolution orbitrap mass spectrometry. Analytical Methods，2019，11（1）：21-28.

[37] 李建勋，王玉珍，吴翠玲，等. 基于增强型脂质去除固相小柱净化结合液相色谱-串联质谱法测定猪肉和猪肝中的双甲脒农药及其代谢物. 应用化学，2020，37（8）：969-976.

[38] 陈沙，朱作为，黄宗兰，等. 气相色谱三重四极杆串联质谱法测定鸡蛋和鸡肉中氟虫腈及其代谢物残留量的研究. 食品安全质量检测学报，2018，9（6）：1284-1289.

[39] 李华，杨娟，陈黎. 超高液相色谱-串联质谱法测定猪肉中8种喹诺酮类兽药残留的不确定度评定. 食品安全质量检测学报，2017，8（8）：3237-3243.

[40] 谭建林，彭珍华，赵秀琳，等. QuEChERS-UPLC-MS/MS法测定鸡蛋中19种氨基甲酸酯类农药及其代谢物残留量. 食品工业科技，2022，43（1）：320-325.

[41] 舒晓，褚能明，张雪梅，等. 脂质去除分散固相萃取-气相色谱-串联质谱测定鸡蛋中62种农药残留. 食品科学，2021，42（14）：320-327.

[42] 梁秀美，张井，林定鹏，等. 基于改良QuEChERS-气相色谱-串联质谱法测定禽蛋中53种农药残留. 农药学学报，2021，23（5）：973-985.

[43] 张建莹，罗耀，宫本宁，等. 液相色谱-四极杆-飞行时间质谱法快速筛查苹果与生菜中248种农药残留. 分析测试学报，2018，37（2）：154-164.

[44] 张海超，艾连峰，马育松，等. 在线净化液相色谱-高分辨质谱法快速筛查果蔬中212种农药残留. 分析测试学报，2018，37（2）：180-189.

[45] 岳宁，李晓慧，李敏洁，等. 超高效液相色谱-四极杆/静电场轨道阱高分辨质谱法非靶向筛查苹果中苯脲类农药. 分析测试学报，2022，41（6）：805-811.

[46] 门雪，吴兴强，仝凯旋，等. 改进的QuEChERS法结合液相色谱-高分辨质谱筛查热带水果中33种新烟碱类杀虫剂及杀菌剂. 分析测试学报，2022，41（6）：820-826.

[47] 黄合田，谢双，涂祥婷，等. Sin-QuEChERS结合超高效液相色谱-高分辨质谱法快速筛查绿茶中农药及代谢物残留. 分析化学，2020，48（3）：423-430.

[48] Hu S，Zhao M，Mao Q，et al. Rapid one-step cleanup method to minimize matrix effects for residue analysis of alkaline pesticides in tea using liquid chromatography-high resolution mass spectrometry. Food chemistry，2019，299：125146.

[49] 赵暮雨，韩芳，孙锦文，等. 多壁碳纳米管作为吸附剂的QuEChERS-气相色谱-四极杆飞行时间质谱快速筛查淡水产品中145种农药残留. 分析测试学报，2016，35（12）：1513-1520.

[50] 王思威，孙海滨，刘艳萍，等. 高效液相色谱-四极杆飞行时间质谱技术非靶向快速筛查荔枝花、蜂巢和蜂蜜中农药. 食品科学，2021，42（20）：310-315.

[51] 张朋杰，张宪臣，李云松，等. QuEChERS结合超高效液相色谱-四极杆/静电场轨道阱高分辨质谱法快速测定禽畜肉中157种农药残留. 食品安全质量检测学报，2022，13（16）：5391-5400.

[52] 赵妍，杨军，辛少鲲，等. 超高效液相色谱-高分辨质谱法测定牛奶中新烟碱类农药残留. 中国食品卫生杂志，2020，32（2）：139-145.

[53] 张申平，周静，杜茹芸，等. HPLC-Q/Orbitrap HRMS快速筛查和确证液体乳中59种农药残留. 中国乳品工业，2022，50（6）：55-59+64.

[54] Pang G F，Chang Q Y，Bai R B，et al. Simultaneous screening of 733 pesticide residues in fruits and vegetables by a GC/LC-Q-TOFMS combination technique. Engineering，2020，6（4）：432-441.

[55] Zhou X，Meng X，Cheng L，et al. Development and application of an MSALL-based approach for the quantitative analysis of linear polyethylene glycols in rat plasma by liquid chromatography triplequadrupole/ time-of-flight mass spectrometry. Anal Chem，2017，89（10）：5193-5200.

[56] Zhang F, Wang H, Zhang L, et al. Suspected-target pesticide screening using gas chromatography-quadrupole time-of-flight mass spectrometry with high resolution deconvolution and retention index/mass spectrum library. Talanta, 2014, 128: 156-163.

[57] Wang Z, Cao Y, Ge N, et al. Wide-scope screening of pesticides in fruits and vegetables using information-dependent acquisition employing UHPLC-Q-TOFMS and automated MS/MS library searching. Anal Bioanal Chem, 2016, 408 (27): 7795-7810.

[58] Cheng Z, Dong F, Xu J, et al. Simultaneous determination of organophosphorus pesticides in fruits and vegetables using atmospheric pressure gas chromatography quadrupole-time-of-flight mass spectrometry. Food Chem, 2017, 231: 365-373.

[59] Qi P, Yuan Y, Wang Z, et al. Use of liquid chromatography-quadrupole time-of-flight mass spectrometry for enantioselective separation and determination of pyrisoxazole in vegetables, strawberry and soil. J Chromatogr A, 2016, 1449: 62-70.

[60] Cherta L, Portolés T, Pitarch E, et al. Analytical strategy based on the combination of gas chromatography coupled to time-offlight and hybrid quadrupole time-of-flight mass analyzers for non-target analysis in food packaging. Food Chem, 2015, 188: 301-308.

[61] Cervera M I, Portolés T, López F J, et al. Screening and quantification of pesticide residues in fruits and vegetables making use of gas chromatography-quadrupole time-of-flight mass spectrometry with atmospheric pressure chemical ionization. Anal Bioanal Chem, 2014, 406 (27): 6843-6855.

[62] Hernández F, Ibáñez M, Sancho J V, et al. Comparison of different mass spectrometric techniques combined with liquid chromatography for confirmation of pesticides in environmental water based on the use of identification points. Anal Chem, 2004, 76 (15): 4349-4357.

[63] Portolés T, Sancho J V, Hernández F, et al. Potential of atmospheric pressure chemical ionization source in GC-Q-TOFMS for pesticide residue analysis. J Mass Spectrom, 2010, 45 (8): 926-936.

[64] Zhang F, Yu C, Wang W, et al. Rapid simultaneous screening and identification of multiple pesticide residues in vegetables. Anal Chim Acta, 2012, 757: 39-47.

[65] Portolés T, Mol J G J, Sancho J V, et al. Validation of a qualitative screening method for pesticides in fruits and vegetables by gas chromatography quadrupole-time of flight mass spectrometry with atmospheric pressure chemical ionization. Anal Chim Acta, 2014, 838: 76-85.

[66] Nácher-Mestre J, Serrano R, Portolés T, et al. Screening of pesticides and polycyclic aromatic hydrocarbons in feeds and fish tissues by gas chromatography coupled to high-resolution mass spectrometry using atmospheric pressure chemical ionization. J Agric Food Chem, 2014, 62 (10): 2165-2174.

[67] 郝琳瑶，步小敏，牟臻，等. 基于气相色谱-四极杆串联飞行时间质谱联用法测定积雪中 28 种多氯联苯. 冰川冻土，2022，45 (1)：267-276.

[68] 孟志娟，黄云霞，邸鹏月，等. 快速滤过型净化法结合气相色谱-四极杆-飞行时间质谱同时筛查果蔬中 234 种农药残留. 食品科学，2020，41 (16)：272-285.

[69] 覃浩，高芳，卜汉萍，等. 气相色谱-高分辨质谱法定性筛查小麦面粉中农药残留. 食品安全质量检测学报，2023，14 (4)：170-179.

[70] European Commission Directorate-General for Health and Food Safety. Guidance document on analytical quality control and method validation procedures for pesticides residues analysis in food and feed: SANTE/11945/2015. European: the institutions of the EU, 2015: 1-42.

[71] European Commission. Analytical quality control and method validation procedures for pesticide residues analysis in food and feed. SANTE 11312/2021.

[72] Delatour T, Savoy M C, Tarres A, et al. Low false response rates in screening a hundred veterinary drug residues in foodstuffs by LC-MS/MS with analyte-specific correction of the matrix effect. Food Control, 2018, 94: 353-360.

[73] European commission. Guidelines for the validation of screening methods for residues of Veterinary medicines CRLs 20/1/2010.

[74] Grimalt S, Pozo Ó J, Sancho J V, et al. Use of liquid chromatography coupled to quadrupole time-of-flight mass

spectrometry to investigate pesticide residues in fruits. Anal Chem，2007，79 (7)：2833-2843.

[75] Wang J，Leung D. Applications of ultra-performance liquid chromatography electrospray ionization quadrupole time-of-flight mass spectrometry on analysis of 138 pesticides in fruit-and vegetable-based infant foods. J Agric Food Chem，2009，57 (6)：2162-2173.

[76] 卢巧梅. QuEChERS-液相色谱/高分辨质谱技术分析茶叶中农药残留. 福州大学学报（自然科学版），2019，47 (3)：430-434.

[77] Pang G F，Fan C L，Chang Q Y，et al. Screening of 485 pesticide residues in fruits and vegetables by liquid chromatography-quadrupole-timeof-flight mass spectrometry based on TOF accurate mass database and QTOF spectrum library. J AOAC Int，2018，101 (4)：1156-1182.

[78] Li J X，Li X Y，Chang Q Y，et al. Screening of 439 pesticide residues in fruits and vegetables by gas chromatography-quadrupole-time-offlight mass spectrometry based on TOF accurate mass database and Q-TOF spectrum library. J AOAC Int，2018，101 (5)：1631-1638.

[79] 杨细蒙，黄茜，郑慧欣，等. 高分辨质谱技术在农药残留分析中的应用研究进展. 北方农业学报，2023，51 (1)：85-92.

[80] Scigelova M，Makarov A. Advances in bioanalytical LC-MS using the Orbitrap mass analyzer. Bioanalysis，2009，1 (4)：741-754.

[81] 周熙，罗辉泰，赖晓娜，等. 高分辨质谱技术在中药分析中的研究进展. 分析测试学报，2022，41 (9)：1410-1418.

[82] 殷雪琰，朱佳明，堵燕钰，等. 基于气相色谱-静电场轨道阱高分辨质谱法快速筛查和确证农产品中222种农药残留. 分析测试学报，2022，41 (2)：172-186.

[83] 孟志娟，孙文毅，赵丽敏，等. 气相色谱-静电场轨道阱高分辨质谱快速筛查农产品中70种农药残留. 分析化学，2019，47 (8)：1227-1234.

[84] EC 657—2002. Implementing Council Directive 96/23/EC. Concerning the performance of analytical methods and the interpretation of results.

[85] AOAC Official Method 2007. Pesticide residues in foods by acetonitrile extraction and partitioning with magnesium sulfate Gas Chromatography/Mass Spectrometry and Liquid Chromatography/Tandem Mass Spectrometry.

[86] EN 15662—2008. Foods of plant origin-determination of pesticide residues using GC-MS and/or LC-MS/MS following acetonitrile extraction/partitioning and clean up by dispersive SPE-QuEChERS-Method. British Standard.

[87] 陈溪，董振霖，孙玉玉，等. 气相色谱-串联质谱法检测大米中20种农药残留. 分析测试学报，2016，35 (4)：394-399.

[88] 李安平，贺军权，杨平荣，等. GC-MS/MS法测定当归中禁限用农药残留量. 药物分析杂志，2019，39 (8)：1463-1481.

[89] 周进杰，侯亚龙，黄伟，等. 分析保护剂在樱桃浓缩汁中农药残留检测的应用. 现代农药，2018，17 (3)：38-42.

[90] 侯雪，易盛国，韩梅，等. 串联质谱法检测洋葱中36种例行监测农药及其基质效应的探讨. 现代科学仪器，2012 (4)：115-118.

[91] 蒋万枫，杨钊，张宁，等. 超高效液相色谱-四极杆-飞行时间质谱法快速筛查与确证蔬菜水果中的多种农药残留. 中国食品卫生杂志，2017，29 (4)：454-459.

[92] 张婧，贡松松，吴剑平，等. 超高效液相色谱-四极杆-静电场轨道阱高分辨质谱快速筛查与确证猪尿中74种抗生素及其他化合物. 分析测试学报，2019，38 (8)：905-912.

[93] 方科益，陈树兵，李双，等. 水产品中11种海洋生物毒素的高效液相色谱-四极杆/静电场轨道阱高分辨质谱检测方法研究. 分析测试学报，2019，38 (9)：1091-1096.

[94] 韦昱，方从容，赵云峰，等. 分散微固相萃取/超高效液相色谱-高分辨质谱法测定茶叶中高氯酸盐. 分析测试学报，2021，40 (4)：583-588.

[95] 郭常川，孙华，石峰，等. Orbitrap高分辨质谱法高通量筛查生化药品、中成药与保健品中非法添加的13种消化类化学药物. 分析测试学报，2018，37 (3)：300-306.

[96] Fu Y，Zhao C，Lu X，et al. Nontargeted screening of chemical contaminants and illegal additives in food based on liquid chromatography-high resolution mass spectrometry. TrAC Trends in Analytical Chemistry，2017，96：89-98.

[97] 黄科，林健，张建莹，等. QuEChERS-液质联用法测定柑橘中浸果保鲜剂残留. 中国口岸科学技术，2022，4 (9)：

72-78.

[98] 吴红涛，李萌萌，关二旗，等. 四极杆-轨道阱液质联用法同时检测玉米中四种真菌毒素. 食品与发酵工业，2022，48 (24)：245-251.

[99] 佘永新，江泽军，秦迪，等. 分散固相萃取-高效液相色谱串联质谱同步检测蔬果中醚菌酯和唑菌酯农药残留. 农药，2014，53 (9)：670-673.

[100] Narenderan S T，Meyyanathan S N，Babu B. Review of pesticide residue analysis in fruits and vegetables. Pre-treatment，extraction and detection techniques. Food Research International，2020，133：109141.

[101] Huan T，Wu Y，Tang C，et al. DnsID in MyCompoundID for rapid identification of dansylated amine-and phenol-containing metabolites in LC-MS-based metabolomics. Analytical chemistry，2015，87 (19)：9838-9845.

[102] 秦亚东，汪荣斌，李林华，等. 基于GC-TOF-MS非靶向代谢组学结香花不同花期代谢差异的研究. 现代中药研究与实践，2022，36 (3)：20-24.

[103] 贺光云，侯雪，闫志农，等. 基于超高效液相色谱-四极杆串联飞行时间质谱的绿茶产地溯源研究. 农产品质量与安全，2021 (5)：63-68.

[104] 麦琬婷，章波，陆建媚，等. 超高效液相色谱-四极杆飞行时间串联质谱分析白背叶全成分. 医药导报，2023，42 (04)：529-535.

后 记

书中囊括了很多我们自己的科研成果，也参考引用了一些文献，这些文献中的方法仅供参考。值得注意的是，有些方法虽然是基于QuEChERS建立起来的，但是显然有些文献作者对QuEChERS的原理并不完全了解，例如，有些方法为了方便，在对高含水量的基质进行提取盐析过程中只加NaCl，而没有使用无水硫酸镁，对于一些化合物来说，虽然也得到了合格的回收率，但作者并没有讨论其理论上的原因。再例如，在采用QuEChERS醋酸缓冲盐方法时，有些作者没有理解缓冲体系的概念，在使用醋酸缓冲盐时，提取液只采用乙腈而没有使用醋酸酸化的乙腈，此时的醋酸盐并没有起到缓冲体系的作用（由于体系中没有加醋酸）。此外，在对净化剂的净化效率进行比较时，有作者在加标后比较其净化后的总离子流图，这种情况下总离子流图里面会有很多目标化合物的色谱峰，影响对净化效果的评价，采用空白样品基质比较其净化前后的总离子流色谱图才能真正反映其净化效果。总之，有一些文献中的问题，本书略有修改，但总的原则还是尊重原文，此外，一些术语的不同表述方式或缩写，也尽量遵照原文。但这也是我们编写本书的初衷，希望大家在使用QuChERS方法的同时，理解其中的理论依据，在具体方法开发中对每一个步骤的方法应用都有理有据。

QuEChERS方法虽然以简便快捷的流程为大家熟知，但其实质是一套严谨的方法体系，这套体系对样品粉碎方法（是否加干冰或液氮）、称样量（2～15g）、提取溶剂（甲醇、乙腈、乙酸乙酯等）、分相盐（NaCl，$NaSO_4$，是否加入$MgSO_4$等）、净化方式（d-SPE）、净化剂组成（PSA，C_{18}，是否添加$MgSO_4$、GCB等）、色谱-质谱分析中的基质效应评价和去除（分析保护剂的使用）、快速低压（LP）GC-MS（MS）的开发、不确定度评价及误差分析（前置内标物、过程内标物及进样QC化合物的使用）、基质匹配标准溶液的配制过程等各个具体细节都进行了细致而严谨的科学研究，这也是该方法20年来经久不衰、应用范围越来越广的原因。这些研究内容在本书中均有包含，希望能给读者以启发，帮助大家更加深入地了解QuEChERS方法及其体系内涵。未来随着该方法的自动化进程加快，以及更先进的质谱技术及快检技术的出现，QuEChERS方法及其扩展方法一定还会在农药、兽药、抗生素、毒素、环境污染物等各种残留检测体系中继续发挥作用。谨以此书作为QuEChERS问世20周年的献礼，也献给所有关注、使用以及学习QuEChERS方法的同行学者们，谨供参考使用。书中难免有不足之处，请大家包涵！